Hans Dieter Lüke

Korrelations-
signale

Korrelationsfolgen und Korrelationsarrays
in Nachrichten- und Informationstechnik,
Meßtechnik und Optik

Mit 106 Abbildungen

Springer-Verlag
Berlin Heidelberg New York
London Paris Tokyo
Hong Kong Barcelona
Budapest

Professor Dr.-Ing. Hans Dieter Lüke
Rheinisch-Westfälische Technische Hochschule
Institut für Elektrische Nachrichtentechnik
Melatener Straße 23
W-5100 Aachen, FRG

ISBN 3-540-54579-4 Springer-Verlag Berlin Heidelberg New York

Die Deutsche Bibliothek – CIP-Einheitsaufnahme. Lüke, Hans Dieter; Korrelationssignale: Korrelationsfolgen und Korrelationsarrays in Nachrichten- und Informationstechnik, Meßtechnik und Optik/H. D. Lüke. – Berlin; Heidelberg; New York; London; Paris; Tokyo; Hong Kong; Barcelona; Budapest: Springer, 1992 ISBN 3-540-54579-4

© Springer-Verlag Berlin Heidelberg 1992
Printed in Germany

Satz: Macmillan India Ltd., Bangalore, Indien
54/3140 – 5 4 3 2 1 0 – Gedruckt auf säurefreiem Papier

Für Bernhardine,
Barbara, Susanne und Bernd

Vorwort

Digitale Korrelationsmethoden finden zunehmend Eingang in die Nachrichten- und Informationstechnik, die Meßtechnik und die Optik. Die Effizienz dieser Verfahren hängt eng mit der Verfügbarkeit diskreter Signale mit vorgegebenen Korrelationseigenschaften zusammen. Eine aktuelle und zusammenfassende Behandlung der Synthese solcher Korrelationsfolgen und ihrer Familien sowie auch der zweidimensionalen Korrelationsarrays fehlte jedoch sowohl in der deutschsprachigen wie in der internationalen Literatur.

Das vorliegende Buch ist aus der Vorbereitung einer Vorlesung entstanden, die ich seit 1990 an der RWTH Aachen halte. Langjährige Arbeiten der kleinen Forschungsgruppe „Signaltheorie" am Institut für Elektrische Nachrichtentechnik boten die notwendigen Grundlagen.

Neben Studenten sollen auch Entwicklungsingenieure und Physiker interessiert und mit den neuen Entwicklungen bekannt gemacht werden. Um Leser mit unterschiedlichem Kenntnisstand ansprechen zu können, ist die Darstellung so angelegt, daß zum Verständnis die im Vorexamen technischer Studienrichtungen verlangten mathematischen Grundkenntnisse ausreichen. Für einige Gebiete der Konstruktion von Korrelationssignalen, für die ein tieferes Eindringen in die Zahlentheorie erforderlich wäre, werden Hinweise auf eine stärker mathematisch orientierte Literatur gegeben.

Der vorliegende Text hätte nicht ohne die tatkräftige Hilfe meiner Mitarbeiter verfaßt werden können. Ihre begeisterte Arbeit auf diesem Gebiet hat sich in einer großen Zahl Veröffentlichungen und Dissertationen niedergeschlagen.

Dank schulde ich hier insbesondere Prof. Dr.-Ing. J. Lindner, Dr.-Ing. P. Seidler, Dr.-Ing. H. Eggers, Dr.-Ing. L. Bömer, Dipl.-Ing. M. Antweiler und Dipl.-Ing. H. D. Schotten.

Ein Teil unserer Arbeiten wurde von der Deutschen Forschungsgemeinschaft großzügig unterstützt.

Besonders danken möchte ich weiter Herrn D. Biller für die vielen sorgfältig gestalteten Zeichnungen und Frau K. Stockem für die geduldige Schreibarbeit.

Herrn Dr. H. Lotsch vom Springer-Verlag bin ich seit über 15 Jahren für die vorbildliche Betreuung und Förderung meiner Buchprojekte verpflichtet.

Meine Frau und meine Kinder, denen ich dieses Buch widme, mußten viel Verständnis und Geduld mit einem leicht zerstreuten Familienmitglied aufbringen, das sich hinter Korrelationsfolgen und Barockmusik zurückgezogen hatte.

Aachen,·Januar 1992   *Hans Dieter Lüke*

Inhaltsverzeichnis

1. Korrelationssignale und Korrelationsempfang

„Not with a Bang, but a Chirp"

B.M. Oliver
(Bell Lab. Mem. 1951)

In der Nachrichtentechnik und Meßtechnik wird häufig die Aufgabe gestellt, Signale bekannter Form auch unter starken Störungen zu entdecken und ihre Amplitude und Ankunftzeit zu schätzen.

Bei Störung durch weißes Rauschen führt die optimale Lösung auf einen Empfänger, der das gestörte Signal mit einem ungestörten Mustersignal über ein Korrelationsverfahren vergleicht.

Durch geeignete Formung des Signals lassen sich weitere Bedingungen erfüllen. So kann man lang andauernde und damit energiereiche Signale konstruieren, die durch den Korrelationsvorgang in schmale Impulse umgeformt werden und damit für eine genaue Laufzeitmessung besonders geeignet sind.

Solche Signale hat die natürliche Evolution bereits seit Millionen von Jahren in der akustischen Echoorientierung der Fledermäuse realisiert. Die Zirplaute („chirp" signals) dieser Tiere im Ultraschallbereich sind ein schönes Beispiel für „gut korrelierende" Signale. Die entsprechenden Anwendungen dieses Prinzips der Biotechnik in Sonar- und Radaranlagen liegen auf der Hand. Nicht mit einem kurzen, gewalttätigen „bang" sondern mit einem längergezogenen „chirp" läßt sich eine Radarortung oder auch eine Synchronisation eleganter durchführen.

Im allgemeinen Fall können durch geeignete Konstruktionen größere Familien derartiger Signale gebildet werden, bei denen die Korrelation in den zugehörigen Empfängern nicht nur eine Verminderung der Rauschstörungen sondern zugleich auch die Trennung der Signale untereinander bewirkt. Diese Trennung ist die Grundlage für die gleichzeitige Übertragung dieser Signale auf einem gemeinsamen Kanal. Auf solchen Familien von Korrelationssignalen bauen sich insbesondere die Codemultiplex-Verfahren auf, die zunehmend für Anwendungen in modernen Mobilfunksystemen diskutiert werden und die auch grundlegend für den Erfolg der heutigen Satelliten-Navigationssysteme sind. Bemerkenswert ist schließlich, daß dieselben Verfahren, mit denen sich *zeitliche* Korrelationssignale konstruieren lassen, auch zur Bildung ein- oder zweidimensionaler *örtlicher* Signalstrukturen anwendbar sind. Diese Korrelationsarrays ermöglichen die Synthese von Antennenanordnungen, wie sie von der Akustik über die Hochfrequenztechnik und Optik bis zur Gestaltung abbildender Verfahren im Röntgenbereich Anwendung finden.

Im folgenden werden, nach einer kurzen Einführung in die theoretischen Grundlagen des Korrelationsempfangs, Verfahren zur Synthese von Korrelationssignalen behandelt. Dabei wird den an die digitale Signalverarbeitung angepaßten diskreten Korrelationssignalen die Hauptaufmerksamkeit zuteil.

1.1 Korrelationsempfang gestörter Signale

Viele Probleme beim Empfang gestörter Signale lassen sich auf das folgende statistische Entscheidungsproblem zurückführen: Es wird entschieden zwischen der Hypothese H_0, daß in einem bestimmten Zeitabschnitt am Empfängereingang nur Störsignale $n(t)$ und ggf. unerwünschte Nutzsignale $u(t)$ vorhanden sind

$$H_0: \quad r_0(t) = n(t) + u(t) \tag{1.1}$$

und der Hypothese H_1, daß $r(t)$ auch ein zu entdeckendes Nutzsignal $s(t)$ enthält

$$H_1: \quad r_1(t) = s(t) + n(t) + u(t). \tag{1.2}$$

Das unerwünschte Nutzsignal kann z.B. in der Radartechnik das Signal eines benachbarten Ziels sein, im Fall der Multiplextechnik der Träger eines Nachbarkanals oder bei Synchronisationsverfahren die das Synchronsignal umgebenden Informationssignale. Die allgemeine Lösung dieses Entscheidungsproblems hängt von den gewählten Modellen der beteiligten Signale, dem Entscheidungskriterium und auch dem Empfängermodell ab. Hierzu existiert eine reiche Literatur, deren Ergebnisse hier aber nicht weiter diskutiert werden sollen [Schwartz und Shaw 1975, Wozencraft und Jacobs 1967, Poor 1988].

Im folgenden wird nur der einfachste, aber in vielen Fällen schon optimale oder dem Optimum nahe kommende Ansatz betrachtet (ausführlich z.B. in [Lüke 1990]). Zunächst sei hierzu angenommen, daß das Störsignal $n(t)$ signalunabhängiges, weißes Rauschen der Leistungsdichte N_0 sei. Weiter seien die unerwünschten Nutzsignale vernachlässigbar $u(t) = 0$. Das Nutzsignal sei ein Signal bekannter Form $s(t)$ mit der Energie E und der Eintreffwahrscheinlichkeit P_1. Schließlich wird der Empfänger durch die Schaltung in Bild 1.1 beschrieben.

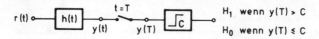

Bild 1.1. Modell eines Empfängers mit Optimalfilter und Schwellenentscheidung

Die Optimierung des Empfängers erfolgt im einfachsten Fall in zwei Stufen. In der 1. Stufe wird ein Filter der Stoßantwort $h(t)$ so bestimmt, daß im Abtastzeitpunkt bei im betrachteten Zeitabschnitt vorhandenem Nutzsignal das Verhältnis der Augenblicksleistungen von Nutz- zu Störsignal maximal ist. In der 2. Stufe wird dann durch Wahl der Schwelle C eine geeignete Entscheidungs-wahrscheinlichkeit optimiert.

1. Stufe: Korrelationsempfang. Mit

$$r_1(t) = s(t) + n(t)$$

wird nach Faltung mit der Stoßantwort $h(t)$

$$y_1(t) = r_1(t) * h(t) = \underbrace{[s(t) * h(t)]} + \underbrace{[n(t) * h(t)]} \tag{1.3}$$

$$= \quad g(t) \quad + \quad n_e(t)$$

und im Abtastaugenblick

$$y_1(T) = g(T) + n_e(T); \tag{1.4}$$

dann gilt für die Augenblicksnutzleistung

$$S_a = g^2(T) = \left[\int_{-\infty}^{\infty} h(\tau)s(T - \tau)d\tau \right]^2 \tag{1.5}$$

und für die Augenblicksstörleistung bei weißem Rauschen der Leistungsdichte N_0

$$N_a = N_0 \int_{-\infty}^{\infty} h^2(t)dt. \tag{1.6}$$

Bildet man aus den Gleichungen (1.5) und (1.6) das S_a/N_a-Verhältnis und erweitert es mit der Signalenergie

$$E = \int_{-\infty}^{\infty} s^2(t)dt = \int_{-\infty}^{\infty} s^2(T - \tau)d\tau,$$

so ergibt sich

$$\frac{S_a}{N_a} = \frac{E}{N_0} \cdot \frac{\left[\int_{-\infty}^{\infty} h(\tau)s(T - \tau)d\tau \right]^2}{\int_{-\infty}^{\infty} h^2(\tau)d\tau \int_{-\infty}^{\infty} s^2(T - \tau)d\tau}. \tag{1.7}$$

Dabei entspricht der ganz rechts stehende Bruch dem Quadrat des normierten Kreuzkorrelationskoeffizienten p_{sh} zwischen den Funktionen $h(t)$ and $s(T - t)$, also ist

$$\frac{S_a}{N_a} = \frac{E}{N_0} p_{sh}^2. \tag{1.8}$$

Der Kreuzkorrelationskoeffizient kann nur Werte im Bereich von -1 bis $+1$ annehmen. Damit wird im optimalen Fall

$$\frac{S_a}{N_a} = \frac{E}{N_0}, \tag{1.9}$$

wenn $p_{sh} = \pm 1$ ist. Diese Maximalwerte werden erreicht für

$$h(t) = \pm\, ks(T - t), \quad k \text{ positiv, reell.} \tag{1.10}$$

Das optimale Empfangsfilter hat also eine Stoßantwort, deren Verlauf zum Signal $s(t)$ zeitlich gespiegelt ist.

Im ungestörten Fall ergibt sich das Ausgangssignal dieses optimalen Filters damit zu

$$g(t) = s(t) * [ks(T - t)] = k\varphi_{ss}(t - T). \tag{1.11}$$

Das Filter bildet dann die zeitlich verschobene Autokorrelationsfunktion des Nutzsignals, die Abtastung erfolgt in ihrem Maximum

$$g(T) = k\varphi_{ss}(0). \tag{1.12}$$

Derart optimierte Filter werden daher Korrelationsfilter genannt, andere Bezeichnungen sind matched filter, signalangepaßte Filter, oder wegen $s(-t) \multimap\!\bullet S^*(f)$ konjugierte Filter. Der Autokorrelationshauptwert in (1.12) läßt sich statt in einem Filter auch in einem Korrelator durch direkte Multiplikation und Integration bilden, für zeitbegrenzte Signale im Bereich $(0, T)$ ist

$$g(T) = \int_0^T s(t)\, ks(t)\, dt \tag{1.13}$$

mit der Prinzipschaltung in Bild 1.2.

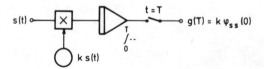

Bild 1.2. Korrelator als Optimalempfänger

Für den zeitdiskreten Fall ergeben sich entsprechende Ausdrücke und Schaltungen, wenn die Integration durch eine Summation ersetzt wird.

Das Prinzip des Korrelationsempfangs läßt sich auch auf Störungen durch nichtweißes Rauschen erweitern. Diese Modifikation, die auf eine zusätzliche Filterung („prewhitening"-Filter) zurückgeführt werden kann, wird in der Praxis nur selten angewendet [Lüke 1990].

2. Stufe: Schwellenentscheidung. Bei der betrachteten zweiwertigen Entdeckungsaufgabe soll durch eine einfache Schwellenentscheidung zwischen den Hypothesen H_0 und H_1 entschieden werden. Hierzu werden die bedingten Verteilungsdichtefunktionen (Bild 1.3) der Zufallsgröße $y(T)$ am Ausgang des Korrelators betrachtet [Schwartz und Shaw 1975].

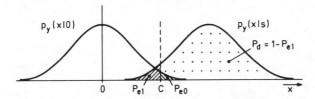

Bild 1.3. Bedingte Verteilungsdichtefunktionen bei Korrelationsempfang

a) Entdeckung mit minimaler Fehlerwahrscheinlichkeit

Wenn die Wahrscheinlichkeit dafür, daß das Signal vorhanden ist, als a priori-Wahrscheinlichkeit P_1 bekannt ist, dann ergibt sich die gesamte Fehlerwahrscheinlichkeit zu

$$P_e = P_1 P_{e1} + (1 - P_1)P_{e0}$$

$$= P_1 \int_{-\infty}^{C} p_y(x|s)dx + (1 - P_1)\int_{C}^{\infty} p_y(x|0)dx$$

und mit $\int_{-\infty}^{\infty} p_y(x|s)dx = 1$ auch

$$P_e = P_1 + \int_{C}^{\infty}(1 - P_1)p_y(x|0) - P_1 p_y(x|s)dx. \tag{1.14}$$

Dieser Ausdruck soll durch Variation von C minimiert werden. Da $p_y(\cdot)$ und P_1 positivwertig sind, ist der Integrationsbereich so zu wählen, daß im Integranden für alle x gilt

$$P_1 p_y(x|s) > (1 - P_1)p_y(x|0),$$

damit erhält das Integral den negativsten Wert, also muß gelten

$$\frac{p_y(x|s)}{p_y(x|0)} > \frac{1 - P_1}{P_1}, \tag{1.15}$$

der linke Ausdruck wird „Likelihood-Verhältnis" genannt.

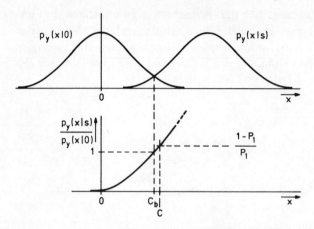

Bild 1.4. Bestimmung der optimalen Entscheidungsschwelle aus dem Likelihood-Verhältnis

Am Beispiel einer eingipfligen („unimodalen") Verteilungsdichtefunktion (z.B. Gaußverteilung) zeigt Bild 1.4 die damit mögliche Bestimmung der optimalen Entscheidungsschwelle C.

Diese Entdeckung mit minimaler Fehlerwahrscheinlichkeit ist z.B. für eine digitale Nachrichtenübertragung gebräuchlich. Ist speziell bei Gleichwahrscheinlichkeit der übertragenen Binärwerte $P_1 = 1/2$, so wird $(1 - P_1)/P_1 = 1$, und bei symmetrischer Verteilungsdichtefunktion liegt die optimale Schwelle C_b dann im Schnittpunkt der Verteilungsdichtefunktionen (Bild 1.4).

b) Entdeckung mit fester Falschalarmrate (Neyman–Pearson–Kriterium)

Ist die Wahrscheinlichkeit P_1 sehr klein oder unbekannt, wie es typischerweise für Alarmsysteme der Fall ist (Radartechnik, Brandmeldegeber etc.), so lautet die Optimierungsaufgabe häufig, die Entdeckungswahrscheinlichkeit $P_d = 1 - P_{e1}$ bei festgehaltener, noch tolerierbarer „Falschalarmwahrscheinlichkeit" P_{e0} zu maximieren (s. Bild 1.3 bei Entscheidung aus *einer* Beobachtung). Im einfachsten Fall bei unimodalen Verteilungsdichtefunktionen und sehr kleinem P_1 ist die optimale Schwelle dann durch den Wert von P_{e0} gegeben.

1.2 Einführende Anwendungsbeispiele

Wie Gleichung (1.9) zeigt, ist der bisher betrachtete Korrelationsempfang zunächst von der Form des Trägersignals $s(t)$ unabhängig. Das Nutz- zu Störsignalverhältnis wird bei dem angenommenen Übertragungsmodell nur von der Signalenergie bestimmt. Diese einfache Aussage stimmt aber schon dann nicht mehr, wenn das empfangene Signal, wie in (1.1) und (1.2) bereits berücksichtigt, weitere „unerwünschte" Nutzsignale $u(t)$ enthält. Hierzu werden einleitend zwei einfache Beispiele betrachtet. Einzelheiten und weitere Fälle werden dann ausführlicher in den Kapiteln 10 und 18 besprochen.

1.2.1 Beispiel 1: Radartechnik

In der Impuls-Radartechnik erzeugt der Sender im einfachsten Fall ein impulsförmiges Signal $s(t)$ der Energie E_0 und strahlt es in einem engen Raumwinkelbereich ab. Die Hypothese, ob in einem bestimmten Entfernungsbereich $\{R, R + \Delta R\}$ (Entfernungszelle) dieser Richtung ein Ziel liegt, wird dann danach entschieden, ob im Zeitbereich $\{2R/c, 2(R + \Delta R)/c\}$ (c Lichtgeschwindigkeit) nur Rauschen oder aber Rauschen und reflektiertes Nutzsignal empfangen wird. Liegt nun im direkt benachbarten Entfernungsbereich ein anderes Ziel, so kann das dadurch erzeugte unerwünschte Nutzsignal $u(t)$ die Entdeckungswahrscheinlichkeit verschlechtern. Die zu fordernde Auflösung benachbarter Ziele, aber auch die eindeutige Zuordnung eines Einzelziels zu einem bestimmten Entfernungsbereich läßt sich am einfachsten dadurch erreichen, daß das Nutzsignal die Breite $2\Delta R/c$ nicht überschreitet (s. Bild 1.5a and b). Weiter wird die Energie E_0 des Sendesignals bei nicht spiegelnder Reflexion an einem Ziel im Abstand R mit einem Wert E empfangen, der um einen Faktor $\sim R^{-4}$ vermindert ist. Bei durch technische Randbedingungen immer gegebener Amplitudenbegrenzung des Sendesignals können beide Einflußgrößen – schmale Impulsbreite und größere Entfernung – schnell zu einer Empfangsenergie E führen, die keine hinreichende Entdeckungswahrscheinlichkeit mehr ermöglicht. Ein geschickter Ausweg liegt dann darin, zwar die Breite des Sendesignals genügend

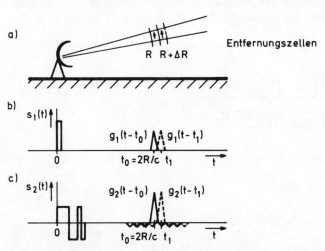

Bild 1.5. Impuls-Radar (**a**) mit Sendesignalen $s_{1,2}$ (im Tiefpaßbereich) und Empfangssignalen $g_{1,2}$ am Ausgang der Korrelationsfilter für einfache Pulsformen (**b**) und Impulskompressionstechnik (**c**)

groß zu wählen, aber das Sendesignal so zu gestalten, daß die Breite seiner am Ausgang des Korrelationsfilters auftretenden *Autokorrelationsfunktion* die ursprüngliche Beschränkung erfüllt. Dies ist das Wesen der Impulskompressionstechnik, s. Bild 1.5c.

Entsprechende Probleme und Lösungsmöglichkeiten finden sich außer in der Radartechnik überall dort, wo unter Störbedingungen Zeit- oder Ortsmessungen vorgenommen werden. Beispiele sind andere Ortungsverfahren (Sonar, Ranging-Verfahren, satellitenbasierte Ortung), weiter Synchronisationsverfahren, aber auch Messungen des Übertragungsverhaltens gestörter Kanäle und Systeme (s. Kap. 10).

1.2.2 Beispiel 2: Codemultiplex-Technik

Codemultiplex-Verfahren sind vom Prinzip her nahe Verwandte der klassischen asynchronen Frequenzmultiplex-Verfahren. Die Codemultiplex-Technik verwendet breitbandige, zeitbegrenzte Trägersignale $s_i(t)$, deren Kreuzkorrelationsfunktionen $\varphi_{ij}(\tau)$ zwar nicht wie in der Frequenzmultiplex-Technik für alle τ exakt verschwinden können, aber überall nur geringe Amplitudenwerte annehmen. Durch diese Eigenschaft wird erreicht, daß für ein zu übertragendes Signal keine Zuteilung eines festen Unterkanals notwendig ist. Die einzelnen Trägersignale überlagern sich sowohl im Zeit- wie im Frequenzbereich und ermöglichen so einen freizügigen, bedarfsabhängigen Zugriff auf den gemeinsamen Kanal.

Geeignete, sog. quasiorthogonale Trägerfunktionen dieser Art sind z.B. zeitlich begrenzte Ausschnitte aus tiefpaßbegrenztem weißen Rauschen. In den eigentlichen Codemultiplex-Verfahren werden technisch einfacher anwendbare und an die digitale Schaltungstechnik angepaßte binäre Pseudonoise-Signale benutzt. Beispiele derartiger Trägersignale mit Auto- und Kreuzkorrelationsfunktionen sind in Bild 1.6 dargestellt. Ihre Synthese wird in den folgenden Kapiteln diskutiert.

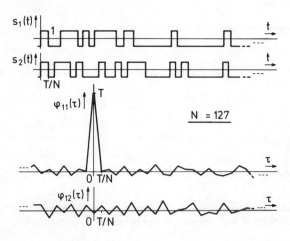

Bild 1.6. Trägersignale eines Codemultiplex-Systems mit Auto- und Kreuzkorrelationsfunktionen (Folgenlänge $N = 127$)

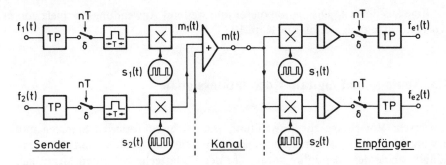

Bild 1.7. PAM-Codemultiplex-System

Aus dem prinzipiellen Aufbau eines Multiplex-Systems mit Pulsamplituden-modulation (PAM) läßt sich das Blockschaltbild eines PAM-Codemultiplex-Systems in Bild 1.7 entwickeln [Lüke 1990].

Der Empfänger benutzt in diesem Beispiel Korrelatoren. Die Generatoren für $s_i(t)$ im Empfänger brauchen wegen des asynchronen Verhaltens der einzelnen Trägersignale nur auf die jeweils zugeordneten Sendesignale synchronisiert zu werden.

Bei der zumeist üblichen Übertragung über Bandpaßkanäle werden die $m_i(t)$ noch in geeigneter Weise moduliert. Zur Übertragung digitaler Signale muß die Schaltung entsprechend modifiziert werden.

Die Codemultiplex-Technik hat gegenüber den klassischen Orthogonalverfahren Vor- und Nachteile. Ein Nachteil ist die nur angenäherte Orthogonalität der Trägerfunktionen. Schon bei nur zwei Kanälen entsteht auch bei idealer Übertragung Nebensprechen, das mit steigender Kanalzahl zunimmt. Geringes Nebensprechen kann nur durch Wahl sehr langer Trägersignalfolgen erreicht werden. Es ist daher üblich, den Einfluß der Nebensprechstörungen durch digitale Übertragungsverfahren zu mindern.

Ein für manche Anwendungen der Codemultiplex-Technik wichtiger Vorteil ist neben dem asynchronen Verhalten die Breitbandigkeit der übertragenen Signale. Wie Bild 1.6 zeigt, besitzen die Trägersignale Autokorrelationsfunktionen mit impulsförmigem Verhalten in der Umgebung von $\tau = 0$. Nach dem Wiener-Khintchine-Theorem ist das Energiedichtespektrum also entsprechend verbreitert. Die Codemultiplex-Übertragung gehört zu den Verfahren mit spektraler Spreizung (spread-spectrum-Verfahren). Die Signale sind daher gegen schmalbandige Störungen und auch gegenüber schmalbandigen Fadingerscheinungen, wie sie durch Mehrwegeausbreitung hervorgerufen werden, erheblich unempfindlicher als Frequenzmultiplex-Signale. Weiter sind die Signale wegen ihrer im Vergleich zur Zeitmultiplex-Technik größeren Dauer ebenfalls unempfindlicher gegen impulsförmige Störungen. Das Verhalten gegenüber Störungen durch weißes Rauschen ist allerdings wieder nur vom E/N_0-Verhältnis (E: Energie der Trägerfunktionen) abhängig, also nicht anders als bei den übrigen linearen Multiplexverfahren.

Eine ausführliche Diskussion dieser und weiterer Anwendungsbeispiele von Korrelationssignalen erfolgt in Kap. 10.

1.3 Analoge und digitale Korrelationssignale

Die ersten Vorschläge zur Anwendung von hochstrukturierten Signalen mit bewußt gestalteten Korrelationsfunktionen geht auf Radar- und Übertragungssysteme der 40er Jahre zurück. In der Radartechnik wurden hierzu zunächst analoge frequenzmodulierte Signale vorgeschlagen und benutzt. Ein solches linear-frequenzmoduliertes Signal mit seiner Autokorrelationsfunktion zeigt Bild 1.8.

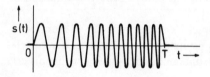

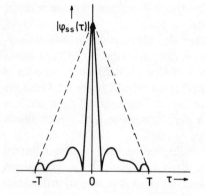

Bild 1.8. Linear-frequenzmoduliertes Signal („Chirp"-Signal) und seine Autokorrelationsfunktion (gestrichelt: Autokorrelationsfunktion eines unmodulierten Signals gleicher Dauer)

Ein erstes Patent über Puls-Radarsysteme mit solchen Signalen wurde E. Hüttmann [1940] erteilt. Ein entsprechendes Radarsystem mit dem Ziel hoher Störfestigkeit wurde in Deutschland gegen Kriegsende unter dem Namen „Kugelschale" entwickelt. Ein weiteres System „Reisslaus" versuchte damals, dieses Ziel über Ziel über eine Frequenzsprungtechnik zu erreichen [Scholtz 1982, Trenkle 1979]. Einen anderen Weg schlug der Schweizer G. Guanella [1938, 1956] ein, ihm wurde 1938 ein Patent über ein Breitband-Radarsystem mit rauschähnlichen Signalen erteilt. Gute Überblicke über die Weiterentwicklung in den 50er Jahren werden von Scholtz [1982], sowie Cook und Siebert [1988] gegeben. Erst später wurde entdeckt, daß die Evolution diese Erfindungen

a)

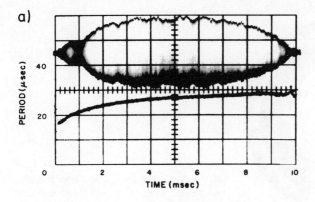

b)

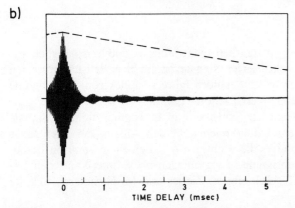

Bild 1.9. Akustische Ortungssignale der Fledermaus Lasiurus borealis. (a) Signal und Verlauf der Augenblicksperiodendauer. (b) Autokorrelationsfunktion (gestrichelt: Verlauf bei unmoduliertem Signal)

bereits seit langer Zeit kennt: Fledermäuse benutzen ein akustisches Ortungs- und Beutesuchsystem, das mit typischen „Chirp"-Signalen arbeitet, s. Bild 1.9 [Cahlander 1964, Suga 1990].

Die Anwendung hochstrukturierter Signale, d.h. von Signalen mit hohem Zeit-Bandbreite-Produkt, für die Nachrichtenübertragung hatte zunächst kryptografische Gründe. Man versuchte eine Übertragung dadurch geheimzu- halten, daß entweder ein rauschähnlicher Träger benutzt oder die Trägerfre- quenzen schnell pseudozufällig gewechselt wurden. Patente von P. Kotowski und K. Dannehl (1935) sowie G. Vogt (1939) in Deutschland schlugen synchron rotierende, unregelmäßig geschlitzte Scheiben in Sender und Empfänger vor, um Sprachsignale mit auf diese Art kohärent erzeugten, periodisch-rauschähnlichen Signalen modulieren und demodulieren zu können. Solche Systeme wurden im 2. Weltkrieg auf deutscher und amerikanischer Seite eingesetzt [Scholtz 1982, Price 1983]. Die Codierungsscheibe eines amerikanischen Systems von 1950 ist in Bild 1.10 wiedergegeben.

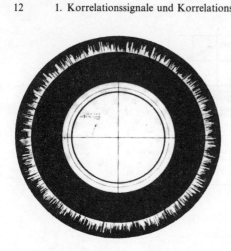

Bild 1.10. Codierungsscheibe mit Pseudo-rauschsignal nach M. Rogoff (1440 dezimale Werte)

Die letzten Beispiele zeigen deutlich, wie mühsam und unzulänglich die analoge Erzeugung hochstrukturierter Signale ist. In den Bell-Laboratorien wurden daher bereits in der Mitte der 40er Jahre rein elektronische, digitale Pseudozufallsgeneratoren konzipiert [Scholtz 1982].

Die ersten Untersuchungen zur Synthese und Erzeugung digitaler Signale mit guten Korrelationseigenschaften reichen in den Anfang der 50er Jahre zurück. Erwähnt seien besonders die wichtigen Arbeiten zur rekursiven Erzeugung binärer Pseudo-Rauschsignale in verschiedenen US-amerikanischen Laboratorien, besonders von S. Golomb, N. Zierler und M. Nicholson [Scholtz 1982].

Ein weiterer früher Beitrag ist die Entdeckung der binären Barker-Folgen [Barker 1953].

Ein ganz anderes Gebiet, in dem hochstrukturierte, aber zweidimensionale Signale mit gutem Korrelationsverhalten etwa zur gleichen Zeit eingesetzt wurden, ist die optische Meßtechnik (vgl. Abschn. 18.1). Zwei Beispiele zweidimensionaler Masken mit gut autokorrelierender Apertur zeigt Bild 1.11. Auch hier sind ortskontinuierliche („analoge") und ortsdiskrete („digitale") Lösungen möglich. Bild 1.11a stellt eine Fresnelsche Zonenplatte als zweidimensionale, rotationssysmmetrische „Chirp"-Funktion dar, Bild 1.11b eine Binärmaske in Form einer zweidimensionalen Pseudorauschfolge mit 4095 Elementen [Barrett und Horrigan 1973, Harwit und Sloane 1979].

Heute haben die Vorteile der Erzeugung und Verarbeitung digitaler Signale die analogen Korrelationssignale zurückgedrängt. Die folgenden Ausführungen beschränken sich daher auf Synthese, Erzeugung und Eigenschaften von zeit-diskreten „Korrelationsfolgen" und von ortsdiskreten „Korrelationsarrays".

Ein ausführlicher Überblick über analoge Korrelationssignale der Radartechnik ist z.B. in dem Buch „Radar Signals" von Cook und Bernfeld [1967] zu finden. Doch läßt sich auch bei der Synthese zeitkontinuierlicher Signale das Entwurfsproblem durch Anwendung des Abtasttheorems auf den i.allg. einfacheren Entwurf zeitdiskreter Signale zurückführen.

a)

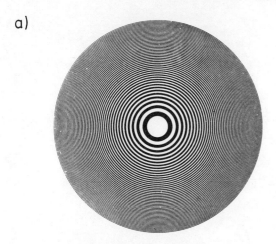

b)

Bild 1.11. „Analoge" und „digitale" optische Aperturmasken

1.4 Aperiodische und periodische Korrelationssignale

Zeitdiskrete Signale mit impulsförmigen Autokorrelationsfunktionen finden, wie beispielhaft dargestellt wurde, vielfältige Anwendung in Nachrichten- und Meßtechnik. In Bild 1.12 ist als Beispiel ein ternäres Signal (a) dieser Art zusammen mit seiner aperiodischen Autokorrelationsfunktion (AKF) (b) darge-stellt.

Während die AKF außerhalb des impulsförmigen Hauptmaximums prinzi-piell nicht überall verschwinden kann, ist dies bei der mit der Signaldauer periodisch wiederholten Autokorrelationsfunktion (PAKF), zwischen den peri-odischen Hauptmaxima möglich, vgl. Bild 1.12c. Diese PAKF kann auch als

a) Signal

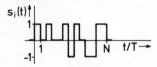

Autokorrelationsfunktionen

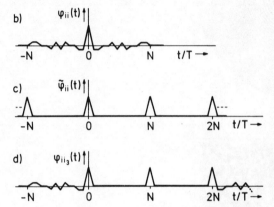

Bild 1.12. Zeitdiskretes Signal (**a**) und verschiedene Formen seiner Autokorrelationsfunktion: (**b**) aperiodisch, (**c**) periodisch, (**d**) „dreifach" korreliert (das zeitdiskrete Signal ist hier als Folge von ternär modulierten Rechteckimpulsen der Dauer 1 dargestellt)

Kreuzkorrelationsfunktion zwischen Signal und periodisch wiederholtem Signal aufgefaßt werden. Für die Mehrzahl der Anwendungen, nämlich dann, wenn die Signale einzeln (Synchronisationsimpuls, Radarsignal) gesendet und in Korrelationsempfängern empfangen werden, ist eine gute aperiodische AKF erforderlich. Leider ist dieser Fall auch der für die Signalsynthese schwierigere (s. Kap. 6). Es existieren keine konstruktiven Syntheseverfahren, mit denen binäre oder ternäre Signale mit optimal impulsförmiger AKF gebildet werden können. Dagegen ist die Synthese von „perfekten Folgen" mit idealer PAKF wie in Bild 1.12c einfach möglich. Zwischen beiden Ansätzen bestehen aber zwei Verbindungen: Einmal können mit oft guten Ergebnissen Signale mit guter oder idealer PAKF auf gute AKF-Eigenschaften hin ausgesucht werden. Einen anderen Weg zeigt Bild 1.12d: Korreliert man eine dreifach übertragene, perfekte Folge mit der einfachen Folge, dann verschwinden zwischen den Maxima die Korrelationsfunktionen wieder ideal. In diesem Meßfenster kann beispielsweise die Stoßantwort des Übertragungskanals gemessen und zur Steuerung eines Entzerrers verwendet werden, während die Hauptmaxima zur Synchronisation verfügbar sind. In der Radartechnik oder der Systemmeßtechnik sind entsprechend längere Impulsgruppen anwendbar, soweit die Randeffekte vernachlässigbar sind.

Ein weiteres Anwendungsfeld finden perfekte Folgen bei der Synthese von Orthogonalmatrizen. Schreibt man alle N zyklisch verschobenen Versionen einer perfekten Folge der Länge N untereinander, so entsteht eine zyklische

Bild 1.13. Zyklische, ternäre Orthogonalmatrix, $N = 13$

+	+	+	−	−	0	+	−	+	0	0	+	0
0	+	+	+	−	−	0	+	−	+	0	0	+
+	0	+	+	+	−	−	0	+	−	+	0	0
0	+	0	+	+	+	−	−	0	+	−	+	0
0	0	+	0	+	+	+	−	−	0	+	−	+
+	0	0	+	0	+	+	+	−	−	0	+	−
−	+	0	0	+	0	+	+	+	−	−	0	+
+	−	+	0	0	+	0	+	+	+	−	−	0
0	+	−	+	0	0	+	0	+	+	+	−	−
−	0	+	−	+	0	0	+	0	+	+	+	−
−	−	0	+	−	+	0	0	+	0	+	+	+
+	−	−	0	+	−	+	0	0	+	0	+	+
+	+	−	−	0	+	−	+	0	0	+	0	+

Orthogonalmatrix, da die Korrelationskoeffizienten zwischen allen Folgen verschwinden. (s. Abschn. 9.2).

Als Beispiel zeigt Bild 1.13 die ternäre Orthogonalmatrix, die aus der perfekten Ternärfolge gebildet wird, die dem Signal in Bild 1.12a zugrunde liegt.

Ähnliche Zusammenhänge gelten ebenfalls für zweidimensionale Korrelationsarrays, die ausführlich ab Kap. 11 betrachtet werden sollen.

2. Korrelationsfunktionen und Korrelationsfolgen

Nach einer Einführung in den Begriff der Korrelationsfunktion zeitdiskreter Signale werden in den Abschnitten 2.2 und 2.3 dieses Kapitels zunächst die Eigenschaften der aperiodischen und periodischen Korrelationsfunktionen von Folgen und verknüpften Folgen zusammengestellt. Beim ersten Lesen können diese Abschnitte übergangen werden, da in den späteren Kapiteln auf viele der Beziehungen dieser „Formelsammlung" zurückgegriffen und näher eingegangen wird.

Der letzte Abschnitt 2.4 führt dann in die besonderen Eigenschaften „guter" Korrelationsfolgen ein.

2.1 Korrelation als Ähnlichkeitsmaß

Das Konzept der Korrelation wurde in Kap. 1 über den Optimalempfang von Signalen bekannter Form unter Störung durch weißes Rauschen eingeführt. Ein anderer Ansatz definiert die Korrelation als Ähnlichkeitsmaß zweier Signale [Lüke 1990]: Es sei $s(n)$ ein reellwertiges, zeitdiskretes Signal; $s(n)$ wird Energiesignal genannt, wenn seine Energie endlich ist, also

$$E = \sum_{n=-\infty}^{\infty} s^2(n), \quad \text{mit } 0 < E_s < \infty. \tag{2.1}$$

$\sqrt{E}$ wird als Norm des Signals bezeichnet.

Zur Definition eines amplitudenunabhängigen Ähnlichkeitsmaßes zweier Energiesignale $s(n)$, $g(n)$, werden die Signale auf ihre Normen bezogen und die Energie ihrer Differenz gebildet

$$E_{\Delta b} = \sum_{n=-\infty}^{\infty} \left(\frac{s(n)}{\sqrt{E_s}} - \frac{g(n)}{\sqrt{E_g}} \right)^2 = 2 - 2 \sum_{n=-\infty}^{\infty} s(n)g(n)/\sqrt{E_s E_g}. \tag{2.2}$$

Dieser Ausdruck kann Werte im Bereich 0 bis 4 annehmen. Zur Vereinfachung und Symmetrierung wird dieses Maß auf den Bereich ± 1 umgeformt und dann „normierter Kreuzkorrelationskoeffizient" p_{sg} genannt, also

$$p_{sg} = 1 - E_{\Delta b}/2 = \sum_{n=-\infty}^{\infty} s(n)g(n)/\sqrt{E_s E_g}. \tag{2.3}$$

Der Wert $p_{sg} = 1$ ergibt sich bei Signalen, die entweder identisch sind oder sich nur durch einen positiven, reellen Amplitudenfaktor unterscheiden

$$p_{sg} = 1 \text{ für } s(n) = kg(n), \quad k \text{ positiv, reell.} \tag{2.4}$$

Den Wert -1 für größte Unähnlichkeit in dem hier definierten Sinn erhält man als

$$p_{sg} = -1 \text{ für } s(n) = -kg(n), \quad k \text{ positiv, reell,} \tag{2.5}$$

während das Maß bei orthogonalen Signalen zu Null wird, d.h.

$$p_{sg} = 0 \text{ für } \sum_{n=-\infty}^{\infty} s(n)g(n) = 0. \tag{2.6}$$

Der Korrelationskoeffizient ist immer auch von einer gegenseitigen Verschiebung beider Signale abhängig. In einer verallgemeinerten Definition wird der Korrelationskoeffizient in seiner Abhängigkeit von dieser Verschiebung als normierte Korrelationsfunktion bezeichnet

$$p_{sg}(m) = \sum_{n=-\infty}^{\infty} s(n)g(n+m)/\sqrt{E_s E_g}. \tag{2.7}$$

Schließlich wird im folgenden fast nur die im Zähler von (2.7) stehende unnormierte Form benutzt und kurz Korrelationsfunktion $\varphi_{sg}(m)$ genannt.

Verallgemeinert man die Betrachtungen auf komplexwertige Signale, wie sie insbesondere für die Beschreibung und Synthese von Bandpaßsignalen wichtig sind [Lüke 1990], so erhält man als endgültige Form der Korrelationsfunktion den Ausdruck[1]

$$\varphi_{sg}(m) = \sum_{n=-\infty}^{\infty} s^*(n)g(n+m). \tag{2.8}$$

Die so definierte Korrelationsfunktion zeitdiskreter Energiesignale und ihre Abwandlungen spielen in den weiteren Kapiteln eine dominierende Rolle. In den folgenden Abschnitten 2.2 und 2.3 werden daher ihre wichtigsten Eigenschaften in einer Art Formelsammlung zusammengestellt. Die Ausdrücke gehen alle von der Definition (2.8) für komplexwertige Signale aus. Im Fall reellwertiger Signale kann einfach im Zeitbereich die Konjugiert-Komplex-Operation (also das *-Zeichen) weggelassen werden. Der Kürze wegen werden im folgenden zeitdiskrete Signale als „Folgen" bezeichnet. In der Literatur finden sich Zusammenstellungen von Eigenschaften der Korrelationsfunktionen von Folgen besonders in [MacWilliams und Sloane 1976, Sarwate 1979, Sarwate und Pursley 1980, Schotten 1990].

---

[1] In der Literatur nicht einheitlich definiert, statt $s(n)$ wird häufig $g(n+m)$ konjugiert komplex gesetzt. Die so definierte Korrelationsfunktion ist konjugiert komplex zu (2.8).

2.2 Aperiodische Korrelationsfunktionen von Folgen

2.2.1 Grundbeziehungen

Gegeben ist die Folge (Energiesignal)

$$s(n), \quad n = 0(1)N - 1, \ s(n) \in \mathbb{C} \tag{2.9}$$

bei komplexwertigen Folgen auch

$$s(n) = s_r(n) + js_i(n) \tag{2.10}$$

$$= |s(n)|e^{j\,\mathrm{Arc}\,s(n)}, \quad s_{r,i}(n), \ |s(n)|, \ \mathrm{Arc}\,s(n) \in \mathbb{R}.$$

Im Frequenzbereich gilt mit der Fourier-Transformation[2]

$$S(f) = \sum_n s(n)e^{-j2\pi nf}, \ f \in \mathbb{R}, \ \text{Periode 1.} \tag{2.11}$$

Der Mittelwert der Folge ist

$$m_s = \sum_n s(n) = S(0). \tag{2.12}$$

Autokorrelationsfunktionen. Die Autokorrelationsfunktion (AKF) ist mit (2.8) für $g(n) = s(n)$ definiert als

$$\varphi_{ss}(m) = \sum_n s^*(n)s(n + m), \quad \text{für } |m| = 0(1)N - 1 \tag{2.13}$$

oder über die Faltung zeitdiskreter Signale

$$\varphi_{ss}(m) = s^*(-m) * s(m). \tag{2.14}$$

Die Breite der AKF hat den Wert $2N - 1$.
Transformiert man diese Beziehung in den Frequenzbereich, so erhält man als Spektrum der AKF (Energiedichtespektrum)

$$\phi_{ss}(f) = S^*(f) \cdot S(f) = |S(f)|^2 \quad \text{mit der Periode 1.} \tag{2.15}$$

Die AKF hat weiter folgende Eigenschaften: Sie ist konjugiert symmetrisch

$$\varphi_{ss}(-m) = \varphi_{ss}^*(m). \tag{2.16}$$

Für die Energie der Folge gilt mit (2.3) und (2.15) (Parsevalsches Theorem)

$$E = \varphi_{ss}(0) = \sum_n |s(n)|^2 = \int_0^1 |S(f)|^2 \, df. \tag{2.17}$$

---

[2] Im folgenden bedeutet $\sum_n (\cdot)$ die Summierung über alle n, für die das Argument $(\cdot)$ nicht verschwindet.

Weiter ist mit (2.3) die AKF beschränkt durch

$$|\varphi_{ss}(m)| \leq E. \tag{2.18}$$

Für die „Fläche" der AKF gilt schließlich

$$\sum_m \varphi_{ss}(m) = |S(0)|^2 = |m_s|^2. \tag{2.19}$$

Kreuzkorrelationsfunktionen. Die Kreuzkorrelationsfunktion (KKF) nach (2.8) läßt sich wieder als diskrete Faltung darstellen

$$\varphi_{sg}(m) = \sum_n s^*(n)g(n+m)$$

$$= s^*(-m) * g(m). \tag{2.20}$$

Ihre Breite beträgt $N_s + N_g - 1$, wobei N_s, N_g die Breiten der Folgen s, g sind. Im Frequenzbereich gilt

$$\phi_{sg}(f) = S^*(f) \cdot G(f) \quad \text{mit der Periode 1.} \tag{2.21}$$

Die KKF weist die Symmetrieeigenschaft

$$\varphi_{sg}(-m) = \varphi_{gs}^*(m) \tag{2.22}$$

auf. Mit (2.7) ist sie beschränkt durch

$$|\varphi_{sg}(m)| \leq \sqrt{E_s E_g}. \tag{2.23}$$

Die „Fläche" der KKF hat den Wert

$$\sum_m \varphi_{sg}(m) = m_s^* m_g. \tag{2.24}$$

Bei orthogonalen Folgen ist mit (2.6), (2.21)

$$\varphi_{sg}(0) = \sum_n s^*(n)g(n) = \int_0^1 S^*(f)G(f)df$$

$$= \int_0^1 \phi_{sg}(f)df = 0. \tag{2.25}$$

Schließlich besteht zwischen AKF und KKF mit (2.14), (2.20) die Beziehung

$$\varphi_{ss}(m) * \varphi_{gg}(m) = \varphi_{sg}(m) * \varphi_{gs}(m), \tag{2.26}$$

daraus folgt bei Auswerten der Faltung im Nullpunkt und mit den Symmetriebeziehungen (2.16), (2.22) [Sarwate 1979]

$$\sum_m |\varphi_{sg}(m)|^2 = \sum_m \varphi_{ss}^*(m)\varphi_{gg}(m). \tag{2.27}$$

Grundtransformationen. Die Auswirkungen einiger Grundtransformationen der Folgen auf die zugehörigen Korrelationsfunktionen sind in den drei Tabellen 2.1–3 zusammengestellt. Zunächst werden in Tabelle 2.1 wieder Grundtransformationen der AKF betrachtet.

Wie diese Tabelle zeigt, lassen einige der Transformationen die Autokorrelationsfunktion ungeändert oder betragsmäßig ungeändert. Diese wichtigen „Invarianzoperationen" sind in Tabelle 2.2 zusammengefaßt und ergänzt dargestellt.

Schließlich enthält Tabelle 2.3 die Auswirkungen der betrachteten Transformationen auf die Kreuzkorrelationsfunktionen.

2.2.2 Verknüpfung aperiodischer Folgen

Für die Synthese von Folgen mit vorgeschriebenen Korrelationsfunktionen sind Verknüpfungen mehrerer Folgen grundlegend. Die wichtigsten dieser Ver-

Tabelle 2.1. Transformationen von Folgen und ihre AKF

$s(n)$	$\varphi_{ss}(m)$
$as(n), \quad a \in \mathbb{C}$	$|a|^2 \varphi_{ss}(m)$
$s(n) + a, a \in \mathbb{C}$	$\varphi_{ss}(m) + (N-m)|a|^2 + a \sum\limits_{n=0}^{N-1-m} s^*(n) + a^* \sum\limits_{n=m}^{N-1} s(n)$ für $m \geq 0$
$s(n - n_0), \quad n_0 \in \mathbb{N}$	$\varphi_{ss}(m)$
$s^*(n)$	$\varphi_{ss}^*(m)$
$s(-n)$	$\varphi_{ss}^*(m)$
$s^*(-n)$	$\varphi_{ss}(m)$
Zerlegung in gerade und ungerade Anteil $s_g(n) + s_u(n) \quad$ mit $s_g(n) = s_g^*(N-1-n)$ und $s_u(n) = -s_u^*(N-1-n)$	$\varphi_{s_g s_g}(m) + \varphi_{s_u s_u}(m)$
Zerlegung in Real- und Imaginärteil $s_r(n) + js_i(n)$	$\varphi_{s_r s_r}(m) + \varphi_{s_i s_i}(m) + j[\varphi_{s_r s_i}(m) - \varphi_{s_i s_r}(m)]$
Addition einer linearen Phase $e^{j2\pi n/x}s(n), \quad x \in \mathbb{R}$	$e^{j2\pi m/x}\varphi_{ss}(m)$
Alternierung $(-1)^n s(n)$	$(-1)^m \varphi_{ss}(m)$
Dehnung $D^c[s(n)] = \begin{cases} s(n/c) & \text{für } n/c \text{ ganz} \\ 0 & \text{sonst} \end{cases}$ $= s(0), \underbrace{0, \dots, 0}_{c-1 \text{ Nullen}}, s(1), 0, \dots$	$D^c[\varphi_{ss}(m)]$

Tabelle 2.2. Invarianzoperationen von Folgen bezüglich ihrer AKF

Invarianzoperationen Typ I (AKF-Werte unverändert)

Verschieben	$s(n - n_0)$	$\varphi_{ss}(m)$
Negieren	$-s(n)$	$\varphi_{ss}(m)$
Konjugiert komplex Spiegeln	$s^*(-n)$	$\varphi_{ss}(m)$
Addition einer konst. Phase	$e^{j\alpha}s(n)$	$\varphi_{ss}(m)$

Invarianzoperationen Typ II (Betrag der AKF-Werte unverändert)

Spiegeln	$s(-n)$	$\varphi_{ss}^*(m)$
Konjugiert komplex	$s^*(n)$	$\varphi_{ss}^*(m)$
Addition einer lin. Phase	$e^{j2\pi n/x}s(n)$	$e^{j2\pi m/x}\varphi_{ss}(m)$
Alternierung	$(-1)^n s(n)$	$(-1)^m\varphi_{ss}(m)$

Invarianzoperationen Typ III (AKF-Werte umsortiert)

Konjugiert komplex	$s^*(n)$	$\varphi_{ss}(-m)$
Spiegeln	$s(-n)$	$\varphi_{ss}(-m)$

Tabelle 2.3. Transformationen von Folgen und ihre KKF

$s(n), \quad g(n)$	$\varphi_{sg}(m)$
$as(n), \; bg(n), \quad a, b \in \mathbb{C}$	$a^*b\varphi_{sg}(m)$
$s(n) + a, \; g(n) + b, \quad a, b \in \mathbb{C}$	$\varphi_{sg}(m) + (N - m)a^*b + b\sum\limits_{n=0}^{N-1-m} s^*(n) + a^*\sum\limits_{n=m}^{N-1} g(n)$ für $m \geq 0$, $N_s = N_g = N$
$s(n - n_s), \; g(n - n_g), \quad n_{s,g} \in \mathbb{N}$	$\varphi_{sg}[m - (n_g - n_s)]$
$s^*(n), g^*(n)$	$\varphi_{sg}^*(m)$
$s(-n), g(-n)$	$\varphi_{sg}(-m) = \varphi_{gs}^*(m)$
Addition einer lin. Phase	
$e^{j2\pi n/x}s(n), e^{j2\pi n/x}g(n)$	$e^{j2\pi m/x}\varphi_{sg}(m)$
Alternierung	
$(-1)^n s(n), (-1)^n g(n)$	$(-1)^m\varphi_{sg}(m)$
Dehnung	
$D^c[s(n)], D^c[g(n)]$	$D^c[\varphi_{sg}(m)]$

knüpfungen und ihre Auswirkungen auf die resultierenden Korrelationsfunktionen sind hier zusammengestellt.

Autokorrelationsfunktionen verknüpfter Folgen

Addition. Zwei Folgen mit beliebigen Längen werden addiert.

$$h(n) = s(n) + g(n) \tag{2.28}$$
$$\varphi_{hh}(m) = \varphi_{ss}(m) + \varphi_{gg}(m) + \varphi_{sg}(m) + \varphi_{gs}(m).$$

Faltung. Zwei Folgen mit beliebigen Längen werden gefaltet (Wiener-Lee-Theorem für determinierte Folgen):

$$h(n) = s(n) * g(n) \quad \text{mit } N_h = N_s + N_g - 1 \tag{2.29}$$

$$\varphi_{hh}(m) = \varphi_{ss}(m) * \varphi_{gg}(m).$$

Reihung. An die Folge $s(n)$ der Länge N_s wird eine zweite Folge $g(n)$ beliebiger Länge angehängt:

$$h(n) = s(n) + g(n - N_s) \quad \text{mit } N_h = N_s + N_g \tag{2.30}$$

$$\varphi_{hh}(m) = \varphi_{ss}(m) + \varphi_{gg}(m) + \varphi_{sg}(m - N_s) + \varphi_{gs}(m + N_s).$$

Verkettung. Die Elemente zweier Folgen gleicher Länge werden abwechselnd aneinandergereiht:

$$h(n) = s(n) \otimes_v g(n), \quad \text{mit } h(2k) = s(k), \ h(2k + 1) = g(k), \ k = 0(1)N - 1$$

$$\text{und der Länge } N_h = 2N \tag{2.31}$$

$$\varphi_{hh}(m) = [\varphi_{ss}(m) + \varphi_{gg}(m)] \otimes_v [\varphi_{sg}(m) + \varphi_{gs}(m + 1)].$$

Kronecker-Produkt. Die Folge $g(n)$ der Länge N_g wird mit der um N_g gedehnten Folge $s(n)$ gefaltet. (Dehnungsoperator wie in Tabelle 2.1). Die AKF ergibt sich mit (2.29)

$$h(n) = D^{N_g}[s(n)] * g(n) \quad \text{mit } N_h = N_s \cdot N_g \tag{2.32}$$

$$\varphi_{hh}(m) = D^{N_g}[\varphi_{ss}(m)] * \varphi_{gg}(m).$$

Kreuzkorrelationsfunktionen verknüpfter Folgen. In entsprechender Weise lassen sich die Verknüpfungsoperationen auf die Kreuzkorrelationsfunktionen von Familien von Folgen $s_1(n), s_2(n), \ldots$ der Länge N_s, und $g_1(n), g_2(n), \ldots$ der Länge N_g verallgemeinern.

Addition

$$h_{1,2}(n) = s_{1,2}(n) + g_{1,2}(n) \tag{2.33}$$

$$\varphi_{h_1 h_2}(m) = \varphi_{s_1 s_2}(m) + \varphi_{g_1 g_2}(m) + \varphi_{s_1 g_2}(m) + \varphi_{g_1 s_2}(m).$$

Faltung

$$h_{1,2}(n) = s_{1,2}(n) * g_{1,2}(n) \tag{2.34}$$

$$\varphi_{h_1 h_2}(m) = \varphi_{s_1 s_2}(m) * \varphi_{g_1 g_2}(m).$$

Reihung

$$h_{1,2}(n) = s_{1,2}(n) + g_{1,2}(n - N_s) \tag{2.35}$$

$$\varphi_{h_1 h_2}(m) = \varphi_{s_1 s_2}(m) + \varphi_{g_1 g_2}(m) + \varphi_{s_1 g_2}(m - N_s) + \varphi_{g_1 s_2}(m + N_s).$$

Verkettung

$$h_{1,2}(n) = s_{1,2}(n) \otimes_v g_{1,2}(n), \quad \otimes_v \text{ wie in (2.31)} \tag{2.36}$$

$$\varphi_{h_1 h_2}(m) = [\varphi_{s_1 s_2}(m) + \varphi_{g_1 g_2}(m)] \otimes_v [\varphi_{s_1 g_2}(m) + \varphi_{g_1 s_2}(m+1)].$$

Kronecker-Produkt

$$h_{1,2}(n) = D^{N_g}[s_{1,2}(n)] * g_{1,2}(n) \tag{2.37}$$

$$\varphi_{h_1 h_2}(m) = D^{N_g}[\varphi_{s_1 s_2}(m)] * \varphi_{g_1 g_2}(m).$$

2.3 Periodische Korrelationsfunktionen von Folgen

2.3.1 Grundbeziehungen

Gegeben ist die periodische Folge

$$\tilde{s}(n), \ \tilde{s}(n) \in \mathbb{C}$$

mit der Eigenschaft

$$\tilde{s}(n) = \tilde{s}(n + qN), \quad n = 0(1)N - 1, \quad q \in \mathbb{Z}, \quad \text{Periode } N. \tag{2.38}$$

Ist nur die Grundperiode von Bedeutung, so wird sie im folgenden auch als $s(n)$ bezeichnet. Komplexwertige Folgen lassen sich wie in (2.10) zerlegen. Im Frequenzbereich ist mit der diskreten Fourier-Transformation (DFT)

$$\tilde{S}(k) = \sum_{n=0}^{N-1} s(n)e^{-j2\pi nk/N}, \quad k = 0(1)N - 1. \tag{2.39}$$

Der Mittelwert der Folge ist

$$m_s = \sum_{n=0}^{N-1} s(n) = \tilde{S}(0). \tag{2.40}$$

Periodische Autokorrelationsfunktion. Die periodische Autokorrelationsfunktion (PAKF) mit gleicher Periode N wie die Folge wird definiert als (zur mod-Operation s. Abschn. 3.1)

$$\tilde{\varphi}_{ss}(m) = \sum_{n=0}^{N-1} s^*(n)\tilde{s}(n + m)$$

$$= \sum_{n=0}^{N-1} s^*(n)s[(n + m) \bmod N] \tag{2.41}$$

oder als periodische Faltung geschrieben [Lüke 1990]

$$\tilde{\varphi}_{ss}(m) = \tilde{s}^*(-m) *_{\text{per}} \tilde{s}(m). \tag{2.42}$$

Im Frequenzbereich folgt mit der DFT als frequenzdiskretes, periodisches

Spektrum der PAKF

$$\tilde{\phi}_{ss}(k) = \tilde{S}^*(k) \cdot \tilde{S}(k) = |\tilde{S}(k)|^2. \tag{2.43}$$

Weitere allgemeine Eigenschaften der PAKF sind:
Sie ist konjugiert symmetrisch

$$\tilde{\phi}_{ss}(m) = \tilde{\phi}_{ss}^*(-m) = \tilde{\phi}_{ss}^*(N-m). \tag{2.44}$$

Für die Energie einer Periode der Folge gilt (Parsevalsches Theorem)

$$E = \sum_{n=0}^{N-1} |s(n)|^2 = \tilde{\phi}_{ss}(0) = \frac{1}{N}\sum_{k=0}^{N-1} |\tilde{S}(k)|^2. \tag{2.45}$$

Auch hier ist die PAKF beschränkt durch

$$|\tilde{\phi}_{ss}(m)| \le E. \tag{2.46}$$

Die „Fläche" der PAKF wird gegeben durch

$$\sum_{m=0}^{N-1} \tilde{\phi}_{ss}(m) = |\tilde{S}(0)|^2 = |m_s|^2. \tag{2.47}$$

Die PAKF steht zur aperiodischen AKF der Grundperiode $s(n)$ der Folge in der Beziehung

$$\tilde{\phi}_{ss}(m) = \varphi_{ss}(m) + \varphi_{ss}(m-N) \quad \text{für } 0 \le m < N, \tag{2.48}$$

die entsprechende Differenz wird auch als „ungerade PAKF" bezeichnet.

Periodische Kreuzkorrelationsfunktion. Die periodische Kreuzkorrelationsfunktion (PKKF) lautet in Verallgemeinerung von (2.41)

$$\tilde{\phi}_{sg}(m) = \sum_{n=0}^{N-1} \tilde{s}^*(n)\tilde{g}(n+m)$$

$$= \sum_{n=0}^{N-1} \tilde{s}^*(n)g[(n+m)\,\text{mod}\,N], \tag{2.49}$$

dabei wird im folgenden durchweg angenommen, daß die Perioden von $\tilde{s}(n)$ und $\tilde{g}(n)$ gleich sind: $N_s = N_g = N$. Verallgemeinert gilt (2.49) aber auch bei unterschiedlichen Perioden, wenn $N = kgV(N_s, N_g)$ gesetzt wird.
Über die periodische Faltung errechnet sich die PKKF zu

$$\tilde{\phi}_{sg}(m) = \tilde{s}^*(-m) *_{\text{per}} \tilde{g}(m). \tag{2.50}$$

Im Frequenzbereich gilt

$$\tilde{\phi}_{sg}(m) \overset{\text{DFT}}{\circ\!\!-\!\!\bullet} \tilde{\phi}_{sg}(k) = \tilde{S}^*(k) \cdot \tilde{G}(k). \tag{2.51}$$

Die Symmetrieeigenschaft der PKKF lautet

$$\tilde{\phi}_{sg}(m) = \tilde{\phi}_{gs}^*(-m). \tag{2.52}$$

Die PKKF ist weiter beschränkt durch

$$|\tilde{\varphi}_{sg}(m)| \le \sqrt{E_s E_g}. \tag{2.53}$$

Schließlich ist ihre „Fläche"

$$\sum_{m=0}^{N-1} \tilde{\varphi}_{sg}(m) = m_s^* \cdot m_g. \tag{2.54}$$

Für orthogonale Folgen gilt

$$\tilde{\varphi}_{sg}(0) = \sum_{n=0}^{N-1} s^*(n)g(n) = \frac{1}{N} \sum_{k=0}^{N-1} \tilde{S}^*(k)\tilde{G}(k) = 0. \tag{2.55}$$

Weiter ist der Zusammenhang der PKKF mit der aperiodischen KKF der Grundperioden $s(n)$, $g(n)$ gegeben durch

$$\tilde{\varphi}_{sg}(m) = \varphi_{sg}(m) + \varphi_{sg}(m-N), \quad 0 \le m < N, \tag{2.56}$$

auch hier wird die Differenz „ungerade PKKF" genannt.
Zwischen PAKF und PKKF besteht die zu (2.26) entsprechende Beziehung

$$\tilde{\varphi}_{ss}(m) * \tilde{\varphi}_{gg}(m) = \tilde{\varphi}_{sg}(m) * \tilde{\varphi}_{gs}(m), \tag{2.57}$$

woraus sich wieder bei Auswerten der Faltung im Nullpunkt ergibt

$$\sum_{m=0}^{N-1} |\tilde{\varphi}_{sg}(m)|^2 = \sum_{m=0}^{N-1} \tilde{\varphi}_{ss}^*(m)\tilde{\varphi}_{gg}(m). \tag{2.58}$$

Tabelle 2.4. Transformationen periodischer Folgen und ihre PAKF

$\tilde{s}(n)$	$\tilde{\varphi}_{ss}(m)$
$a\tilde{s}(n), \quad a \in \mathbb{C}$	$|a|^2 \tilde{\varphi}_{ss}(m)$
$\tilde{s}(n) + a, \quad a \in \mathbb{C}$	$\tilde{\varphi}_{ss}(m) + N|a|^2 + am_s^* + a^*m_s$
$\tilde{s}(n - n_0), \quad n_0 \in \mathbb{N}$	$\tilde{\varphi}_{ss}(m)$
$\tilde{s}^*(n)$	$\tilde{\varphi}_{ss}^*(m)$
$\tilde{s}(-n)$	$\tilde{\varphi}_{ss}^*(m)$
$\tilde{s}^*(-n)$	$\tilde{\varphi}_{ss}(m)$
Zerlegung gerade–ungerade	
$\tilde{s}_g(n) + \tilde{s}_u(n)$ mit $\tilde{s}_g(n) = \tilde{s}_g^*(N-1-n)$ und $\tilde{s}_u(n) = -\tilde{s}_u^*(N-1-n)$	$\tilde{\varphi}_{s_g s_g}(m) + \tilde{\varphi}_{s_u s_u}(m)$
Alternierung	
$(-1)^n \tilde{s}(n)$, N gerade	$(-1)^m \tilde{\varphi}_{ss}(m)$
Dehnung	
$D^c[\tilde{s}(n)] = \begin{cases} \tilde{s}(n/c) & \text{für } n/c \text{ ganz} \\ 0 & \text{sonst} \end{cases}$ Periode cN	$D^c[\tilde{\varphi}_{ss}(m)]$ Periode cN

Die Tabellen 2.4–6 stellen einige Grundtransformationen im Zeit- und Korrelationsbereich zusammen.

Die aus Tabelle 2.4 folgenden „Invarianzoperationen" der PAKF sind wieder in Tabelle 2.5 zusammengefaßt. Eine wichtige, nur für periodische Folgen gültige Invarianzoperation stellt die Dezimation dar [Golomb 1967]. Bei der Dezimation wird einer periodischen Folge jeder d-te Wert entnommen, wobei d und N teilerfremd sein müssen, also $\mathrm{ggT}(d, N) = 1$. Die sich dann ergebende umsortierte Folge hat die gleiche Periode N, wobei ihre PAKF ebenfalls nur in gleicher Weise umsortiert ist.

Schließlich enthält Tabelle 2.6 die Anwendungen der Grundtransformationen auf die PKKF.

Tabelle 2.5. Invarianzoperationen periodischer Folgen bezüglich ihrer PAKF

Invarianzoperationen Typ I (PAKF-Werte unverändert)

Verschieben	$\tilde{s}(n - n_0)$	$\tilde{\varphi}_{ss}(m)$
Negieren	$-\tilde{s}(n)$	$\tilde{\varphi}_{ss}(m)$
Konjugiert komplex Spiegeln	$\tilde{s}^*(-n)$	$\tilde{\varphi}_{ss}(m)$
Addition einer konst. Phase	$e^{j\alpha}\tilde{s}(n)$	$\tilde{\varphi}_{ss}(m)$

Invarianzoperationen Typ II (Betrag der PAKF-Werte unverändert)

Spiegeln	$\tilde{s}(-n)$	$\tilde{\varphi}_{ss}^*(m)$
Konjugiert komplex	$\tilde{s}^*(n)$	$\tilde{\varphi}_{ss}^*(m)$
Alternierung	$(-1)^n\tilde{s}(n)$	$(-1)^m\tilde{\varphi}_{ss}(m)$
	N gerade	

Invarianzoperationen Typ III (PAKF-Werte umsortiert)

Konjugiert komplex	$\tilde{s}^*(n)$	$\tilde{\varphi}_{ss}(-m)$
Spiegeln	$\tilde{s}(-n)$	$\tilde{\varphi}_{ss}(-m)$
Dezimation	$\tilde{s}(dn \bmod N)$	$\tilde{\varphi}_{ss}(dm \bmod N)$
	d, N teilerfremd	

Tabelle 2.6. Transformationen periodischer Folgen und ihre PKKF

$\tilde{s}(n), \tilde{g}(n)$	$\tilde{\varphi}_{sg}(m)$
$a\tilde{s}(n), b\tilde{g}(n), \quad a, b \in \mathbb{C}$	$a^*b\tilde{\varphi}_{sg}(m)$
$\tilde{s}(n) + a, \tilde{g}(n) + b, \quad a, b \in \mathbb{C}$	$\tilde{\varphi}_{sg}(m) + Na^*b + bm_s^* + a^*m_g$
$\tilde{s}(n - n_s), \tilde{g}(n - n_g), \quad n_{s,g} \in \mathbb{N}$	$\tilde{\varphi}_{sg}[m - (n_g - n_s)]$
$\tilde{s}^*(n), \tilde{g}^*(n)$	$\tilde{\varphi}_{sg}^*(m)$
$\tilde{s}(-n), \tilde{g}(-n)$	$\tilde{\varphi}_{sg}(-m)$
Alternierung	
$(-1)^n\tilde{s}(n), (-1)^n\tilde{g}(n) \quad N_s, N_g$ gerade	$(-1)^m\tilde{\varphi}_{sg}(m)$
Dehnung	
$D^c[\tilde{s}(n)], D^c[\tilde{g}(n)] \quad$ Periode cN	$D^c[\tilde{\varphi}_{sg}(m)]$

2.3.2 Verknüpfung periodischer Folgen

Die in Abschn. 2.2.2 für aperiodische Folgen und ihre Korrelationsfunktionen zusammengestellten Verknüpfungsregeln lassen sich in ähnlicher Weise auf periodische Folgen anwenden. Darüber hinaus existiert hier als weitere wichtige Verknüpfung die im folgenden häufig benutzte periodische Multiplikation.

Addition

$$\tilde{h}_{1,2}(n) = \tilde{s}_{1,2}(n) + \tilde{g}_{1,2}(n) \quad \text{mit } N_s = N_g = N_h \tag{2.59}$$

PAKF:

$$\tilde{\varphi}_{hh}(m) = \tilde{\varphi}_{ss}(m) + \tilde{\varphi}_{gg}(m) + \tilde{\varphi}_{sg}(m) + \tilde{\varphi}_{gs}(m)$$

PKKF:

$$\tilde{\varphi}_{h_1 h_2}(m) = \tilde{\varphi}_{s_1 s_2}(m) + \tilde{\varphi}_{g_1 g_2}(m) + \tilde{\varphi}_{s_1 g_2}(m) + \tilde{\varphi}_{g_1 s_2}(m).$$

Faltung

$$\tilde{h}_{1,2}(n) = \tilde{s}_{1,2}(n) *_{\text{per}} \tilde{g}_{1,2}(n) \quad \text{mit } N_s = N_g = N_h \tag{2.60}$$

PAKF:

$$\tilde{\varphi}_{hh}(m) = \tilde{\varphi}_{ss}(m) *_{\text{per}} \tilde{\varphi}_{gg}(m)$$

PKKF:

$$\tilde{\varphi}_{h_1 h_2}(m) = \tilde{\varphi}_{s_1 s_2}(m) *_{\text{per}} \tilde{\varphi}_{g_1 g_2}(m).$$

Verkettung

$$\tilde{h}_{1,2}(m) = \tilde{s}_{1,2}(m) \otimes_v \tilde{g}_{1,2}(m) \quad \text{mit } N_h = 2N_s = 2N_g \tag{2.61}$$

PAKF:

$$\tilde{\varphi}_{hh}(m) = [\tilde{\varphi}_{ss}(m) + \tilde{\varphi}_{gg}(m)] \otimes_v [\tilde{\varphi}_{sg}(m) + \tilde{\varphi}_{gs}(m+1)]$$

PKKF:

$$\tilde{\varphi}_{h_1 h_2}(m) = [\tilde{\varphi}_{s_1 s_2}(m) + \tilde{\varphi}_{g_1 g_2}(m)] \otimes_v [\tilde{\varphi}_{s_1 g_2}(m) + \tilde{\varphi}_{g_1 s_2}(m+1)].$$

Kronecker-Produkt

$$\tilde{h}_{1,2}(n) = D^{N_g}[\tilde{s}_{1,2}(n)] * g_{1,2}(n) \quad \text{mit } N_h = N_s \cdot N_g, \; g_{1,2} \text{ aperiodisch!} \tag{2.62}$$

PAKF:

$$\tilde{\varphi}_{hh}(m) = D^{N_g}[\tilde{\varphi}_{ss}(m)] * \varphi_{gg}(m), \quad \text{Periode } N_h = N_s \cdot N_g$$

PKKF:

$$\tilde{\varphi}_{h_1 h_2}(m) = D^{N_g}[\tilde{\varphi}_{s_1 s_2}(m)] * \varphi_{g_1 g_2}(m).$$

Periodische Multiplikation. Zwei periodische Folgen $\tilde{s}(n)$, $\tilde{g}(n)$ mit den teilerfremden Perioden N_s, N_g werden miteinander multipliziert, es entsteht die periodische Folge $\tilde{h}(n)$ mit der Periode $N_h = N_s \cdot N_g$.

$$\tilde{h}_{1,2}(n) = \tilde{s}_{1,2}(n) \cdot \tilde{g}_{1,2}(n), \quad \mathrm{ggT}(N_s, N_g) = 1, \, N_h = N_s \cdot N_g \tag{2.63}$$

PAKF:

$$\tilde{\varphi}_{hh}(m) = \tilde{\varphi}_{ss}(m) \cdot \tilde{\varphi}_{gg}(m), \quad \text{Periode } N_h = N_s \cdot N_g$$

PKKF:

$$\tilde{\varphi}_{h_1 h_2}(m) = \tilde{\varphi}_{s_1 s_2}(m) \cdot \tilde{\varphi}_{g_1 g_2}(m).$$

Diese Operation wird im folgenden häufig verwendet, sie sei daher kurz bewiesen [Lüke 1986, 1988]: Einsetzen der Produktfunktionen in die Definitionsgleichung der PKKF gibt

$$\tilde{\varphi}_{h_1 h_2}(m) = \sum_{n=0}^{N_s N_g - 1} \tilde{s}_1^*(n) \tilde{g}_1^*(n) \tilde{s}_2(n+m) \tilde{g}_2(n+m).$$

Da N_s und N_g teilerfremd sind, erscheinen in diesem Ausdruck alle möglichen Produkte $\tilde{s}_1^*(n)\tilde{s}_2(n+m)$ oder $\tilde{g}_1^*(n)\tilde{g}_2(n+m)$ nur einmal in einer Periode $N_s N_g$. Daher kann diese Summe von $N_s \cdot N_g$ Vierfachprodukten aufgespalten werden in

$$\tilde{\varphi}_{h_1 h_2}(m) = \left[\sum_{n=0}^{N_s - 1} \tilde{s}_1^*(n) \tilde{s}_2(n+m) \right] \cdot \left[\sum_{n=0}^{N_g - 1} \tilde{g}_1^*(n) \tilde{g}_2(n+m) \right]$$

und damit

$$\tilde{\varphi}_{h_1 h_2}(m) = \tilde{\varphi}_{s_1 s_2}(m) \cdot \tilde{\varphi}_{g_1 g_2}(m).$$

Speziell für $s_1(n) = s_2(n)$ und $g_1(n) = g_2(n)$ ergibt sich die bereits in [Ipatov 1980] verwendete Produktbeziehung für Autokorrelationsfunktionen.

2.4 Folgen mit „gutem" Korrelationsverhalten

2.4.1 Begriff der Korrelationsfolgen

Nach den Vorüberlegungen in Kap. 1 werden im folgenden insbesondere Folgen betrachtet und als Korrelationsfolgen bezeichnet, bei denen die aperiodische Autokorrelationsfunktion bzw. eine Periode der periodischen Autokorrelationsfunktion möglichst gut einem Einheitsimpuls entspricht.

In diesem Sinn kann es ideale *aperiodische* Korrelationsfolgen nicht geben, da zumindestens an den Rändern der AKF endliche Werte auftreten müssen. Die beste Annäherung an den Idealfall sind hier impulsäquivalente- oder Huffmann-Folgen, deren AKF in Bild 6.4 dargestellt ist.

Im Gegensatz dazu existieren ideale *periodische* Korrelationsfolgen. Das Beispiel einer solchen „perfekten" Folge zeigt Bild 1.12.

Schwieriger sind die Verhältnisse, wenn ganze Familien von Korrelationsfolgen mit guten Auto- *und* möglichst verschwindenden Kreuzkorrelationsfunktionen gesucht werden. Hier läßt sich zeigen, daß „perfekte" Familien aus perfekten Folgen mit überall verschwindenden periodischen Kreuzkorrelationsfunktionen nicht existieren können (s. Abschn. 5.1).

Bevor in den folgenden Kapiteln die verschiedenen Möglichkeiten zur Synthese periodischer und aperiodischer Korrelationsfolgen und ihrer Familien diskutiert werden, sollen im nächsten Abschnitt einige allgemeine Eigenschaften reellwertiger perfekter Folgen bzw. von Folgen mit zweiwertiger PAKF im Zeit- und Frequenzbereich betrachtet werden.

2.4.2 Eigenschaften von Folgen mit perfekter bzw. zweiwertiger periodischer Autokorrelationsfunktion

Betrachtet werden reellwertige periodische Folgen $\tilde{s}(n)$ mit zweiwertiger PAKF, d.h. einer PAKF deren sämtliche Nebenwerte den reellen konstanten Wert φ_1 besitzen. Bei perfekten Folgen ist speziell $\varphi_1 = 0$. In Bild 2.1 sind PAKF und ihr DFT-Spektrum für eine solche Folge dargestellt.

Aus der Flächenbeziehung (2.47) erhält man folgenden allgemeinen Zusammenhang für derartige Folgen der Länge N, der Energie E und des Mittelwertes m_s

$$E + (N - 1)\varphi_1 = |m_s|^2. \tag{2.64}$$

Da weiter $|m_s| \geq 0$ ist, existiert als untere Schranke für die Nebenwerte der PAKF

$$\varphi_1 \geq - E/(N - 1). \tag{2.65}$$

Speziell für Binärfolgen mit $s(n) \in \{\pm 1\}$ ist $E = N$, also gilt dann $\varphi_1 \geq - N/(N - 1)$, und da φ_1 ganzzahlig ist

$$\varphi_{1_{\text{Bin}}} \geq -1. \tag{2.66}$$

Binärfolgen, die diesen Grenzfall erreichen, also für die

$$\varphi_1 = -1 \tag{2.67}$$

gilt, spielen als PN-Folgen (Pseudo-Noise-Folgen, m-Folgen) eine wichtige Rolle, s. Kap. 3. Aus (2.67) und $E = N$ folgt mit (2.64) für ihren Mittelwert

$$|m_s|_{\text{PN}} = 1. \tag{2.68}$$

Bei perfekten Folgen ergibt sich mit $\varphi_1 = 0$ in (2.64)

$$|m_s| = \sqrt{E}. \tag{2.69}$$

PN-Folgen und perfekte Folgen können also nicht gleichanteilfrei sein.

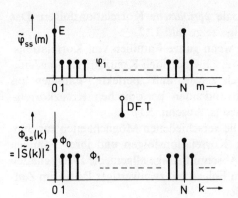

Bild 2.1. Zweiwertige PAKF und ihr diskretes Spektrum

Die PAKF in Bild 2.1 läßt sich als Summe zweier periodischer Einheitsimpulsfolgen darstellen, ihre Fourier-Transformation ist daher ebenfalls die Summe zweier Einheitsimpulsfolgen, und es gilt

$$\tilde{\phi}_{ss}(k) = |\tilde{S}(k)|^2 = \begin{cases} \phi_0 = E + (N-1)\varphi_1 & \text{für} \quad k \equiv 0 \bmod N \\ \phi_1 = E - \varphi_1 & \text{sonst} \end{cases} \qquad (2.70)$$

(zur Ableitung: mit (2.47) und (2.64) ist

$$\phi_0 = |\tilde{S}(0)|^2 = |m_s|^2 = E + (N-1)\varphi_1,$$

während ϕ_1 dann z.B. über das Parsevalsche Theorem (2.45) ermittelt werden kann).

Aus (2.70) folgt für perfekte Folgen mit $\varphi_1 = 0$

$$\tilde{\phi}_{ss}(k) = |\tilde{S}(k)|^2 = E, \quad \forall k, \qquad (2.71)$$

sie besitzen also ein konstantes Betragsspektrum.

Für binäre m-Folgen ergibt sich schließlich aus (2.70) mit (2.67) und $E = N$ das Spektrum

$$\tilde{\phi}_{ss}(k) = |\tilde{S}(k)|^2 = \begin{cases} 1 & \text{für} \quad k \equiv 0 \bmod N \\ N+1 & \text{sonst} \end{cases}. \qquad (2.72)$$

3. Algebraische Folgen

Die algebraischen Korrelationsfolgen werden durch Operationen in endlichen Zahlensystemen gebildet. Für diese Folgen existiert nicht nur eine gut ausgebaute mathematische Theorie, sondern sie können darüber hinaus i. allg. auf einfache Weise erzeugt werden.

3.1 Modulo-Operationen

Die Grundoperation in endlichen Zahlensystemen ist die Modulo-Reduzierung. Hierzu wird der Rest errechnet, der sich bei der Division zweier ganzer Zahlen a/N ergibt. Dieser Rest wird $a \bmod N$ geschrieben, es gilt beispielsweise

$$a \bmod N = a - N \operatorname{ent}(a/N) \quad \text{mit} \quad \operatorname{ent}(x) := \text{größte ganze Zahl} \leq x. \quad (3.1)$$

Die Operation (3.1) bildet alle ganzen Zahlen a auf den Bereich 0 bis $N - 1$ ab. Die Modulo-Operation besitzt eine Anzahl von für ihre Anwendung wichtigen Eigenschaften. So gilt für Summe, Differenz und Produkt zweier Zahlen

$$(a \pm b) \bmod N = (a \bmod N \pm b \bmod N) \bmod N$$
$$(a \cdot b) \bmod N = (a \bmod N \cdot b \bmod N) \bmod N. \quad (3.2)$$

Hiermit läßt sich die Berechnung (und Programmierung) der Modulo-Operation bei großen Zahlen oft entscheidend vereinfachen.

Weiter gilt für Potenzen, wenn der Exponent eine Primzahl ist [Belski und Kaloujnine 1985]

$$a^p \bmod p = a \bmod p, \quad p \text{ prim.} \quad (3.3)$$

Dieser „kleine Fermatsche Satz" wird im übernächsten Abschnitt eine wichtige Rolle spielen.

Besitzen zwei Zahlen a, b den gleichen Rest, also $a \bmod N = b \bmod N$, so bezeichnet man a als kongruent zu b modulo N und schreibt

$$a \equiv b \bmod N.$$

Alle zueinander kongruenten Zahlen bilden eine „Restklasse". So lautet z.B. die

Restklasse der Zahlen $1 \bmod 4$

$$\{ \ldots - 11, \ -7, \ -3, 1, 5, 9, 13, \ldots \}.$$

Der durch (3.1) definierte Rest ist also das kleinste positive Element der Restklasse.

3.2 Differenzmengen-Folgen

Als einführendes Beispiel sei eine periodische, sog. „inkohärente" Binärfolge $\tilde{s}(n)$ mit Elementen $\in \{0, 1\}$ betrachtet, deren PAKF zweiwertig ist (Bild 3.1).

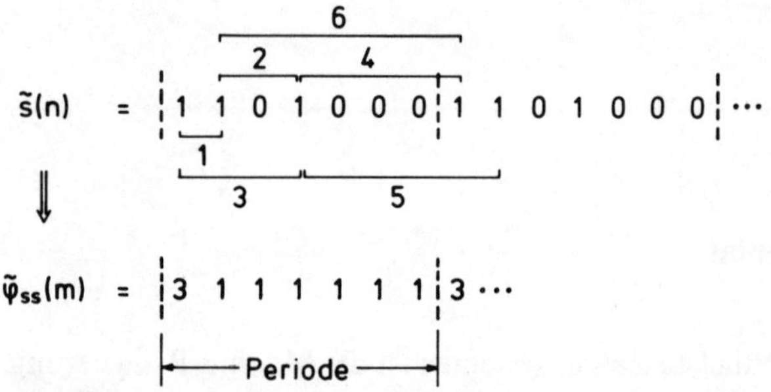

Bild 3.1. Bildung der periodischen Autokorrelationsfunktion einer inkohärenten Binärfolge

Bedingung für die Zweiwertigkeit der PAKF ist also, daß bei der Bildung der Nebenwerte einer Periode alle Abstände zwischen den Einsen mit gleicher Häufigkeit vorkommen. Im Beispiel in Bild 3.1 sind, wie die Klammern zeigen, alle Abstände genau einmal vertreten. Diese Eigenschaft gibt die Definition der in der Mathematik schon seit langem behandelten „Differenzmengen" wieder: Eine Differenzmenge (auch zyklische Differenzmenge)

$$D = \{d_1, d_2, \ldots, d_k\}$$

enthält *die k* ganzen Zahlen mod N, deren Differenzen

$$(d_i - d_j) \bmod N, \qquad (i \neq j) \tag{3.4}$$

jeden Wert $1, 2, \ldots N - 1$ genau λ-mal annehmen [Baumert 1964, 1971]. Hierzu aus Bild 3.1 das Beispiel einer Differenzmenge D mit $N = 7, k = 3, \lambda = 1$:

$$\left.\begin{aligned}
d_1 - d_2 &= 1 - 2 \equiv 6 \bmod 7 \\
d_1 - d_3 &= 1 - 4 \equiv 4 \bmod 7 \\
d_2 - d_3 &= 2 - 4 \equiv 5 \bmod 7 \\
d_2 - d_1 &= 2 - 1 \equiv 1 \bmod 7 \\
d_3 - d_1 &= 4 - 1 \equiv 3 \bmod 7 \\
d_3 - d_2 &= 4 - 2 \equiv 2 \bmod 7
\end{aligned}\right\} \quad D = \{1, 2, 4\}. \tag{3.5}$$

Einer solchen Differenzmenge läßt sich z.B. eine inkohärente Folge der Länge
N mit k Einsen zuordnen durch

$$s(n) = \begin{cases} 1 & \text{für } n \in D \\ 0 & \text{für } n \notin D, \ n = 1(1)N. \end{cases} \tag{3.6a}$$

Diese Differenzmengen-Folgen besitzen also immer eine zweiwertige PAKF

$$\tilde{\varphi}_{ss}(m) = \begin{cases} k & \text{für } m \equiv 0 \bmod N \\ \lambda & \text{sonst.} \end{cases} \tag{3.6b}$$

Die Differenzmenge D in (3.5) führt auf die eingangs benutzte Binärfolge. Für
eine andere Zuordnung erhält man „bipolare" Binärfolgen mit Elementen
$\in \{\pm 1\}$.

Mit $1 \to 1$ und $0 \to -1$ folgt für deren PAKF $\varphi_{ss_b}(m)$, da die Umrechung sich
als Subtraktion einer Konstanten beschreiben läßt, vgl. Tabelle 2.4,

$$\tilde{\varphi}_{ss_b}(m) = \begin{cases} N & \text{für } m \equiv 0 \bmod N \\ N - 4 \ (k - \lambda) & \text{sonst.} \end{cases} \tag{3.7a}$$

Damit ergibt sich aus D nach (3.5) als bipolare Folge und ihre PAKF

$$s_b(n) = 1, 1, -1, 1, -1, -1, -1 \tag{3.7b}$$

$$\tilde{\varphi}_{ss_b}(m) = 7, -1, -1, -1, -1, -1, \ldots.$$

Allgemein erhält man bipolare Folgen mit Nebenwerten der PAKF von -1
gemäß (3.7a) aus Differenzmengen mit den Parametern

$$N = 4t - 1, k = 2t - 1, \lambda = t - 1, \quad (t = 1, 2, 3, \ldots). \tag{3.8}$$

Diese sog. Hadamard-Differenzmengen-Folgen existieren allerdings nicht für
alle t [Baumert 1971]. Folgen dieser Art werden im folgenden ausführlicher
behandelt.

Eine notwendige Existenzbedingung für Differenzmengen mit den Parametern N, k, λ bzw. ihre zugeordneten Folgen ergibt sich aus folgender
Überlegung zu $\{0, 1\}$-Folgen: Die Anzahl k der Einsen in einer dieser Folgen ist
gleich ihrer Energie E und auch gleich ihrem Mittelwert m_s. Mit den Nebenwerten λ der PAKF folgt dann aus der Beziehung (2.64) mit $\varphi_1 = \lambda$

$$|m_s| = \sqrt{E - \lambda + N\lambda} \tag{3.9}$$

oder

$$k(k - 1) = \lambda(N - 1).$$

Notwendige *und* hinreichende Existenzbedingungen sind allerdings allgemein
nicht bekannt. Untersuchungen zur Konstruktion von Differenzmengen wurden
in großer Zahl veröffentlicht. Sie entstanden zumeist in Zusammenhang mit
Fragestellungen aus der Kombinatorik (z.B. Planung von Experimenten). Den
ausführlichsten Überblick und eine Tabelle mit 85 Differenzmengen, geordnet
bis $k = 100$, gibt Baumert [1971].

Im folgenden werden zunächst insbesondere zwei Arten von Differenzmengen-Folgen, die Legendre-Folgen und die m-Folgen behandelt.

3.3 Legendre-Folgen

Legendre-Folgen sind zunächst ternäre Folgen mit Elementen $\in \{0, 1, -1\}$ und zweiwertiger PAKF. Ihr Bildungsgesetz lautet [Schroeder 1984]:

$$s(n) = n^{(p-1)/2} \bmod p \tag{3.10}$$

$$p > 2 \text{ prim}, \ n = 0(1)p - 1.$$

A.M. Legendre untersuchte 1788 als erster Ausdrücke dieser Form, er führte später zur abkürzenden Schreibweise dafür das „Legendre-Symbol" $\left[\dfrac{n}{p}\right]$ ein. Legendre-Folgen existieren für alle primzahligen Längen $N = p$. Für $N = p = 7$ erhält man beispielsweise (mit $6 \equiv -1 \bmod 7$) die Folge

$$s(n) = 0, 1, 1, -1, 1, -1, -1 \tag{3.11}$$

mit der PAKF

$$\tilde{\varphi}_{ss}(m) = 6, -1, -1, -1, -1, -1, -1 \ldots .$$

Zunächst läßt sich zeigen, daß diese Folgen bis auf das verschwindende erste Glied binärwertig sind. Es ist nämlich mit (3.10) und (3.2)

$$s^2(n) = n^{p-1} \bmod p = n^p \cdot n^{-1} \bmod p,$$

weiter mit dem kleinen Fermatschen Satz (3.3)

$$s^2(n) = n \cdot n^{-1} \bmod p = 1,$$

also

$$s(n) \in \{\pm 1\} \quad \text{für } n \not\equiv 0 \bmod p. \tag{3.12}$$

Damit besitzen die Folgen die Energie $E = p - 1$.

In ähnlicher Weise läßt sich zeigen, daß die mit (3.10) gebildeten Folgen gleichanteilfrei und weiter periodisch mit p sind.
Die PAKF ergibt sich zu

$$\tilde{\varphi}_{ss}(m) = \sum_{n=0}^{p-1} \tilde{s}(n)\tilde{s}(n + m).$$

Zur Berechnung werden die Terme unter der Summe zunächst mit $\tilde{s}^2(n_0) = 1$ erweitert, wobei n_0 so gewählt wird, daß $n_0 m \equiv 1 \bmod p$ ist. Mit der Abkürzung $n_1 \equiv n_0 n \bmod p$ und (3.10) wird dann für $m \not\equiv 0 \bmod p$

$$\tilde{\varphi}_{ss}(m) = \sum_{n=0}^{p-1} \tilde{s}(n)\tilde{s}(n_0)\tilde{s}(n+m)\tilde{s}(n_0) \tag{3.13}$$

$$= \sum_{n=0}^{p-1} \underbrace{n^{(p-1)/2}n_0^{(p-1)/2}}\ \underbrace{(n+m)^{(p-1)/2}n_0^{(p-1)/2}} \bmod p$$

$$= \sum_{n_1=0}^{p-1} \quad n_1^{(p-1)/2} \qquad (n_1+1)^{(p-1)/2} \quad \bmod p$$

$$= \sum_{n_1=0}^{p-1} \tilde{s}(n_1)\tilde{s}(n_1+1) = \tilde{\varphi}_{ss}(1) = \varphi_1 = \text{const.}$$

Die letzte Umformung beruht darauf, daß auch n_1 alle Werte von n, nur in anderer Reihenfolge durchläuft. Damit ist gezeigt, daß alle Nebenwerte der PAKF den gleichen Wert besitzen. Dieser konstante Nebenwert φ_1 läßt sich z.B. mit (2.64) bestimmen: Aus $|m_s| = \sqrt{E - \varphi_1 + N\varphi_1}$ folgt mit $m_s = 0$, $E = p - 1$ und $N = p$ sofort $\varphi_1 = -1$. Damit erhält man als PAKF der Legendre-Folgen

$$\tilde{\varphi}_{ss}(m) = \begin{cases} p-1 & \text{für } m \equiv 0 \bmod p \\ -1 & \text{sonst.} \end{cases} \tag{3.14}$$

In der Tabelle 3.1 sind die Legendre-Folgen bis zur Länge $N = p = 47$ ausgedruckt.

Bei der Programmierung von (3.10) muß man darauf achten, daß die Potenzen nicht zu groß werden. Da für die modulo-Operation über Produkte aber (3.2) gilt, kann die Potenzberechnung durch schrittweise Multiplikation und modulo-Reduzierung erfolgen. Ein Programmbeispiel zeigt Bild. 3.2.

Das Programm berechnet eine Legendre–Folge der Länge p > 2 (prim) und schreibt sie in das eindimensionale Feld s.

```
BEGIN
  k: = (p–1) DIV 2; s[0]: = 0; s[1]: = 1;
  FOR n: = 2 TO p–1 DO                    {Folgenschleife}
  BEGIN
    a: = 1;
    FOR i: = 1 TO k DO
        a: = (a*n) MOD p;
    IF (a < > 1) THEN
            s[n]: = − 1
    ELSE
            s[n]: = 1;
  END;
END;
```

Bild 3.2. Programmbeispiel: Legendre-Folgen.

Tabelle 3.1. Legendre-Folgen in ternärer und binärer Form

```
N = 3
s(n):         0   1 – 1
PAKF:         2 – 1 – 1
PAKF, bin.:   3 – 1 – 1

N = 5
s(n):         0   1 – 1 – 1   1
PAKF:         4 – 1 – 1 – 1 – 1
PAKF, bin.:   5   1 – 3 – 3   1

N = 7
s(n):         0   1   1 – 1   1 – 1 – 1
PAKF:         6 – 1 – 1 – 1 – 1 – 1 – 1
PAKF, bin.:   7 – 1 – 1 – 1 – 1 – 1 – 1

N = 11
s(n):         0   1 – 1   1   1   1 – 1 – 1 – 1   1 – 1
PAKF:        10 – 1 – 1 – 1 – 1 – 1 – 1 – 1 – 1 – 1 – 1
PAKF, bin.:  11 – 1 – 1 – 1 – 1 – 1 – 1 – 1 – 1 – 1 – 1

N = 13
s(n):         0   1 – 1   1   1 – 1 – 1 – 1 – 1 – 1 – 1   1   1
PAKF:        12 – 1 – 1 – 1 – 1 – 1 – 1 – 1 – 1 – 1 – 1 – 1 – 1
PAKF, bin.:  13   1 – 3   1   1 – 3 – 3 – 3   3   1   1 – 3

N = 17
s(n):         0   1 – 1 – 1   1   1 – 1 – 1 – 1   1   1 – 1 – 1   1   1   1   1
PAKF:        16 – 1 – 1 – 1 – 1 – 1 – 1 – 1 – 1 – 1 – 1 – 1 – 1 – 1 – 1 – 1 – 1
PAKF, bin.:  17   1   1 – 3   1 – 3 – 3 – 3   1 – 3 – 3 – 3   1   1

N = 19
s(n):         0   1 – 1 – 1   1   1   1   1 – 1   1 – 1   1 – 1 – 1 – 1 – 1   1   1 – 1
PAKF:        18 – 1 – 1 – 1 – 1 – 1 – 1 – 1 – 1 – 1 – 1 – 1 – 1 – 1 – 1 – 1 – 1 – 1 – 1
PAKF, bin.:  19 – 1 – 1 – 1 – 1 – 1 – 1 – 1 – 1 – 1 – 1 – 1 – 1 – 1 – 1 – 1 – 1 – 1 – 1
```

N = 23

s(n):   0   1   1   1   1-1   1-1   1   1-1-1   1-1-1-1-1-1-1-1

PAKF: 22-1-1-1-1-1-1-1-1-1-1-1-1-1-1-1-1-1-1-1-1-1

PAKF, bin.: 23-1-1-1-1-1-1-1-1-1-1-1-1-1-1-1-1-1-1-1-1-1-1

N = 29

s(n):   0   1-1-1   1   1   1-1   1-1-1   1-1-1   1   1-1-1   1

PAKF: 28-1-1-1-1-1-1-1-1-1-1-1-1-1-1-1-1-1-1-1-1-1-1-1-1-1-1-1

PAKF, bin.: 29   1-3-3   1   1   1   1-3-3   1-3-3   1   1   1   1   1-3-3   1

N = 31

s(n):   0   1-1   1   1-1   1   1-1-1   1-1-1-1-1   1-1-1-1-1-1-1

PAKF: 30-1-1-1-1-1-1-1-1-1-1-1-1-1-1-1-1-1-1-1-1-1-1-1-1-1-1-1-1-1-1

PAKF, bin.: 31-1-1-1-1-1-1-1-1-1-1-1-1-1-1-1-1-1-1-1-1-1-1-1-1-1-1-1-1-1-1

N = 37

s(n):   0   1-1   1   1-1   1   1-1-1-1   1-1-1-1-1-1-1   1-1-1   1   1

PAKF: 36-1-1-1-1-1-1-1-1-1-1-1-1-1-1-1-1-1-1-1-1-1-1-1-1-1-1-1-1-1-1-1-1-1-1-1-1

PAKF, bin.: 37   1-3   1   1   1   1-3-3   3   1-3-3   3   1   1   1-3-3   1   1

N = 41

s(n):   0   1-1   1   1-1   1-1-1   1   1   1-1   1-1-1-1-1-1-1   1   1-1-1-1-1

PAKF: 40-1-1-1-1-1-1-1-1-1-1-1-1-1-1-1-1-1-1-1-1-1-1-1-1-1-1-1-1-1-1-1-1-1-1-1-1-1-1-1-1

PAKF, bin.: 41   1   1   1-3-3   1   1   1-3-3-3   3-3   3   1   1   1-3-3-3   3   1   1

N = 43

s(n):   0   1-1   1-1   1   1-1   1   1-1-1-1-1-1-1   1   1-1   1-1-1-1-1-1-1   1-1

PAKF: 42-1-1-1-1-1-1-1-1-1-1-1-1-1-1-1-1-1-1-1-1-1-1-1-1-1-1-1-1-1-1-1-1-1-1-1-1-1-1-1-1-1-1

PAKF, bin.: 43-1-1-1-1-1-1-1-1-1-1-1-1-1-1-1-1-1-1-1-1-1-1-1-1-1-1-1-1-1-1-1-1-1-1-1-1-1-1-1-1-1-1

N = 47

s(n):   0   1   1   1   1-1   1   1-1-1   1-1   1-1-1-1-1   1-1-1   1-1-1-1-1-1-1-1

PAKF: 46-1-1-1-1-1-1-1-1-1-1-1-1-1-1-1-1-1-1-1-1-1-1-1-1-1-1-1-1-1-1-1-1-1-1-1-1-1-1-1-1-1-1-1-1-1-1

PAKF, bin.: 47-1-1-1-1-1-1-1-1-1-1-1-1-1-1-1-1-1-1-1-1-1-1-1-1-1-1-1-1-1-1-1-1-1-1-1-1-1-1-1-1-1-1-1-1-1-1

Aus einem Teil der ternären Legendre-Folgen $s(n)$ lassen sich binäre Legendre-Folgen $s_b(n)$ mit zweiwertiger PAKF dadurch ableiten, daß die führende Null durch eine Eins ersetzt wird [Boehmer 1967].
Es läßt sich dann mit dem Einheitsimpuls $\delta(n)$ schreiben

$$s_b(n) = s(n) + \delta(n). \tag{3.15}$$

Für die PAKF dieser Summe erhält man mit (2.59)

$$\tilde{\varphi}_{ss_b}(m) = \tilde{\varphi}_{ss}(m) + \tilde{\varphi}_{\delta\delta}(m) + \tilde{\varphi}_{s\delta}(m) + \tilde{\varphi}_{\delta s}(-m). \tag{3.16}$$

Weiter ist in der Grundperiode

$$\tilde{\varphi}_{\delta\delta}(m) = \delta(m)$$

$$\tilde{\varphi}_{s\delta}(m) = s(m)$$

$$\tilde{\varphi}_{\delta s}(m) = s(-m), \quad \text{für } m = 0(1)p - 1. \tag{3.17}$$

Insbesondere gilt für $(p - 1)/2$ ungerade, also für $p \equiv 3 \bmod 4$

$$(-n)^{(p-1)/2} = -n^{(p-1)/2},$$

mit (3.10) ist in diesem Fall

$$s(m) = -s(-m), \quad 0 < m < p.$$

Damit erhält man mit (3.16) und (3.17)

$$\tilde{\varphi}_{ss_b}(m) = \tilde{\varphi}_{ss}(m) + \delta(m), \quad m = 0(1)p - 1. \tag{3.18}$$

Also ergibt sich für

$$N = p \equiv 3 \bmod 4, \text{ prim, bzw. } N \in \{3, 7, 11, 19, 23, 31 \ldots\} \tag{3.19}$$

die PAKF

$$\tilde{\varphi}_{ss_b}(m) = \begin{cases} p & \text{für } m \equiv 0 \bmod p \\ -1 & \text{sonst.} \end{cases} \tag{3.20}$$

In Tabelle 3.1 sind jeweils alle Folgen auch in der binären Form nach (3.15) aufgeführt. Falls (3.19) nicht erfüllt ist, ergeben sich demnach dreiwertige PAKF.

Umgekehrt betrachtet lassen sich den binären Legendre-Folgen auch Differenzmengen mit den Parametern nach (3.8) für alle N nach (3.19) zuordnen.

3.4 Polynom-algebraische Folgen (Galois-Folgen)

3.4.1 Lineare rekursive Folgen und Schieberegistergeneratoren

Eine sehr wichtige Klasse von Folgen mit z.T. zweiwertiger PAKF läßt sich durch rekursive Beziehungen in einem endlichen Zahlensystem erzeugen. Die

Definition in einem solchen Zahlensystem sorgt dafür, daß nur Folgen vorgebbarer Wertigkeit, also binäre, ternäre usw. Folgen entstehen. Die Definition durch eine *Rekursion* ermöglicht weiter die einfache technische Realisierung durch digitale, rückgekoppelte Schieberegistergeneratoren.

Lineare, rekursive Folgen dieser Art sind definiert durch

$$s(n) = -\frac{1}{c_0} \sum_{i=1}^{r} c_i s(n-i) \bmod q \tag{3.21}$$

oder, als lineare Differenzengleichung geschrieben,

$$\sum_{i=0}^{r} c_i s(n-i) \bmod q = 0 \quad \text{mit } s(n),\, c_i \in \{0, 1, 2, \ldots, q-1\},\, c_0 \neq 0. \tag{3.22}$$

Die Struktur einer erzeugenden Schaltung zeigt Bild 3.3.

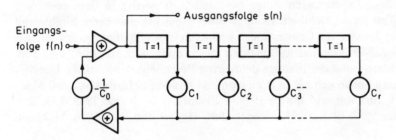

Bild 3.3. Linear rückgekoppeltes Schieberegister

Dieses digitale, rekursive Filter besteht aus r Speicher- oder Verzögerungseinheiten, in denen r Elemente $s(n-1)$ bis $s(n-r)$ der Folge gespeichert sind und in jeder Taktzeit um eine Einheit nach rechts verschoben werden. Das jeweils nächste Element $s(n)$ der Folge wird dann gemäß (3.21) über eine gewichtete Modulo-Addition rekursiv aus den r vorhergehenden Elementen gebildet.

Zu Beginn dürfen nicht alle Inhalte der Speicher 0 sein, damit sich eine nichtverschwindende Folge ausbilden kann. Dieser Anfangszustand kann in Form eines Einheitsimpulses $f(n) = \delta(n)$ eingegeben werden. Das Schieberegister erzeugt dann fortlaufend eine *autonome* Folge, die nur von der rekursiven Beziehung (3.21) und dem Anfangszustand abhängig ist. (Eine andere Anwendung der Schaltung, in der keine autonome Folge erzeugt, sondern eine fortlaufende Eingangsfolge in eine andere Ausgangsfolge umgeformt wird, ist z.B. in Abschn. 10.7.2 geschildert). Die Eigenschaften der erzeugten autonomen Folge lassen sich auf die Übertragungsfunktion des Digitalfilters zurückführen. Im z-Bereich ergibt sich aus Bild 3.3 mit $s(n) \circ\!\!-\!\!\bullet S(z)$ und dem Verschiebungstheorem

$$s(n-i) \circ\!\!\overset{z}{-}\!\!\bullet z^{-i} S(z)$$

die Beziehung

$$S(z) = F(z) + \frac{-1}{c_0}[c_1 z^{-1} S(z) + \cdots + c_r z^{-r} S(z)],$$

oder nach $F(z)$ aufgelöst

$$F(z) = S(z)\left[1 + \frac{1}{c_0}\{c_1 z^{-1} + c_2 z^{-2} + \cdots + c_r z^{-r}\}\right]$$

Damit erhält man als Übertragungsfunktion des Schieberegisters

$$H(z) = \frac{S(z)}{F(z)} = \frac{c_0}{c_0 + c_1 z^{-1} + c_2 z^{-2} + \ldots + c_r z^{-r}}. \tag{3.23}$$

Der Nenner von (3.23) wird als das charakteristische Polynom $P(z)$ des Schieberegisters bzw. der Schieberegisterfolge bezeichnet. Dieses Polynom, das die Eigenschaften der erzeugten Folge beschreibt, ist wieder in dem endlichen Zahlensystem mod q definiert. Es folgt daher zunächst eine kurze Einführung über die für die weiteren Überlegungen wichtigen Eigenschaften von auf solchen endlichen Zahlensystemen aufgebauten algebraischen Strukturen, den sog. Galois-Feldern[1], und der in ihnen definierten Polynome. Ausführliche Darstellungen hierzu finden sich z.B. in [Peterson und Weldon 1972, Birkhoff und MacLane 1953, Birkhoff und Bartee 1973, Lüneburg 1979, Ronse 1982, Lidl und Niederreiter 1983, Blahut 1983, Finger 1985, Heuser und Wolf 1986, McEliece 1987].

3.4.2 Galois-Felder GF(p)

Knapp ausgedrückt ist ein Körper eine algebraische Struktur, in der man addieren, subtrahieren, multiplizieren und dividieren kann, wobei Kommutativität, Assoziativität und Distributivität erfüllt sein müssen. Bekanntes Beispiel ist der Körper der reellen Zahlen, in dem die gewohnten Rechenregeln gelten. Während dieser Körper eine unbegrenzte Zahl an Elementen enthält, sind hier, wie für die diskrete Signalverarbeitung kennzeichnend, Körper mit endlicher Elementezahl von Interesse. Es sind dies die Galois-Felder mit p unterschiedlichen, zahlenwertigen Elementen GF(p), wobei die Ordnung p, wie noch erläutert wird, zunächst prim ist.

Das einfachste Galois-Feld ist $GF(2)$ mit den zwei Elementen $\{0, 1\}$ und den Rechenoperationen Addition mod 2 und Multiplikation mod 2. Diese Operationen lassen sich auch in Form von Tafeln darstellen

$\oplus_2$	0	1		$\odot_2$	0	1
0	0	1		0	0	0
1	1	0		1	0	1

$$\tag{3.24}$$

---

[1] Évariste Galois, franz. Mathematiker (1811–32), s. Rothman [1982].

Die beiden Rechenoperationen im GF(2) können also sehr einfach als Halbaddierer bzw. UND-Schaltung implementiert werden.

Allgemein enthält das Galois-Feld GF(p) die Elemente $\alpha_i \in \{0, 1, 2, \ldots, p-1\}$ und die Operationen Addition mod p und Multiplikation mod p. Mit Hilfe der in (3.1) definierten mod-Operation erhält man so für $GF(3)$ die folgenden Tafeln

$$
\begin{array}{c|ccc}
\oplus_3 & 0 & 1 & 2 \\
\hline
0 & 0 & 1 & 2 \\
1 & 1 & 2 & 0 \\
2 & 2 & 0 & 1
\end{array}
\qquad
\begin{array}{c|ccc}
\odot_3 & 0 & 1 & 2 \\
\hline
0 & 0 & 0 & 0 \\
1 & 0 & 1 & 2 \\
2 & 0 & 2 & 1
\end{array}
\tag{3.25}
$$

Eine wichtige Eigenschaft eines Körpers ist, daß ein Produkt nur 0 ergeben kann, wenn wenigstens einer der Faktoren 0 ist. Diese Eigenschaft ist in den hier zunächst betrachteten, nicht erweiterten Galois-Feldern erfüllt, wenn deren Elementezahl prim ist.

In GF(p), p prim, ist dann eine eindeutige Division durch alle Elemente außer 0 möglich. Hierzu werde als Beispiel der Wert für 1/3 im GF(7) bestimmt. Mit dem Ansatz

$$
\frac{1}{3} \equiv x \bmod 7
$$

erhält man

$$
1 \equiv 3x \bmod 7
$$

und als Lösung durch Einsetzen aller Zahlen $0 \leq x < 7$

$$
\frac{1}{3} \equiv 5 \bmod 7.
$$

Für die folgenden Anwendungen ist noch wichtig, daß sich alle von Null verschiedenen Elemente α_i eines GF(p) als Potenzen mindestens eines „primitiven" (einfachen) Elements μ darstellen lassen, also

$$
\alpha_i = \mu^j, \quad \alpha_i \neq 0, \quad 0 \leq j < p-1. \tag{3.26}
$$

Beispiel:

GF(5), $\mu = 2$

$$
2^0 = 1, \quad 2^1 = 2, \quad 2^2 = 4, \quad 2^3 = 8 \equiv 3 \bmod 5.
$$

Es gibt i.a. für jedes GF(p) mehrere primitive Elemente. Die jeweils kleinsten primitiven Elemente der ersten GF(p) lauten:

p	2	3	5	7	11	13	17	19	23	29	31	37	41	43	47
μ	1	2	2	3	2	2	3	2	5	2	3	2	6	3	5

$$
\tag{3.27}
$$

Polynome im GF(p). Für die Analyse der rekursiven linearen Folgen sind, wie in Abschn. 3.4.1 gezeigt, lineare Polynome in GF(p) grundlegend. Ein solches Polynom von Grad r hat die allgemeine Form, s. (3.23),

$$P(z) = c_r z^{-r} + \cdots + c_1 z^{-1} + c_0$$

oder mit $x = z^{-1}$ geschrieben

$$P(x) = c_r x^r + \ldots + c_2 x^2 + c_1 x + c_0 \qquad \text{mit } c_r \neq 0, \tag{3.28}$$

wobei c_i, $x \in GF(p)$ sind und die Operationen Multiplikation und Addition mod p gelten. (Hier und im folgenden werden die mod-Kennzeichnungen bei Multiplikation und Addition weggelassen, wenn Mißverständnisse ausgeschlossen sind).

Im GF(2) gibt es damit Polynome folgender Form:

– **Grad r = 1:** x

$$x + 1 \tag{3.29}$$

es existieren also nur zwei Polynome vom Grad 1.

– **Grad r = 2:**

$$\begin{aligned}
x^2 &= x \cdot x \\
x^2 + 1 &= (x + 1)^2 \\
x^2 + x &= x \cdot (x + 1) \\
x^2 + x + 1.
\end{aligned} \tag{3.30}$$

Die ersten drei dieser Polynome vom Grad 2 lassen sich also als Produkte von Polynomen geringeren Grades darstellen. Hierbei ist die modulo-Rechnung zu beachten; so ist

$$(x + 1)^2 = x^2 + 2x + 1 \equiv x^2 + 1 \bmod 2,$$

$$\text{da } 2x \equiv 0 \bmod 2.$$

Das vierte Polynom ist dagegen nicht zerlegbar, Polynome dieser Art werden daher *irreduzibel* genannt. Diese Eigenschaft, die für die Synthese von Korrelationsfolgen oder auch von fehlerkorrigierenden Codes wichtig ist, gilt für ein bestimmtes Polynom natürlich immer nur in einem bestimmten GF(p).

Vom Grad 3 gibt es schließlich 8 Polynome:

– **Grad r = 3:**

$$\begin{aligned}
x^3 &= x \cdot x \cdot x \\
x^3 + 1 &= (x + 1) \cdot (x^2 + x + 1) \\
x^3 + x &= x(x^2 + 1) \\
x^3 + x + 1 &\quad \text{irreduzibel in GF(2)} \\
x^3 + x^2 &= x^2(x + 1)
\end{aligned}$$

$$x^3 + x^2 + 1 \qquad\qquad \text{irreduzibel in GF}(2)$$

$$x^3 + x^2 + x \qquad = x(x^2 + x + 1)$$

$$x^3 + x^2 + x + 1 \; = (x + 1)^3. \tag{3.31}$$

Allgemein läßt sich zeigen, daß in allen $GF(p)$ für jeden Grad irreduzible Polynome existieren. Als abschließendes Beispiel noch einige irreduzible Polynome im $GF(3)$:

$$r = 2: \qquad x^2 + x + 2$$

$$r = 3: \qquad x^3 + 2x + 1 \tag{3.32}$$

$$r = 4: \qquad x^4 + 2x^2 + 1.$$

3.4.3 Lineare Maximalfolgen im GF(2)

Im binären Fall kann der Inhalt des Schieberegisters der Länge r (Bild 3.3) 2^r verschiedene Zustände annehmen. Da der Zustand $00 \ldots 0$ aber zu keiner Änderung führt, muß die erzeugte autonome Folge sich spätestens nach $2^r - 1$ Takten periodisch wiederholen. Binäre Folgen der Periode

$$N = 2^r - 1 \tag{3.33}$$

werden daher Maximalfolgen (m-Folgen) genannt. Normalerweise ist man daran interessiert durch Wahl eines geeigneten charakteristischen Polynoms eine solche Maximalfolge zu erzeugen. Einmal ist dann der Aufwand zur Erzeugung der Folge einer vorgegebenen Periode am geringsten. Zum anderen hängen nur in diesem Fall Länge und Form der Folge nicht von den Anfangsbedingungen ab, sondern diese bestimmen lediglich eine Phasenverschiebung.

Eine notwendige Bedingung zur Erzeugung einer m-Folge ist, daß das charakteristische Polynom $P(z)$ irreduzibel ist. Bei einem zerlegbaren Polynom $P(z) = P_1(z) \cdot P_2(z)$ ließe sich nämlich die Übertragungsfunktion $H(z)$ in (3.23) in zwei Teilübertragungsfunktionen aufspalten.

$$H(z) = c_0 \frac{1}{P_1(z)} \cdot \frac{1}{P_2(z)}. \tag{3.34}$$

Das Produkt der ihnen zugeordneten Maximalperioden, welches die Obergrenze für die erreichbare Gesamtperiode darstellt, ist aber wegen

$$(2^{r_1} - 1) \cdot (2^{r_2} - 1) < (2^{r_1 + r_2} - 1)$$

in jedem Fall kleiner als die Maximalperiode des Gesamtpolynoms, so daß auch im günstigsten Fall die mit nicht-irreduziblen Polynomen erzeugten Folgen nicht die Länge der m-Folgen erreichen können.

Von den irreduziblen Polynomen erzeugt aber wieder nur ein Teil m-Folgen, diese werden *primitive Polynome* genannt. Es gibt kein Verfahren, primitive Polynome direkt zu berechnen, sie müssen – ähnlich wie die Primzahlen – durch ein Suchverfahren bestimmt werden. Das einfachste Suchverfahren ist der Test auf Erzeugung einer Maximalfolge.

Eine wichtige Aussage der Zahlentheorie besagt, daß in allen $GF(p)$ für jeden Grad r mindestens ein primitives Polynom existiert. Für primitive Polynome gibt es Tabellen; so sind z.B. in der Tabelle der irreduziblen Polynome im $GF(2)$ von Peterson und Weldon [1972] die primitiven Polynome gekennzeichnet. Weitere Polynome enthalten [Finger 1985] und bis zum Grad $r = 168$ [Stahnke 1973]. Einige binäre primitive Polynome sind in Tabelle 3.2 zusammengestellt. Den Kern eines Programmes zur Erzeugung von m-Folgen zeigt Bild 3.4. Einige Folgen sind schließlich in Tabelle 3.3 enthalten.

Tabelle 3.2. Primitive Polynome im $GF(2)$

r	$GF(2)$	r	$GF(2)$
2	$x^2 + x + 1$	25	$x^{25} + x^3 + 1$
3	$x^3 + x + 1$	26	$x^{26} + x^8 + x^7 + x + 1$
4	$x^4 + x + 1$	27	$x^{27} + x^8 + x^7 + x + 1$
5	$x^5 + x^2 + 1$	28	$x^{28} + x^3 + 1$
6	$x^6 + x + 1$	29	$x^{29} + x^2 + 1$
7	$x^7 + x + 1$	30	$x^{30} + x^{16} + x^{15} + x + 1$
8	$x^8 + x^6 + x^5 + x + 1$	31	$x^{31} + x^3 + 1$
9	$x^9 + x^4 + 1$	32	$x^{32} + x^{28} + x^{27} + x + 1$
10	$x^{10} + x^3 + 1$	33	$x^{33} + x^{13} + 1$
11	$x^{11} + x^2 + 1$	34	$x^{34} + x^{15} + x^{14} + x + 1$
12	$x^{12} + x^7 + x^4 + x^3 + 1$	35	$x^{35} + x^2 + 1$
13	$x^{13} + x^4 + x^3 + x + 1$	36	$x^{36} + x^{11} + 1$
14	$x^{14} + x^{12} + x^{11} + x + 1$	37	$x^{37} + x^{12} + x^{10} + x^2 + 1$
15	$x^{15} + x + 1$	38	$x^{38} + x^6 + x^5 + x + 1$
16	$x^{16} + x^5 + x^3 + x^2 + 1$	39	$x^{39} + x^4 + 1$
17	$x^{17} + x^3 + 1$	40	$x^{40} + x^{21} + x^{19} + x^2 + 1$
18	$x^{18} + x^7 + 1$	50	$x^{50} + x^{27} + x^{26} + x + 1$
19	$x^{19} + x^6 + x^5 + x + 1$	60	$x^{60} + x + 1$
20	$x^{20} + x^3 + 1$	80	$x^{80} + x^{38} + x^{37} + x + 1$
21	$x^{21} + x^2 + 1$	100	$x^{100} + x^{37} + 1$
22	$x^{22} + x + 1$	150	$x^{150} + x^{53} + 1$
23	$x^{23} + x^5 + 1$		
24	$x^{24} + x^4 + x^3 + x + 1$		

Für die Berechnung der PAKF von binären m-Folgen grundlegend ist ihre „Shift and add"-Eigenschaft:

Eine binäre m-Folge ergibt sich nach (3.21) mit $c_i \in \{0, 1\}$ aus der Rekursion

$$\tilde{s}(n) = \tilde{s}(n - i) \oplus \tilde{s}(n - j) \oplus \tilde{s}(n - k) \oplus \dots \qquad (3.35)$$

(wenn die i, j, k den nicht verschwindenden Koeffizienten eines primitiven Polynoms entsprechen).

Es wird dann die Summe mod 2 der Folge $s(n)$ und der periodisch um ein beliebiges, nicht verschwindendes m mod N verschobenen Folge gebildet:

Das Programm berechnet eine p—näre m—Folge des Grades r nach dem Muster eines Schiebekettengenerators (Feld e) und schreibt sie in das eindimensionale Feld s.

Das charakteristische Polynom

$$c(x) = c_0 + c_1 x + c_2 x^2 + .. + c_r x^r$$

steht mit seinen Koeffizienten c_0, c_1, ... c_r im eindimensionalen Feld c.

```
BEGIN
  h:=1; a:=1; e[1]:=1;                    {Variablen vorbesetzen}
  FOR i:=2 TO r DO                        {Das Feld e mit der
        e[i]:=0;                           Eingangsfolge δ(n) vorbesetzen}
  WHILE (((c[0]*h)  MOD p) > 1) DO
     h := h+1;                            {Berechnung von h = 1/c[0] mod p}
  FOR k:=1 TO (p ↑ r − 1) DO              {Folgenschleife}
  BEGIN
   s[k]:=a;
   a:=0;
   FOR i:=1 TO r DO                       {Berechnung im Schieberegister}
    a:=a+e[i]*c[i];
   a:=(−a*h) MOD p;
   IF (a<0) THEN                          {Elemente auf 0 bis p−1
     a:=a+p;                               beschränken}
   FOR i:=r DOWNTO 2 DO                   {Schiebeoperationen im
     e[i]:=e[i−1];                         Schieberegister}
   e[1]:=a;
  END;
END;
```

Bild 3.4. Programm zur Erzeugung linearer, rekursiver Folgen

$$\tilde{p}(n) = \tilde{s}(n) \oplus \tilde{s}(n + m)$$

$$= \tilde{s}(n - i) \oplus \tilde{s}(n - j) \oplus \tilde{s}(n - k) \ldots$$
$$\oplus \tilde{s}(n + m - i) \oplus \tilde{s}(n + m - j) \oplus \tilde{s}(n + m - k) \ldots$$
$$= \tilde{p}(n - i) \oplus \tilde{p}(n - j) \oplus \tilde{p}(n - k) \oplus \ldots . \tag{3.36}$$

Es zeigt sich also, daß die Summenfolge $p(n)$ derselben Rekursionsgleichung wie die Ausgangsfolge $s(n)$ gehorcht. Da beide Folgen weiterhin m-Folgen sind, müssen sie daher bis auf eine Verschiebung identisch sein.

Binäre m-Folgen haben also die Eigenschaft, daß die Summe (oder Differenz) mod 2 einer Folge und ihrer Verschobenen wieder dieselbe, anders verschobene Folge ergibt, also

$$\tilde{s}(n) \oplus \tilde{s}(n + m) = \tilde{s}(n + k) \quad \text{für } m \not\equiv 0 \bmod N, \tag{3.37}$$

dabei wird der Zusammenhang zwischen m und k vom charakteristischen Polynom bestimmt.

Hierzu als Beispiel in Bild 3.5a die Folge der Länge $N = 7$ aus Tab. 3.3.

Tabelle 3.3. p-näre m-Folgen

$N = 7$ $p = 2$ $r = 3$

primitives Polynom: $x^3 + x + 1$
$s(n)$: 1 1 1 0 1 0 0

$N = 15$ $p = 2$ $r = 4$

primitives Polynom $x^4 + x + 1$
$s(n)$: 1 1 1 1 0 1 1 0 1 1 0 0 1 0 0 0

$N = 31$ $p = 2$ $r = 5$

primitives Polynom $x^5 + x^2 + 1$
$s(n)$: 1 0 1 0 1 1 1 0 1 1 0 1 1 0 0 0 1 1 1 1 0 0 1 1 0 1 0 0 1 0 0 0 0

$N = 8$ $p = 3$ $r = 2$

primitives Polynom $x^2 + x + 2$
$s(n)$: 1 1 2 0 2 2 1 0

$N = 26$ $p = 3$ $r = 3$

primitives Polynom $x^3 + 2x + 1$
$s(n)$: 1 1 1 0 2 1 1 2 1 0 0 2 2 2 0 1 2 2 1 2 0 2 0 0 0

$N = 80$ $p = 3$ $r = 4$

primitives Polynom $x^4 + x + 2$
$s(n)$: 1 1 1 2 0 1 2 1 1 2 0 1 2 0 2 1 1 0 0 1 1 0 0 1 2 2 0 2 1
0 0 2 0 0 0 2 2 2 1 1 0 1 1 2 2 0 2 2 0 1 0 2 2 0 2 0 0
2 1 1 1 0 1 2 0 0 1 0

$N = 24$ $p = 5$ $r = 2$

primitives Polynom $x^2 + x + 2$

$s(n)$: 1 2 1 1 4 0 3 1 3 3 2 0 4 3 4 4 1 0 2 4 2 2 3 0

$N = 124$ $p = 5$ $r = 3$

primitives Polynom $x^3 + 3x + 2$

$s(n)$:
1 1 1 3 0 2 3 3 2 3 4 3 4 1 3 0 1 3 3 0 1 2 4 3 2 0 1 0 0 2 2
1 0 4 1 1 4 1 3 1 3 4 1 1 0 2 3 0 2 4 4 3 4 0 2 0 0 4 4 2 0 3
2 2 3 2 1 1 2 1 3 2 4 0 4 2 0 2 0 2 4 4 3 1 2 3 0 4 4 3 4 4 4
4 2 4 2 1 4 3 0 3 4 4 0 3 1 1 0 3 3 0 4 0 0 3 3 0 3 4 0 1 4 1

$N = 48$ $p = 7$ $r = 2$

primitives Polynom $x^2 + x + 3$

$s(n)$:
1 2 6 2 2 1 6 0 5 3 2 3 5 2 0 4 1 3 1 1 4 3 0 6 5 1 5 5 6 1 0 2 4
5 4 4 2 5 0 3 6 4 6 6 3 4 0

$N = 120$ $p = 11$ $r = 2$

primitives Polynom $x^2 + x + 7$

$s(n)$:
1 3 1 1 6 10 4 9 6 1 10 0 8 2 8 8 4 3 10 6 4 8 3 0 9 5 9 9 10 2 3
4 10 9 2 0 6 7 6 6 3 5 2 10 3 6 5 0 4 1 4 2 7 5 3 2 4 7 0 10 8
10 10 5 1 7 2 5 10 1 0 3 9 3 3 7 8 1 5 7 3 8 0 2 6 2 2 1 9 8 7 1
2 9 0 5 4 5 5 8 6 9 1 8 5 6 0 7 10 7 7 9 4 6 8 9 7 4 0

a)

1	1	1	0	1	0	0
0	1	1	1	0	1	0
1	0	0	1	1	1	0

b)

−	−	−	+	−	+	+
+	−	−	−	+	−	+
−	+	+	−	−	−	+

Bild 3.5. Shift and add-Eigenschaft binärer m-Folgen

In Bild 3.5b ist der entsprechende Zusammenhang dargestellt, den man erhält, wenn die Folge $s(n) \in \{0, 1\}$ in die bipolare Folge $s_b(n) \in \{+1, -1\}$ umgeformt wird. Für diese Abbildung geht die Addition mod 2 in eine normale Multiplikation über, wie ein Vergleich mit der Tafel (3.24) zeigt.

In dieser Form $s_b(n)$ läßt sich nun auch in einfacher Weise die PAKF von bipolaren m-Folgen bestimmen. Es gilt

$$\tilde{\varphi}_{ss_b}(m) = \sum_{n=0}^{N-1} s_b(n) \cdot \tilde{s}_b(n+m)$$

und mit der Shift and add-Eigenschaft für $m \not\equiv 0 \bmod N$

$$= \sum_{n=0}^{N-1} \tilde{s}_b(n+k) = \text{const.}, \tag{3.38}$$

wobei k irgendeine Verschiebung $0 < k < N$ bedeutet. Damit hat die PAKF die erwünschte zweiwertige Form, ihre Nebenwerte sind also gleich dem Mittelwert der Folge $s_b(n)$. Nach den Überlegungen am Anfang dieses Kapitels nimmt das Schieberegister in einer Periode all 2^r Zustände mit Ausnahme des Zustandes $00\dots0$ an. Damit enthält jede m-Folge $s(n)$ des Grades r genau $2^r/2$ Einsen und $(2^r/2) - 1$ Nullen. Der Mittelwert der abgebildeten Folge $s_b(n)$ beträgt damit

$$m_b = (2^r/2) - 1 - 2^r/2 = -1. \tag{3.39}$$

Damit folgt für die PAKF von bipolaren m-Folgen $s_b(n)$

$$\tilde{\varphi}_{ss_b}(m) = \begin{cases} N & \text{für } m \equiv 0 \bmod N \\ -1 & \text{sonst.} \end{cases} \tag{3.40}$$

Nach Abschn. 3.2 gehören die bipolaren m-Folgen also als Spezialfall zu den Hadamard-Differenzmengen-Folgen mit den Parametern

$$N = 2^r - 1 = 4t - 1,$$

also

$$t = 2^{r-2}, \quad k = 2^{r-1} - 1, \quad \lambda = 2^{r-2} - 1. \tag{3.41}$$

Die Eigenschaften dieser Folgen als Pseudo-Zufallszahlen werden in Abschn. 10.7 näher betrachtet.

3.4.4 Lineare Maximalfolgen im GF(p)

Setzt man in der Rekursionsformel (3.21) eine Basis $q > 2$ an, so können höherwertige Folgen erzeugt werden. Ist q eine Primzahl p, so existieren im

GF(p) wieder primitive Polynome, die als charakteristische Polynome Maximalfolgen erzeugen. Sinngemäß versteht man darunter auch hier eine Folge, die alle p^r verschiedenen Zustände des verallgemeinerten Schieberegisters der Länge r (s. Bild 3.3), außer dem 00..0 Zustand durchläuft. Die p-nären m-Folgen haben also eine Periode

$$N = p^r - 1. \tag{3.42}$$

Einige primitive Polynome für die Basen $p = 3, 5, 7 \ldots$ enthält Tabelle 3.4. Ausführlichere Tabellen, denen die Daten in Tabelle 3.4 entnommen wurden, finden sich in [Lidl und Niederreiter 1983, Finger 1977, 1985, MacWilliams und Sloane 1976]. Eine Auswahl von mit dem Programm aus Bild 3.4 erzeugten m-Folgen enthält Tabelle 3.3.

Tabelle 3.4. Primitive Polynome in verschiedenen GF(p)

r	GF(3)	r	GF(5)	r	GF(7)
2	$x^2 + x + 2$	2	$x^2 + x + 2$	2	$x^2 + x + 3$
3	$x^3 + 2x + 1$	3	$x^3 + 3x + 2$	3	$x^3 + 3x + 2$
4	$x^4 + x + 2$	4	$x^4 + x^2 + 2x + 2$	4	$x^4 + x^3 + x^2 + 3$
5	$x^5 + 2x + 1$	5	$x^5 + 4x + 2$	5	$x^5 + x^4 + 4$
6	$x^6 + x + 2$	6	$x^6 + 3x^5 + 3$	6	$x^6 + x^5 + x^2 + 2x + 5$
7	$x^7 + x^2 + 2x + 1$	7	$x^7 + x^6 + 2$	7	$x^7 + x^6 + 4$
8	$x^8 + x^5 + 2$	8	$x^8 + x^5 + x^3 + 3$	8	$x^8 + x^7 + 3$
9	$x^9 + x^5 + 1$	9	$x^9 + 4x^5 + 3$	9	$x^9 + x^8 + x^3 + 2$
10	$x^{10} + x^9 + x^7 + 2$	10	$x^{10} + x^9 + x^7 + 3$	10	$x^{10} + x^9 + x^8 + 3$
11	$x^{11} + 2x + 1$				
12	$x^{12} + x^7 + 2$				

r	GF(11)	r	GF(13)	r	GF(17)
2	$x^2 + x + 7$	2	$x^2 + x + 2$	2	$x^2 + x + 3$
3	$x^3 + x^2 + 5$	3	$x^3 + x^2 + 7$	3	$x^3 + x + 14$
4	$x^4 + x + 2$	4	$x^4 + x^3 + x + 2$	4	$x^4 + x^3 + 5$
5	$x^5 + x^3 + x^2 + 9$	5	$x^5 + x^3 + x + 11$	5	$x^5 + x^4 + 14$
6	$x^6 + x^5 + x + 7$				

r	GF(19)	r	GF(23)	r	GF(29)
2	$x^2 + x + 2$	2	$x^2 + x + 7$	2	$x^2 + x + 3$
3	$x^3 + x^2 + 16$	3	$x^3 + x^2 + 16$	3	$x^3 + x + 18$
4	$x^4 + x^3 + 2$	4	$x^4 + x + 11$	4	$x^4 + x^3 + 2$
5	$x^5 + x + 16$	5	$x^5 + x^4 + 18$	5	$x^5 + x^3 + 26$

r	GF(31)	r	GF(37)
2	$x^2 + 12$	2	$x^2 + x + 5$
3	$x^3 + x + 28$	3	$x^3 + x^2 + 24$
4	$x^4 + x^3 + 13$	4	$x^4 + x + 2$
5	$x^5 + x^3 + 20$	5	$x^5 + x + 32$

Hinweise zur Erzeugung p-närer Folgen in binärer Schaltungstechnik enthält z.B. [Finger 1985]. Bei Erzeugung der p-nären m-Folgen durchläuft das Schieberegister alle Kombinationen der Länge p^r außer der Nullfolge. Damit enthält die Folge das Nullelement $(p^{r-1} - 1)$-mal, die übrigen Elemente p^{r-1}-mal.

Die Eigenschaft (3.37) binärer m-Folgen ist in Form einer „Schiebe- und Subtraktionseigenschaft" auch für p-näre Folgen gültig:

$$\tilde{s}(n) \ominus_p \tilde{s}(n + m) = \tilde{s}(n + k), \quad \text{für } m \not\equiv 0 \bmod N. \tag{3.43}$$

Hierzu als Beispiel die Folge $p = 3$, $r = 2$ aus Tabelle 3.3:

$$
\begin{array}{llllllllll}
\tilde{s}(n) & = 1 & 1 & 2 & 0 & 2 & 2 & 1 & 0 \\
\tilde{s}(n - 4) & = 2 & 2 & 1 & 0 & 1 & 1 & 2 & 0 \\
\hline
\ominus_3 & 2 & 2 & 1 & 0 & 1 & 1 & 2 & 0
\end{array}
\tag{3.44}
$$

Die anderen Eigenschaften binärer m-Folgen lassen sich nicht so einfach auf p-näre Folgen übertragen, da, wie ein Blick auf die Beispiele in Tabelle 3.3 zeigt, die p-nären m-Folgen in $p - 1$ Unterfolgen jeweils gleicher Länge

$$N_u = \frac{p^r - 1}{p - 1} \tag{3.45}$$

zerfallen.

Diese Aufspaltung in Unterfolgen spielt für die Berechnung der PAKF eine wichtige Rolle. In einer Periode der Gesamtfolge treten geordnete Paare $[\tilde{s}(n), \tilde{s}(n + m)]$ für $0 \leq n < N$ mit den folgenden Häufigkeiten auf [MacWilliams und Sloane 1976]:

$m \not\equiv 0 \bmod N_u$

Das Paar $(0, 0)$ erscheint $(p^{r-2} - 1)$-mal,
die übrigen Paare p^{r-2}-mal. $\tag{3.46}$

$m \equiv 0 \bmod N_u, \ m \not\equiv 0 \bmod N \tag{3.47}$

Hier gilt die Abhängigkeit $\tilde{s}(n + m) = \mu^k s(n)$, wobei μ ein primitives Element aus GF(p), und k je nach Unterfolge eine ganze Zahl im Bereich 1 bis $p - 2$ ist. Dann erscheint das Paar $(0, 0)$ genau $(p^{r-1} - 1)$-mal, die übrigen Paare $[s(n), \mu^k s(n)]$ nicht verschwindender Elemente p^{r-1}-mal.

Hierzu das Beispiel (3.44) für $N_u = 4$, mit $\mu = 2$, $k = 1$ ist $1 \cdot \mu^1 = 2$, $2 \cdot \mu^1 = 4 \equiv 1 \bmod 3$. Gemäß diesen Zusammenhängen hat die PAKF p-närer Folgen nur dann einen konstanten Nebenwert φ_1, solange m kein Vielfaches der Unterfolgenlänge N_u ist (im binären Fall ist speziell $N_u = N$).
Die allgemeine Form der PAKF zeigt Bild 3.6.

Der Nebenwert φ_1 läßt sich mit Hilfe der Häufigkeitsbeziehungen sofort angeben: Ordnet man verallgemeinernd den Elementen $\alpha_i \in \{0, 1, 2 \ldots \}$ belie-

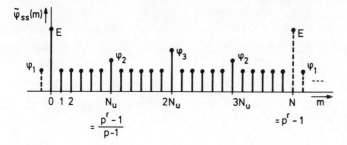

Bild 3.6. Prinzipieller Verlauf der PAKF p-närer m-Folgen

bige Amplitudenwerte $a_i \in \{a_0, a_1, a_2, \ldots\}$ zu, so folgt mit den Paarhäufig-keiten (3.46)

$$\varphi_1 = \tilde{\varphi}_{ss}(m \neq 0 \bmod N_u) = p^{r-2} \sum_{i=0}^{p-1} \sum_{j=0}^{p-1} a_i a_j - a_0^2 \tag{3.48}$$

und für den Hauptwert mit den oben abgeleiten Einzelhäufigkeiten

$$\tilde{\varphi}_{ss}(0) = E = p^{r-1} \sum_{i=0}^{p-1} a_i^2 - a_0^2. \tag{3.49}$$

Von besonderem Interesse ist der Fall der amplitudensymmetrischen Folgen. Durch eine Zuordnung von zu Null symmetrischen Werten in der Form

$$a_i = \begin{cases} \alpha_i & \text{für} \quad \alpha_i \leq (p-1)/2 \\ \alpha_i - p & \text{sonst} \end{cases}, \quad \text{für } p \text{ prim, } p > 2, \tag{3.50}$$

werden die Folgen gleichanteilfrei. Für ihre PAKF folgt aus (3.48), (3.49), da die positiven und negativen Produkte $a_i a_j$ sich gegeneinander aufheben,

$$\varphi_1 = 0, \quad \tilde{\varphi}_{ss}(0) = E = p^r(p^2 - 1)/12. \tag{3.51}$$

Für diesen amplitudensymmetrischen Sonderfall erhält man auch für die übrigen Werte $\varphi_2, \varphi_3, \ldots$ der PAKF über die Häufigkeitsbeziehungen (3.47) einfache Ausdrücke. Insbesondere gilt für $p = 3$ und 5 [Chang 1966, Godfrey 1966, Green und Kelsch 1972, MacWilliams and Sloane 1976, Finger 1985]:

Ternäre, symmetrische m-Folgen ($p = 3$)

$$\varphi_2 = -E = -2 \cdot 3^{r-1} \quad \text{und für} \tag{3.52}$$

Quinäre, symmetrische m-Folgen ($p = 5$)

$$\varphi_2 = \varphi_4 = 0, \quad \varphi_3 = -2 \cdot 5^r, \quad E = 2 \cdot 5^r. \tag{3.53}$$

Tabelle 3.5. Symmetrische, p-näre m-Folgen und ihre PAKF

$N = 7 \quad p = 2 \quad r = 3$

primitive Polynom: $x^3 + x + 1$

s(n):	1	1	1	-1	1	-1	-1
PAKF:	7	-1	-1	-1	-1	-1	-1

$N = 15 \quad p = 2 \quad r = 4$

primitives Polynom: $x^4 + x + 1$

s(n):	1	1	1	1	-1	-1	1	-1	1	1	-1	-1	-1	-1	-1
PAKF:	15	-1	-1	-1	-1	-1	-1	-1	-1	-1	-1	-1	-1	-1	-1

$N = 31 \quad p = 2 \quad r = 5$

primitives Polynom: $x^5 + x^2 + 1$

s(n): 1 -1 1 -1 1 1 1 1 -1 -1 1 1 -1 -1 -1 1 1 -1 -1 -1 -1 -1 -1 -1 -1 -1 -1 -1 -1 -1 -1

PAKF: 31 -1 -1 -1 -1 -1 -1 -1 -1 -1 -1 -1 -1 -1 -1 -1 -1 -1 -1 -1 -1 -1 -1 -1 -1 -1 -1 -1 -1 -1 -1

$N = 8 \quad p = 3 \quad r = 2$

primitives Polynom: $x^2 + x + 2$

s(n):	1	1	-1	0	-1	-1	1	0
PAKF:	6	0	0	0	-6	0	0	0

$N = 26 \quad p = 3 \quad r = 3$

primitives Polynom: $x^3 + 2x + 1$

s(n): 1 1 1 0 -1 1 1 1 -1 0 1 0 0 -1 -1 -1 0 1 -1 -1 1 0 -1 -1 0

PAKF: 18 0 0 0 0 0 0 0 0 0 0 0 0 0 -18 0 0 0 0 0 0 0 0 0 0 0

$N = 80 \quad p = 3 \quad r = 4$

primitives Polynom: $x^4 + x + 2$

s(n): 1 1 1 1 -1 1 1 1 -1 0 1 -1 1 1 -1 0 1 -1 -1 1 0 1 -1 -1 1 1 0 -1 -1 1 -1 0 1 -1 1 1 0 0 1 0 0 0 0 0 0 0 0 0 0 0 0 0 0 0 0 0 0 0 0 0 0 0 0 0 0 0 0 0 0 0 0 0 0 0 0 0 0 0 0

-1 0 0 0 -1 -1 1 -1 1 -1 1 1 0 -1 1 0 1 0 -1 1 -1 0 1 1 -1 1 1 0 0 1 1 1 0 0 0 0 0 0 0 0 0 0 0 0 0 0 0 0 0 0 0 0 0 0 0 0 0 0 0 0 0 0 0 0 0 0 0 0 0 0 0 0 0 0 0 0 0 0 0 0

1 -1 0 0 1 0 0 0

PAKF: 54 0000000000000000000000000000000000 -54 00000000000000000000000000000000000000000

$N = 24$ $p = 5$ $r = 2$

primitives Polynom: $x^2 + x + 2$

s(n):   1   2   1   1 -1   0 -2   1 -2 -2   2   0 -1 -2 -1 -1   1   0   2 -1   2   2 -2   0

PAKF: 50   00000000000   -50   00000000000

$N = 124$ $p = 5$ $r = 3$

primitives Polynom: $x^3 + 3x + 2$

s(n):
```
 1   1   1  -2   0   2  -2  -2  -2  -2  -1  -2  -1   2  -2   1   0   1  -2  -2   0   1   2   2   0   1   0   0   2   2   2   1   0
-1   1   1   1  -1   1  -2   1  -2   1   1   2   0   2   1   1   2   0  -1  -1  -1   0   2  -1  -1   1   2   0  -2   2   2  -2   2
 1   2   1  -2   2  -1   0  -1   1   2   2   0  -1  -2  -2   1   2  -2   0  -1   0   0  -2  -2  -2  -1   0   1  -1   1   2  -1  -1
-2   0  -2  -1  -1   0  -2   1   1   2  -1   1   0  -2   0   0
```

PAKF: 250   000000000000000000000000000000   0
       -250   000000000000000000000000000000   0

$N = 48$ $p = 7$ $r = 2$

primitives Polynom: $x^2 + x + 3$

s(n):
```
 1   2  -1   2   2   1  -1   0  -2   3   2   3   3  -2   2   0  -3   1   3   1  -3   3
 2  -2   0   3  -1  -3  -1  -1   3  -3   0  -1  -2   1  -2  -2  -1
```

PAKF: 196   0000000   98   0000000   -98   0000000   -196   0000000   98   0000000

$N = 120$ $p = 11$ $r = 2$

primitives Polynom: $x^2 + x + 7$

s(n):
```
 1   3   1   1  -5  -1   4  -2  -5   1  -1   0  -3   2  -3  -3   4   3  -1  -5   4  -3   3   0  -2   5  -2  -2  -1   2   3   4  -1  -2   2   0
-5  -4  -5  -5   3   5   2  -1   3  -5   5   0   4   1   4   4   2  -4   0  -1  -3  -1  -1   5   1  -4   2   5  -1   1   0
 3  -2   3   3  -4  -3   1   5  -4   3  -3   0   2  -5   2   2   1  -2  -3  -4   1   2  -2   0   5   5  -3  -5  -2   1  -3   5  -5   0
-4  -1  -4  -4  -2   4  -5  -3  -2  -4   4   0
```

PAKF: 1210   00000000000   -242   0000000000   484   00000000000   -484   00000000000
         242   00000000000 -1210   0000000000   242   00000000000   -484   00000000000
        -242   00000000000

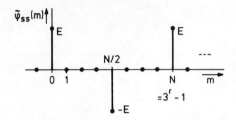

Bild 3.7. PAKF ternärer, symmetrischer m-Folgen

Damit hat auch hier die PAKF eine Form wie in Bild 3.7 mit $N = 5^r - 1$. Einige Beispiele p-närer, symmetrischer m-Folgen enthält mit ihren PAKF die Tabelle 3.5.

Für Folgen mit einer PAKF dieser Form gibt es Anwendungen in der Meßtechnik schwach nichtlinearer Systeme [Godfrey 1966, Hoffmann de Visme 1971]. Wichtiger sind aber ihre im folgenden Abschnitt diskutierten Abbildungen in perfekt korrelierende Folgen.

3.4.5 Abbildung in Folgen mit zweiwertiger periodischer Autokorrelationsfunktion

a) Dreiwertige perfekte Folgen

Durch geeignete Abbildungen lassen sich auch den höherwertigen m-Folgen neue Folgen gleicher Länge mit zweiwertiger, teilweise sogar perfekter PAKF zuordnen. Der direkte Ansatz hierzu errechnet die Werte $\varphi_1, \varphi_2, \ldots$ der PAKF (s. Bild 3.6) der abgebildeten Folge und setzt sie gleich den gewünschten Werten. Für perfekte Folgen wird also beispielsweise das Gleichungssystem

$$\varphi_1 = 0, \quad \varphi_2 = 0, \quad \varphi_3 = 0, \ldots$$

aufgestellt und nach den Abbildungswerten gelöst. Ein Nachteil dieses Verfahrens ist, daß neben dem hohen Rechenaufwand, die Abbildung i.allg. auf beliebig reell – oder komplexwertige Folgenelemente führt.

Eine Untersuchung von Gervens [1990] behandelt insbesondere den interessanten Fall der Abbildung beliebiger p-närer[2] m-Folgen in dreiwertige, reelle, perfekte Folgen. So kann beispielsweise der Folge $s(n)$ für $p = 3$, $r = 2$ aus Tabelle 3.3 die perfekte Folge

$$s_t(n) = 1 \quad -a \quad a \quad a \quad 1 \quad a \quad -a \quad -a \quad \text{mit } a = 0{,}57735$$

bei gleicher Länge $N = 3^2 - 1 = 8$ zugeordnet werden.

Die Schwierigkeiten dieses allgemeinen Verfahrens lassen sich für viele Fragestellungen sehr elegant umgehen, wenn Abbildungen gewählt werden, die die neue Folge periodisch mit der Unterfolgenlänge N_u der Ausgangsfolge werden läßt. In diesem Fall bleibt nur noch die eine Bedingung (3.48) für den dann konstanten Nebenwert φ_1 zu beachten.

---

[2] allgemein q-närer, s. Abschn. 3.4.6.

Im folgenden wird gezeigt, wie auf diese Weise den Unterfolgen p-närer m-Folgen zunächst binäre und ternäre, später dann in Abschnitt 4.6 auch uniforme komplexwertige Folgen mit zweiwertiger PAKF zugeordnet werden können.

b) Inkohärente Binärfolgen

Im einfachsten Fall kann aus jeder Unterfolge einer p-nären m-Folge $s(n)$ des Grades r eine inkohärente Binärfolge der Länge

$$N_{\mathrm{u}} = (p^r - 1)/(p - 1) \tag{3.54}$$

mit zweiwertigen PAKF gebildet werden. Den p unterschiedlichen Werten α_i der Ausgangsfolge werden dazu neue Werte $\Theta(\alpha_i)$ nach folgender einfacher Abbildung zugeordnet

$$\Theta(\alpha_i) = \begin{cases} 1 & \text{für } \alpha_i = 0 \\ 0 & \text{sonst.} \end{cases} \tag{3.55}$$

Hierzu als Beispiel die Folge $s(n)$ mit $p = 3$, $r = 3$ aus Tabelle 3.3. Mit (3.55) ergibt sich eine Binärfolge der Länge $N_{\mathrm{u}} = (3^3 - 1)/2 = 13$

$$s_{\mathrm{b}}(n) = 0 \ \ 0 \ \ 0 \ \ 1 \ \ 0 \ \ 0 \ \ 0 \ \ 0 \ \ 0 \ \ 1 \ \ 0 \ \ 1 \ \ 1$$

mit der PAKF

$$\tilde{\varphi}_{ss_{\mathrm{b}}}(m) = 4 \ \ 1 \ \ 1 \ \ 1 \ \ 1 \ \ 1 \ \ 1 \ \ 1 \ \ 1 \ \ 1 \ \ 1 \ \ 1 \ \ 1 \ldots \tag{3.56}$$

Allgemein erhält man die PAKF mit folgender Überlegung:
Es gilt

$$\tilde{\varphi}_{ss_{\mathrm{b}}}(m) = \sum_{n=0}^{N_{\mathrm{u}}-1} \tilde{s}_{\mathrm{b}}(n)\tilde{s}_{\mathrm{b}}(n + m).$$

Durch die Abbildung (3.55) werden alle Unterfolgen in $s_{\mathrm{b}}(n)$ gleich, da nach (3.47) die Nullen in jeder Unterfolge von $s(n)$ an den gleichen Stellen liegen. Mit dieser Periodizität ergibt sich die PAKF auch bei Summation über die gesamte Folge der Länge N zu

$$\tilde{\varphi}_{ss_{\mathrm{b}}}(m) = \frac{N_{\mathrm{u}}}{N} \sum_{n=0}^{N-1} \tilde{s}_{\mathrm{b}}(n)\tilde{s}_{\mathrm{b}}(n + m).$$

Nach (3.46) erscheint nun in dieser Summe für $m \not\equiv 0 \bmod N_{\mathrm{u}}$ das Wertepaar $(1, 1)$, das durch Abbildung von $(0, 0)$ entstanden ist, mit der Häufigkeit $p^{r-2} - 1$, also wird, da alle anderen Paare ein verschwindendes Produkt besitzen,

$$\tilde{\varphi}_{ss_{\mathrm{b}}}(m) = \frac{N_{\mathrm{u}}}{N}(p^{r-2} - 1)$$

$$= \frac{p^{r-2} - 1}{p - 1} = \text{const.} \quad \text{für } m \not\equiv 0 \bmod N_{\mathrm{u}}.$$

Die Energie $\tilde{\varphi}_{ss_b}(0)$ ist gleich der Anzahl der Nullen in der Unterfolge von $s(n)$ (s. Abschn. 3.4.4), damit lautet die PAKF der inkohärenten Binärfolge $s_b(n)$

$$\tilde{\varphi}_{ss_b}(m) = \begin{cases} \dfrac{p^{r-1} - 1}{p - 1} & \text{für} \quad m \equiv 0 \bmod N_u \\ \dfrac{p^{r-2} - 1}{p - 1} & \text{sonst.} \end{cases} \tag{3.57}$$

Speziell für den Grad $r = 3$ besitzen diese Folgen also den Nebenwert $\varphi_1 = 1$ und den Hauptwert $E = p + 1$ [vgl. Beispiel (3.56)], solche Folgen werden in Abschn. 4.5 noch näher diskutiert.

Die betrachteten Folgen sind wegen (3.57) wieder Differenzmengen-Folgen mit den Parametern

$$N = \frac{p^r - 1}{p - 1}, \quad k = E = \frac{p^{r-1} - 1}{p - 1}, \quad \lambda = \frac{p^{r-2} - 1}{p - 1}. \tag{3.58}$$

Differenzmengen dieser Art wurden zuerst von Singer [1938] angegeben. Differenzmengen-Folgen waren also, zumindestens implizit, bereits in seiner Veröffentlichung von 1938 enthalten.

Von besonderem Interesse ist eine andere Zuordnung, mit der ternäre Folgen mit perfekter PAKF konstruiert werden können.

c) Ipatov-Folgen

Ipatov [1979, 1980] beschreibt ein Verfahren, mit der einer Unterfolge einer p-nären m-Folge eine ternäre Folge mit perfekter PAKF, deren sämtliche Nebenwerte also ideal verschwinden, zugeordnet werden kann. In einfacherer Form, nur für $p = 3$, wurde das Verfahren bereits früher von Chang [1967] angegeben.

Die folgende vereinfachende Beschreibung der Synthese geht von p-nären m-Folgen $s(n)$ des Grades r aus, wobei $p > 2$ und r ungerade sein müssen. Ihren p unterschiedlichen Werten α_i werden zunächst neue Werte $\Theta_c(\alpha_i)$ nach folgender Vorschrift zugeordnet

$$\Theta_c(\alpha_i) = \begin{cases} 0 & \text{für} \quad \alpha_i = 0 \\ (-1)^k & \text{für} \quad \alpha_i \equiv \mu^k \bmod p \end{cases} \tag{3.59}$$

wobei μ ein primitives Element in $GF(p)$ ist, vgl. (3.27).
Nach zusätzlicher Alternierung der Vorzeichen erhält man dann aus einer Unterfolge von $s(n)$ die perfekte Ternärfolge $s_t(n)$ zu

$$s_t(n) = (-1)^n \Theta_c[s(n)], \quad n = 0(1)N_u - 1 \tag{3.60}$$

mit der Länge N_u nach (3.54).

Die Abbildung (3.59) wird als „zweiwertiger Charakteroperator" bezeichnet [Lidl und Niederreiter 1983]. Dieser liefert beispielsweise für $p = 3$ und 5 folgende Zuordnungen:

$$
\begin{array}{c|cccc}
p = 3 & \alpha_i & 0 & 1 & 2 \\
\hline
\text{mit } \mu = 2 & \Theta_c(\alpha_i) & 0 & 1 & -1
\end{array}
$$

$$
\begin{array}{c|ccccc}
p = 5 & \alpha_i & 0 & 1 & 2 & 3 & 4 \\
\hline
\text{mit } \mu = 2 & \Theta_c(\alpha_i) & 0 & 1 & -1 & -1 & 1
\end{array}
$$

(3.61)

Angemerkt sei noch, daß der Charakteroperator zwei für die folgende Betrachtung wichtige Eigenschaften besitzt:

$$\Theta_c(\alpha_i \cdot \alpha_j) = \Theta_c(\alpha_i) \cdot \Theta_c(\alpha_j), \tag{3.62}$$

$$\sum_{\forall \alpha_i \in \mathrm{GF}(p)} \Theta_c(\alpha_i) = 0. \tag{3.63}$$

Zunächst ein Beispiel:
Ausgangspunkt sei die Folge $p = 3$, $r = 3$ (s. Tab. 3.3) mit $N = 26$, $N_u = 13$:

$$s(n) = 1\ 1\ 1\ 0\ 2\ 1\ 1\ 2\ 1\ 0\ 1\ 0\ 0\ 2\ 2\ 2\ 0\ 1\ 2\ 2\ 1\ 2\ 0\ 2\ 0\ 0.$$

Zuordnung und Alternierung nach (3.60) und (3.61) ergibt dann als ternäre, perfekte Folge der Länge $N_u = 13$ (mit $\pm 1 \to +, -$)

$$s_t(n) = +\ -\ +\ 0\ -\ -\ +\ +\ +\ 0\ +\ 0\ 0.$$

Zum Beweis wird die PAKF berechnet:
Zunächst muß dazu gezeigt werden, daß $\tilde{s}_t(n)$ die Periode N_u hat.
Es gilt mit (3.60)

$$\tilde{s}_t(n + N_u) = (-1)^{n + N_u} \Theta_c[s(n + N_u)],$$

mit (3.62) sowie der Eigenschaft p-närer m-Folgen (3.47)

$$\tilde{s}(n + N_u) = \mu \cdot s(n)$$

ergibt sich

$$\tilde{s}_t(n + N_u) = (-1)^n (-1)^{N_u} \Theta_c(\mu) \Theta_c[s(n)].$$

Weiter ist N_u, wegen r ungerade, auch stets ungerade, dann ist noch mit (3.59) $\Theta_c(\mu) = -1$, somit wegen (3.60)

$$\tilde{s}_t(n + N_u) = (-1)^n (-1)(-1) \Theta_c[s(n)] = s_t(n). \tag{3.64}$$

Jetzt erhält man als PAKF

$$\tilde{\varphi}_{tt}(m) = \sum_{n=0}^{N_u - 1} s_t(n) \tilde{s}_t(n + m)$$

und wegen der Periodizität (3.64) auch bei Summation über die volle Periode

Tabelle 3.6. Perfekte, ternäre Ipatov-Folgen

$N = 26$ $p = 3$ $r = 3$ $N_u = 13$

primitives Polynom: $x^3 + 2x + 1$

s(n):	1 1 1 0 2 1 1 2 1 0 1 0 0 2 2 2 0 1 2 2 1 2 0 2 0 0
PAKF:	47 27 27 27 27 27 27 27 27 27 27 27 27 27 27 27 27 27 27 2 0 0
	36 27 27 27 27 27 27 27 27 27

Ipatov:	1 −1 1 0 −1 −1 1 1 1 0 1 0 0
PAKF:	9 0 0 0 0 0 0 0 0 0 0 0 0

$N = 124$ $p = 5$ $r = 3$ $N_u = 31$

primitives Polynom: $x^3 + 3x + 2$

s(n):	1 1 1 3 0 2 3 3 2 3 3 4 3 4 2 3 1 0 1 3 3 0 1 2 2 4 3 1 4 1 3 4 1 2 0 2 1 1 0 4 1 1 4 1 3 4 1 2 0 2 1 1 0 4 1 4 1 3 3 4 1 2 0 3
	2 2 3 2 1 2 1 3 2 4 0 4 2 2 0 4 3 3 1 2 3 0 4 0 0 3 3 4 0 3 1 1 2 4 1 4 2 4 2 1 4 3 0 3 4 4 0 3 1 1 2 4 1 0 3 0 0

Ipatov:	1 −1 1 1 0 1 −1 1 −1 1 1 1 1 1 1 1 1 0 −1 −1 1 0 −1 −1 1 1 −1 0 1 0 0
PAKF:	25 0 0 0 0 0 0 0 0 0 0 0 0 0 0 0 0 0 0 0 0 0 0 0 0 0 0 0 0 0 0

$N = 242$ $p = 3$ $r = 5$ $N_u = 121$

primitives Polynom: $x^5 + 2x + 1$

s(n):	1 1 1 1 0 2 1 0 2 2 0 2 0 0 1 1 0 0 0 2 1 1 1 2 1 1 0 2 1 2 1 1 2 1 2
	1 0 1 0 1 0 0 2 2 1 1 1 1 0 1 0 2 2 1 1 2 2 0 1 0 1 1 0 0 2 2 2 0 1 1 0
	2 1 1 0 1 2 1 1 1 0 0 2 2 1 1 0 0 2 2 2 1 2 1 2 1 2 0 2 0 0 1 1 2 2 2 1 0 1 1 0
	2 0 2 2 1 2 2 0 1 0 1 2 2 0 1 1 0 1 2 1 2 0 2 0 2 0 0 1 1 2 2 2 1 0 1

Ipatov:

$$1\ -1\ -1\ 1\ 1\ 0\ -1\ -1\ 0\ 1\ -1\ 0\ -1\ 1\ 0\ -1\ 1\ 1\ 1\ 0\ -1\ 1\ 0\ 1\ 1\ 0\ 1\ 0$$
$$-1\ 1\ -1\ -1\ 1\ -1\ -1\ 1\ 0\ -1\ 0\ -1\ 1\ 1\ 0\ 0\ -1\ -1\ 0\ -1\ -1\ 1\ 1\ -1\ 1\ -1\ 1\ 0$$
$$-1\ 0\ -1\ 0\ 1\ -1\ 0\ 1\ -1\ -1\ -1\ 0\ -1\ 1\ -1\ -1\ -1\ 1\ -1\ 1\ 1\ 0\ 1\ 1\ 0\ 1$$
$$0\ 1\ -1\ 0\ 1\ 1\ 0\ 0\ -1\ -1\ 1\ -1\ -1\ -1\ 1\ -1\ 0\ 1$$

PAKF: 81

$N = 342 \quad p = 7 \quad r = 3 \quad N_u = 57$

Primitives Polynom: $x^3 + 3x + 2$

$s(n)$:

Ipatov:

$$1\ -1\ 1\ -1\ 0\ 1\ 1\ -1\ 1\ 1\ -1\ -1\ 1\ 0\ 1\ -1\ 1\ -1\ 1\ 1\ 1\ 1\ 1\ -1\ 1\ -1$$
$$1\ 1\ -1\ -1\ -1\ 1\ 1\ -1\ 1\ -1\ 1\ 0\ 1\ -1\ -1\ 1\ 0\ 1\ -1\ 1\ 1\ 1\ 1\ -1$$

PAKF: 49

N der Ausgangsfolge

$$= \frac{N_u}{N} \sum_{n=0}^{N-1} s_t(n)\tilde{s}_t(n+m),$$

mit (3.60) eingesetzt

$$= \frac{N_u}{N} \sum_{n=0}^{N-1} (-1)^n \Theta_c[s(n)] \cdot (-1)^{n+m} \cdot \Theta_c[\tilde{s}(n+m)]$$

$$= \frac{N_u}{N}(-1)^m \sum_{n=0}^{N-1} \Theta_c[s(n)]\Theta_c[\tilde{s}(n+m)]$$

weiter mit (3.62)

$$= \frac{N_u}{N}(-1)^m \sum_{n=0}^{N-1} \Theta_c[s(n) \cdot \tilde{s}(n+m)].$$

Setzt man $m \not\equiv 0 \bmod N_u$, dann erscheinen in $s(n) \cdot \tilde{s}(n+m)$ nach (3.46) alle Wertepaare (außer $0,0$) mit derselben Häufigkeit p^{r-2}. Weiter nehmen diese Produkte alle Elemente des $GF(p)$, mit Ausnahme von 0, mit der gleichen Häufigkeit $p^{r-2}(p-1)$-mal an. Berücksichtigt man weiter, daß $\Theta_c(0) = 0$ ist, so ergibt sich unter Einbeziehen von (3.63)

$$\tilde{\varphi}_{tt}(m) = \frac{N_u}{N}(-1)^m p^{r-2}(p-1) \sum_{\substack{\forall \alpha_i \in GF(p) \\ (\text{außer } \alpha_i = 0)}} \Theta_c(\alpha_i) = 0, \quad m \not\equiv 0 \bmod N_u,$$

(3.65)

die Folgen $s_t(n)$ sind also perfekt.

Für $m = 0$ ergibt sich als Energie der Ternärfolgen

$$\tilde{\varphi}_{tt}(0) = p^{r-1},$$

(3.66)

wie leicht zu zeigen ist.

Mit dem beschriebenen Verfahren lassen sich also perfekte Ternärfolgen der Längen

$$N_u = \frac{p^r - 1}{p - 1}, \quad p > 2, \text{ prim}, \quad r \text{ ungerade}$$

(3.67)

also

$$N \in \{13, 31, 57, 121, 133, \dots\}$$

erzeugen.

Einige Beispiele dieser ternären Folgen zeigt Tabelle 3.6. Die Synthese zusätzlicher Folgen setzt eine Erweiterung des Begriffes der Galois-Felder voraus, die im folgenden behandelt wird.

3.4.6 Erweiterte Galois-Felder

Der Begriff der Galois-Felder kann sinnvoll so erweitert werden, daß als Elemente anstelle der einfachen Zahlen jetzt alle Polynome des $GF(p)$ mit einem

Tabelle 3.7. Schreibweisen des erweiterten Feldes $GF(2^2)$

$GF(2^2)$:			
	0	0	$0 \equiv \mu^{-\infty}$
	1	1	μ^0
	x	a	μ^1
	$x + 1$	b	μ^2
	Polynomschreibweise	Symbolschreibweise	Potenzschreibweise

Grad $< w$ treten. Diese Polynome bilden dann die $p^w = q$ Elemente des erweiterten Feldes $GF(p^w) \equiv G(q)$. Das einfachste erweiterte Galois-Feld ist $GF(2^2)$ mit den vier Elementen nach Tabelle 3.7 links:

Addition (und Subtraktion) werden als Addition mod p der Polynome definiert. Damit ergibt sich als Additionstafel im $GF(2^2)$ unter Benutzung der Symbolschreibweise Tabelle 3.7 mitte.

$$
\begin{array}{c|cccc}
\oplus & 0 & 1 & a & b \\
\hline
0 & 0 & 1 & a & b \\
1 & 1 & 0 & b & a \\
a & a & b & 0 & 1 \\
b & b & a & 1 & 0
\end{array}
\qquad (3.68)
$$

Die Multiplikation wird entsprechend als Multiplikation mod p der Polynome definiert, doch muß das Ergebnis anschließend noch, damit es wieder im selben erweiterten Feld liegt, modulo eines geeigneten „erzeugenden" Polynoms $P_e(x)$ reduziert werden. Geeignet sind hierfür irreduzible Polynome des Grades w im $GF(p)$, da dann alle Verknüpfungsaxiome für ein Feld erfüllt sind.

Hierzu obiges Beispiel:
Mit dem irreduziblen erzeugenden Polynom $P_e(x) = x^2 + x + 1$ errechnet sich eine Multiplikation wie folgt:

$$a \cdot b \stackrel{\wedge}{=} x \cdot (x + 1) \equiv x^2 + x \bmod (x^2 + x + 1),$$

der mit der mod-Operation gesuchte Rest ergibt sich durch Division

$$(x^2 + x)/(x^2 + x + 1) = 1 \text{ Rest } 1,$$

denn

$$(x^2 + x + 1) \cdot 1 + 1 = x^2 + x,$$

also

$$a \cdot b \equiv 1 \bmod (x^2 + x + 1)$$

usw., damit gilt im $GF(2^2)$ mod $(x^2 + x + 1)$ die Multiplikationstafel

$$
\begin{array}{c|cccc}
^{\odot}P_e(x) & 0 & 1 & a & b \\
\hline
0 & 0 & 0 & 0 & 0 \\
1 & 0 & 1 & a & b \\
a & 0 & a & b & 1 \\
b & 0 & b & 1 & a.
\end{array}
\qquad (3.69)
$$

Aus der Multiplikationstafel lassen sich ebenfalls die zur Division benötigten inversen Elemente ablesen, z.B.

$$\frac{1}{a} = b, \quad \text{denn } a \cdot b = 1.$$

Weiter lassen sich, wie die Multiplikationstafel andeutet, auch in den erweiterten Galois-Feldern die Elemente ($\neq 0$) als Potenzen eines primitiven Elements μ darstellen, so im GF(2^2) mit $\mu = a$ (s. Tabelle 3.7 rechts)

$$\mu^0 = 1, \quad \mu^1 = a, \quad \mu^2 = a \cdot a = b. \tag{3.70}$$

In dieser Potenzschreibweise geht die Multiplikation in die Summe mod$(q - 1)$ der Exponenten über, also z.B.

$$a \cdot b = \mu^1 \cdot \mu^2 = \mu^{3 \bmod (2^2 - 1)} = \mu^0 = 1. \tag{3.71}$$

Abschließend zeigt Tabelle 3.8 noch zwei etwas umfangreichere Beispiele von erweiterten Galois-Feldern in Polynom- und Potenzdarstellung.

Tabelle 3.8. Erweiterte Galois-Felder

GF(2^4) mod $x^4 + x + 1$		GF(3^2) mod $x^2 + 2x + 2$	
0	0	0	0
1	$\mu^0 = 1$	1	$\mu^0 = 1$
x	μ^1 {prim. El.	x	μ^1 {prim. El.
x^2	μ^2	$x + 1$	μ^2
x^3	μ^3	$2x + 1$	μ^3
$x + 1$	μ^4	2	μ^4
$x^2 + x$	μ^5	$2x$	μ^5
$x^3 + x^2$	μ^6	$2x + 2$	μ^6
$x^3 + x + 1$	μ^7	$x + 2$	μ^7
$x^2 + 1$	μ^8		
$x^3 + x$	μ^9	1	$\mu^8 = 1$
$x^2 + x + 1$	μ^{10}		
$x^3 + x^2 + x$	μ^{11}		
$x^3 + x^2 + x + 1$	μ^{12}		
$x^3 + x^2 + 1$	μ^{13}		
$x^3 + 1$	μ^{14}		
1	$\mu^{15} = 1$		

Diese Beispiele wurden mit Hilfe eines Programms berechnet, dessen Kern in Bild 3.8 dargestellt ist.

Erwähnt sei noch, daß sich auch die Felder GF(q) noch einmal zu Feldern GF(q^v) erweitern lassen. Deren Elemente bestehen dann in Polynomschreibweise entsprechend aus allen q^v verschiedenen Polynomen über GF(q) mit einem Grad $< v$.

Das Programm berechnet die Elemente eines erweiterten Galois—Feldes $GF(p^w)$ in Polynom—
und Potenzdarstellung.

Das erzeugende Polynom $P_e(x) = c_0 + c_1 x + \cdots c_w x^w$ steht mit seinen Koeffizien—
ten $c_0, c_1 \cdots$ im Feld c. Ausgegeben werden die Potenzen (j) des primitiven Elements von
0 bis p^w-2 mit den zugehörigen w Polynomkoeffizienten (s[·]) der Feldelemente in der
Tab. 3.8 entsprechenden Reihenfolge.

```
BEGIN
  FOR i: = 0 T0 w D0
    s[i]: = 0;
  s[1]: = 1;
  FOR  j: = 0 T0 (p↑w − 2) D0
  BEGIN
    t: = s[w];
    FOR i: = 0 T0 w −1 D0
    BEGIN
      WRITE (s[w − i]);
      s[w − i]: = (s[w − 1 − i] + t * (♭ − c[w − 1 − i])) MOD p;
    END;
    WRITE (j);
  END;
END;
```

Bild 3.8. Programm zur Erzeugung der Elemente eines erweiterten Galois-Feldes

3.4.7 Maximalfolgen im $GF(p^w)$

Die Bildung von Maximalfolgen läßt sich entsprechend in den erweiterten
Galois-Feldern $GF(q) = GF(p^w)$ formulieren, dadurch wachsen die Synthese-
möglichkeiten beträchtlich an. Ist q eine Primzahlpotenz, dann existieren auch
im $GF(q)$ für jeden Grad primitive Polynome, über die sich q-näre m-Folgen
erzeugen lassen. In Verallgemeinerung von (3.42) besitzen sie eine Periode

$$N = q^r - 1 = p^{wr} - 1. \tag{3.72}$$

Tabellen primitiver Polynome im $GF(p^w)$ finden sich z.B. in [Lidl und Niederreiter 1983, MacWilliams und Sloane 1976, Green und Taylor 1974, Finger
1985].
Einige Beispiele enthält Tabelle 3.9.

   Als einfaches Beispiel wird die Berechnung einer m-Folge 2. Grades im
$GF(2^2)$ nach Abschn. 3.4.6 betrachtet. Aus Tabelle 3.9 wird als charakteristi-
sches primitives Polynom

$$P(x) = x^2 + x + \mu \tag{3.73}$$

gewählt.

Tabelle 3.9. Primitive Polynome im $GF(p^w)$

r	$GF(2^2)$ $P_e(x) = x^2 + x + 1$	r	$GF(2^3)$ $P_e(x) = x^3 + x + 1$	r	$GF(2^4)$ $P_e(x) = x^4 + x + 1$	r	$GF(3^2)$ $P_e(x) = x^2 + 2x + 2$
1	$x + \mu$	1	$x + \mu$	1	$x + \mu$	1	$x + \mu$
2	$x^2 + x + \mu$	2	$x^2 + \mu x + \mu$	2	$x^2 + x + \mu^7$	2	$x^2 + x + \mu$
3	$x^3 + x^2 + x + \mu$	3	$x^3 + x + \mu$	3	$x^3 + x + \mu^7$	3	$x^3 + x + \mu$
4	$x^4 + x^2 + \mu x + \mu^2$	4	$x^4 + x + \mu^3$	4	$x^4 + x^2 + \mu x + \mu^2$	4	$x^4 + x + \mu^5$
5	$x^5 + x + \mu$	5	$x^5 + x^2 + x + \mu^3$	5	$x^5 + \mu x + \mu$	5	$x^5 + x^2 + \mu$
6	$x^6 + x^2 + x + \mu$	6	$x^6 + x + \mu$			6	$x^6 + x^2 + \mu x + \mu$
7	$x^7 + x^2 + \mu x + \mu^2$	7	$x^7 + x^2 + \mu x + \mu^3$			7	$x^7 + x + \mu$
8	$x^8 + x^3 + x + \mu$						
9	$x^9 + x^2 + x + \mu$						
10	$x^{10} + x^3 + \mu x^2 + \mu x + \mu$						

Tabelle 3.10. Rekursive Erzeugung einer Folge im $GF(2^2)$

	$s(n-1)$	$s(n-2)$	
Start	1	0	$b \cdot (1 + 0) = b$
	b	1	$b \cdot (b + 1) = b \cdot a = 1$
	1	b	$b \cdot (1 + b) = b \cdot a = 1$
	1	1	$b \cdot (1 + 1) = b \cdot 0 = 0$
	0	1	$b \cdot (0 + 1) = b$
	b	0	$b \cdot (b + 0) = b \cdot b = a$
	a	b	$b \cdot (a + b) = b \cdot 1 = b$
	b	a	$b \cdot (b + a) = b \cdot 1 = b$
	b	b	$b \cdot (b + b) = b \cdot 0 = 0$
	0	b	$b \cdot (0 + b) = b \cdot b = a$
	a	0	$b \cdot (a + 0) = b \cdot a = 1$
	1	a	$b \cdot (1 + a) = b \cdot b = a$
	a	1	$b \cdot (a + 1) = b \cdot b = a$
	a	a	$b \cdot (a + a) = b \cdot 0 = 0$
	0	a	$b \cdot (0 + a) = b \cdot a = 1$
	1	0	

Entsprechend (3.21) ergibt sich für die Folge $s(n)$ damit die Rekursionsvorschrift

$$s(n) = -\frac{1}{a}[s(n-1) + s(n-2)], \quad \text{mit } \mu = a, \mu^2 = b, \tag{3.74}$$

wobei mit (3.69) und (3.68) gilt

$$-\frac{1}{a} = -b = b. \tag{3.75}$$

Ebenfalls mit den Tafeln (3.68) und (3.69) läßt sich die Rekursion dann, wie Tabelle 3.10 zeigt, sofort hinschreiben.
Die m-Folge lautet also

$$s(n) = 1 \; b \; 1 \; 1 \; 0 \quad b \; a \; b \; b \; 0 \quad a \; 1 \; a \; a \; 0 \tag{3.76}$$

und ihre Länge beträgt $N = 4^2 - 1 = 15$.
Konstruiert man als zweites Beispiel in gleicher Weise die m-Folge 3. Grades im $GF(2^2)$ mit dem charakteristischen primitiven Polynom $P(x) = x^3 + x^2 + x + \mu$ (s. Tabelle 3.9), dann erhält man eine Folge der Länge $N = 4^3 - 1 = 63$ (mit $\mu = a, \mu^2 = b$)

$$s(n) = 1 \; b \; 1 \; a \; 0 \; a \; 0 \; 1 \; a \; a \; b \; a \; a \; a \; 1 \; b \; 0 \; 1 \; 1 \; 0 \; 0$$

$$b \; a \; b \; 1 \; 0 \; 1 \; 0 \; b \; 1 \; 1 \; a \; 1 \; 1 \; 1 \; b \; a \; 0 \; b \; b \; 0 \; 0 \tag{3.77}$$

$$a \; 1 \; a \; b \; 0 \; b \; 0 \; a \; b \; b \; 1 \; b \; b \; b \; a \; 1 \; 0 \; a \; a \; 0 \; 0.$$

Für Folgen dieser Art gelten auch die anderen Eigenschaften von Folgen über $GF(p)$ sinngemäß. So erscheint das Nullelement $(q^{r-1} - 1)$-mal, die übrigen Elemente q^{r-1}-mal.

Weiter zerfällt die Folge in $q - 1$ abhängige Unterfolgen der Länge $N_u = N/(q-1)$. Dies spielt wieder für die Eigenschaften der PAKF eine wichtige Rolle. So treten Paare von Elementen mit den Häufigkeiten nach (3.46) und (3.47) auf, wenn p durch $q = p^w$ ersetzt wird.

Hierzu als Beispiel die Folge in (3.76), die in drei Unterfolgen der Länge $N_u = N/(4-1) = 5$ zerfällt. Zwei weitere Beispiele für Folgen im $GF(2^3)$ und $GF(3^2)$ sind in Tabelle 3.11 in Form der Potenzen eines primitiven Elements dargestellt.

Die PAKF dieser Folgen haben prinzipiell also wieder die Strukturen wie in Abschn. 3.4.4, doch sind die Möglichkeiten durch Zuordnung von Zahlen zu den Elementen jetzt vielfältiger geworden. Von besonderem Interesse sind auch hier binäre und ternäre Folgen mit zweiwertiger PAKF. Da die Paarhäufigkeiten für $GF(p)$- und $GF(q)$-Folgen sich entsprechen, erhält man vergleichbare Ergebnisse.

So lassen sich binäre Folgen mit den entsprechenden Parametern wie in Abschn. 3.4.5 konstruieren, wenn p durch $q = p^w$ ersetzt wird. Die Zahl der Möglichkeiten nimmt damit deutlich zu. Beispielsweise entsteht aus den Unterfolgen der Folge in (3.77) mit der Abbildung (3.55) eine inkohärente Binärfolge

Tabelle 3.11. Folgen im $GF(2^3)$ und $GF(3^2)$ (Darstellung: $\infty \,\hat{=}\, \mu^{-\infty} = 0,\; 0 \,\hat{=}\, \mu^0 = 1,\; 1 \,\hat{=}\, \mu^1 = \mu$ usw.)

∞	0	1	4	3	0	2	0	0		∞	0	4	3	6	7	7	5	7	4
∞	1	2	5	4	1	3	1	1		∞	1	5	4	7	0	0	6	0	5
∞	2	3	6	5	2	4	2	2		∞	2	6	5	0	1	1	7	1	6
∞	3	4	0	6	3	5	3	3		∞	3	7	6	1	2	2	0	2	7
∞	4	5	1	0	4	6	4	4		∞	4	0	7	2	3	3	1	3	0
∞	5	6	2	1	5	0	5	5		∞	5	1	0	3	4	4	2	4	1
∞	6	0	3	2	6	1	6	6		∞	6	2	1	4	5	5	3	5	2
										∞	7	3	2	5	6	6	4	6	3

$GF(2^3)$, $r = 2$ $GF(3^2)$, $r = 2$

$N = 63$, $N_u = 9$ $N = 80$, $N_u = 10$

$P_e(x) = x^3 + x + 1$ $P_e(x) = x^2 + 2x + 2$

$P(x) = x^2 + \mu x + \mu$ $P(x) = x^2 + x + \mu$

---

der Länge $N_u = (4^3 - 1)/3 = 21$:

$$s(n) = 0\ 0\ 0\ 0\ 1\ 0\ 1\ 0\ 0\ 0\ 0\ 0\ 0\ 0\ 0\ 0\ 1\ 0\ 0\ 1\ 1 \tag{3.78}$$

mit PAKF-Nebenwerten $+1$.

Ebenso lassen sich mit der Ipatov-Methode perfekte Ternärfolgen für die folgenden zusätzlichen Längen bilden [Ipatov 1979]:

$$N = \frac{p^{wr} - 1}{p^w - 1}, \quad r \text{ ungerade, } p > 2 \text{ prim,} \tag{3.79}$$

also

$$N \in \{91,\ 651,\ 757,\ 2451,\ \dots\}.$$

(In [Høholdt und Justesen 1983] wird gezeigt, daß sich perfekte Ternärfolgen mit Längen nach (3.79) ebenfalls für $p = 2$ konstruieren lassen).

Folgen im $GF(p^w)$ lassen sich durch mehrfache rekursive Schieberegister-schaltungen erzeugen. Hierzu schreibt man die Rekursionsbeziehung in Polynomschreibweise. Man erhält dann für deren Komponenten ein System von w einkomponentigen, miteinander verkoppelten Rekursionsgleichungen, die entsprechend durch w miteinander verkoppelte Schieberegister implementiert werden können. Beispiele finden sich in [Balza et al. 1967, Scholtz und Welch 1984].

3.4.8 Erzeugung von m-Folgen mit der trace-Funktion

Die in diesem Abschnitt 3.4 besprochenen Folgen werden alle durch die Rekurisonsgleichung (3.21) definiert und können durch schrittweises Abarbeiten dieser Gleichung erzeugt werden. Eine andere Erzeugungsmöglichkeit geht von der allgemeinen Lösung der Rekursionsgleichung aus und ermöglicht dann auch die unabhängige Bestimmung einzelner Folgenglieder. Diese allgemeine Lösung läßt sich stets als Summe von Potenzen eines primitiven Elements μ im zugehörigen Galois-Feld schreiben [Golomb 1980, McEliece 1987]. Im einfachsten Fall gilt für p-näre m-Folgen des Grades r

$$s(n) = \sum_{i=0}^{r-1} \mu^{np^i}, \qquad n = 0(1)N - 1, \ N = p^r - 1. \tag{3.80}$$

Die Operation

$$\text{tr}^r(\mu) = \mu + \mu^p + \mu^{p^2} + \cdots + \mu^{p^{r-1}} \tag{3.81}$$

wird als „absolute trace-Funktion" des Feldes $\text{GF}(p^r)$ bezeichnet. Damit lautet (3.80) in der kompakten „trace-Schreibweise"

$$s(n) = \text{tr}^r(\mu^n). \tag{3.82}$$

Hierzu als Beispiel die Erzeugung der ternären m-Folge des Grades $r = 2$: Die benötigten Potenzen des primitiven Elements im Feld $\text{GF}(3^2)$ zeigt Tabelle 3.8. Damit erhält man die $N = 3^2 - 1 = 8$ Elemente der Folge mit (3.80) oder (3.82) – wobei die Potenzen von μ nach (3.71) mod $(p^r - 1)$ reduziert und dann die zugeordneten Polynome mod p aufsummiert werden – zu

$$
\begin{aligned}
s(0) &= \mu^0 + \mu^0 & &= 1 + 1 = 2 \\
s(1) &= \mu^1 + \mu^3 & &= x + 2x + 1 = 1 \\
s(2) &= \mu^2 + \mu^6 & &= x + 1 + 2x + 2 = 0 \\
s(3) &= \mu^3 + \mu^{9 \bmod 8} & &= 2x + 1 + x = 1 \\
s(4) &= \mu^4 + \mu^{12 \bmod 8} & &= 2 + 2 = 1 \\
s(5) &= \mu^5 + \mu^{15 \bmod 8} & &= 2x + x + 2 = 2 \\
s(6) &= \mu^6 + \mu^{18 \bmod 8} & &= 2x + 2 + x + 1 = 0 \\
s(7) &= \mu^7 + \mu^{21 \bmod 8} & &= x + 2 + 2x = 2.
\end{aligned}
\tag{3.83}
$$

Man erhält also die ternäre m-Folge

$$s(n) = 2 \ 1 \ 0 \ 1 \quad 1 \ 2 \ 0 \ 2.$$

Ihre Stärke zeigt diese, im folgenden nicht weiter benutzte Darstellung insbesondere bei der eleganten Formulierung von Kreuzkorrelationseigenschaften periodischer Folgen sowie bei der Konstruktion von Folgen mit zusätzlichen kryptografischen Eigenschaften (Folgen „hoher Komplexität", vgl. Abschn. 10.6.3).

4. Folgen mit gutem periodischen Korrelationsverhalten

In Kap. 3 wurde bereits gezeigt, daß Folgen mit ideal impulsförmiger PAKF existieren können. Die Synthese dieser „perfekten" Folgen wird im folgenden besonders beachtet. Da aber die für die Anwendung am besten geeigneten binären Folgen mit $s(n) \in \{\pm 1\}$ mit einer Ausnahme nicht perfekt sind, spielen auch nur näherungsweise perfekte Folgen eine wichtige Rolle.

4.1 Korrelationsgütemaße

Für die Bewertung der Abweichung einer beliebigen Korrelationssfolge von einer perfekten Folge sind zwei Gütemaße gebräuchlich:

Das HNV beschreibt das Verhältnis des Hauptmaximums der PAKF zum betragsgrößten Nebenmaximum

$$\text{HNV} = \frac{\tilde{\varphi}_{ss}(0)}{\max |\tilde{\varphi}_{ss}(m)|}, \quad \forall m \not\equiv 0 \bmod N. \tag{4.1}$$

Ein zweites Maß ist der Merit-Faktor MF, der das Verhältnis der Energie des Hauptwertes der PAKF zur gesamten in den Nebenwerten enthaltenen Energie angibt

$$MF = \frac{\tilde{\varphi}_{ss}^2(0)}{\sum\limits_{m=1}^{N-1} |\tilde{\varphi}_{ss}(m)|^2}. \tag{4.2}$$

Das HNV bewertet also eher die impulsförmigen, der MF die rauschförmigen Eigenstörungen durch eine nichtideale PAKF. Anzumerken ist, daß der MF von Lindner [1975] und von Golay [1975a] zur Bewertung aperiodischer Folgen eingeführt wurde.

4.2 Binärfolgen mit guter periodischer Autokorrelationsfunktion

Bipolare Binärfolgen $s(n) \in \{\pm 1\}$ sind für viele Anwendungszwecke besonders geeignet, da sie einmal bei gegebenem Amplitudenbereich die maximal mögliche Energie besitzen und zum anderen einfach zu erzeugen und zu verarbeiten sind.

Bipolare Binärfolgen mit perfekter PAKF, d.h.

$$\tilde{\varphi}_{ss}(m) = \begin{cases} N & \text{für } m \equiv 0 \bmod N \\ 0 & \text{sonst} \end{cases} \tag{4.3}$$

sind nur für die eine Länge $N = 4$ bekannt. Diese Folge lautet:

$$s(n) = 1, 1, 1, -1. \tag{4.4}$$

In [Baumert 1971] wird gezeigt, daß bis zur Länge $N = 12\,100$ keine weiteren Folgen dieser Art existieren, so daß (4.4) wahrscheinlich die einzige perfekte Binärfolge ist.

Die Konstruktion von längeren bipolaren Binärfolgen mit möglichst guter PAKF ist daher von Interesse. Allgemeine Schranken für die PAKF-Nebenwerte dieser Folgen werden in [Hoffmann de Visme 1971, Bömer und Antweiler 1989c] abgeleitet:

Betrachtet wird eine Folge $s(n)$ der Länge N und die dazu beliebig zyklisch verschobene Folge $\tilde{s}(n - m)$. Bezeichnet man nun die Anzahl der übereinanderstehenden Binärwertpaare wie folgt

$+\ +: a$-mal, $-\ +: c$-mal,

$+\ -: b$-mal, $-\ -: d$-mal,

dann gilt

$$a + b + c + d = N$$

$$a + d - b - c = \tilde{\varphi}_{ss}(m).$$

Weiter enthält $s(n)$ genau $(a + b)$-Einsen und $\tilde{s}(n + m)$ genau $(a + c)$-Einsen pro Periode, also ist

$$a + b = a + c$$

$$b = c$$

daraus folgt die Beziehung

$$\tilde{\varphi}_{ss}(m) = N - 4b, \tag{4.5}$$

d.h. die PAKF kann sich, jeweils für eine bestimmte Verschiebung m betrachtet, nur in Vielfachen von 4 vom Hauptwert N unterscheiden. Damit erhält man als betragsmäßig minimale Nebenwerte der PAKF λ_{min} in Abhängigkeit von der Folgenlänge N die folgenden Ergebnisse:

$$N \equiv 0 \bmod 4 \ \rightarrow \ \lambda_{min} = 0$$

$$N \equiv 1 \bmod 4 \ \rightarrow \ \lambda_{min} = 1$$

$$N \equiv 2 \bmod 4 \ \rightarrow \ \lambda_{min} = \pm\, 2 \tag{4.6}$$

$$N \equiv 3 \bmod 4 \ \rightarrow \ \lambda_{min} = -\, 1.$$

Hierzu eine Diskussion:

a) Folgen mit zweiwertiger PAKF

Binärfolgen mit zweiwertiger PAKF, die die Schranken in (4.6) erreichen, sind optimal sowohl bezüglich des Haupt-Nebenmaximum-Verhältnisses als auch des Merit-Faktors. Da perfekte Folgen mit $\lambda_{min} = 0$ außer der Folge (4.4) nicht bekannt sind, werden hier die nächstbesten Folgen mit $|\lambda_{min}| = 1$ betrachtet. Die Ergebnisse aus Kap. 3 zeigen, daß die Schranke $\lambda_{min} = -1$ für sehr viele der Längen $N \equiv 3 \bmod 4$ in Form der binären Legendre- und m-Folgen erreicht werden kann. Außer diesen Folgen sind in der Literatur bis zur Länge $N = 200$ nur noch zwei weitere Folgen der Längen $N = 35$ und 143 bekannt. Es sind dies die sog. twin-prime-Folgen, da ihre Länge das Produkt der Primzahlzwillinge 5 und 7 bzw. 11 und 13 ist. Die Konstruktion solcher twin-prime-oder Jakobi-Folgen, die für alle Längen $N = p(p + 2)$ mit p, $p + 2$ prim existieren, findet sich z.B. in [Golomb 1964]. Sehr viel seltener sind Folgen der Länge $N \equiv 1 \bmod 4$ mit den Nebenwerten $+ 1$.

Ein Beispiel der Länge $N = 13$ kann aus der Folge (3.56) durch die Zuordnung $1 \rightarrow 1$, $0 \rightarrow -1$ gebildet werden. Unter den von Baumert [1971] bis zur Länge $N = 200$ aufgeführten Differenzmengen-Folgen findet sich nur noch für $N = 5$ eine weitere Folge mit dieser Eigenschaft.

b) Folgen mit dreiwertiger PAKF und gutem Merit-Faktor

Reichere Konstruktionsmöglichkeiten ergeben sich, wenn man auf den konstanten Verlauf der PAKF-Nebenwerte verzichtet und eine dreiwertige PAKF zuläßt. Mit (4.5) und (4.6) erhält man dann als „nächstbeste" minimale Nebenwerte

$$
\begin{aligned}
N &\equiv 0 \bmod 4 &\rightarrow& \quad \lambda_{min} = 0, \ \pm 4 \\
N &\equiv 1 \bmod 4 &\rightarrow& \quad \lambda_{min} = 1, \ -3 \\
N &\equiv 2 \bmod 4 &\rightarrow& \quad \lambda_{min} = \pm 2 \\
N &\equiv 3 \bmod 4 &\rightarrow& \quad \lambda_{min} = -1, \ 3.
\end{aligned}
\tag{4.7}
$$

Als weiteres Gütekriterium lassen sich unter diesen Folgen noch diejenigen mit bestem Merit-Faktor aussuchen. Eine ausführliche Diskussion dieser Möglichkeiten haben Bömer und Antweiler [1989c] durchgeführt:

N $\equiv$ 0 mod 4. Von Lempel et al. [1977] wurde eine Konstruktionsmethode für gleichanteilfreie Binärfolgen der Längen $N = p^k - 1$ (p prim > 2, $k \in \mathbb{N}$, $N \equiv 0 \bmod 4$) angegeben, also $N \in \{4, 8, 12, 16, 24, 28, 36, \ldots\}$. Ihre Nebenwerte sind 0 und -4. Eine Rechnersuche ergab, daß für alle diese Längen Folgen mit besseren MF existieren, die allerdings nicht mehr gleichanteilfrei sind [Bömer und Antweiler 1989c].

N $\equiv$ 1 mod 4. Für alle Längen $N \equiv 1 \bmod 4$ prim, also $N \in \{5, 13, 17, 29, 37, \ldots\}$ lassen sich nach dem Verfahren in Abschn 3.3 binäre Legendre-Folgen konstruieren, deren PAKF Nebenwerte 1 und -3 annimmt. Auch hier konnten für alle Längen 1 mod 4 bis $N = 37$ durch Rechnersuche Folgen mit höherem MF gefunden werden [Bömer und Antweiler 1989c].

$N \equiv 2 \bmod 4$. Für diese Folgen mit den speziellen Längen $N = p^k - 1$ (p prim, $k \in \mathbb{N}$), also $N \in \{6, 10, 18, 22, 26, 30, \ldots\}$, existiert wieder eine Konstruktions-

Tabelle 4.1. Binärfolgen mit höchsten Meritfaktoren

N	Θ_a	MF	Art	Folge $s(n)$				
3	1	4, 50	B, Q, M	4				
4	0	∞	B	10				
5	1	6, 25	B	20				
6	2	1, 80	L	60				
7	1	8, 17	B, Q, M	150				
8	4	4, 00	C	320				
9	3	3, 38	C	640				
10	2	2, 78	L	150	0			
11	1	12, 10	B, Q	351	0			
12	4	9, 00	C	642	0			
13	1	14, 08	B	150	10			
14	2	3, 77	C	364	20			
15	1	16, 07	T, M	731	20			
16	4	5, 33	C	172	210			
17	3	4, 52	C	364	420			
18	2	4, 76	L	721	020			
19	1	20, 05	Q	172	414	4		
20	4	6, 25	C	362	102	0		
21	3	8, 48	C	751	042	0		
22	2	5, 76	L	172	202	10		
23	1	24, 05	Q	365	462	40		
24	4	18, 00	C	754	121	10		
25	3	8, 68	C	174	504	220		
26	2	6, 76	L	372	430	440		
27	3	9, 85	C	762	450	420		
28	4	9, 80	C	174	624	504	0	
29	3	9, 14	C	371	502	242	0	
30	2	7, 76	L	765	114	204	0	
31	1	32, 03	Q, M	170	534	111	66	
32	4	12, 80	C	372	101	422	44	
33	3	17, 01	C	765	022	210	60	
34	2	8, 76	C	175	101	024	310	
35	1	36, 03	T	366	101	613	312	
36	4	20, 25	C	763	222	506	100	
37	3	16, 30	C	175	204	106	232	0
38	2	9, 76	C	371	432	511	010	0

MF Meritfaktor, Θ_a max. absoluter Nebenwert
Art: B Barker-Folge   L Lempel-Folge
    M m-Folge   Q Legendre-Folge
    T twin-prime Folge   C Rechnersuche
Zur Oktal-Darstellung s. Tabelle 6.2

methode nach Lempel et al. [1977] mit den bestmöglichen PAKF-Nebenwerten von $+2$ und -2. Auch für die fehlenden Längen $N \in \{14, 34, 38\}$ konnten durch Rechnersuche Folgen dieser Art gefunden werden. Tabelle 4.1 zeigt Binärfolgen mit jeweils höchstem MF nach [Bömer und Antweiler 1989c].

4.3 Perfekte Binär- und Ternärfolgen hoher Energieeffizienz

4.3.1 Asymmetrische Binärfolgen und Energieeffizienz

Aus jeder Folge mit zweiwertiger PAKF läßt sich durch Addition einer geeigneten Konstanten c eine perfekte Folge erzeugen [Hoffman de Visme 1971, Grallert 1976]. Dieser Addition entspricht nach Tabelle 2.4 für die PAKF der Addition einer Konstanten

$$b = Nc^2 + 2cm_s \tag{4.8}$$

(N Folgenlänge, m_s Mittelwert der Folge). Wendet man (4.8) auf die binären m- und Legendre-Folgen mit Nebenwert -1 an, so ergibt sich, da für diese Folgen nach (2.68) stets $m_s = 1$ ist (oder durch Vertauschen von $+1$ und -1 zu $m_s = 1$ gemacht werden kann), die Konstante c aus der Bedingung

$$-1 + b = 0$$

also mit (4.8)

$$Nc^2 + 2c - 1 = 0.$$

Normiert man schließlich noch die positiven Werte der neuen Folge auf $+1$, so erhält man perfekte Folgen durch die Zuordnung

$$1 \rightarrow 1$$

und

$$-1 \rightarrow a = \frac{-1}{1 + 2/\sqrt{N+1}}. \tag{4.9}$$

Beispielsweise lautet die perfekte Binärfolge der Länge $N = 7$ dann

$$s(n) = 1\ 1\ 1\ a\ 1\ a\ a, \quad \text{mit } a = -0{,}586. \tag{4.10}$$

Diese Binärfolgen sind also nicht mehr amplitudensymmetrisch.

Für viele Anwendungen besteht die Bedingung, daß die Folgen $s(n)$ bei begrenztem Amplitudenbereich $|s(n)| \leq s_{max}$ eine möglichst große Energie besitzen sollen. Die höchstmögliche Energie in diesem Sinn kann nur von binären Folgen erreicht werden. Das Verhältnis der erreichten Energie zur maximal möglichen Energie wird als Energieeffizienz η bezeichnet [Ackroyd 1977], also

$$\eta = \frac{\displaystyle\sum_{n=0}^{N-1} |s(n)|^2}{N \cdot \max_{\forall n} |s(n)|^2}. \tag{4.11}$$

Der Kehrwert der Energieeffizienz ist der „Spitzenfaktor".

Die Energieeffizienz der betrachteten perfekten, amplitudenunsymmetrischen Binärfolgen beträgt

$$\eta_B = \frac{N + 1 + a^2(N - 1)}{2N}. \tag{4.12}$$

Der Verlauf dieser Energieeffizienz ist in Bild 4.1 zusammen mit den perfekten Binärfolgen eingetragen, η_B tendiert also für große N gegen 1. Da diese Werte für $N > 4$ von keiner bekannten perfekten Binärfolge überschritten werden, stellen sie eine Schranke für die Energieeffizienz perfekter Binärfolgen dar.

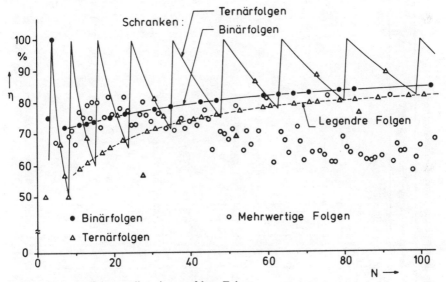

Bild 4.1. Energieeffizienz reellwertiger perfekter Folgen

Eine Übersicht dieser und weiterer, im folgenden betrachteter reellwertiger perfekter Folgen bis zur Länge $N = 60$ enthält Tabelle 4.2; eingetragen wurden die Folgen mit jeweils bester Energieeffizienz.

4.3.2 Ternärfolgen

Im Gegensatz zu Binärfolgen können perfekte ternäre Folgen mit $s(n) \in \{1, 0, -1\}$, also in amplitudensymmetrischer Form, prinzipiell für alle Längen konstruiert

Tabelle 4.2. Tabelle reellwertiger perfekter Folgen hoher Energieeffizienz

N	Art	η	Folgen hoher Energieeffizienz ($\eta \geq 65\%$)
3	S, B	75	1 1 a ($a = -0,50$)
4	B	100	1 1 1 $\bar{1}$
5	S	67	1 $\bar{1}$,33 1,5
6	S, T	67	1 0 $\bar{1}$ 1 0 1
7	B	72	1 1 1 a 1 a a ($a = -0,586$)
8	S	69	1 1,17 1,$\overline{17}$ 1 $\bar{1}$,66
9	S	71	1 ,$\overline{45}$ 1 1,68 ,$\overline{85}$,12 ,$\overline{98}$
10	S	66	1 $\bar{1}$ 1 ,$\overline{41}$,78 0 ,78 ,$\overline{41}$
11	S	77	1 1,90,12 $\bar{1}$,46 $\bar{1}$,70 1 1
"	B	73	1 1 a 1 1 1 a a a l a ($a = -0,634$)
12	P	75	$4_{\cdot\mathrm{per}\,3}$
13	S	79	1,94 1 $\bar{1}$ 1 $\bar{1}$,47 $\bar{1}$ 1,47,47,94,94 $\bar{1}$
"	T	69	1 0 $\bar{1}$ 0 0 $\bar{1}$ 1 0 $\bar{1}$ $\bar{1}$ 1 1
14	S	75	1,38,84 1 $\bar{1}$ 0 1 1,84,38 1 1,93 $\bar{1}$
15	B	74	1 1 a 1 a 1 1 a a 1 a a a ($a = -0,667$)
"	S	80	1 1 1,8,15 1 1,92,69 $\bar{1}$,95,38,98 $\bar{1}$
16	S	80	1 $\bar{1}$,1 1,8 $\bar{1}$,$\bar{1}$ 1 $\bar{1}$,9 1,9 $\bar{1}$,9 1,9
17	S	72	1 1 1,98,12,66,55,61,93,37 1 $\bar{1}$,68 1 1,86 $\bar{1}$
"	L	65	1 a 1 a a a 1 a a a a 1 a 1 1 ,2 ($a = -0,61$)
18	S	75	$\bar{1}$,99,2,85 1,97 1,7 1,82,92,65 1 $\bar{1}$,36,57
19	B	75	1 a 1 a 1 a 1 1 a a 1 1 a 1 1
"	S	82	1 1 $\bar{1}$ 1 $\bar{1}$,45 $\bar{1}$,93,93 $\bar{1}$,63 1,45,45 1,93 1 a ($a = -0,691$)
20	S	76	1,25,79 $\bar{1}$,12 1,79,24 1 $\bar{1}$,94 1,96,43,96 1,94 1 $\bar{1}$
21	T	76	1 1 1 1 1 1 0 1 0 $\bar{1}$ 1 $\bar{1}$ $\bar{1}$ 0 0 1 $\bar{1}$ 0 0 $\bar{1}$ 1 1 $\bar{1}$
23	B	76	1 $\bar{1}$ 1 1 1 a 1 1 a a 1 1 a a a 1 a 1 a a a a ($a = -0,71$)
"	S	84	1 1 $\bar{1}$,99,21,95 $\bar{1}$,84,97 1 1,84,97 $\bar{1}$,81,88 1,97 $\bar{1}$,93,38,51
28	P	72	$4_{\cdot\mathrm{per}\,7}$
"	S	80	1 1 1,58,83,$\bar{6}$ $\bar{1}$ 1 $\bar{1}$,66,94 $\bar{1}$ 1 $\bar{1}$,88,2,97 $\bar{1}$ $\bar{1}$,2,89 1 $\bar{1}$ $\bar{1}$,9,67
30	S	74	1 $\bar{1}$,44 $\bar{1}$ 1,81,77,78,06 1,97 1,94,90 0,90,94 1,97 1,06,78,77,81 $\bar{1}$ 1 1,44 1

31	T	81
33	T	76
35	B	79
36	P	71
"	S	77
37	L	74
"	S	77
41	L	75
43	B	80
44	P	77
47	B	81
52	P	79
53	L	77
57	T	86
59	B	82
60	P	80

$(a = -0,75)$

$4 \cdot_{\text{per}} 9$

$1 \,,14 \quad (a = -0,718)$

$1 \,,135 \quad (a = -0,73)$

$(a = -0,768)$

$4 \cdot_{\text{per}} 11$

$(a = -0,776)$

$4 \cdot_{\text{per}} 13$

$,12 \quad (a = -0,758)$

$4 \cdot_{\text{per}} 15$

$(a = -0,794)$

B Binärfolge
T Ternärfolge
L Legendre-Folgen (ternär)
S Suchergebnis
P Produktfolge $(N_1 \cdot_{\text{per}} N_2)$
Abkürzung: $\overline{,43} = -0,43$

werden. Aus der Beziehung (2.69), nach der die Energie einer perfekten Folge gleich dem Quadrat ihres Mittelwertes ist, folgt für Ternärfolgen, daß die Anzahl ihrer nicht verschwindenden Folgenelemente eine Quadratzahl ist. Da diese Quadratzahl schließlich stets kleiner N ist, ergibt sich als Obergrenze für die Energieeffizienz

$$\eta_{\text{T}} \leq \frac{(\text{ent} \sqrt{N})^2}{N}.$$
(4.13)

Diese sägezahnförmige Schranke, die für große N ebenfalls gegen 1 tendiert, ist wieder in das Diagramm, Bild 4.1, eingezeichnet. Eingetragen sind weiter die in Abschn. 3.4.5 behandelten perfekten ternären Ipatov-Folgen, ergänzt durch die Ergebnisse von [Høholdt und Justesen 1983] und [Antweiler et al. 1990a]. Diese Folgen erreichen in ihrer Energieeffizienz stets dann den Höchstwert nach (4.13), wenn in (3.79) der Grad $r = 3$ gewählt wird [Börner 1991a]. Der Verlauf dieser Ternärfolgen bis zur Länge $N = 57$ ist wieder in Tabelle 4.2 enthalten.

Zu den Ternärfolgen gehören auch die in Abschn. 3.3 konstruierten Legendre-Folgen mit führender Null. Aus ihnen lassen sich ebenfalls durch Addition einer geeigneten Konstanten perfekte, dann aber asymmetrische Ternärfolgen für alle Längen $N = p$ prim konstruieren. Entsprechend Abschn. 4.3.1 gilt hierfür die Abbildung

$$1 \rightarrow 1,$$

$$-1 \rightarrow a = \frac{2}{1 + \sqrt{N}} - 1,$$
(4.14)

$$0 \rightarrow (1 + a)/2.$$

Einige Beispiele für die Längen $N \in \{17, 37, 41, \ldots\}$ zeigt Tabelle 4.2. Ihre Energieeffizienz ist gegeben durch

$$\eta_{\text{L}} = \frac{1}{(1 + 1/\sqrt{N})^2}.$$
(4.15)

Auch dieser Verlauf ist in Bild 4.1 eingetragen, wieder tendiert die Energieeffizienz langer Folgen gegen Eins.

4.3.3 Perfekte Produktfolgen

In Abschn. 2.3.2, Gleichung (2.63), wurde gezeigt, daß die PAKF des periodischen Produkts zweier Folgen mit teilerfremden Längen gleich dem Produkt ihrer beiden PAKF ist. Wendet man diese Verknüpfung auf zwei perfekte Folgen der Längen N_1 und N_2 an, so entsteht eine neue perfekte Folge der Länge $N_1 \cdot N_2$, da wegen der Teilerfremdheit die Werte der Produktautokorrelationsfunktion nur für Vielfache von $m = N_1 \cdot N_2$ nicht verschwinden. Hierzu ein Beispiel: verknüpft wird die perfekte Binärfolge $s_1(n)$ (4.4) der Länge $N_1 = 4$

mit einer Ternärfolge der Länge $N_2 = 7$

$$s_2(n) = + + 0 + 0 \ 0 -,$$

dann erhält man die Produktfolge $\tilde{p}(n) = \tilde{s}_1(n) \cdot \tilde{s}_2(n)$ der Länge 28 zu

$\tilde{s}_1(n) =$
$\tilde{s}_2(n) =$
$p(n) =$

```
+ + + − + + + − + + + − + + + − + + + − + + + − + + + −
+ + 0 + 0 0 − + + 0 + 0 0 − + + 0 + 0 0 − + + 0 + 0 0 −
```

```
+ + 0 − 0 0 − − + 0 + 0 0 − + − 0 + 0 0 − + + 0 + 0 0 +
```

$$(4.16)$$

und die PAKF zu

$\tilde{\varphi}_{11}(m) = $ **4** 0 0 0 **4** 0 0 0 **4** 0 0 0 **4** 0 0 0 **4** 0 0 0 **4** 0 0 0 **4** 0 0 0 $\cdots$
$\tilde{\varphi}_{22}(m) = $ **4** 0 0 0 0 0 0 **4** 0 0 0 0 0 0 **4** 0 0 0 0 0 0 **4** 0 0 0 0 0 0 $\cdots$

$\tilde{\varphi}_{pp}(m) = $ **16** 0 0 0 0 0 0 0 0 0 0 0 0 0 0 0 0 0 0 0 0 0 0 0 0 0 0 0 $\cdots$

Da das Produkt einer amplitudensymmetrischen Ternärfolge mit einer symmetrischen Binär- oder Ternärfolge ternär bleibt, lassen sich so weitere perfekte Ternärfolgen in beliebiger Zahl bilden. In gleicher Weise ergibt das Produkt zweier unsymmetrischer Binärfolgen eine quaternäre Folge oder das Produkt einer symmetrischen Ternärfolge mit einer unsymmetrischen Binärfolge eine fünfwertige Folge usw. Einige dieser Folgen sind wieder in Tabelle 4.2 und Bild 4.1 enthalten.

Die Energieeffizienz einer Produktfolge ist i.allg. geringer als die der Ausgangsfolgen, hierfür ergibt sich folgender Zusammenhang [Lüke 1986]:

Mit $E_1 = \tilde{\varphi}_{11}(0)$, $E_2 = \tilde{\varphi}_{22}(0)$ gilt nach dem Produkttheorem (2.63) für die Energie der Produktfolge

$$E_p = \tilde{\varphi}_{pp}(0) = \tilde{\varphi}_{11}(0) \cdot \tilde{\varphi}_{22}(0) = E_1 \cdot E_2. \qquad (4.17)$$

Weiter ist der Maximalwert der Produktfolge, da in $p(n)$ jede Kombination von Einzelprodukten aus $s_1(n)$, $s_2(n)$ auftritt,

$$\max p^2(n) = \max s_1^2(n) \cdot \max s_2^2(n). \qquad (4.18)$$

Damit wird die Energieeffizienz der Produktfolge

$$\eta_p = \frac{E_p}{N_1 \cdot N_2 \max p^2(n),}$$

$$= \frac{E_1}{N_1 \max s_1^2(n)} \cdot \frac{E_2}{N_2 \max s_2^2(n)} = \eta_1 \cdot \eta_2. \qquad (4.19)$$

Die Energieeffizienzen der einzelnen Folgen multiplizieren sich also ebenfalls, was eine wichtige Eigenschaft dieses Gütemaßes ist.

Von besonderem Interesse ist also die Multiplikation beliebiger perfekter Folgen ungerader Länge mit der perfekten Binärfolge $N = 4$, da dann die Energieeffizienz der Produktfolge sich gegenüber der ersten Folge des Produkts nicht verschlechtert.

4.4 Perfekte reellwertige Folgen maximaler Energieeffizienz

Nach (2.71) hat jede perfekte reellwertige Folge $\tilde{s}(n)$ ein konstantes diskretes Betragsspektrum $|\tilde{S}(k)| = \sqrt{E}$. Kombiniert man also ein konstantes Betragsspektrum mit einem beliebigen schiefsymmetrischen Phasenspektrum

$$\tilde{\Psi}(0) = 0, \pm \pi,$$

$$\tilde{\Psi}(N - k) = -\tilde{\Psi}(k), \quad \text{für } 0 < k < N, \tag{4.20}$$

dann entsteht nach inverser DFT immer eine reellwertige, perfekte Folge [Lehmann 1980]. Für viele Anwendungen besteht die Zusatzbedingung, daß die Folge $s(n)$ eine möglichst hohe Energieeffizienz besitzen soll. Bisher ist kein Syntheseverfahren zur Berechnung reellwertiger, perfekter Folgen mit maximaler Energieeffizienz bekannt. Ergebnisse einer Suche durch Variation der Phasen $\tilde{\Psi}(k)$ in (4.20) unter dem Kriterium maximaler Energieeffizienz zeigen Tabelle 4.2 und Bild 4.1 [Lüke 1988, Bömer 1991c]. In einem schnellen Suchverfahren wurde hierzu nach der jeweiligen Variation eines Phasenwertes keine vollständige inverse DFT ausgeführt, sondern nur die eine zugehörige monofrequente Komponente im Zeitbereich geändert. Dadurch konnte die Suche bis zur Folgenlänge $N = 100$ ausgedehnt werden. Mit Hilfe der Produkteigenschaft der periodischen Korrelationsfunktionen lassen sich je zwei gefundene perfekte Folgen, wenn deren Längen N_1, N_2 teilerfremd sind, zu einer neuen perfekten Folge der Länge $N_1 \cdot N_2$ verknüpfen. Die Energieeffizienz der Produktfolge wird gemäß (4.19) i.allg. geringer. Einzige Ausnahme ist wieder die Produktbildung mit der perfekten Binärfolge der Länge $N = 4$. Hiermit ist bei gleichbleibender Energieeffizienz die Vervierfachung der Länge aller perfekten Folgen ungeradzahliger Länge möglich. Einige Produktfolgen höherer Energieeffizienz sind ebenfalls in Tabelle 4.2 und Bild 4.1 eingetragen.

4.5 Inkohärente periodische Binärfolgen

Inkohärente Folgen enthalten keine negativen Elemente, sie sind also für eine unipolare Übertragung geeignet. Anwendungen finden sich z.B. bei Radarsystemen mit inkohärentem Empfang oder bei optischer Übertragung mit einfacher Energiedetektion [Chung et al. 1989]. Von besonderem Interesse sind binäre Folgen aus Elementen $\in \{0, 1\}$, wobei hier zunächst Folgen mit gutem periodischen Korrelationsverhalten betrachtet werden. Die maximalen Nebenwerte der PAKF können dann minimal den Wert 1 annehmen. Für die praktische Anwendung ist wichtig, daß inkohärente Folgen auch bei unipolarer Modulation mit Datensignalen $\in \{0, 1\}$ ihre optimalen Eigenschaften beibehalten, vgl Abschn. 6.4.

Folgen dieser Art mit zweiwertiger PAKF wurden bereits in Abschn. 3.45 betrachtet. Mit einer Länge N und k Einsen, also der Energie $E = k$, besitzen sie demgemäß eine PAKF der Form

$$\tilde{\varphi}_{ss}(m) = \begin{cases} k \equiv E & \text{für} \quad m \equiv 0 \mod N \\ \lambda & \text{sonst.} \end{cases} \tag{4.21}$$

Für den minimal möglichen Nebenwert $\lambda = 1$ erhält man mit (3.9) den Zusammenhang

$$N = E(E - 1) + 1. \tag{4.22}$$

Da E ganzzahlig ist, können Folgen dieser Art also nur für die Längen

$$N \in \{3, \underline{7}, \underline{13}, \underline{21}, \underline{31}, 43, \underline{57}, \underline{73}, \underline{91}, 111, \underline{133}, 157, \underline{183}, \dots\} \tag{4.23}$$

existieren. Nach den Ergebnissen in Abschn. 3.4.5, erweitert durch 3.4.7, lassen sich solche Folgen als m-Folgen des Grades $r = 3$ im GF(p^w) für alle Längen

$$N = \frac{q^3 - 1}{q - 1} = q^2 + q + 1 = p^{2w} + p^w + 1, \quad p \text{ prim}, w \in \mathbb{N} \tag{4.24}$$

konstruieren, diese Werte sind in (4.23) unterstrichen. Die Folge der Länge $N = 13$ ist in (3.56), die der Länge $N = 21$ in (3.78) dargestellt. Eine Aufstellung aller Folgen bis zur Länge $N = 993$ zeigt Tabelle 4.3 [Singer 1938, Baumert 1971]. Die Energie dieser Folgen beträgt nach Abschn. 3.4.5 in der Verallgemeinerung auf erweiterte Galois-Felder

$$E = q + 1.$$

Damit besitzen sie ein Haupt-Nebenmaximum-Verhältnis von

$$\text{HNV} = E/1 = q + 1$$

oder mit (4.24)

$$= 0,5 + \sqrt{N - 0,75}, \tag{4.25}$$

sowie eine Energieeffizienz

$$\eta = \frac{E}{N} = \frac{q + 1}{q^2 + q + 1} \approx 1/\sqrt{N}. \tag{4.26}$$

Mit steigender Länge wird also das HNV besser, die Energieeffizienz verschlechtert sich etwa in umgekehrtem Verhältnis.

Weitere inkohärente Binärfolgen, die aber PAKF-Nebenwerte 1 *und* 0 besitzen, lassen sich durch eine andere Abbildung aus Galois-Folgen des Grades

Tabelle 4.3. Inkohärente Binärfolgen der Länge N und Energie E mit PAKF-Nebenwerten $\lambda = 1$ (auch Differenzmengen D mit N, $k = E$, $\lambda = 1$)

N	E	n für s(n) = 1
7	3	1 2 4
13	4	1 7 9 10
21	5	1 3 13 16 17
31	6	1 5 11 24 25 27
57	8	1 6 7 9 19 38 42 49
73	9	1 2 4 8 16 32 37 55 64
91	10	1 2 4 10 28 50 57 62 78 82
133	12	1 11 16 40 41 43 52 60 74 78 121 128
183	14	1 3 4 11 27 40 44 62 110 122 131 137 142 156
273	17	1 2 4 8 16 32 64 91 117 128 137 182 195 205 239 256
307	18	1 2 4 31 38 51 56 77 99 118 130 134 158 190 200 223 294 300
381	20	1 20 29 97 119 152 154 177 203 241 255 291 297 301 308 338 362 367 370
553	24	1 23 52 90 108 120 152 163 173 178 186 223 232 272 359 407 411 431 438 512 513 515 529 548
651	26	1 5 25 42 71 107 125 201 210 217 354 355 357 387 399 412 434 462 468 473 483 521 535 561 625
757	28	1 2 4 10 28 44 82 130 174 221 244 311 388 405 410 446 456 467 471 506 520 579 609 633 642 654 661 674 730
871	30	1 24 29 69 151 167 216 234 259 263 295 321 329 414 488 543 582 599 645 659 683 689 696 716 731 819 820 822 831 841
993	32	1 2 24 32 61 67 78 85 88 196 254 258 292 332 402 417 469 474 516 591 607 619 712 714 753 762 842 868 893 913 962 981

$r = 2$ ableiten. Das Prinzip sei anhand des prinzipiellen Verlaufs der PAKF p-närer m-Folgen in Bild 3.6 verdeutlicht. Die Nebenwerte φ_1 einer Folge über GF(p) mit dem Grad $r = 2$ nehmen dann der Wert 1 an, wenn ein beliebiges Element (das aber nicht der Null entspricht) zu 1 und alle anderen Elemente zu 0 gesetzt werden. Dann taucht das Paar 1, 1 bei der Berechnung von φ_1 nach (3.46) genau $p^{r-2} = p^0 = 1$-mal auf, alle anderen Produkte verschwinden, womit $\varphi_1 = 1$ gegeben ist. Für $\varphi_2, \varphi_3, \ldots$ folgt aus den Eigenschaften in (3.47) $\varphi_{2,3} = 0$, da nur Paare 0, 0 und 1, 0 auftreten. Mit den Verallgemeinerungen in Abschn. 3.4.7 erhält man die gleichen Ergebnisse, wenn p durch eine Primzahlpotenz $q = p^w$ ersetzt wird.

Diese Konstruktion liefert dann für alle Längen

$$N = q^2 - 1 = p^{2w} - 1, \tag{4.27}$$

also $N \in \{3, \ 8, \ 15, \ 24, \ 48, \ 63, \ 80, \ 120, \ 168, \ 255, \ 288, \ 360, \ 528, \ 624 \ldots \}$, inkohärente Binärfolgen mit PAKF-Nebenwerten 1 oder 0.

Der Wert 1 erscheint in diesen Folgen q-mal, damit besitzen sie ein Hauptnebenmaximumverhältnis von

$$\text{HNV} = q = \sqrt{N + 1} \tag{4.28}$$

und eine Energieeffizienz

$$\eta = \frac{q}{N} \approx 1/\sqrt{N}. \tag{4.29}$$

Hierzu zwei Beispiele:

a) GF(3), $r = 2 \to$ Länge $N = 8$ (vgl. Tabelle 3.3)

$\begin{aligned}
s(n) &= 1\ 1\ 2\ 0\ 2\ 2\ 1\ 0 \\
s_b(n) &= 1\ 1\ 0\ 0\ 0\ 0\ 1\ 0 \\
\tilde{\varphi}_{ss_b}(m) &= 3\ 1\ 1\ 1\ 0\ 1\ 1\ 1
\end{aligned}$ \hfill (4.30)

mit den Eigenschaften HNV = 3, $\eta = 3/8 = 37,5\%$.

b) GF(2^2), $r = 2 \to$ Länge $N = 15$ (vgl. (3.76))

$\begin{aligned}
s(n) &= 1\ b\ 1\ 1\ 0\ b\ a\ b\ b\ 0\ a\ 1\ a\ a\ 0 \\
s_b(n) &= 1\ 0\ 1\ 1\ 0\ 0\ 0\ 0\ 0\ 0\ 0\ 1\ 0\ 0\ 0 \\
\tilde{\varphi}_{ss_b}(m) &= 4\ 1\ 1\ 1\ 1\ 0\ 1\ 1\ 1\ 1\ 0\ 1\ 1\ 1\ 1
\end{aligned}$ \hfill (4.31)

mit HNV = 4, $\eta = 4/15 = 27\%$.

Für periodische inkohärente Folgen existiert eine Obergrenze des erreichbaren HNV, die sich aus folgender Überlegung ergibt.

Nach (2.47) ist die „Fläche" der PAKF gleich dem Quadrat des Mittelwertes m_s

$$\sum_{m=0}^{N-1} \tilde{\varphi}_{ss_b}(m) = m_s^2.$$

Da weiter bei inkohärenten Folgen $m_s = E$ ist, ergibt sich mit $\tilde{\varphi}_{ssb}(0) = E$

$$\sum_{m=1}^{N-1} \tilde{\varphi}_{ssb}(m) = E^2 - E. \tag{4.32}$$

Bei gegebener Länge N wird also die Energie und damit das HNV dann am größten, wenn *alle* Nebenwerte der PAKF die Größe 1 annehmen.
Damit folgt für diesen Fall aus (4.32)

$$N - 1 = E^2 - E,$$

also lautet die Schranke für die betrachteten Folgen

$$\text{HNV} = E \leq (\sqrt{4N - 3} + 1)/2. \tag{4.33}$$

Diese Schranke wird für die zuerst betrachteten Folgen mit zweiwertiger PAKF also exakt erreicht. Die Folgen nach (4.27) liegen etwas darunter. In Bild 6.3 (s. Abschn. 6.4) sind Schranke und HNV-Werte der hier abgeleiteten Folgen zusammen mit den entsprechenden Werten für aperiodische inkohärente Folgen aufgetragen.

4.6 Komplexwertige Korrelationsfolgen

4.6.1 Uniforme komplexwertige Folgen und ihre Realisierung

Komplexwertige Folgen besitzen mehr Freiheitsgrade als reellwertige, so daß einige Beschränkungen entfallen, die bei der Synthese reellwertiger Korrelationsfolgen auftreten. Besonders interessant sind uniforme Folgen, deren Elemente alle den Betrag Eins annehmen. Ihre Energieeffizienz erreicht also 100%. Uniforme Folgen haben also folgende Form

$$s(n) = \exp[j2\pi\beta(n)], \quad n = 0(1)N - 1. \tag{4.34}$$

Für die Realisierung solcher Folgen ist es von Vorteil, wenn die Phasen $\beta(n)$ in ihrem Wertebereich beschränkt sind, insbesondere wenn sie nur Werte aus den P äquidistanten Winkeln

$$\beta_i = i/P, \quad 0 \leq i < P \tag{4.35}$$

annehmen. P wird die Phasenzahl der Folge genannt. Damit läßt sich (4.34) auch schreiben

$$s(n) = \exp\left[j\frac{2\pi}{P}\gamma(n)\right], \quad n = 0(1)N - 1, \; 0 \leq \gamma(n) < P, \tag{4.36}$$

wobei $\gamma(n)$ eine ganzzahlige Zahlenfolge ist. Folgen dieser Art werden im folgenden als *P-Phasen-Folgen* bezeichnet. Im Gegensatz dazu sollen uniforme Folgen, die keine äquidistanten Winkelwerte aufweisen, *Polyphasen*-Folgen genannt werden. Die Berechnung der Korrelationsfunktion komplexwertiger Folgen erfolgt am einfachsten nach Aufspaltung in Real- und Imaginärteil.

Mit

$$s(n) = s_r(n) + j\,s_i(n)$$

erhält man allgemein als periodische Kreuzkorrelationsfunktion von $s(n)$, $g(n)$ mit (2.49)

$$\tilde{\varphi}_{sg}(m) = \tilde{\varphi}_{sg_r}(m) + j\,\tilde{\varphi}_{sg_i}(m) = \sum_{n=0}^{N-1} s^*(n)\tilde{g}(n+m)$$

$$= \sum_{n=0}^{N-1} [s_r(n) - j\,s_i(n)][\tilde{g}_r(n+m) + j\,\tilde{g}_i(n+m)]$$

oder als Real- und Imaginärteil geschrieben

$$\tilde{\varphi}_{sg_r}(m) = \sum_{n=0}^{N-1} s_r(n)\tilde{g}_r(n+m) + s_i(n)\tilde{g}_i(n+m),$$

$$\tag{4.37}$$

$$\tilde{\varphi}_{sg_i}(m) = \sum_{n=0}^{N-1} s_r(n)\tilde{g}_i(n+m) - s_i(n)\tilde{g}_r(n+m).$$

Ein Programmbeispiel zur Berechnung der PAKF nach diesem Schema für P-Phasen-Folgen mit Eingabe der Phasenfolge $\gamma(n)$ nach (4.36) zeigt Bild 4.2.

Das eindimensionale Feld g enthält n Elemente einer uniformen P–Phasen–Folge.
Das Programm berechnet die n Werte der PAKF und druckt sie als Realteil und
Imaginärteil aus.

```
BEGIN
   arg = 6.283 185 307 / p ;
   FOR i: = 0 TO n − 1 DO                {Schleife über PAKF}
   BEGIN
      r(i): = COS(arg * g(i)) ;          {Berechnung der Folgenwerte
      q(i): = SIN(arg * g(i)) ;           nach Real— und Imaginärteil}
      re: = 0 : im: = 0 ;
      FOR j: = 0 TO n − 1 DO             {Schleife über Folge}
      BEGIN
        k: = j + i ;
        IF (k > = n) THEN                {Index mod N reduzieren}
           k: = k − n ;
        re: = re + r(j) * r(k) + q(j) * q(k) ;   {komplexe Korrelation}
        im: = im + r(j) * q(k) − q(j) * r(k) ;
      END ;
      WRITE(i,re, im);                   {Ausdruck}
   END ;
END ;
```

Bild 4.2. Programm zur Berechnung der PAKF von P-Phasenfolgen

Zur Übertragung können komplexwertige Folgen in phasenmodulierte Trägerimpulsfolgen umgeformt werden. Bei rechteckförmig eingehüllten Trägerimpulsen lassen sich so die Folgen nach (4.34) in zeitkontinuierlicher Form darstellen als

$$s(t) = \sum_{n=0}^{N-1} \text{rect}\left(\frac{t - nT}{T}\right) \cos[2\pi(f_0 t + \beta(n))], \quad \text{mit } f_0 = k/T, \ k \in \mathbb{N}. \quad (4.38)$$

Die komplexe Hüllkurve dieses Signals lautet dann

$$s_T(t) = \sum_{n=0}^{N-1} \text{rect}\left(\frac{t - nT}{T}\right) \underbrace{\exp[j2\pi\beta(n)]}_{s(n) \quad \text{nach (4.34)}}. \quad (4.39)$$

Der zugehörige Korrelationsempfänger kann, entsprechend der Zerlegung in (4.37), in Quadraturschaltung realisiert werden, s. Abschn. 10.1. und [Lüke 1990].

Im folgenden werden zunächst uniforme komplexwertige Folgen mit zweiwertiger sowie perfekter PAKF diskutiert.

4.6.2 Uniforme P-phasige m-Folgen

Jeder p-nären m-Folge $s(n)$ läßt sich durch die Abbildung

$$s_p(n) = \exp\left[j\frac{2\pi}{p} s(n)\right], \quad n = 0(1)N - 1 \quad (4.40)$$

eine uniforme P-Phasen-Folge gleicher Länge mit der Phasenzahl $P = p$ und zweiwertiger PAKF zuordnen [Trachtenberg 1970, MacWilliams und Sloane 1976]. Die Bedeutung dieser Abbildung rührt daher, daß der Addition mod p der Elemente in $s(n)$ die normale Multiplikation der Elemente in $s_p(n)$ zugeordnet ist. Für den einfachsten Fall $p = 2$ geht diese Abbildung in die Zuordnung einer bipolaren Folge über, wie sie bereits in Abschn. in 3.4.3 diskutiert worden war. Mit dieser Abbildung wachsen die Möglichkeiten zur Synthese gut korrelierender Folgen maximaler Energieeffizienz stark an. Zum Nachweis der Korrelationseigenschaften wird die PAKF berechnet:

$$\tilde{\varphi}_{ss_p}(m) = \sum_{n=0}^{N-1} s_p^*(n) \tilde{s}_p(n + m)$$

$$= \sum_{n=0}^{N-1} \exp\left(j\frac{2\pi}{p}\left[-s(n) + \tilde{s}(n + m)\right]\right).$$

Die Summe in der eckigen Klammer kann mod p gebildet werden, da $\exp(j2\pi/p)$ periodisch in p ist. Damit gilt mit der „Schiebe- und Subtraktionseigenschaft", Gleichung (3.43) für $m \not\equiv 0 \mod N$

$$\tilde{\varphi}_{ss_p}(m \not\equiv 0 \mod N) = \sum_{n=0}^{N-1} \exp\left(j\frac{2\pi}{p} \tilde{s}(n + k)\right).$$

Nach Abschn. 3.4.4 erscheinen in $s(n)$ alle Elemente p^{r-1}-mal mit Ausnahme des Elements 0, welches einmal weniger auftritt, daher gibt die Summation

$$= p^{r-1} \sum_{n=0}^{p-1} \exp\left(j\frac{2\pi}{p} n \right) - \exp(j0).$$

Weiter ist mit der Summe der geometrischen Reihe (vgl. gl. (4.48))

$$\sum_{n=0}^{p-1} z^n = \frac{1-z^p}{1-z} = \frac{1 - \exp\left(j\frac{2\pi}{p} p \right)}{1 - \exp\left(j\frac{2\pi}{p} \right)} = 0$$

also

$$\tilde{\varphi}_{ss_p}(m \not\equiv 0 \bmod N_u) = -1.$$

Insgesamt erhält man also die zweiwertige PAKF

$$\tilde{\varphi}_{ss_p}(m) = \begin{cases} N & \text{für} \quad m \equiv 0 \bmod N \\ -1 & \text{sonst,} \end{cases} \tag{4.41}$$

damit lassen sich uniforme P-Phasen-Folgen mit der Phasenzahl $P = p > 2$ für alle Längen

$$N = p^r - 1 \in \{8, 24, 26, 48, 80, 120, 124, 168, 242, ..\} \tag{4.42}$$

konstruieren.

Eine andere Möglichkeit zur Konstruktion uniformer P-phasiger Folgen mit gleichen Korrelationseigenschaften wie in (4.41) wurde von Schroeder [1984] angegeben. Für diese „primitive root"-Folgen gibt es die einfache Bildungsvorschrift

$$s(n) = \exp\left(j\frac{2\pi}{p} \mu^n \right), \quad n = 0(1)\, p - 2, \tag{4.43}$$
$$p \text{ prim,}$$
$$\mu \text{ primitives Element im } GF(p).$$

Diese Folgen existieren also für alle Längen $N = p - 1$, sie besitzen die Phasenzahl $P = p = N + 1$.

4.7 Perfekte uniforme Folgen

Im Bereich der komplexwertigen Folgen lassen sich, wie im folgenden gezeigt wird, für alle Längen Folgen finden, die sowohl eine perfekte PAKF besitzen als auch uniform sind und damit die höchstmögliche Energieeffizienz erreichen. Aus Aufwandsgründen sind Folgen mit geringer Phasenzahl von Interesse; diese können aber nicht für alle Längen konstruiert werden. Hingewiesen sei ergänzend auf die perfekten Folgen nach Popović [1989a], die außer uniformen

Elementen noch das Element Null enthalten. Diese Folgen erreichen damit zwar nicht die Energieeffizienz 1, können aber mit i.allg. sehr geringer Phasenzahl realisiert werden.

4.7.1 Frank-Zadoff-Chu-Folgen und Frank-Folgen

Perfekte uniforme Folgen lassen sich für alle Längen N in Form der Frank-Zadoff-Chu-Folgen (FZC-Folgen) angeben:

$$s_\lambda(n) = (-1)^{\lambda n}\exp(j\pi\lambda n^2/N), \quad n = 0(1)N - 1$$
$$\text{mit ggT}(\lambda, N) = 1 \text{ für } 1 \leq \lambda < N. \quad (4.44)$$

Für alle Parameter λ, die teilerfremd zu N sind, erhält man jeweils eine andere FZC-Folge gleicher Länge. Ihre Anzahl ist damit maximal für N prim und beträgt dann $N - 1$. Die Phasenzahl der FZC-Folgen ist schließlich gegeben durch

$$P = \begin{cases} N & \text{für } N \text{ ungerade} \\ 2N & \text{für } N \text{ gerade.} \end{cases} \quad (4.45)$$

Vor der Veröffentlichung von Chu [1972] wurden diese Folgen bereits in Patentschriften von Frank und von Zadoff beschrieben [Frank 1973]. Andere frühere Veröffentlichungen u.a. von Heimiller [1961] und von Frank und Zadoff [1962] geben derartige Folgen nur für bestimmte Längen an (s.u.).

Der Beweis, daß FZC-Folgen perfekt sind, kann wie folgt geführt werden [Alltop 1980, Sarwate 1979, Chu 1972]:

Zunächst sei angenommen, daß der Parameter λ ungerade ist, dann gilt $(-1)^{\lambda n} = (-1)^n$, also

$$s_\lambda(n) = (-1)^n\exp(j\pi\lambda n^2/N). \quad (4.46)$$

Weiter läßt sich einfach zeigen, daß $s_\lambda(n)$ periodisch ist, also $s_\lambda(n + N) = s_\lambda(n)$. Die periodische Autokorrelationsfunktion ist dann in diesem komplexwertigen Fall

$$\tilde{\varphi}_{ss}(m) = \sum_{n=0}^{N-1} (-1)^n\exp(-j\pi\lambda n^2/N)\cdot(-1)^{n+m}\exp(j\pi\lambda(n + m)^2/N)$$

und mit $(-1)^n\cdot(-1)^{n+m} = (-1)^m$

$$= \sum_{n=0}^{N-1} (-1)^m\exp(j\pi\lambda(2\,nm + m^2)/N)$$

$$= (-1)^m\exp(j\pi\lambda m^2/N) \sum_{n=0}^{N-1} \exp(j2\pi\lambda\,mn/N). \quad (4.47)$$

Für $m = 0$ ist $\tilde{\varphi}_{ss}(0) = N$. Für $m \neq 0$ mod N und mit der Abkürzung $z = \exp(j2\pi\lambda m/N)$ ergibt sich über die Summenformel für die geometrische Reihe

$$\sum_{n=0}^{N-1} z^n = \frac{1 - z^N}{1 - z} \quad \text{für } z \neq 1 \quad (4.48)$$

(wobei $z \neq 1$ hier erfüllt ist, da λ und N teilerfremd sind)
und

$$z^N = \exp(j2\pi m\, \lambda N/N) = 1,$$

also

$$\sum_{n=0}^{N-1} z^n = 0. \tag{4.49}$$

Damit erhält man für die PAKF mit (4.49) in (4.47)

$$\tilde{\varphi}_{ss}(m) = \begin{cases} N & \text{für} \quad m \equiv 0 \mod N \\ 0 & \text{sonst}. \end{cases} \tag{4.50}$$

Für gerade λ gilt $(-1)^{\lambda n} = 1$, mit dieser Vereinfachung läuft der Beweis in entsprechender Weise und führt zum gleichen Ergebnis. Damit ist gezeigt, daß die FZC-Folgen perfekt sind.

Beispiel einer FZC-Folge. Mit $N = 21$, $\lambda = 2$ ergibt sich mit (4.44)

$$s_2(n) = \exp(j\pi 2n^2/N) = \exp\left(j\frac{2\pi}{N}\gamma(n)\right)$$

mit der Phasenfolge

$$\gamma(n) = n^2 \bmod N$$

$$= 0, 1, 4, 9, 16, 4, 15, 7, 1, 18, 16, 16, 18, 1, 7, 15, 4, 16, 9, 4, 1. \tag{4.51}$$

Ihre Phasenzahl beträgt nach (4.45) $P = 21$.

Frank-Folgen sind mit den FZC-Folgen verwandt. Sie lassen sich aber nur für Längen N bilden, die eine Quadratzahl sind [Frank 1963]. Frank-Folgen sind gegeben durch

$$s(n) = \exp\left[j\frac{2\pi}{\sqrt{N}}(n \bmod \sqrt{N}) \text{ ent } (n/\sqrt{N})\right], \quad n = 0(1)N - 1. \tag{4.52}$$

Die Phasenzahl der Frank-Folgen beträgt also nur

$$P = \sqrt{N}. \tag{4.53}$$

4.7.2 P-phasige Produktfolgen

Aus dem periodischen Produkt zweier uniformer, perfekter Folgen teilerfremder Längen N_1, N_2 entsteht wieder eine uniforme, perfekte Folge der Länge $N_1 \cdot N_2$ (s, Abschn. 4.3.3). Besitzen die Ausgangsfolgen die Phasenzahlen P_1, P_2, dann ergibt sich die Phasenzahl der Ausgangsfolge als ihr kleinstes gemeinsames Vielfaches

$$P = \text{kgV}(P_1, P_2). \tag{4.54}$$

Ein Überblick über die P-Phasen-Folgen mit jeweils bekannter minimaler Phasenzahl wird bis zur Länge $N = 45$ in [Börner und Antweiler 1990f] gegeben, die Tabelle 4.4 zeigt diese Ergebnisse. (Die Tabelle berücksichtigt noch die Folgen von Milewski [1983], die hier nicht näher betrachtet werden).

Tabelle 4.4. Perfekte P-Phasenfolgen der Länge N mit niedrigster Phasenzahl P

N	2	3	4	5	6	7	8	9	10	11	12	13	14	15	16	17	18	19	20	21	22	23
P	4	3	2	5	12	7	4	3	20	11	6	13	28	15	4	17	12	19	10	21	44	23
Art	C	C	B	C	C	C	M	F	C	C	C	P	C	C	C	F	C	P	C	P	C	C	C

N	24	25	26	27	28	29	30	31	32	33	34	35	36	37	38	39	40	41	42	43	44	45
P	12	5	52	9	14	29	60	31	8	33	34	35	6	37	38	39	20	41	84	43	22	15
Art	P	F	C	M	P	C	C	C	M	P	C	C	P	C	P	C	P	C	P	C	C	C	P

C: FZC-Folgen   F: Frank-Folgen
M: Milewski-Folgen   B: Binärfolge   P: Produktfolgen

Verzichtet man auf die Aquidistanz der Phasen, dann lassen sich – wie in den folgenden beiden Abschnitten beschrieben wird – für viele Längen perfekte Polyphasen-Folgen mit nur zwei oder drei Phasenwerten konstruieren.

4.7.3 Perfekte Biphasen-Folgen

Nach einer Idee von Börner ist es möglich, allen binären m- und Legendre-Folgen mit zweiwertiger PAKF durch eine einfache Abbildung zweiphasige, uniforme, perfekte Folgen zuzuordnen [Börner 1991a, Neuerburg 1989]. Diese Abbildung lautet

$$
\begin{aligned}
1 &\to 1 \\
-1 &\to \exp(j\alpha)
\end{aligned}
\tag{4.55}
$$

mit

$$
\alpha = \text{Arccos}\left(\frac{1-N}{1+N}\right).
$$

Der Beweis, daß diese Abbildung perfekte Folgen erzeugt, verläuft entsprechend der Berechnung der PAKF von m-Folgen in Abschn. 3.4.3: In der Produktsumme zur Berechnung jeden Nebenwertes von $\tilde{\varphi}_{ss}(m)$ tauchen die Kombinationen $1,1$ und $-1,-1$ zusammen $(N-1)/2$ mal auf, die Kombinationen $1,-1$ und $-1,1$ je $(N+1)/4$ mal. Nach der Abbildungsvorschrift (4.55) erhält man damit, da $\exp(j\alpha) \cdot [\exp(j\alpha)]^* = 1$ ist,

$$\tilde{\varphi}_{ss}(m) = \frac{N-1}{2} + \frac{N+1}{4}\,[\exp(j\alpha) + \exp(-j\alpha)]$$

$$= \frac{N-1}{2} + \frac{N+1}{2}\cos\alpha = \frac{N-1}{2} + \frac{N+1}{2}\frac{1-N}{1+N}$$

$$= 0 \quad \text{für } m \not\equiv 0 \bmod N. \tag{4.56}$$

Das gleiche Ergebnis erhält man für die binären Legendre-Folgen der Länge $N \equiv 3 \bmod 4$. Die Werte des Winkels α für die ersten m- und Legendre-Folgen ergeben sich nach (4.55) zu

N	3	7	11	15	19	23	31	$\cdots$	63	$\cdots$	∞
α	2,09	2,42	2,56	2,64	2,69	2,73	2,79		2,89		π

$$\tag{4.57}$$

Die Biphasen-Folgen nähern sich für große Längen also den Binärfolgen.

4.7.4 Perfekte Triphasen-Folgen

(a) Die in Abschn. 4.7.3 beschriebene Abbildung läßt sich auf ternäre Legendre- und ternäre m-Folgen ausdehnen und ergibt dann perfekte dreiphasige „Triphasen"-Folgen [Bömer 1991a].
Für die ternären Legendre-Folgen der Länge $N = p \equiv 1 \bmod 4$ lautet die Abbildung

$$1 \to 1$$
$$-1 \to \exp(j\alpha) \tag{4.58}$$
$$0 \to \exp(j\alpha/2)$$

mit

$$\alpha = \text{Arccos}\left(-\frac{c_1}{2} - \sqrt{\left(\frac{c_1}{2}\right)^2 - c_2}\right);$$

dabei gilt

$$\left.\begin{aligned} c_1 &= 2 - \frac{1}{c} - \frac{1}{2c^2} \\ c_2 &= 1 - \frac{1}{c} - \frac{1}{4c^2} \end{aligned}\right\} \quad c = \frac{p-1}{4}.$$

Der Winkel α ergibt sich für die ersten Legendre-Folgen damit zu

N	5	13	17	29	37	41	53	61	$\cdots$	∞
α	2,51	2,70	2,75	2,83	2,86	2,87	2,90	2,91	$\cdots$	π

$$\tag{4.59}$$

Für große N tendieren die Elemente zu den Werten $1, -1, j$.

b) Eine ähnliche Ableitung formt ebenfalls ternäre m-Folgen in perfekte Triphasen-Folgen um, auch dieser Zusammenhang wurde von Bömer [1991a] gefunden und bewiesen. Hier lautet die Abbildung für Folgen der Länge $N = 3^r - 1$

$$0 \to 1$$
$$1 \to \exp(j\alpha) \tag{4.60}$$
$$2 \to \exp(j\beta)$$

mit

$$\left. \begin{array}{l} \beta = \operatorname{Arccos}\left(c \sqrt{\dfrac{2}{1+c}} \right) + \dfrac{1}{2} \operatorname{Arccos}\ (c) \\[2mm] \alpha = \beta + \operatorname{Arccos}\ (c) \end{array} \right\} \quad c = \dfrac{1 - 3^{r-1}}{2 \cdot 3^{r-1}} \ .$$

Für die ersten Folgen ist damit

N	8	26	80	242	$\cdots$	∞	
α	$1,23$	$1,56$	$1,77$	$1,91$		$2\pi/3$.	(4.61)
β	$-3,14$	$-2,69$	$-2,44$	$-2,29$		$-2\pi/3$	

Für große N nähern sich diese Folgen also perfekten P-Phasen-Folgen mit drei äquidistanten Phasenwerten.

5. Familien periodischer Korrelationsfolgen

In mehrkanaligen Anwendungen, wie z.B. in Codemultiplex-Systemen, Mehrfach-Ortungssystemen u.ä (Kap. 10), müssen gut korrelierende Einzelfolgen zu Familien mit ebenfalls guten Kreuzkorrelationseigenschaften ergänzt werden. Es werden im folgenden zunächst Familien gut periodisch korrelierender Folgen betrachtet.

5.1 Perfekte Familien

Im Fall der periodischen Korrelatioonsfunktionen läßt sich zunächst einfach zeigen, daß „perfekte Familien" („utopian sets", [Scholtz und Welch 1978]) mit sowohl perfekten PAKF als auch verschwindenden PKKF prinzipiell nicht existieren können.
Die PKKF zweier Folgen $s_{i,j}(n)$ ist perfekt, wenn

$$\tilde{\varphi}_{ij}(m) = 0, \qquad i \neq j, \forall m. \tag{5.1}$$

Für die diskrete Fourier-Transformation der PKKF muß entsprechend gelten, mit (2.51),

$$\tilde{\phi}_{ij}(k) = \tilde{S}_i^*(k) \cdot \tilde{S}_j(k) = 0, \quad i \neq j, \forall k \tag{5.2}$$

oder

$$|\tilde{S}_i(k)| \cdot |\tilde{S}_j(k)| = 0.$$

Dies widerspricht jedoch der Frequenzeigenschaft (2.71) perfekter Folgen. Wie in Abschn. 5.6 noch gezeigt wird, kann die Eigenschaft einer perfekten Familie aber zumindest in einem eingeschränkten Fensterbereich erfüllt werden. Im gesamten Bereich der Korrelationsfunktionen einer Familie ist es also nur möglich, die unerwünschten Nebenwerte unter bestimmte Schranken zu drücken, wobei aber gegenseitige Abhängigkeiten zwischen den Schranken für die Autokorrelationsfunktionen einerseits und die Kreuzkorrelationsfunktionen andererseits bestehen.

5.2 Schranken der Korrelationsgüte

Da es Familien von Folgen mit perfekten PAKF *und* PKKF nicht geben kann, ist es wichtig Schrankenbeziehungen ihrer Korrelationseigenschaften zu finden, die auch Hinweise für einen Austausch zwischen der Güte ihrer Auto-und Kreuzkorrelationsfunktionen enthalten. Eine solche aussagekräftige Schrankenbeziehung wurde von Sarwate nach Vorarbeiten von Stalder und Cahn sowie Welch aufgestellt [Sarwate 1979, Stalder und Cahn 1964, Welch 1974].

Hier verallgemeinert auf nichtbinäre bzw. nicht uniforme Folgen läßt sich diese Beziehung wie folgt ableiten: Zwischen den periodischen Korrelationsfunktionen der Folgen $s_i(n)$, $s_j(n)$ besteht nach (2.58) die Beziehung

$$\sum_{m=0}^{N-1} |\tilde{\varphi}_{ij}(m)|^2 = \sum_{m=0}^{N-1} \tilde{\varphi}_{ii}^*(m) \cdot \tilde{\varphi}_{jj}(m),$$

bzw. wenn die Folgen die (untereinander gleiche) Energie E besitzen

$$= E^2 + \sum_{m=1}^{N-1} \tilde{\varphi}_{ii}^*(m) \cdot \tilde{\varphi}_{jj}(m). \tag{5.3}$$

Betrachtet wird nun eine Familie von M Folgen. Bei Summation über alle Korrelationsfunktionen dieser Folgen erhält man mit (5.3)

$$\sum_{i=1}^{M} \sum_{j=1}^{M} \sum_{m=0}^{N-1} |\tilde{\varphi}_{ij}(m)|^2 = (ME)^2 + \sum_{i=1}^{M} \sum_{j=1}^{M} \sum_{m=1}^{N-1} \tilde{\varphi}_{ii}^*(m) \cdot \tilde{\varphi}_{jj}(m). \tag{5.4}$$

Es werden weiter Schranken für die periodischen Korrelationsfunktionen eingeführt

$$\Theta_a = \max|\tilde{\varphi}_{ii}(m)|, \quad \forall i, m \not\equiv 0 \bmod N,$$
$$\Theta_c = \max|\tilde{\varphi}_{ij}(m)|, \quad \forall i,j; \ i \neq j, \forall m. \tag{5.5}$$

Für die linke Seite von (5.4) gilt dann folgende Abschätzung: die Summe enthält

– M-mal den Hauptwert der PAKF mit dem Beitrag ME^2,
– M-mal die $N-1$ Nebenwerte der PAKF mit dem Beitrag $\leq M(N-1)\Theta_a^2$,
– $M(M-1)$-mal die PKKF mit jeweils N Werten, also dem Beitrag $\leq M(M-1)N\Theta_c^2$.

Die rechte Seite von (5.4) wird zunächst durch Vertauschen der Summationsreihenfolge umgeformt in

$$(ME)^2 + \sum_{m=1}^{N-1} \left(\sum_{i=1}^{M} \tilde{\varphi}_{ii}^*(m) \cdot \sum_{j=1}^{M} \tilde{\varphi}_{jj}(m) \right) = (ME)^2 + \sum_{m=1}^{N-1} \left| \sum_{i=1}^{M} \tilde{\varphi}_{ii}(m) \right|^2,$$

da der rechte Term in diesem Ausdruck nicht negativ sein kann, ist die rechte Seite von (5.4) sicher $\geq (ME)^2$. Damit erhält man aus (5.4), da die Abschätzung für die linke Seite gleich oder größer der Abschätzung für die rechte Seite ist, die

Ungleichung

$$ME^2 + M(N - 1)\Theta_a^2 + M(M - 1)N\Theta_c^2 \geq (ME)^2$$

oder

$$\frac{N}{E^2}\Theta_c^2 + \frac{N - 1}{M - 1}\frac{1}{E^2}\Theta_a^2 \geq 1. \tag{5.6}$$

Für binäre und für uniforme Folgen ist $E = N$, damit vereinfacht sich (5.6) zu der von Sarwate angegebenen Abschätzung

$$\frac{\Theta_c^2}{N} + \frac{N - 1}{N(M - 1)}\frac{\Theta_a^2}{N} \geq 1. \tag{5.7}$$

Diese beiden Beziehungen zeigen deutlich, daß zwischen den Schranken für Auto- und Kreuzkorrelationsfunktionen einer Familie an der Grenze dieser Abschätzungen nur ein gegenseitiger Austausch möglich ist. Die Verbesserung einer Schranke muß dann durch Verschlechtern der anderen erkauft werden. Faßt man die Schranken in (5.5) zusammen

$$\Theta_{max} = \max(\Theta_a, \Theta_c) \tag{5.8}$$

und setzt zur oberen Abschätzung in (5.7)

$$\Theta_a = \Theta_c = \Theta_{max},$$

so erhält man die von Welch gegebene Abschätzung

$$\frac{\Theta_{max}^2}{N} \geq \frac{N(M - 1)}{NM - 1}. \tag{5.9}$$

Für „große" Familien $M > N$ gibt Sarwate [1979] noch eine bessere Abschätzung als (5.7) an („elliptic bound"), während im Fall $M \leq N$ Gleichung (5.7), die z.Z. engste bekannte Schranke für Familien uniformer Folgen ist.

5.3 Familien binärer m-Folgen

5.3.1 Kreuzkorrelationseigenschaften binärer m-Folgen

Zu jeder binären, und verallgemeinert auch p-nären m-Folge der Länge N gibt es weitere Folgen gleicher Länge, die sich nicht durch eine einfache periodische Verschiebung ineinander überführen lassen. Es läßt sich zeigen, daß sich diese „wesentlich" verschiedenen Folgen alle durch Dezimation (s. Tabelle 2.5) aus einer beliebigen Ausgangsfolge erzeugen lassen. Dazu wird der periodischen Ausgangsfolge jeder d-te Wert entnommen, wobei d und N teilerfremd sein müssen.

Die Anzahl der zu N teilerfremden Zahlen im Bereich 1 bis $N - 1$ wird als Euler-Funktion $\phi(N)$ bezeichnet. Es führen aber nicht alle möglichen

Dezimationen zu „wesentlich" verschiedenen Folgen, sondern die Zahl M_w der wesentlich verschiedene p-nären m-Folgen des Grades r ist durch

$$M_w = \phi(N)/r = \phi(p^r - 1)/r \tag{5.10}$$

gegeben [Golomb 1967].
Damit gibt es im binären Fall ($p = 2$) an wesentlich verschiedenen m-Folgen

$$
\begin{array}{c|cccccccc}
N & 7 & 15 & 31 & 63 & 127 & 255 & 511 & 1023 \\
\hline
M_w & 2 & 2 & 6 & 6 & 18 & 16 & 48 & 60
\end{array}
\quad \cdots \tag{5.11}
$$

Betrachtet wird nun speziell eine binäre m-Folge in der bipolaren Darstellung $s_{1b}(n)$ nach Abschn. 3.4.3.

Nach Untersuchungen von Golomb [1967] und anderen Autoren gibt es zu allen diesen m-Folgen, wenn deren Grad $r \not\equiv 0$ mod 4 ist, mindestens eine weitere „wesentlich" verschiedene Folge $s_{2b}(n)$, so daß die PKKF $\tilde{\varphi}_{12b}(m)$ dieses „preferred pair" dreiwertig ist und die folgende kleinstmögliche Schranke Θ_c erreicht

$$\Theta_c = 2^{\mathrm{ent}(r/2 + 1)} + 1; \tag{5.12}$$

die PKKF nimmt dabei nur die Werte

$$\{-1, -\Theta_c, \Theta_c - 2\} \tag{5.13}$$

an. Für $r \equiv 0$ mod 4 sind ausschließlich Folgen mit vierwertiger PKKF möglich [Golomb 1967, Gold 1967, 1968, Sarwate und Pursley 1980]. Aus einer gegebenen m-Folge $\tilde{s}_{1b}(n)$ läßt sich die zweite Folge $\tilde{s}_{2b}(n)$ eines „preferred pair" durch Dezimation mit einem der speziellen Dezimationwerte d nach folgender Vorschrift ableiten:

$$
\begin{aligned}
\tilde{s}_{2b}(n) = \tilde{s}_{1b}(dn), \quad &\text{mit } d = 2^k + 1 \\
&\text{und } k \text{ so, daß } r/\mathrm{ggT}(r, k) \text{ ungerade.}
\end{aligned}
\tag{5.14}
$$

Hierzu als Beispiel die Binärfolge des Grades $r = 3$ aus Tab. 3.3, in bipolarer Form also

$$s_{1b}(n) = - - - + - + + . \tag{5.15a}$$

Nach (5.14) kann $k = 1$ gesetzt werden, damit erhält man mit der Dezimation d = 3 als zweite m-Folge

$$s_{2b}(n) = \tilde{s}_{1b}(3n) = - + + - + - - . \tag{5.15b}$$

Die PKKF ist dann

$$\tilde{\varphi}_{12b}(m) = \overline{5}\overline{1}\overline{1}3\overline{1}33 \ldots \tag{5.16}$$

mit $\Theta_c = 5$.
Bei den m-Folgen mit größeren Längen lassen sich nach demselben Schema teilweise mehr als zwei Folgen finden, die alle die Schranke nach (5.12) einhalten. Der Umfang M dieser m-Folgen-Familien ist in Tabelle 5.1 enthalten, Konstruktionshinweise finden sich in [Sarwate und Pursley 1980].

Tabelle 5.1. Eigenschaften der m-Folgen-Familien

r	N	Θ_c	M
3	7	5	2
5	31	9	3
6	63	17	2
7	127	17	6
9	511	33	2
10	1 023	65	3
11	2 047	65	4
13	8 191	129	4
14	16 383	257	3
15	32 767	257	2

Insgesamt ist allerdings der so erreichbare Umfang M für viele Anwendungsfälle zu gering. Ein Ausweg ist die Hinzunahme von Kombinationsfolgen eines „preferred pair", wie es bei den im folgenden besprochenen Familien der Gold- und Kasami-Folgen geschieht.

5.3.2 Carter-Theorem und Gold-Folgen-Familien

Aus zwei bipolaren m-Folgen $s_{1b}(n)$, $s_{2b}(n)$ gleicher Länge N werden nach Carter [1974] alle möglichen Produktfolgen $s_{1b}(n) \cdot \tilde{s}_{2b}(n + u)$ gebildet und mit den Ausgangsfolgen zu einer Familie von $M = N + 2$ Folgen zusammengefaßt

$$s_{ub}(n) \in \{s_{1b}(n),\ s_{2b}(n),\ s_{1b}(n) \cdot \tilde{s}_{2b}(n + u)\} \quad \text{mit } 0 \le u < N. \tag{5.17}$$

Die periodischen Korrelationsfunktionen dieser Familie errechnen sich dann zu

$$\tilde{\varphi}_{uvb}(m) = \sum_{n=0}^{N-1} [s_{1b}(n)\tilde{s}_{2b}(n + u)] \cdot [\tilde{s}_{1b}(n + m)\tilde{s}_{2b}(n + v + m)]$$

$$= \sum_{n=0}^{N-1} [s_{1b}(n)\tilde{s}_{1b}(n + m)] \cdot [\tilde{s}_{2b}(n + u)\tilde{s}_{2b}(n + v + m)]$$

und mit der Schiebe- und Additions-Eigenschaft entsprechend (3.38)

$$\tilde{\varphi}_{uvb}(m) = \sum_{n=0}^{N-1} \tilde{s}_{1b}(n + i)\tilde{s}_{2b}(n + k)$$

$$= \tilde{\varphi}_{12b}(k - i) \tag{5.18}$$

(wobei i, k vom charakteristischen Polynom abhängen)
Damit enthalten die PKKF der Produktfolgen und auch die Nebenwerte ihrer PAKF die gleichen, aber anders angeordneten Werte wie sie in der Kreuzkorrelationsfunktion der Ausgangsfolgen enthalten sind. Die Produktfolgen sind damit i.allg. keine m-Folgen mehr, sie halten aber alle die durch die Ausgangsfolgen vorgegebene Schranke Θ_c ein. Diese Eigenschaft wird im weiteren zu Konstruktion großer Familien gut korrelierender Folgen ausgenutzt.

Ergänzt man nämlich die zwei m-Folgen eines „preferred pair" aus Abschn. 5.3.1 durch ihre N Produktfolgen (5.17), so entsteht eine Familie von $M = N + 2$ „Gold-Folgen" mit der PKKF-Schranke nach (5.12). Nach dem Carter-Theorem sind die Nebenwerte ihrer PAKF mit denen der PKKF gleich, so daß (5.12) auch die PAKF-Schranke bestimmt, also $\Theta_a = \Theta_c$. Damit gelten die Werte in Tabelle 5.1 auch für Gold-Folgen-Familien des Umfangs $M = N + 2$ [Gold 1967].

Für gerade Werte r gilt mit (5.12) für die Schranke Θ_c näherungsweise (mit $N = 2^r - 1$)

$$\Theta_c \approx 2^{r/2 + 1} \approx 2\sqrt{N}. \tag{5.19}$$

Weiter ist mit der Abschätzung (5.9) die Welch-Schranke $\Theta_{max} = \Theta_a = \Theta_c$ gegeben durch (mit $M = N + 2$)

$$\Theta_{max} \geq \sqrt{\frac{N^2(M - 1)}{NM - 1}} \approx \sqrt{N}. \tag{5.20}$$

Die Korrelationsschranken der Gold-Folgen nähern sich für größere Längen also dem doppelten Wert der Welch-Schranke an, sie verhalten sich in diesem Sinn recht günstig. Bezüglich der engeren, speziell für binärwertige Folgen geltenden Sidelnikov-Schranke bilden die Gold-Folgen für ungerade r sogar eine optimale Familie [Sarwate und Pursley 1980].

Abschließend wird beispielhaft eine Gold-Folgen-Familie mit Folgen der Länge $N = 7$, also des Umfangs $M = 9$ konstruiert:

Ausgangspunkt ist das „preferred pair" nach (5.15).

Die weiteren Folgen werden dann nach (5.17) ermittelt:

$$
\begin{aligned}
s_{3b}(n) &= +\ -\ -\ -\ -\ -\ - \\
s_{4b}(n) &= -\ -\ +\ +\ +\ -\ - \\
| \quad &= -\ +\ -\ -\ +\ -\ + \\
| \quad &= +\ -\ +\ -\ +\ +\ + \\
| \quad &= -\ +\ +\ -\ -\ +\ - \\
| \quad &= +\ +\ +\ +\ -\ -\ + \\
s_{9b}(n) &= +\ +\ -\ +\ +\ +\ -
\end{aligned}
\tag{5.21}
$$

mit PAKF und PKKF z.B. folgender Form

$$
\begin{aligned}
\tilde{\varphi}_{66b}(m) &= 7\bar{1}5335\bar{1}\ldots \\
\tilde{\varphi}_{77b}(m) &= 7\bar{1}5335\bar{1}\ldots \\
&| \\
&| \\
\tilde{\varphi}_{76b}(m) &= \bar{1}\bar{1}\bar{1}\bar{1}3\bar{1}\bar{1}\ldots \\
\tilde{\varphi}_{81b}(m) &= \bar{1}5\bar{1}33\bar{1}\bar{1}\ldots \\
&| \\
&| \\
&|
\end{aligned}
$$

5.3.3 Familien von Kasami-Folgen

In der Literatur sind inzwischen eine Reihe von Konstruktionsverfahren veröffentlicht worden, mit denen weitere Familien binärer Folgen mit anderen Kombinationen von Länge, Umfang und Korrelationsmaßen gebildet werden können, so die großen und kleinen Familien der Kasami-Folgen, die Dual-BCH-Folgen oder die McEliece-Folgen [Sarwate und Pursley 1980, McEliece 1980, Simon et al. 1985, Quynh und Prasad 1986].

Darüber hinaus sind weitere Familien bekannt, die zusätzlich kryptografische Eigenschaften in Form eines hohen linearen „span" (Rekursionstiefe) besitzen (s. Abschn. 10.6), wie die Bent-Folgen, die Folgen nach No und Kumar [1989], sowie die komplexwertigen No-Antweiler-Folgen [Olsen et al. 1982, Lempel und Cohn 1982, No und Kumar 1989, Antweiler und Bömer 1990d].

Beispielhaft sei hier nur die „kleine Familie" der Kasami-Folgen kurz besprochen, die sich ebenfalls aus binären m-Folgen ableiten lassen. Für eine vorgegebene Folgenlänge besitzen diese Familien im Vergleich zu den Gold-Folgen geringeren Umfang, dafür aber eine bessere Korrelationsschranke. Die Kasami-Familie („small set") leitet sich aus einer binären m-Folge $s_{1b}(n)$ mit geradzahligem Grad r und der Periode $N = 2^r - 1$ ab. Durch Dezimation mit (dem hier nicht notwendigerweise zu N teilerfremden Wert)

$$d = 2^{r/2} + 1 \qquad (5.22)$$

entsteht daraus eine Hilfsfolge

$$\tilde{s}_d(n) = \tilde{s}_{1b}(dn),$$

diese besitzt eine kürzere Periode $2^{r/2} - 1$.

Die weiteren Folgen erhält man wieder durch Multiplikation von $s_{1b}(n)$ mit allen $2^{r/2} - 1$ zyklisch verschobenen Versionen von $s_d(n)$. Damit beträgt der Umfang der Kasami-Familie

$$M = 2^{r/2}. \qquad (5.23)$$

Die PKKF und die Nebenwerte der PAKF der Produktfolgen sind auch hier dreiwertig mit der Schranke

$$\Theta_c = 2^{r/2} + 1, \qquad (5.24)$$

wobei sie Werte wie in (5.13) annehmen. Einige mögliche Daten zeigt Tabelle 5.2

Die Schranke (5.24) ist näherungsweise $\Theta_c \approx \sqrt{N}$.
Vergleicht man mit der Welch-Schranke (5.9) (mit $M \approx \sqrt{N}$)

$$\Theta_{max} = \sqrt{\frac{N^2(M - 1)}{NM - 1}} \approx \sqrt{N - \sqrt{N}},$$

so sieht man, daß die Kasami-Folgen die Schranke für größere N besser als die

Tabelle 5.2. Eigenschaften der Kasami-Folgen-Familien („small set")

r	N	Θ_c	M
4	15	5	4
6	63	9	8
8	255	17	16
10	1 023	33	32

Gold-Folgen annähern. Bezüglich der engeren Sidelnikov-Schranke (s.o.) ist auch diese Familie optimal.

Abschließend wieder als Beispiel eine Kasami-Familie für $r = 4$, also mit der Periode $N = 15$ und dem Umfang $M = 4$. Begonnen wird mit einer m-Folge (Tabelle 3.3):

$$s_{1b}(n) = - - - - + - + - - + + - + + + .$$

Mit der Dezimation $d = 5$ erhält man die Hilfsfolge der Periode 3

$$\tilde{s}_d(n) = - - + - - + - - + - - + \ldots$$

und damit durch periodische Multiplikation die weiteren Folgen der Familie

$$s_{2b}(n) = + + - + - - - + - - - - - - +$$

$$s_{3b}(n) = + - + + + + - - + - + + - + -$$

$$s_{4b}(n) = - + + - - + + + + + - + + - - .$$

5.4 Familien inkohärenter periodischer Binärfolgen

Inkohärente Binärfolgen, wie sie in Abschn. 4.5 betrachtet wurden, sind bei Empfangsmethoden mit einer unipolaren Energiedetektion von Interesse. In letzter Zeit werden Codemultiplex-Systeme dieser Art für optische Lichtwellenleiterstrecken diskutiert. Hierfür werden in Verallgemeinerung der in Abschn. 4.5 diskutierten Einzelfolgen entsprechend Familien inkohärenter Binärfolgen mit guten Auto- *und* Kreuzkorrelationseigenschaften verlangt [Chung et al. 1989, Salehi 1989].

Eine sehr einfache regelmäßige Familie aus $M = 4$ Folgen der Länge $N = 9$, der Energie $E = 2$ und mit den Korrelationsschranken $\Theta_a = \Theta_c = 1$ läßt sich wie folgt konstruieren:

$$s_1(n) = 1\ 1\ 0\ 0\ 0\ 0\ 0\ 0\ 0 \;\to\; \tilde{\varphi}_{11}(m) = 2\ 1\ 0\ 0\ 0\ 0\ 0\ 0\ 1 \ldots$$

$$s_2(n) = 1\ 0\ 1\ 0\ 0\ 0\ 0\ 0\ 0 \;\to\; \tilde{\varphi}_{22}(m) = 2\ 0\ 1\ 0\ 0\ 0\ 0\ 1\ 0 \ldots \quad (5.25)$$

$$s_3(n) = 1\ 0\ 0\ 1\ 0\ 0\ 0\ 0\ 0 \;\to\; \tilde{\varphi}_{33}(m) = 2\ 0\ 0\ 1\ 0\ 0\ 1\ 0\ 0 \ldots$$

$$s_4(n) = 1\ 0\ 0\ 0\ 1\ 0\ 0\ 0\ 0 \;\to\; \tilde{\varphi}_{44}(m) = 2\ 0\ 0\ 0\ 1\ 1\ 0\ 0\ 0 \ldots$$

Durch Verlängern der Folgen lassen sich so Familien beliebigen Umfangs bilden. Für $E = 2$ gilt dann allgemein, wenn die Folgen durch die ihnen zugeordneten Differenzmengen, vgl. Gleichung (3.6a), beschrieben werden

$$s_i(n) \hateq \{0, i\}, \quad 1 \leq i \leq M$$

mit der Länge (5.26)

$$N = 2M + 1.$$

Hält man die Korrelationsschranken Θ_a, $\Theta_c = 1$ fest, so besteht zwischen N, E und dem Umfang M ein allgemein gültiger Zusammenhang. Hierzu seien die PAKF in (5.25) betrachtet: Die Lage der Einsen in $\tilde{\varphi}(m)$ gibt für inkohärente Binärfolgen die Abstände der Einsen in der zugehörigen periodischen Folge $\tilde{s}(n)$ an. Für Nebenwerte ≤ 1 darf dabei jede mögliche Differenz höchstens einmal vorkommen. Da weiter zwischen E Einsen insgesamt $E(E-1)$ Differenzen möglich sind und die Länge der PAKF zwischen den Hauptwerten $N-1$ beträgt, muß erfüllt sein

$$E(E - 1) \leq N - 1.$$ (5.27)

Das Gleichheitszeichen gilt dabei, wenn alle Nebenwerte Eins sind; für diesen Fall wurde (5.27) bereits in Abschn. 4.5 als (4.22) (mit $\varphi_1 = 1$) abgeleitet.

Weiter werden nun die Kreuzkorrelationsfunktionen untersucht. Hier wird der Wert 1 nicht überschritten, wenn in den zugehörigen Folgenpaaren keine gleichen Differenzen auftreten. Dies wiederum ist erfüllt, wenn die nichtverschwindenden Nebenwerte in den PAKF nicht an den gleichen Stellen liegen [s. das Beispiel in (5.25) rechts]. Damit muß also die Gesamtzahl der Einsen in allen M periodischen Autokorrelationsfunktionen $\leq N - 1$ sein, also lautet die Bedingung für die Familie

$$ME(E - 1) \leq N - 1$$

oder

$$M \leq \frac{N - 1}{E(E - 1)}.$$ (5.28)

Im Beispiel (5.25) ist damit $M \leq (9 - 1)/(2 \cdot 1) = 4$, die Schranke wird hier erreicht, womit diese Familie also optimal ist.

Basierend auf diesen Überlegungen lassen sich jetzt in ähnlich einfacher Weise wie für $E = 2$ auch für $E = 3$ Familien beliebigen Umfangs konstruieren. Die Folgen erhalten in Differenzmengenschreibweise die Form

$$s_i(n) = \{0, i, a_i\}, \quad 1 \leq i \leq M.$$ (5.29)

Die Werte a_i werden so gewählt, daß die PAKF folgende Struktur annehmen (hier nur linke Hälfte für $M = 6$ dargestellt)

$$\text{symmetrisch } s_i(n) \triangleq$$
$$\leftrightarrow$$

$$
\begin{array}{llll}
\tilde{\varphi}_{11}(m) = & 3\;1\;0\;0\;0\;0\;0\;|\;0\;0\;1\;1\;0\;0\;|\;0\;0\;0\;0\;0\;0\;0\;| & \{0,1,10\} \\
| & 3\;0\;1\;0\;0\;0\;0\;|\;0\;0\;0\;0\;0\;0\;|\;0\;0\;1\;0\;1\;0\;0\;| & \{0,2,17\} \\
| & 3\;0\;0\;1\;0\;0\;0\;|\;0\;1\;0\;0\;1\;0\;|\;0\;0\;0\;0\;0\;0\;0\;| & \{0,3,11\} \\
| & 3\;0\;0\;0\;1\;0\;0\;|\;0\;0\;0\;0\;0\;0\;|\;0\;1\;0\;0\;0\;1\;0\;| & \{0,4,18\} \\
| & 3\;0\;0\;0\;0\;1\;0\;|\;1\;0\;0\;0\;0\;1\;|\;0\;0\;0\;0\;0\;0\;0\;| & \{0,5,12\} \\
\tilde{\varphi}_{66}(m) = & 3\;0\;0\;0\;0\;0\;1\;|\;0\;0\;0\;0\;0\;0\;|\;1\;0\;0\;0\;0\;0\;1\;| & \{0,6,19\} \\
\end{array}
$$

$$N = 39$$

$$\tag{5.30}$$

damit erreichen die Folgen eine Länge von

$$N = 6M + 3.$$

Für die Werte a_i in (5.29) gilt allgemein

gerade i: $a_{ig} = 3M + 1 - \mathrm{ent}\left(\dfrac{M}{2}\right) + \dfrac{i}{2}$ (5.31)

ungerade i: $a_{iu} = M + \mathrm{ent}\left(\dfrac{M+1}{2}\right) + \dfrac{i+1}{2}$.

Für diese Familien erhält man mit (5.28)

$$M \leq \frac{N-1}{3\cdot 2} = \frac{6M+2}{6} = M + 1/3,$$

die Schranke wird also fast erreicht.

Prinzipiell läßt sich dieses Konstruktionsverfahren auf größere Werte von E ausdehnen, es wird dann aber zunehmend unübersichtlicher.

Von Chung et al. [1989] wurde ein Syntheseverfahren für Familien inkohärenter Binärfolgen veröffentlicht, das auf Methoden der projektiven Geometrie beruht. Die Konstruktion geht jeweils von einem erweiterten Galois-Feld $GF(q^w)$ aus und erzeugt Familien von Folgen mit den Korrelationsschwellen $\Theta_a = \Theta_c = 1$ für

Länge $N = (q^w - 1)/(q - 1)$

Energie $E = q + 1$ (5.32)

Umfang $M = \mathrm{ent}\left[(N-1)/(E(E-1))\right]$.

Ohne auf die Einzelheiten der Methode und ihres Beweises näher einzugehen, wird sie hier nur beispielhaft für q prim skizziert.

Die M Folgen werden als Differenzmengen D_i gebildet, denen gemäß (3.6a) inkohärente Binärfolgen zugeordnet werden können. Diese Differenzmengen ergeben sich nach folgender Vorschrift:

a) Das 1. Element in jeder D_i ist 0.

b) Das 2. Element ist j. Dabei durchläuft j alle Zahlen von 1 bis höchstens N; jedoch werden diejenigen Zahlen ausgelassen, die schon als Differenz zweier beliebiger Elemente eines bereits vorhandenen D_i oder als Differenz eines dieser Elemente mit N vorkommen.

c) Für die restlichen Elemente gilt dann:

Ist μ^k ein Element des $GF(q^w)$ und definiert man $\log(\mu^k) = k$, dann wird

3. Element: $= [\log(\mu^0 + \mu^j)] \bmod N,$

4. Element: $= [\log(\mu^0 + \mu^{j+N})] \bmod N,$

5. Element: $= [\log(\mu^0 + \mu^{j+2N})] \bmod N,$

$$\vdots$$

$q + 1$. Element$:= [\log(\mu^0 + \mu^{j+(q-2)N})] \bmod N.$

Hierzu ein Beispiel. Gewählt werde das Feld $GF(3^4)$. Mit (5.32) erhält man dann eine Familie von $M = 3$ Folgen der Länge $N = 40$ mit der Energie $E = 4$.

Einen Auszug aus dem $GF(3^4)$ in Polynomform und als Potenzen eines primitiven Elements μ, wie es mit dem Programm Bild 3.8 erstellt werden kann, zeigt (5.33a). (Die erforderlichen Additionen müssen gemäß Abschn. 3.4.6 in der Polynomform ausgeführt werden).

$GF(3^4) \bmod x^4 + x + 2$

1	μ^0	$x^2 + 2x + 1$	μ^{26}
x	μ^1	$2x$	μ^{41}
x^2	μ^2	$2x^2$	μ^{42}
x^3	μ^3	$x^2 + 2x$	μ^{45}
$2x + 1$	μ^4	$x + 1$	μ^{53}
$2x^2 + x$	μ^5	$2x^2 + 1$	μ^{57}
$x^2 + 1$	μ^{24}	$2x^2 + x + 1$	μ^{74}

$$(5.33a)$$

Damit ergeben sich die 3 Differenzmengen:

Menge D_1
1. Element: $= 0,$
2. Element: $= j = 1,$
3. Element: $= 13$, da $\mu^0 + \mu^1 = \mu^{53}$, $53 \bmod 40 = 13,$
4. Element: $= 4$, da $\mu^0 + \mu^{41} = \mu^4.$

Menge D_2
1. Element: $= 0,$
2. Element: $= j = 2,$
3. Element: $= 24$, da $\mu^0 + \mu^2 = \mu^{24},$
4. Element: $= 17$, da $\mu^0 + \mu^{42} = \mu^{57}, \quad 57 \bmod 40 = 17.$

$$(5.33b)$$

Menge D_3
1. Element: $= 0,$
2. Element: $= j = 5$ (da 3 und 4 bereits als Differenzen vorkommen),
3. Element: $= 34$, da $\mu^0 + \mu^5 = \mu^{74}, \quad 74 \bmod 40 = 34,$
4. Element: $= 26$, da $\mu^0 + \mu^{45} = \mu^{26}.$

Ein Vergleich der Korrelationsschranken dieser Familie mit der Schranken-
bedingung (5.28) ergibt

$$M \leq 39/12 = 3{,}25,$$

die Folgen sind also optimal. Dies gilt, wie ein Vergleich des Ausdrucks für M in
(5.32) mit (5.28) zeigt, für alle mit der beschriebenen Methode konstruierbaren
Familien.

Für Anwendungen in der Codemultiplex-Technik zeigt eine Abschätzung
des Nebensprechverhaltens, daß bei M Nutzern die Energie $E > M$ sein sollte
[Salehi 1989]. Geht man mit dem unteren Wert $E = M$ in die Schrankenbeziehung (5.28), so ergeben sich Mindestlängen von

$$N \geq ME(E - 1) + 1 \approx M^3.$$

Es müssen also i.allg. Folgen sehr großer Länge verwendet werden.

5.5 Familien mit perfekten periodischen Kreuzkorrelationsfunktionen

Mehrere Folgen der Länge N mit perfekter, also überall verschwindender
periodischer Kreuzkorrelationsfunktion, sog. „mutually cyclically orthogonal
codes", müssen nach (5.2) im Frequenzbereich überlappungsfrei sein. Da weiter
reellwertige Folgen ein symmetrisches Spektrum besitzen, d.h.

$$\tilde{S}_i(k) = \tilde{S}_i^*(N - k), \quad 0 \leq k < N \tag{5.34}$$

gilt, weist (mit höchstens einer Ausnahme) jede Folge einer Familie mindestens
zwei nichtverschwindende Spektralwerte in einer Periode auf.

Derartige „monofrequente" Folgen sind Abtastwerte von sin- und cos-Funktionen [Mukherjee 1973]. Der Umfang M einer solchen Familie ist damit
begrenzt auf höchstens

$$M = \text{ent}(N/2) + 1. \tag{5.35}$$

Auch hier ist es erwünscht, Familien von Folgen zu finden, die eine höhere
Energieeffizienz als sinusförmige Folgen besitzen und weniger aufwendig zu
verarbeiten sind. Es wird daher die Aufgabe betrachtet, binäre und ternäre
Folgenfamilien mit perfekter PKKF zu synthetisieren [Lüke 1986].

Nach einem Satz von Yuen [1975] ist die PKKF zweier Walsh-Funktionen
gleicher Länge immer dann identisch Null, wenn ihre kleinsten Periodizitäten
ungleich sind. Hiermit lassen sich für alle Längen N, die eine Zweierpotenz sind,
Familien ideal kreuzkorrelierender, binärer Folgen des Umfangs $M = 1 + \text{lb}\,N$
bilden. Diese Folgen haben im einfachsten Fall die Form (Rademacher-Folgen)

$$s_i(n) = \text{sgn}\left[\cos\left(\frac{n}{2^i - 1}\right)\right], \quad \left.\begin{array}{l} n = 1(1)N \\ 1 \leq i \leq 1 + \text{lb}\,N. \end{array}\right\} \tag{5.36}$$

So ergeben sich beispielsweise $M = 4$ Binärfolgen der Länge $N = 8$:

$$s_1(n) = + - + - + - + -$$
$$s_2(n) = + + - - + + - - \qquad (5.37)$$
$$s_3(n) = + + + + - - - -$$
$$s_4(n) = + + + + + + + + .$$

Ganz allgemein lassen sich für alle N zumindestens Paare binärer oder ternärer, ideal kreuzkorrelierender Folgen nach folgendem einfachen Schema schreiben:

$$
\begin{array}{lllll}
 & N = 3 & N = 4 & N = 5 & N = 6 \\
s_1(n) = & + + + & + + + + & + + + + + & + + + + + + \quad (5.38) \\
s_2(n) = & + \; 0 \; - & + + - - & + + \; 0 \; - - & + + + - - - .
\end{array}
$$

(Die Ableitung von Paaren binärer Folgen gleicher kleinster Periodizität wird in [Calabro und Paollilo, 1968b] behandelt). Ausgehend von derartigen Familien können dann bei teilerfremden Längen mit Hilfe des Multiplikationstheorems Gl. (2.63) Familien perfekt kreuzkorrelierender Folgen jeweils größeren Umfangs und größerer Länge synthetisiert werden. Als einfaches Beispiel wird im folgenden aus der binären Familie $N = 4$, $M = 3$ [nach (5.36)] und der ternären Familie $N = 3$, $M = 2$ [nach (5.38)] eine ternäre Familie der Länge $4 \cdot 3$ und des Umfang $3 \cdot 2$ gebildet:

$$
\left.
\begin{bmatrix}
+ & + & + & + \\
+ & + & - & - \\
+ & - & + & -
\end{bmatrix}
\right\}
\begin{bmatrix}
+ & + & + & + & + & + & + & + & + & + & + & + \\
+ & 0 & - & + & 0 & - & + & 0 & - & + & 0 & - \\
+ & + & - & - & + & + & - & - & + & + & - & - \\
+ & 0 & + & - & 0 & - & - & 0 & - & + & 0 & + \\
+ & - & + & - & + & - & + & - & + & - & + & - \\
+ & 0 & - & - & 0 & + & + & 0 & - & - & 0 & +
\end{bmatrix} .
$$

multipliziert mit

$$
\begin{bmatrix}
+ & + & + \\
+ & 0 & -
\end{bmatrix}
$$

$$(5.39)$$

(Die so gefundenen Matrizen perfekt kreuzkorrelierender Folgen zeigen u.a. die bemerkenswerte Eigenschaft, daß sie bei beliebigen zyklischen Verschiebungen jeder einzelnen ihrer Zeilen zeilenorthogonal bleiben).

Eine Übersicht über die mit der geschilderten Methode synthetisierbaren binären und ternären Familien gibt Bild 5.1. Eingetragen in dieses Diagramm ist weiter die mit reellwertigen Folgen nach (5.35) immer erreichbare Obergrenze des Umfangs.

Für binäre und ternäre Familien läßt sich eine recht gute obere Schranke für den Umfang M angeben, die auf folgender Überlegung beruht:

Da nach (5.2) perfekt kreuzkorrelierende Folgen im Frequenzbereich überlappungsfrei sein müssen, sollten möglichst viele Folgen monofrequent sein, also nur aus den Abtastwerten *einer* sin- oder cos-Funktion bestehen. Diese Abtastwerte können aber, wie sich leicht zeigen läßt, nur dann binär oder ternär sein, wenn die Folgenlänge durch 2, 3, 4 oder 6 teilbar ist. Weitere binäre oder

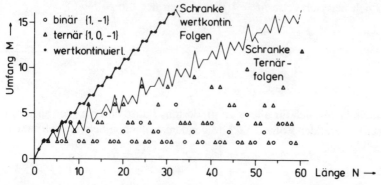

Bild 5.1. Familien von M Folgen mit perfekten periodischen Kreuzkorrelationsfunktionen

ternäre Folgen können dann nur noch aus Abtastwerten der Summe mindestens zweier sin- und/oder cos-Funktionen gebildet werden, solange bis alle N Plätze im diskreten Spektrum besetzt sind. Als Schranke für den Umfang einer ternären Familie folgt damit

$$M \le \text{ent}\left[\frac{1}{2}\,\text{ent}\left(\frac{N}{2}\right) - \frac{1}{2}\,T(N)\right] + T(N) + 1 \tag{5.40}$$

mit $T(N) = $ Anzahl der Teiler von N in $\{2, 3, 4, 6\}$.

Der Verlauf dieser Schranke ist ebenfalls in Bild 5.1 eingetragen.

5.6 Perfekte Familien in einem Meßfenster

Nach Abschn. 5.1 können perfekte Familien prinzipiell nicht existieren. Binäre Familien von m-Folgen mit gutem Korrelationsverhalten, die wie die Gold- und Kasami-Folgen bei großen Längen die Sarwate-Welch-Schranke annähern, wurden in Abschn. 5.3 diskutiert. Hier wird eine andere Möglichkeit betrachtet, mit der zumindest in einem Fensterbereich auch perfekte Korrelationseigenschaften erreicht werden können [Lüke 1986].

In Bild 1.12 wurde dargestellt, daß innerhalb eines Meßfensters die Autokorrelationseigenschaften einer perfekten Folge auch im praktisch wichtigeren aperiodischen Fall erhalten bleiben können. Dieses Verfahren kann auf mehrkanalige Anwendungen ausgedehnt werden, obwohl es sogar im periodischen Fall keine Folgen mit perfekten Auto- und Kreuzkorrelationsfunktionen gibt.

Das Prinzip zeigt Bild 5.2. Zunächst wird mit Hilfe des Multiplikationstheorems der Gleichung (2.63) eine Familie kurzer Folgen, die eine perfekte PKKF besitzen mit einer perfekten Folge größerer (teilerfremder) Länge verknüpft, im Beispiel Bild 5.2 a die binäre Familie der Länge $N = 2$ nach (5.36) mit einer perfekten, ternären Folge der Länge 7. Es ergeben sich die zwei Folgen $s_1(n)$ und $s_2(n)$ der Länge $2 \cdot 7 = 14$.

a) <u>Folgen</u>

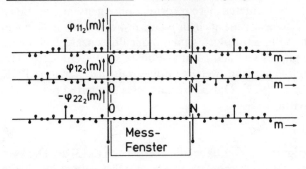

b) <u>Korrelationsfunktionen</u>   (Doppelübertragung)

Bild 5.2. Folgenpaar (**a**) mit in einem Fensterbereich perfekten Auto- und Kreuzkorrelationsfunktionen (**b**) ($\cdot_\text{per}$ periodische Multiplikation)

Wird jetzt die obere Folge $s_1(n)$ zweimal hintereinander übertragen, dann bildet ein erster Empfänger durch Korrelation mit $s_1(n)$ die modifizierte, aperiodische Autokorrelationsfunktion $\varphi_{11_2}(m)$ in Bild 5.2b. Ein zweiter Empfänger erzeugt nach Korrelation mit $s_2(n)$ die darunter stehende modifizierte aperiodische Kreuzkorrelationsfunktion $\varphi_{12_2}(m)$. Entsprechendes gilt bei doppelter Übertragung der Folge $s_2(n)$ (die modifizierte Autokorrelationsfunktion $\varphi_{22_2}(m)$ ist hier negativ dargestellt).

Innerhalb des Meßfensters sind diese aperiodischen Korrelationsfunktionen also perfekt! Das beispielhaft dargestellte Konstruktionsprinzip läßt sich auf Familien von Folgen mit unbeschränkter Länge und unbeschränktem Umfang anwenden. Die doppelte Länge der Einzelfolge bestimmt dabei die Länge des Meßfensters. Die gesamte Folgenlänge ist durch das Produkt der (teilerfremden) Längen von Einzelfolge und Familie gegeben, der Umfang schließlich durch den Umfang der Ausgangsfamilie.

Derartige „perfekte" Familien lassen sich ganz entsprechend dem Beispiel in Bild 1.12d zur unabhängigen, mehrkanaligen Messung der Kanaleigenschaften, in Codemultiplex-Systemen, in der Radartechnik oder in Systemmeßverfahren verwenden.

5.7 Familien komplexwertiger m-Folgen

Komplexwertige Folgen bieten in ihren höheren Freiheitsgraden mehr Möglichkeiten gut korrelierende Familien zu bilden, die sowohl den existierenden Korrelationsschranken nahe kommen als auch in Form uniformer Folgen eine maximale Energieeffizienz besitzen.

5.7.1 Familien komplexwertiger p-närer m-Folgen

Die in Abschn. 5.3.1 betrachteten Kreuzkorrelationseigenschaften binärer m-Folgen gelten in Verallgemeinerung auch für p-näre m-Folgen, wenn diese durch die Abbildung (4.40) in P-Phasen-Folgen $s_p(n)$ mit der Phasenzahl $P = p$ umgeformt werden. Wieder gibt es zu allen p-nären Folgen $s_p(n)$, wenn deren Grad $r \not\equiv 0 \mod 4$ ist, mindestens eine weitere Folge mit dreiwertiger PKKF [Trachtenberg 1970, Komo 1989]. Dabei erreicht dieses „preferred pair" folgende Kreuzkorrelationsschranke

$$\Theta_c = p^{\text{ent}(r/2+1)} + 1. \tag{5.41}$$

Die PKKF ist reellwertig und nimmt dabei die Werte nach (5.13) an. Die zweite Folge des preferred pair läßt sich ebenfalls wieder durch Dezimation ableiten, mit (im einfachsten Fall)

$$d = \frac{p^{2k} + 1}{2}, \quad p \text{ prim} > 2,$$

für solche k, daß $\tag{5.42}$

$$\text{ggT}(r, k) = \begin{cases} 1 & \text{für } r \text{ ungerade} \\ 2 & \text{für } r \equiv 2 \mod 4. \end{cases}$$

Hierzu als Beispiel die ternäre Folge $p = 3$, $r = 3$ nach Tab. 3.3. Ihre Phasenfolge [vgl. (4.36)] lautet

$$s_1(n) = \gamma_1(n) = 1\ 1\ 1\ 0\ 2\ 1\ 1\ 2\ 1\ 0\ 1\ 0\ 0\ 2\ 2\ 2\ 0\ 1\ 2\ 2\ 1\ 2\ 0\ 2\ 0\ 0.$$

Für $k = 1$ ergibt die Dezimation mit $d = 5$ $\tag{5.43}$

$$s_2(n) = \gamma_2(n) = \tilde{s}_1(5n) = 1\ 1\ 1\ 2\ 1\ 0\ 2\ 0\ 2\ 2\ 0\ 0\ 1\ 2\ 2\ 2\ 1\ 2\ 0\ 1\ 0\ 1\ 1\ 0\ 0\ 2.$$

Die PKKF der diesen Phasenfolgen zugeordneten Folgen $s_{1,2p}(n)$ lautet dann

$$\tilde{\varphi}_{12p}(m) = \bar{1}\ 8\ \bar{1}\ \overline{10}\ 8\ 8\ 8\ \bar{1}\ \bar{1}\ \bar{1}\ \bar{1}\ \bar{1}\ \bar{1}\ \bar{1}\ 8\ \bar{1}\ \bar{1}\ \bar{1}\ \bar{1}\ \bar{1}\ \overline{10}\ \bar{1}\ \overline{10}\ 8\ \bar{1}, \tag{5.44}$$

die Schranke $\Theta_c = 3^2 + 1 = 10$ wird also eingehalten.

5.7.2 Erweitertes Carter-Theorem und komplexwertige Gold-Folgen-Familien

Die Bedeutung der Abbildung von p-nären m-Folgen $s(n)$ in P-Phasen-Folgen $s_p(n)$, Gleichung (4.40), liegt darin, daß die mod p-Addition im Bereich der $s(n)$ in eine normale Multiplikation der Folgen $s_p(n)$ übergeht. (Schon die in den Abschnitten 3.4.3 und 5.3.1 benutzte Abbildung einer binären m-Folge in eine bipolare Folge benutzte diese Eigenschaft für den einfachsten und dann reellwertigen Fall $p = 2$).

Aufgrund dieses Zusammenhangs läßt sich das für die Ableitung größerer Familien wichtige Carter-Theorem (Abschn. 5.3.2) ebenfalls auf p-näre Folgen erweitern:

Betrachtet werden die Korrelationsfunktionen von Produktfolgen

$$s_{1b}(n) \cdot s_{2b}(n + u), \quad 0 \le u < N,$$

$$\tilde{\varphi}_{uvp}(m) = \sum_{n=0}^{N-1} [s_{1b}^*(n)\tilde{s}_{2b}^*(n + u)][\tilde{s}_{1b}(n + m)\tilde{s}_{2b}(n + v + m)],$$

nach Zusammenfassen und mit (4.40)

$$= \sum_{n=0}^{N-1} \exp\left[j\frac{2\pi}{p}\left(\tilde{s}_1(n) \ominus_p s_1(n + m)\right)\right]^* \cdot$$

$$\cdot \exp\left[j\frac{2\pi}{p}\left(\tilde{s}_2(n + v + m) \ominus_p \tilde{s}_2(n + u)\right)\right];$$

weiter gilt mit dem Schiebe- und Substraktionstheorem (3.43)

$$\tilde{\varphi}_{uvp}(m) = \sum_{n=0}^{N-1} \exp\left[j\frac{2\pi}{p}\tilde{s}_1(n + i)\right]^* \exp\left[j\frac{2\pi}{p}\tilde{s}_2(n + k)\right]$$

$$= \sum_{n=0}^{N-1} \tilde{s}_{1p}^*(n + i)\tilde{s}_{2p}(n + k)$$

$$= \tilde{\varphi}_{12p}(k - i) . \tag{5.45}$$

Somit läßt sich, entsprechend dem binären Beispiel in Abschn. 5.3.2, aus einem „preferred pair" von P-Phasenfolgen durch Hinzunahme aller Produktfolgen $s_{1p}(n) \cdot \tilde{s}_{2p}(n + u)$, $0 \le u < N$, eine Familie von $M = N + 2$ verallgemeinerten „komplexwertigen Gold-Folgen" konstruieren, wobei alle Folgen in ihren PKKF und den Nebenwerten ihrer PAKF die Schranke Θ_c nach (5.41) einhalten.

Aufbauend auf dem Folgenpaar (5.43) läßt sich beispielsweise eine Familie von $M = 26 + 2 = 28$ Folgen bilden. Die erste Produktfolge besitzt dann die Phasenfolge

$$s_3(n) = s_1(n) \oplus_3 s_2(n) \tag{5.46}$$

$$= 2\,2\,2\,2\,0\,1\,0\,2\,0\,2\,1\,0\,1\,1\,1\,1\,1\,0\,2\,0\,1\,0\,1\,2\,0\,2$$

mit der PAKF

$$\tilde{\varphi}_{33b}(m) = 26\ \bar{1}\ 8\ \bar{1}\ \bar{1}\ \bar{1}\ \bar{1}\ \bar{1}\ \bar{1}\ \bar{1}\ \bar{1}\ \bar{1}\ \overline{10}\ \bar{1}\ \overline{10}\ \bar{1}\ \bar{1}\ \bar{1}\ \bar{1}\ \bar{1}\ \bar{1}\ \bar{1}\ \bar{1}\ 8\ \bar{1}$$

und z. B. der PKKF

$$\tilde{\varphi}_{32b}(m) = \bar{1}\ 8\ \overline{10}\ \bar{1}\ \bar{1}\ \overline{10}\ \bar{1}\ \overline{10}\ \bar{1}\ \bar{1}\ 8\ \bar{1}\ 8\ \bar{1}\ 8\ \bar{1}\ \bar{1}\ \bar{1}\ \bar{1}\ 8\ 8\ \bar{1}\ \bar{1}\ \bar{1}\ \bar{1}\ \bar{1}.$$

Die Schranke $\Theta_c = 10$ des „preferred pair" wird also ebenfalls eingehalten.

Auch hier ist es wieder interessant, die Korrelationsschranken mit der Welch-Schranke zu vergleichen. Nach (5.20) lautet die Welch-Schranke $\Theta_{max} \gtrsim \sqrt{N}$, während für die komplexwertigen Gold-Folgen näherungsweise für r gerade mit (5.41) und $N = p^r - 1$ gilt

$$\Theta_c \approx p^{r/2+1} \approx p\sqrt{N}. \tag{5.47}$$

Die betrachteten Folgenfamilien nähern sich den theoretischen Schranken damit nur bis auf einen Faktor p.

Nachtrag

Nach Manuskriptschluß wurden von Kumar und Moreno [1991] die „Prime-phase"-Folgen beschrieben. Familien dieser P-Phasenfolgen besitzen Eigenschaften, die in Länge, Umfang und Phasenzahl mit denen komplexwertiger Gold-Folgen vergleichbar sind. Weiter gelang es, eine andere Klasse von Familien uniformer Folgen zu finden, deren Auto- und Kreuzkorrelationsfunktionen betragsmäßig konstante Nebenwerte aufweisen und die orthogonal zueinander sind [Lüke 1992]. Beide Arten von Familien erreichen asymptotisch die Sar-wate-Schranken und sind damit den (komplexwertigen) Gold-Folgen deutlich überlegen. Eine Beschreibung dieser neuen Familien erfolgt im Anhang Kap. 19.

5.8 Familien von Frank-Zadoff-Chu- und „Cubic-phase"-Folgen

5.8.1 Frank-Zadoff-Chu Familien

Die in Abschn. 4.7.1 definierten FZC-Folgen $s_\lambda(n)$ bilden für jede Länge eine Familie von $\phi(N)$ (vgl. Abschn. 5.3.1) unterschiedlichen Folgen mit perfekter PAKF. Die Euler-Funktion $\phi(N)$ nimmt dabei für N prim ihren jeweils größten Wert an:

$$\phi(N) = N - 1, \quad N \text{ prim.} \tag{5.48}$$

Es läßt sich nun zeigen, daß die periodischen Kreuzkorrelationsfunktionen zumindest eines Teils dieser Folgen als geringstmögliche Schranke den Wert $\sqrt{N}$ erreichen können. Der Beweis läßt sich nach dem Schema in Abschn. 4.7.1 führen, er ist aber deutlich länger, s. [Alltop 1980]; alternativ gibt Sarwate [1979] den Beweis im Frequenzbereich:

Danach gilt für die PKKF zweier FZC-Folgen $s_\lambda(n)$ und $s_\mu(n)$ der Länge N, wenn $(\lambda - \mu)$ teilerfremd zu N ist,

$$|\tilde{\varphi}_{\lambda\mu}(m)| = \sqrt{N}, \quad \forall m. \tag{5.49}$$

Wenn N prim ist, gilt diese Schranke für alle $N - 1$ Folgen. Für andere Längen besteht eine derartige Familie nur aus $p - 1$ Folgen, wobei p der kleinste Primfaktor von N ist. Daraus folgt auch, daß für geradzahlige N, also $p = 2$, keine FZC-Familien existieren, die (5.49) erreichen (vgl. Abschn. 7.4.1).

Vergleicht man die Korrelationseigenschaften der FZC-Folgen mit der Sarwate-Schranke, so ergibt sich aus (5.7) für perfekte Folgen mit $\Theta_a = 0$ die Schranke

$$\Theta_c \geq \sqrt{N}. \tag{5.50}$$

Mit $\Theta_c = \sqrt{N}$ nach (5.49) wird die untere Schranke also erreicht.

Eine verwandte Familie von Frank-Folgen wird in [Suehiro und Hatori 1988b] diskutiert; eine Anwendung der FZC-Familien in [Li 1987].

5.8.2 Familien von „Cubic-phase"-Folgen

Komplexwertige Folgen und Folgenfamilien mit günstigen Eigenschaften erhält man auch, wenn man den in n quadratischen Phasenverlauf der FZC-Folgen durch andere Polynomverläufe ersetzt. So sind die nicht perfekten, uniformen „Cubic phase"-Folgen der Länge N definiert als [Alltop 1980]

$$s_\lambda(n) = \exp[\,j2\pi(n^3 + \lambda n)/N\,], \quad N \text{ prim} \geq 5, \tag{5.51}$$
$$n = 0(1)N - 1.$$

Mit $1 \leq \lambda \leq N$ erhält man eine Familie von N Folgen mit der Phasenzahl $P = N$ und den Korrelationseigenschaften

$$|\tilde{\varphi}_{\lambda\mu}(m)| = \begin{cases} N & \text{für } \lambda = \mu, \ m = 0 \\ 0 & \text{für } \lambda \neq \mu, \ m = 0 \\ \sqrt{N} & \text{sonst.} \end{cases} \tag{5.52}$$

Zur Abschätzung des Schrankenverhaltens dieser Folgen geht man mit $\Theta_a = \Theta_c = \sqrt{N}$ und $M = N$ in (5.7)

$$\frac{N}{N} + \frac{N-1}{N(N-1)} \cdot \frac{N}{N} = 1 + \frac{1}{N} \geq 1, \tag{5.53}$$

für große N wird also die Welch-Schranke asymptotisch erreicht.

Cubic phase-Folgen lassen sich auch für nicht prime Längen N konstruieren, sie haben dann allerdings ungünstigere Eigenschaften und verhalten sich ähnlich wie die „character sequences" nach Scholtz und Welch [1978], s. auch [Alltop 1980].

5.9 Komplexwertige Familien mit perfekten periodischen Kreuzkorrelationsfunktionen

Uniforme komplexwertige Familien von Folgen $s_\lambda^\circ(n)$ mit überall verschwindender PKKF lassen sich nach dem Vorgehen in Abschn. 5.5 ebenfalls für alle Längen N konstruieren.

Die DFT-Spektren der Folgen müssen wieder im Frequenzbereich überlappungsfrei sein. Da das Spektrum $\tilde{S}_\lambda(k)$ komplexwertiger Folgen nur mindestens *einen* nicht verschwindenden Spektralwert im Bereich $0 \le k < N$ benötigt, lassen sich insgesamt N „monofrequente" Folgen $s_\lambda(n)$ wie folgt bilden:

$$\tilde{S}_\lambda(k) = N\delta(k - \lambda), \qquad 0 \le k, \lambda < N, \tag{5.54}$$

$\begin{array}{c}\bullet\\ \big|\\ \circ\end{array}$ DFT

$$s_\lambda(n) = \exp(\mathrm{j}2\pi\lambda n/N), \ 0 \le n, \lambda < N,$$

mit der Eigenschaft

$$|\tilde{\varphi}_{\lambda\mu}(m)| = \begin{cases} 0 & \text{für } \lambda \ne \mu \\ N & \text{für } \lambda = \mu. \end{cases} \tag{5.55}$$

Der Betrag der PAKF ist also eine Konstante. Auch diese Familie erreicht die Sarwate-Schranke. Mit $\Theta_a = N$, $\Theta_c = 0$ und $M = N$ in (5.7) ist nämlich

$$\frac{N - 1}{N(N - 1)} \frac{N^2}{N} = 1. \tag{5.56}$$

5.10 Perfekte uniforme Familien in einem Meßfenster

Nach dem Vorgehen in Abschn. 5.6 lassen sich auch komplexwertige Folgen so verknüpfen, daß eine Familie uniformer Folgen mit in einem Fensterbereich perfekten Auto- *und* Kreuzkorrelationseigenschaften entsteht. Verknüpft man wieder eine Familie perfekt kreuzkorrelierender Folgen der Länge N nach Abschn. 5.9 mit perfekten FZC-Folge der zu N teilerfremden und größeren Länge M durch periodische Multiplikation, so erhält man (für jedes μ) eine Familie des Umfangs N aus Folgen der Länge $N \cdot M$.

Also

$$s_{\lambda\mu}(n) = (-1)^{\mu n}\exp(j\pi\mu n^2/M)\exp(j2\pi\lambda n/N),$$

$$= (-1)^{\mu n}\exp[j\pi n(\mu nN + 2\lambda M)/N \cdot M], \tag{5.57}$$

$$1 \leq \lambda < N, n = 0(1)N \cdot M$$

$$\text{mit } 1 \leq \mu < M \text{ beliebig,} \quad \text{aber ggT}(\mu, M) = 1$$

$$\text{und ggT}(N, M) = 1.$$

Diese uniformen Folgen erreichen also die Energieeffizienz 1.

Die Korrelationseigenschaften entsprechen denen der reellwertigen Folgen in Abschn. 5.6.

6. Folgen mit gutem aperiodischen Korrelationsverhalten

In der Mehrzahl der Anwendungsfälle werden Korrelationsfolgen nicht rein periodisch, sondern entweder in größeren Abständen (Radar, Sonar, Ranging-Anwendungen) oder in modulierter Folge (Codemultiplex-Verfahren) übertragen. In diesen Fällen ist nicht das periodische sondern das aperiodische Korrelationsverhalten entscheidend. Im folgenden wird deshalb die i.allg. schwierigere Synthese hierfür geeigneter Folgen betrachtet, und zwar zunächst von Einzelfolgen und dann im nächsten Kapitel von Familien solcher Folgen.

6.1 Gütemaße impulsähnlicher Autokorrelationsfunktionen

Die für eine Vielzahl von Anwendungen ideale Korrelationsfolge wäre eine *Binärfolge* mit einer aperiodischen Autokorrelationsfunktion in Form eines Einheitsimpulses. Derartige Folgen können für Längen $N > 1$ nicht existieren, da zumindest an den Rändern der AKF endliche Werte auftreten müssen. Um aber in diesem Sinn bestmögliche Folgen zu definieren, sind Gütemaße als Vergleichsmaßstäbe notwendig. In der Literatur finden sich hierzu vielerlei Ansätze, die i.allg. anwendungsbedingt sind.

Im folgenden wird als *Gütemaß für die Binärähnlichkeit* einer Folge, wie bereits in Abschn. 4.3.1, die Energieeffizienz benutzt. Eine hohe Energieeffizienz bedeutet, daß Folgen begrenzter Amplitude und begrenzter Länge einen hohen Energieinhalt besitzen.

Als Gütemaße für die Korrelationseigenschaften werden wieder HNV (Haupt-Nebenmaximumverhältnis) und MF (Merit-Faktor) betrachtet. Diese Maße wurden in Abschn. 4.1 für die PAKF eingeführt. Im Fall der aperiodischen AKF $\varphi_{ss}(m)$ lauten ihre Definitionen sinngemäß

$$HNV = \frac{\varphi_{ss}(0)}{\max |\varphi_{ss}(m)|}, \qquad \forall m \neq 0, \tag{6.1}$$

$$MF = \frac{\varphi_{ss}^2(0)}{2 \sum_{m=1}^{N-1} |\varphi_{ss}(m)|^2}. \tag{6.2}$$

Das HNV bewertet auch hier wieder die impulsförmigen, der MF die rauschförmigen Eigenstörungen durch eine nichtideale AKF.

Signale mit idealer AKF besitzen ein konstantes Energiedichtespektrum:

$$\varphi_{ss}(m) = E\delta(m)$$

$$|S(f)|^2 = E.$$

(6.3)

Der Merit-Faktor läßt sich, wie im folgenden gezeigt wird, auch im Frequenz-bereich berechnen und bemißt dann die Abweichung von diesem konstanten Energiedichtespektrum.

Aus (6.2) folgt mit $\varphi_{ss}(0) = E$

$$\frac{1}{MF} = \frac{2}{E^2} \sum_{m=1}^{N-1} |\varphi_{ss}(m)|^2 = \frac{1}{E^2} \sum_{m=-(N-1)}^{N-1} |\varphi_{ss}(m)|^2 - 1,$$

mit $\varphi_{ss}(m) \circ\!\!-\!\!\bullet |S(f)|^2$ und dem Parsevalschen Theorem folgt außerdem

$$\sum_{m=-(N-1)}^{N-1} |\varphi_{ss}(m)|^2 = \int_{-1/2}^{1/2} |S(f)|^4 \, df,$$

nach Einsetzen und kurzer Zwischenrechnung erhält man schließlich

$$\frac{1}{MF} = \frac{1}{E^2} \int_{-1/2}^{1/2} |S(f)|^4 \, df - 1 = \frac{1}{E^2} \int_{-1/2}^{1/2} (|S(f)|^2 - E)^2 \, df.$$

(6.4)

Damit ist der reziproke Merit-Faktor ein Maß für die mittlere quadratische Abweichung des realen Energiedichtespektrums von der idealen Konstanten. Folgen mit hohem Merit-Faktor besitzen also ein nahezu flaches Betrags-spektrum.

Jetzt stellt sich also die Syntheseaufgabe so, daß Folgen gesucht werden, die bei guter Energieeffizienz den größtmöglichen Wert für HNV oder MF besitzen. Hierfür existieren i.a. keine geschlossenen Verfahren, so daß eine Vielzahl unterschiedlicher Ansätze benutzt werden muß, wie im folgenden gezeigt wird.

6.2 Binärfolgen hoher Korrelationsgüte

Bipolare Binärfolgen $s(n)$ der Länge N mit $s(n) \in \{\pm 1\}$ besitzen die maximale Energieeffizienz 1. Sie sind weiter mit digitalen Mitteln einfach zu erzeugen und zu verarbeiten. Es wurden daher viele Versuche unternommen derartige Binärfolgen hoher Korrelationsgüte zu finden.

6.2.1 Barker-Folgen

R.H. Barker [1953] hat als erster einige Binärfolgen bis zur Länge $N = 11$ angegeben, deren AKF-Nebenwerte absolut den Wert 1 nicht überschreiten. Die

Tabelle 6.1. Barker-Folgen der Länge N

N	$s(n)$
2	+ −
3	+ + −
4	+ + − + und + + + −
5	+ + + − +
7	+ + + − − + −
11	+ + + − − − + − − + −
13	+ + + + + − − + + − + − +

Tabelle 6.1 zeigt die heute bekannten Barker-Folgen. Weitere Folgen gleicher Länge lassen sich durch Invarianzoperationen bilden, s. Tab. 2.2.

Barker-Folgen der Länge $N > 13$ sind nicht bekannt. Es konnte bewiesen werden, daß es bis zur Länge $N = 12\,100$ keine weiteren Barker-Folgen gibt, darüber hinaus, daß, außer für $N = 4$, keine Barker-Folgen geradzahliger Länge existieren [Baumert 1971].

Das Haupt-Nebenmaximum-Verhältnis der Barker-Folgen hat den Wert

$$\text{HNV} = N. \tag{6.5}$$

Es gibt aber, wie der nächste Abschnitt zeigt, durchaus Binärfolgen mit höherem HNV. Ergänzend sei noch auf einige „ternäre Barker-Folgen" mit Werten $s(n) \in \{0, \pm 1\}$ hingewiesen, die bis zur Länge $N = 20$ von Moharir [1974, 1976] gefunden wurden. Eine solche Folge lautet z.B. für $N = 10$:

$$s(n) = + 0 - + 0 + - - - -.$$

6.2.2 Lindner-Folgen

Die prinzipiell einfachste Methode zur Auffindung guter Binärfolgen ist das Durchsuchen aller möglichen Folgen mit dem Rechner. Da es 2^N mögliche Binärfolgen der Länge N gibt, ist die Rechenleistung auch großer Rechner hierbei schnell erschöpft. J. Lindner baute 1975 am IENT, Aachen, einen speziellen Korrelationsrechner, mit dem in ca. 50 Tagen die Binärfolgen bis $N = 40$ unter dem Hauptkriterium eines maximalen HNV vollständig durchsucht wurden. Unter diesen Folgen wurden dann wieder diejenigen mit z.B. maximalem MF tabelliert [Lindner 1975, 1977a]. Von Wu [1984] wurde eine Tabelle dieser „Lindner Sequences" veröffentlicht, sie werden dort insbesondere auf ihre Eignung als Synchronisationssignale für Satellitenübertragungssysteme hin diskutiert.

In der Tabelle 6.2 ist je eine der Lindner-Folgen in oktaler Darstellung enthalten. Die Tabelle enthält weiter drei sehr gute Folgen der Länge $N = 51, 69$ und 88, die in jüngerer Zeit ebenfalls mit einem Spezialrechner bei allerdings nicht vollständiger Suche von Kerdock et al. [1986] gefunden wurden.

Tabelle 6.2. Lindner-Folgen (C_a max. Nebenwert aer AKF, M Anzahl unterschiedlicher Folgen)

N	C_a	M	MF	Folgen								
6	2	8	2,57	05								
8	2	16	4,0	015								
9	2	20	3,38	051								
10	2	10	3,85	003	2							
12	2	32	7,21	014	5							
14	2	18	5,17	006	25							
15	2	26	4,9	013	16							
16	2	20	4,57	003	153							
17	2	8	4,52	014	453							
18	2	4	6,49	147	645							
19	2	2	4,88	016	733	2						
20	2	6	5,26	004	651	6						
21	2	6	6,5	154	102	5						
22	3	756	6,21	001	625	15						
23	3	1021	5,63	000	712	62						
24	3	1716	8	143	752	66						
25	2	2	7,1	034	012	662						
26	3	484	7,52	003	472	555						
27	3	774	9,87	074	210	455						
28	2	4	7,85	017	042	113	3					
29	3	561	6,79	030	775	266	2					
30	3	172	7,63	037	555	271	6					
31	3	502	7,18	000	706	232	45					
32	3	844	7,1	001	713	253	14					
33	3	278	8,51	003	626	526	31					
34	3	102	8,9	000	362	652	631					
35	3	222	7,57	000	745	525	463					
36	3	322	6,9	122	424	076	631					
37	3	110	7,0	001	544	512	434	7				
38	3	34	8,3	000	741	512	514	6				
39	3	60	6,4	111	007	612	471	6				
40	3	114	7,41	007	411	335	104	21				
51	3	?	7,52	707	003	563	355	266	64			
69	4	?	6,3	731	004	475	453	705	734	707	52	
88	5	?	6,13	110	166	261	153	653	402	240	263	426 342

Umwandlung Oktal → Binär–Darstellung, z.B.:

```
N = 14    0         0        6        2        5

        0|00       000      110      010      101
         |--       ---      ++-      -+-      +-+
```

Eine Übersicht über das HNV dieser und weiterer Binärfolgen gibt das
Bild 6.1. Der von den Barker-Folgen maximal erreichte Wert von HNV = 13
wird von längeren Binärfolgen also überschritten.

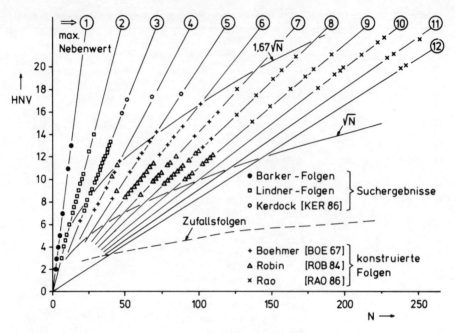

Bild 6.1. Haupt-Nebenmaximum-Verhältnis bipolarer Binärfolgen

6.2.3 Golay-Folgen

Da der Aufwand für eine volle Suche exponentiell mit der Länge wächst, sind etliche Versuche mit eingeschränkten Suchverfahren gemacht worden. So schlägt M. Golay vor, nur Folgen spezieller Form mit vermutetem guten Verhalten abzusuchen.

Insbesondere zeigen die Barker-Folgen ungerader Länge $N = 2N_0 + 1$ eine alternierende Symmetrie, die sog. „skew-Symmetrie" der Form

$$s(N_0 + k) = (-1)^k s(N_0 - k), \quad k = 1(1)N_0. \tag{6.6}$$

Aus dieser Eigenschaft folgt allgemein, daß die zugehörige AKF für alle ungeraden Argumente verschwindet

$$\varphi_{ss}(m) = 0, \quad \text{für } m \text{ ungerade.} \tag{6.7}$$

Derartige skew-symmetrische Folgen wurden von [Golay 1977, 1982; Golay und Harris 1990] bis zur Länge $N = 117$ auf beste Merit-Faktoren hin abgesucht.

Weitere, aus verschiedenen eingeschränkten Suchverfahren stammende Ergebnisse für Folgen mit gutem MF werden bis $N = 199$ von Beenker et al. [1985] angegeben. Die Merit-Faktoren dieser Folgen nach Golay und Beenker sind in Bild 6.2 enthalten. Eine Diskussion des Schrankenverhaltens folgt in Abschn. 6.3.

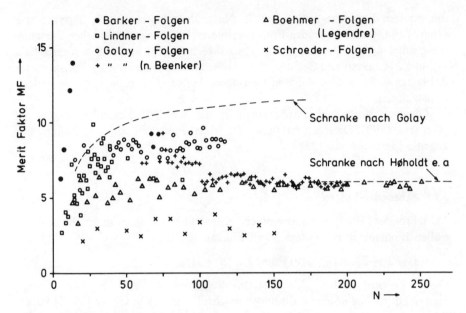

Bild 6.2. Merit-Faktoren bipolarer Binärfolgen

6.2.4 Boehmer-Folgen

Folgen mit guter aperiodischer AKF haben auch stets eine gute periodische AKF, s. Gleichung (2.48), dies gilt aber nicht umgekehrt. Trotzdem besitzen Folgen mit guter PAKF häufig eine gute AKF, wenn die beste ihrer zyklisch verschobenen oder durch andere Invarianzoperationen abgeleiteten Versionen ausgewählt wird. Dieses Verfahren wurde zuerst von Ann M. Boehmer [1967] auf m-Folgen und ·Legendre-Folgen bis zur Länge $N = 130$ angewendet. Nach dieser Untersuchung steigt die erreichbare Güte empirisch gemäß $HNV \approx 1{,}67\sqrt{N}$ mit der Länge an, s. Bild 6.1.

Für binäre und ternäre Legendre-Folgen sowie einige andere Folgen mit zweiwertiger PAKF liegen entsprechende Ergebnisse inzwischen bis zu Längen $N > 1000$ vor, sie finden sich biṣ zur Länge 250 ebenfalls in Bild 6.1 [Rao und Reddy 1986, Gervens 1990]. Das HNV der binären Legendre-Folgen wächst in diesem Bereich etwa mit [Bömer 1991a]

$$HNV \approx 1{,}19\sqrt{N} + 2{,}03. \tag{6.8}$$

Die ternären Legendre-Folgen zeigen ein ähnliches Verhalten. Weiter enthält Bild 6.1 noch einige Ergebnisse von Robin [1984], der, ausgehend von guten Folgen, neue Folgen für benachbarte Längen durch Variation einzelner Stellen nach empirischen Gesichtspunkten konstruierte.

Eine größere Zahl an Arbeiten befaßt sich weiter mit den Merit-Faktoren der in dieser Hinsicht optimalen aperiodischen Versionen der bekannten Binärfolgen mit zweiwertiger PAKF. Hier wurden durchweg die besten Ergebnisse mit binären Legendre-Folgen erzielt. Nach Vorarbeiten von R. Turyn zeigte Golay [1983], daß Legendre-Folgen größerer Länge nach zyklischer Verschiebung um 1/4 ihrer Periode immer einen Merit-Faktor von MF $\approx$ 6 erreichen, s. Bild 6.2 [Claasen und Beenker 1984, Høholdt und Jensen 1988]. Folgen dieser Art lassen sich auf diese Weise mit geringem Aufwand für beliebig große Längen konstruieren.

Gleiches Verhalten weisen ebenfalls die ternären Legendre-Folgen auf [Gervens 1990]. Dagegen tendieren die Merit-Faktoren langer m-Folgen nur gegen 3 [Jensen et al. 1991].

6.2.5 Schroeder-Folgen

M. Schroeder [1970] gibt eine einfache Konstruktionsvorschrift an, die in vielen Fällen Binärfolgen mit gutem Merit-Faktor liefert:

$$s(n) = 1 - 2\{\text{ent}\,[n^2/(2N)]\,\text{mod}\,2\}, \quad n = 1(1)N. \tag{6.9}$$

Diese Folgen stellen diskretisierte frequenzmodulierte Signale (Chirp-Signale) dar. Eine ähnliche Bildungsvorschrift wurde von Golay [1972] vorgeschlagen. Eine verbesserte Form, die etwas höhere Merit-Faktoren ergibt, untersuchte Möser [1986]. Die erreichten Merit-Faktoren bis zu Länge $N = 150$ sind wieder in Bild 6.2 dargestellt. Die in den Bildern 6.1 und 6.2 eingetragenen Schranken und mittleren Verläufe werden im folgenden diskutiert.

Anzumerken ist hier, daß die Korrelationsgüte von Binärfolgen auch bei aperiodischer Korrelation durch eine „Mismatched"-Filterung beliebig verbessert werden kann, s. hierzu Abschn. 9.1.

Weiter sei abschließend noch ergänzt, daß in einer Reihe von Arbeiten das Verhalten binärer Korrelationsfolgen, die in einem Zufallsdatenstrom eingebettet sind, untersucht wurde. Diese Aufgabenstellung ist insbesondere für den Entwurf von Synchronisationssystemen von Interesse [Wu 1984, Massey 1972].

6.3 Binäre Zufallsfolgen und Schranken für Binärfolgen

Betrachtet werden binäre Zufallsfolgen $s(n)$, deren Werte $\in \{\pm 1\}$ z.B. durch Münzwurf unabhängig voneinander und mit der Wahrscheinlichkeit Prob$\{s(n) = 1\} = p_1$ erzeugt werden. Ein aus derartigen Musterfunktionen gebildeter Prozeß wird Bernoulli- oder Binomial-Prozeß genannt.

Im folgenden wird stets ein symmetrischer Bernoulli-Prozeß mit $p_1 = 0{,}5$ angenommen.

Die Autokorrelationsfunktion des Bernoulli-Prozesses ist ideal impulsförmig, der Prozeß ist also weiß.

Für praktische Anwendungen als Korrelationsfolgen werden nun Ausschnitte $s_N(n)$ der Länge N aus Bernoulli-Folgen betrachtet. Bildet man die Nebenwerte ihrer Autokorrelationsfunktionen

$$\varphi_{ss_N}(m) = \sum_{n=1}^{N-m} s_N(n) s_N(n+m), \qquad m = 1(1)N-1, \tag{6.10}$$

dann sind die Produkte $s_N(n) \cdot s_N(n+m)$ selbst wieder Ausschnitte aus Bernoulli-Folgen. Die Werte der AKF $\varphi_{ss_N}(m)$ als Summe über $(N-m)$-Werte liegen im Bereich

$$|\varphi_{ss_N}(m)| \leq N - m, \qquad m = 1(1)N-1, \tag{6.11}$$

sie sind weiter binomial-verteilt mit der Verteilungsdichtefunktion

$$p_{\varphi N}(x) = \sum_{i=0}^{N-m} \binom{N-m}{i} 2^{-(N-m)} \delta(x-i) \tag{6.12}$$

(für große $N - m$ geht diese Verteilungsdichte in eine diskrete Gaußverteilung über). Mittelwert und Streuung der AKF ergeben sich aus (6.12) zu

$$m_{\varphi N} = 0$$

$$\sigma_{\varphi N}^2(m) = N - m. \tag{6.13}$$

Die Ergebnisse gelten in gleicher Ableitung auch für die KKF unterschiedlicher Bernoulli-Folgen im gesamten Bereich $|m| < N$.

Einen groben Anhalt für den Verlauf des HNV von Bernoulli-Folgen erhält man aus dem Verhältnis Hauptmaximum N zur Standardabweichung des am stärksten streuenden Nebenwertes $\sigma_{\varphi N}(1)$. Mit (6.13) ist dann

$$\mathrm{HNV}_\sigma = \frac{N}{\sqrt{N-1}} \approx \sqrt{N}. \tag{6.14}$$

Dieser Verlauf ist in Bild 6.1 eingetragen, er gibt etwa die untere Grenze für die angegebenen binären Korrelationsfolgen wieder.

Genauere empirische Untersuchungen des Verlaufs des mittleren maximalen Nebenwertbetrages von Zufallsfolgen finden sich in [Lindner 1977a]. Gemittelt über jeweils 50 Folgen ergaben sich die durch die folgenden empirischen Ausdrücke beschriebenen Zusammenhänge

$$\mathrm{HNV}_{\mathrm{Lindner}} = \begin{cases} 1{,}4 \; \sqrt[4]{N} & \text{für } N \leq 100 \\ 1{,}06 \; \sqrt[3]{N} & \text{für } 100 < N \leq 1000. \end{cases} \tag{6.15}$$

Im Vergleich mit diesem wieder in Bild 6.1 eingetragenen Verlauf ist also die Korrelationsgüte gesuchter und konstruierter Folgen deutlich höher.

Mit Schranken für den Merit-Faktor von Binärfolgen hat sich Golay [1977, 1982] intensiv beschäftigt. Nähert man die Binomialverteilungen der Nebenwerte der AKF durch Gaußverteilungen und nimmt als grobe

Abschätzung ihre statistische Unabhängigkeit an, dann läßt sich der mittlere quadratische Nebenwert über die Faltung aller Verteilungsdichtefunktionen berechnen und daraus als Schranke herleiten

$$MF_{Gol} \leq \frac{12{,}3248}{(8\pi N)^{3/(2N)}} \cdot \tag{6.16}$$

Für große N tendiert die Schranke gegen

$$MF_{Gol} \leq 12{,}3.$$

Der Verlauf der Schranke (6.16) ist in Bild 6.2 eingetragen, sie gibt nur im Bereich $14 < N < 80$ den Oberwert der besten bekannten Folgen näherungsweise wieder. Die in Bild 6.2 eingetragenen Ergebnisse zeigen, daß der mit aperiodisch verwendeten, periodischen Folgen erreichbare Merit-Faktor für größere N durch $MF = 6$ gegeben ist. Dieser Wert konnte inzwischen von Høholdt und Jensen [1988] und Jensen et al. [1991] durch tiefergehende theoretische Untersuchungen als Schranke gesichert werden. Beide Autoren vermuten, daß die obige Abschätzung von Golay für größere N zu ungenau wird.

6.4 Inkohärente aperiodische Binärfolgen (Golomb-Lineale)

Inkohärente Barker-Folgen sind binäre Folgen mit Elementen $\in \{0, 1\}$, deren AKF nur Nebenwerte $\in \{0, 1\}$ aufweisen. Diese Eigenschaft wird bei Einzelanwendungen der Folgen gefordert, wie sie z.B. bei Übertragungsverfahren mit einfacher Energiedetektion oder in Form der Aperturfunktion von linearen Antennengruppen (s. Abschn. 10.9) vorkommen. Folgen dieser Art sind i.allg. nur dann interessant, wenn ihre Energieeffizienz nicht zu schlecht ist. Es wird daher die Zusatzforderung gestellt, daß bei gegebener Folgenenergie E, hier identisch mit der Zahl der Einsen, die Länge N möglichst gering sein soll. Derartige effizienzoptimierte inkohärente Barker-Folgen sind identisch mit den sog. Golomb-Linealen (Golomb rulers) [Bloom und Golomb 1976, 1977; Dewdney 1986].

Inkohärente Barker-Folgen, die i.allg. aber nicht effizienzoptimiert sind, lassen sich in einfacher Weise aus den in Abschn. 4.5 beschriebenen inkohärenten periodischen Folgen ableiten. Wenn nämlich deren PAKF nur die Nebenwerte 0 und 1 enthält, dann gilt dies auch für ihre aperiodische AKF, da die PAKF immer als Summe zweier um die Periode verschobener AKF darstellbar ist. Als Beispiel sei die periodische inkohärente Folge der Länge $N = 15$, Gleichung (4.31), betrachtet:

Verschiebt man diese Folge zyklisch so, daß die längste Nullfolge am Rand steht und schneidet diese dann ab, so entsteht eine neue Folge der Länge $N = 8$

mit der ungeänderten Energie $E = \text{HNV} = 4$, im Beispiel

$$s(n) = 1\ 0\ 0\ 0\ 1\ 0\ 1\ 1$$

mit der AKF   (6.17)

$$\varphi_{ss}(m) = \ldots 4\ 1\ 1\ 1\ 1\ 0\ 1\ 1.$$

Dieses Verfahren kann beispielsweise auf alle periodischen Folgen in Tabelle 4.3 angewendet werden. Die HNV der sich ergebenden aperiodischen Folgen sind als Funktion der Länge N in Bild 6.3 eingetragen.

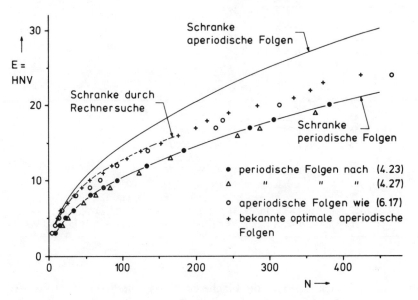

Bild 6.3. HNV periodischer und aperiodischer inkohärenter Binärfolgen

Durch eine Rechnersuche, die allerdings aus Aufwandsgründen beschränkt ist, lassen sich für eine gegebene Energie kürzere, also energieeffizientere Folgen finden. So existiert für $E = 4$ eine kürzeste Folge der Länge $N = 7$, nämlich

$$s(n) = 1\ 1\ 0\ 0\ 1\ 0\ 1$$

mit der AKF   (6.18)

$$\varphi_{ss}(m) = \ldots 4\ 1\ 1\ 1\ 1\ 1\ 1.$$

In Tabelle 6.3 sind die jeweils kürzesten Folgen bis $E = 16$ enthalten, die nach vollständigen Rechnersuchen gefunden wurden [Bloom und Golomb 1976, Paaske und Hansen 1968, Shearer 1990]. Die HNV dieser und weiterer in [Dewdney 1986] erwähnter Folgen sind wieder in Bild 6.3 eingetragen.

In ähnlicher Weise wie in Abschn. 4.5 läßt sich auch für inkohärente Barker-Folgen eine Obergrenze des HNV angeben.

Tabelle 6.3. Inkohärente Barker-Folgen mit höchster Energieeffizienz (die Zahlen geben die mit Eins besetzten Stellen im Bereich $0 < n \le N$ an)

HNV = E	N	n für $s(n) = 1$
2	2	1, 2
3	4	1, 2, 4
4	7	1, 2, 5, 7
5	12	1, 2, 5, 10, 12
		1, 3, 8, 9, 12
6	18	1, 2, 5, 11, 13, 18
		1, 2, 5, 11, 16, 18
		1, 2, 9, 12, 14, 18
		1, 2, 9, 13, 15, 18
7	26	1, 2, 5, 11, 19, 24, 26
		1, 2, 8, 12, 21, 24, 26
		1, 2, 12, 17, 20, 24, 26
		1, 3, 4, 11, 17, 22, 26
		1, 3, 8, 14, 22, 23, 26
8	35	1, 2, 5, 10, 16, 23, 33, 35
9	45	1, 2, 6, 13, 26, 28, 36, 42, 45
10	56	1, 2, 7, 11, 24, 27, 35, 42, 54, 56
11	73	1, 2, 5, 14, 29, 34, 48, 55, 65, 71, 73
		1, 2, 10, 20, 25, 32, 53, 57, 59, 70, 73
12	86	1, 3, 7, 25, 30, 41, 44, 56, 69, 76, 77, 86
13	107	1, 3, 6, 26, 38, 44, 60, 71, 86, 90, 99, 100, 107
14	128	1, 6, 29, 39, 42, 50, 51, 69, 76, 93, 108, 122, 124, 128
15	152	1, 7, 8, 16, 29, 41, 52, 76, 90, 93, 95, 122, 132, 148, 152
16	178	1, 2, 5, 12, 27, 33, 57, 69, 77, 116, 118, 135, 151, 164, 169, 178

Mit dem Ausdruck (2.19) für die Fläche einer AKF und dem Wert für den Mittelwert einer inkohärenten Folge $m_s = E$ gilt

$$\sum_{m=-(N-1)}^{N-1} \varphi_{ss}(m) = E^2$$

oder mit $\varphi_{ss}(0) = E$

$$2 \sum_{m=1}^{N-1} \varphi_{ss}(m) = E^2 - E . \tag{6.19}$$

Bei gegebener Länge N wird die Energie und damit das HNV am größten, wenn *alle* Nebenwerte der AKF die Größe 1 annehmen, also

$$2(N - 1) = E^2 - E,$$

damit lautet die Schranke

$$\text{HNV} = E \le (\sqrt{8N - 7} + 1)/2, \tag{6.20}$$

deren Verlauf ist in Bild 6.3 eingetragen ist. Für größere N wird diese Schranke aber auch von den besten bekannten Folgen zunehmend schlechter erreicht, da die Zahl der verschwindenden Nebenwerte immer mehr zunimmt.

6.5 Reellwertige Huffman-Folgen

Läßt man beliebige reellwertige Folgenwerte zu, dann ist es immer möglich eine AKF zu erreichen, die außer an den Rändern ideal impulsförmig verläuft, s. Bild 6.4.

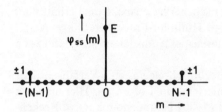

Bild 6.4. Impulsäquivalente AKF

Folgen $s(n)$ dieser Art, für die bei einer Länge N gilt

$$\varphi_{ss}(m) = 0, \quad 1 \le |m| < N - 1, \tag{6.21}$$

werden impulsäquivalente oder Huffman-Folgen genannt. Prinzipiell lassen sich diese von D.A. Huffman [1962] angegebenen Folgen durch Lösen des durch (6.21) gegebenen Systems von $N - 2$ (nichtlinearen) Gleichungen für alle Längen bilden.

An einem einfachen Beispiel soll eine direkte Lösung kurz diskutiert werden: Gesucht sei eine Huffman-Folge $s(n)$ der Länge $N = 5$, weiter sei normierend festgelegt $s(1) = s(N - 1) = 1$. Dann folgt aus (6.21) als Lösung

$$s(n) = 1, a, a^2/2, -a, 1. \tag{6.22}$$

Dabei ist a eine beliebige reelle Konstante. Es gibt also unbegrenzt viele unterschiedliche Lösungen. Fordert man als Nebenbedingung maximale Energieeffizienz, dann muß hier $a = 1$ gesetzt werden. Die zugehörige Folge

$$s(n) = 1, 1, \tfrac{1}{2}, -1, 1 \tag{6.23}$$

hat die Energieeffizienz $\eta = 85\%$ und ein HNV $= 4{,}25$. Durch Wahl von Werten $a > 1$ läßt sich das HNV auf Kosten der Energieeffizienz beliebig verbessern, z.B.

$a = 2$: HNV $= 14$, $\eta = 70\%$;

$a = 4$: HNV $= 98$, $\eta = 30{,}6\%$, usw.

Schließlich ergeben sich für geradzahlige a immer ganzzahlige Huffman-Folgen.

Für größere N wird dieser direkte Lösungsweg rasch zu aufwendig. Entsprechend dem Verfahren zur Erzeugung von perfekten Folgen in Abschn. 4.4 bietet sich eine weniger aufwendige Synthese im Frequenzbereich an.

Wendet man das Wiener-Khintchine-Theorem auf (6.21) an, so ergibt sich z.B. mit $s(0) = s(N - 1) = 1$:

$$\varphi_{ss}(m) = E\delta(m) + \delta(m - N + 1) + \delta(m + N - 1) \qquad (6.24)$$

$$|S(f)|^2 = E + 2\cos[2\pi(N - 1)f].$$

Damit ist das Betragsspektrum $|S(f)|$ einer Huffman-Folge vorgegeben. Durch Wahl eines beliebigen, aber schiefsymmetrischen Phasenspektrums erhält man nach Rücktransformation eine reellwertige Huffman-Folge der Länge N mit einem HNV $= E$. Durch Variation des Phasenspektrums lassen sich dann auch Folgen hoher Energieeffizienz bilden.

D.A. Huffman [1962] gab ein rechentechnisch eleganteres Verfahren über die Nullstellenverteilung der z-Transformierten von Folgen an. Hieraus leitet sich die folgende, von Hunt und Ackroyd [1980] gefundene rekursive Rechenvorschrift für skew-symmetrische Huffman-Folgen den Längen $N \equiv 3 \bmod 4$ ab: Die ersten drei Elemente sind

$$s(0) = 1,$$
$$s(1) = 2a, \qquad (6.25a)$$
$$s(2) = 2a^2, \quad \text{a beliebig reell.}$$

Die weiteren Folgenelemente bis $n = (N - 3)/2$ lassen sich daraus rekursiv bilden

$$s(n) = as(n - 1) + s(n - 2). \qquad (6.25b)$$

Das mittlere Element $s(N_0)$ mit $N_0 = (N - 1)/2$ ergibt sich zu

$$s(N_0) = as(N_0 - 1) + s(N_0 - 2) - b^{N_0} + b^{-N_0}$$
$$\text{mit } b = (a + \sqrt{a^2 + 4})/2. \qquad (6.25c)$$

Die restlichen Elemente folgen aus der Eigenschaft der Skew-Symmetrie zu

$$s(N - 1 - n) = -s(n) \cdot (-1)^n. \qquad (6.25d)$$

Wählt man a ganzzahlig, dann enthalten diese Folgen nur ganzzahlige Elemente.

Beispiel: $N = 11$, $a = 1$:

$$s(n) = 1, 2, 2, 4, 6, -1, -6, 4, -2, 2, -1. \qquad (6.26)$$

Mit steigender Länge erreichen die Folgen nach (6.25) rasch sehr hohe Korrela-

Tabelle 6.4. Gütewerte reellwertiger Huffman-Folgen nach (6.25)

N	19	35	51	99	127	263
HNV	204	23 222	$1,1 \cdot 10^8$	$3,8 \cdot 10^{12}$	$1,5 \cdot 10^{16}$	$1,1 \cdot 10^{32}$
MF	$2,1 \cdot 10^4$	$2,7 \cdot 10^6$	$3,4 \cdot 10^{12}$	$7,4 \cdot 10^{24}$	$4,4 \cdot 10^{33}$	$> 10^{38}$
η (%)	29,3	15,6	10,7	5,5	4,3	2,1

tionsgüten, die mit der Energie E der Folgen wie folgt zusammenhängen:

$$HNV = E, \tag{6.27}$$

$$MF = E^2/2.$$

Für Längen $N \geq 19$ wird die Energieeffizienz maximal für eine Konstante $a = 0,60$. Die mit diesem Wert erhaltenen Huffman-Folgen besitzen Gütezahlen, wie sie in Tabelle 6.4 aufgeführt sind. Der Verlauf ihrer Energieeffizienz ist in Bild 6.5 dargestellt. Die mit der Länge rasch abnehmende Energieeffizienz dieser rekursiv erzeugten Folgen ist für einige Anwendungen ein Nachteil.
Eine Huffman-Folge dieser Art mit der Länge $N = 35$ zeigt Bild 6.6.

Allgemeinere, nicht skew-symmetrische Folgen können bessere Energieeffizienzen erreichen. Eine rechnergestützte vollständige Suche nach den Folgen

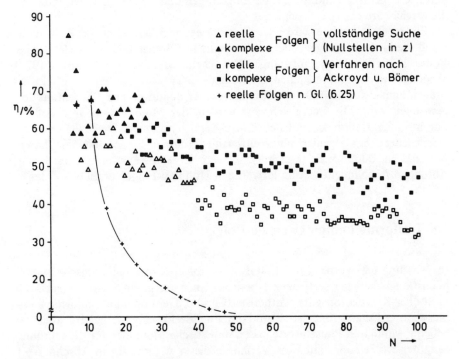

Bild 6.5. Energieeffizienz von Huffman-Folgen (zu den komplexwertigen Folgen s. Abschn. 6.7)

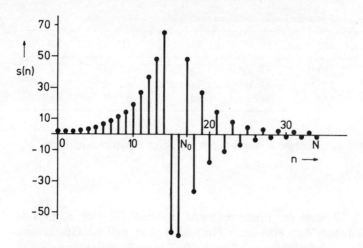

Bild 6.6. Graph einer reellwertigen Huffman-Folge der Länge $N = 35$ nach (6.25)

mit maximaler Energieeffizienz, die auf dem Verfahren von D.A. Huffman beruht, wurde von Nikol [1990], Bömer und Antweiler [1990e] und Bömer [1991a] durchgeführt. Dabei wurden für reellwertige Folgen bis zur Länge $N = 39$ alle Variationen zur Konstruktion dieser Folgen in der z-Ebene berechnet. Die Ergebnisse sind in Bild 6.5 eingetragen und stellen die Obergrenze für die erreichbare Energieeffizienz dar.

Für größere Längen wird allerdings der exponentiell steigende Rechenaufwand dieser vollständigen Suche untragbar. In [Bömer und Antweiler 1990e, Bömer 1991a] wird daher für Längen $N > 39$ eine Methode von Ackroyd [1972] ausgebaut, in der die Nullstellenverteilung der z-Transformierten von Huffman-Folgen zunächst durch Deltamodulation einer quadratischen Phasenfunktion gewonnen wird. Die Energieeffizienz wird in der Modifikation anschließend durch Nachvariation der Nullstellen im z-Bereich optimiert. Die erzielten Energieeffizienzen sind wieder für reellwertige Huffman-Folgen bis zur Länge $N = 100$ in Bild 6.5 eingezeichnet. Bessere Ergebnisse können mit den in Abschn. 6.7 behandelten komplexwertigen Huffman-Folgen erreicht werden.

6.6 Uniforme komplexwertige Folgen

In Abschn. 6.2 wurde gezeigt, daß Binärfolgen zwar die wünschenswerte höchstmögliche Energieeffizienz 1 besitzen, aber nur in eingeschränktem Maß mit hoher Korrelationsgüte synthetisierbar sind. Geht man auf uniforme komplexwertige Folgen über, so bleibt die Energieeffizienz 1 erhalten, aber die beliebig wählbaren Phasenwerte lassen numerische Methoden für die Optimierung der Korrelationsgüten zu. Verfahren dieser Art werden in Abschn. 6.6.1 vorgestellt.

Zur Vereinfachung der Implementierung beschränkt man in der Praxis nach Möglichkeit die Anzahl unterschiedlicher Phasenwerte. Für dieses Problem fehlen geeignete numerische Lösungsverfahren, doch lassen sich durch Absuchen der in Abschn. 4.7 behandelten perfekten, uniformen P-Phasenfolgen wieder entsprechende Folgen guter AKF finden. Ergebnisse werden in Abschn. 6.6.2 diskutiert.

6.6.1 Numerisch bestimmte uniforme Folgen

Ein Verfahren zur numerischen Synthese uniformer Folgen im Zeitbereich wird von Somaini und Ackroyd [1974] beschrieben: Für Folgen der Länge N wird zunächst ein modifizierter Merit-Faktor als Funktion von $N - 1$ Phasenwerten angesetzt. Mit bekannten Methoden zur Maximierung einer Funktion mehrerer kontinuierlicher Variablen ergibt sich dann direkt eine Phasenfolge, deren Merit-Faktor ein (zumindest lokales) Maximum erreicht. Der zur Optimierung verwendete Merit-Faktor bewertet die Nebenwerte der AKF mit ihrer 4. Potenz, um gleichermaßen auch ein gutes HNV zu erreichen. Die für einige Folgen der Länge $N \leq 100$ erreichten Korrelationsgüten sind in den Bilder 6.7 und 6.8 eingetragen.

Ein weiterreichendes, iteratives Verfahren zur numerischen Konstruktion von u.a. uniformen Folgen wurde von Bömer und Antweiler [1989a, b] untersucht. Das Prinzip zeigt Bild 6.9.

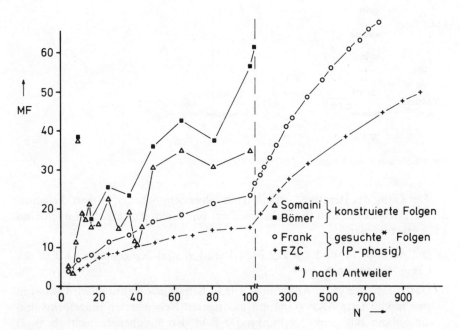

Bild 6.7. Merit-Faktoren uniformer Folgen mit guter AKF

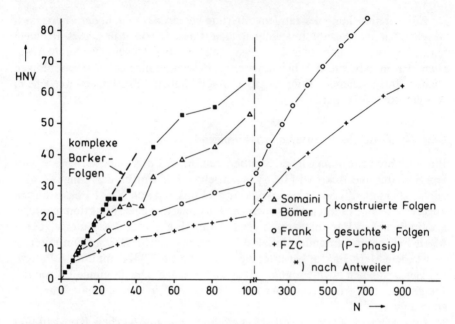

Bild 6.8. HNV uniformer Folgen mit guter AKF

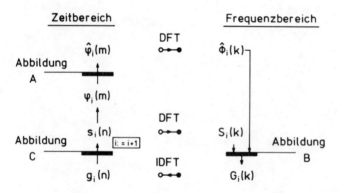

Bild 6.9. Iteration von Folgen im Zeit- und Frequenzbereich

Der Gang der Iteration verläuft nach folgendem Schema, in dem die geforderten Eigenschaften an die Folge im Zeit- und Frequenzbereich abwechselnd aufgeprägt werden:

a) Die AKF $\varphi_i(m)$ wird aus der i-ten Iteration $s_i(n)$ der gesuchten Folge der Länge N berechnet.

b) Durch eine geeignete Abbildung A (z.B. Schwellenoperation) wird $\varphi_i(m)$ in eine modifizierte AKF $\hat{\varphi}_i(m)$ mit niedrigeren Nebenwerten umgeformt und diese dann mit einer $2N$-Punkte-DFT in den Frequenzbereich als $\hat{\phi}_i(k)$ transformiert.

c) Mit der Abbildung B

$$G_i(k) = \sqrt{\widehat{\phi_i(k)}}\,\exp[\,j\,\mathrm{Arc}\,S_i(k)\,], \quad k = 0(1)2N - 1 \tag{6.28}$$

und anschließender inverser Fourier-Transformation entsteht eine neue Folge $g_i(n)$ mit besserer AKF, die aber i.allg. nicht mehr uniform ist.

d) Die Abbildung C formt $g_i(n)$ in eine uniforme und zeitbegrenzte Folge um, die als Startfolge $s_{i+1}(n)$ für den nächsten Iterationszyklus eingesetzt wird, also

$$s_{i+1}(n) = \begin{cases} \exp[\,j\,\mathrm{Arc}\,g_i(n)\,] & \text{für} \quad 0 \le n < N \\ 0 & \text{für} \quad N \le n < 2N. \end{cases} \tag{6.29}$$

Eine Konvergenzbetrachtung für diese Iteration wird in [Bömer und Antweiler 1989a, Bömer 1991a] angestellt. Das Iterationsverfahren zeigt seine besondere Stärke bei Start mit bereits gut korrelierenden Ausgangsfolgen. Die Ergebnisse, die durch eine derartige Verbesserung der Folgen von Frank [1963] und von Somaini und Ackroyd [1974] erreicht wurden, sind wieder in die Bilder 6.7 und 6.8 eingetragen. Bild 6.8 zeigt insbesondere, daß „komplexe Barker-Folgen", d.h. uniforme Folgen mit $|s(n)| = 1$, deren AKF-Nebenwerte den Betrag 1 nicht überschreiten, bis zur Länge $N = 25$ gefunden werden konnten.

In [Somaini und Ackroyd 1974] sind diese Folgen nur bis zur Länge $N = 18$ enthalten. Für die Längen 20 bis 25 werden diese Folgen in der Tabelle 6.5 angegeben. (Die Tabelle enthält für kürzere Längen $N < 20$ einfacher strukturierte P-phasige Barker-Folgen, s. hierzu Abschn. 6.6.2). Das hier kurz beschriebene Iterationsverfahren läßt sich durch geeignete Abbildungsvorschriften auf viele andere Konstruktionsaufgaben anpassen, so wird in [Bömer und Antweiler 1989a] weiter die Synthese von perfekten uniformen Folgen und von Folgen mit einer beliebig vorgegebenen Form ihrer PAKF vorgestellt. Eine ausführliche Darstellung der Bedingungen und Eigenschaften dieser Methode enthält die Dissertation von Bömer [1991a].

6.6.2 Uniforme P-Phasen-Folgen

Zur direkten Synthese uniformer P-Phasen-Folgen mit guter AKF sind keine allgemein gültigen Verfahren bekannt.

Der Fall kurzer P-phasiger Barker-Folgen, deren Nebenwerte den Betrag 1 nicht überschreiten, wurde von Golomb und Scholtz [1965] behandelt, s.a. [Turyn 1974]. Über Invarianztransformationen (vgl. Tabelle 2.2) und Suchverfahren konnten $P = 3$-phasige Barker-Folgen bis zur Länge $N = 9$, $P = 4$-phasige Folgen bis $N = 15$ und $P = 60$-phasige Folgen bis $N = 18$ gefunden werden. Ein Teil dieser Folgen mit jeweils minimaler Phasenzahl P ist in Tabelle 6.5 dargestellt (umgerechnet nach [Zhang und Golomb 1989]).

Längere P-phasige Folgen konnten bisher nur dadurch gebildet werden, daß P-phasige Folgen mit gutem PAKF-Verhalten (Abschn. 4.6) zusammen mit ihren durch alle periodischen Verschiebungen und weiteren Invarianzoperatio-

Tabelle 6.5. Tabelle uniformer Barker-Folgen (ohne reellwertige Barker-Folgen. Die Folge der Länge $N = 20$ erreicht die Barker-Schranke nicht ganz).

N	P	$\gamma(n)$ für $s(n) = \exp\left[j\,\dfrac{2\pi}{P}\,\gamma(n)\right]$
6	6	0 0 1 3 0 4
8	6	0 0 0 3 2 5 1
9	3	0 0 0 1 2 0 2 1
10	6	0 0 0 2 4 0 3 1 5
12	6	0 0 1 0 5 2 2 4 0 4 1 3
14	6	0 0 0 1 1 0 4 4 1 2 4 1 5 2
15	4	0 0 0 1 1 0 3 3 1 1 0 2 0
16	12	0 0 0 0 3 3 0 9 3 6 3 0 6 0 7
17	15	0 0 0 1 5 4 0 12 1 7 8 0 5 1 8 14
18	60	0 0 9 8 53 47 4 7 35 32 15 27 54 57 35 3 30 8
19	180	0 0 27 14 45 123 9 174 59 129 170 90 167 95 83 32 6 126
20	2π	+0.4786 +0.6706 +1.5770 +1.8712 +2.2135 −2.1501 +0.8608 +1.1924 −2.5136 +0.0993 +1.7860 −0.3836 −2.8818 +0.0677 −1.3544 −2.4389 +2.4420 +2.5909 +1.1860 −0.6338

21	2π	+ 1.8087	+ 0.7662	− 0.5432	− 1.5944	+ 1.3209	+ 0.0701
		− 0.8463	− 1.4062	− 0.1876	− 1.9735	+ 1.7062	− 1.4345
		+ 0.0882	+ 0.2233	+ 1.3810	+ 2.8241	− 1.7205	+ 2.1529
		− 2.4726	− 0.5451	+ 0.9588			
22	2π	+ 2.7208	+ 2.7943	+ 2.4522	+ 2.0044	+ 1.5822	+ 1.7885
		− 2.9352	− 1.3904	− 2.1716	− 0.9320	+ 0.8861	+ 2.2276
		− 1.3843	+ 0.8799	− 2.1043	+ 2.4527	− 1.6386	+ 1.3802
		− 0.2948	− 1.8923	+ 2.6576	+ 0.6222		
23	2π	+ 0.0179	+ 1.1156	+ 2.3422	+ 1.8448	+ 3.1247	− 2.6283
		− 1.4822	− 1.2732	− 2.7484	− 1.6192	+ 2.3777	− 0.5946
		+ 2.3777	− 1.6192	− 2.7484	+ 1.2732	− 1.4822	− 2.6283
		+ 3.1247	+ 1.8448	+ 2.3422	+ 1.1156	+ 0.0179	
24	2π	+ 1.4496	− 0.3890	− 2.1404	+ 1.4554	− 1.4167	+ 2.3177
		+ 0.2333	+ 0.4296	− 1.5464	− 2.5852	+ 0.8093	+ 2.0150
		− 1.1339	+ 1.2976	− 3.0525	− 0.8208	− 0.8155	− 0.1505
		+ 2.1155	+ 2.6104	+ 2.8658	+ 3.0213	+ 2.3375	+ 2.6871
25	2π	+ 2.6251	+ 2.9578	+ 1.8614	+ 2.4892	− 1.5638	− 0.4785
		− 1.0745	− 0.9767	− 2.0911	− 0.9913	+ 1.2308	+ 2.8284
		− 1.3895	− 1.5432	− 2.6046	+ 1.4941	− 0.1824	− 2.7280
		− 2.8259	− 0.1689	− 2.8375	+ 0.6143	− 2.2693	+ 1.4167
		− 2.0333					

nen (s. Tab. 2.5) gebildeten Versionen auf gutes AKF-Verhalten hin untersucht wurden. Erste Untersuchungen dieser Art führte Frank [1963] zu den von ihm und Heimüller angegebenen periodischen Folgen durch.

Ausführliche Untersuchungen zu FZC- und Frank-Folgen (vgl. Abschn. 4.7) sind in [Antweiler und Bömer 1990c] zu finden. Durch ausgefeilte Programmierungsverfahren konnten hierbei die Frank-Folgen bis zur Länge $N = 160\,000$ getestet werden. Die sich ergebenden Merit-Faktoren und Haupt-Nebenmaximum-Verhältnisse sind wieder in die Bilder 6.7 und 6.8 eingetragen. Für die längeren Folgen steigen MF und HNV weiter $\sim \sqrt{N}$ an.

Vergleicht man die Ergebnisse mit den Merit-Faktoren der entsprechend gefundenen reellwertigen Binärfolgen (Abschn. 6.3), dann fällt auf, daß bei den komplexwertigen Folgen sich der MF und das HNV proportional mit $\sqrt{N}$ verbessert, während er bei den reellwertigen m-Folgen und Legendre-Folgen gegen eine obere Grenze tendiert.

Untersuchungen über die aperiodischen Eigenschaften der in den Abschnitten 4.7.3 und 4.7.4 behandelten Bi- und Triphasen-Folgen finden sich in [Bömer 1991a].

6.7 Komplexwertige Huffman-Folgen

Unter den in diesem Kapitel betrachteten Folgen waren die reellwertigen Huffman-Folgen optimal bezüglich einer impulsförmigen AKF. Leider besitzen sie i.allg. eine niedrige Energieeffizienz. Auch hier können höhere Energieeffizienzen bei komplexwertigen Folgen erwartet werden.

Ideal in dieser Hinsicht wären uniforme Huffman-Folgen. Es läßt sich jedoch zeigen, daß derartige Folgen für Längen $N > 3$ nicht existieren [Ackroyd 1977, White et al. 1977].

Die Synthesemethoden im Frequenzbereich sind prinzipiell identisch mit den in Abschn. 6.5 erwähnten. So kann das in (6.24) gegebene Betragsspektrum durch ein beliebiges (nicht schiefsymmetrisches) Phasenspektrum ergänzt werden, um nach Rücktransformation eine komplexwertige Huffman-Folge der Länge N mit $HNV = E$ zu erhalten. Das Aufsuchen eines Phasenspektrums, das eine Folge hoher Energieeffizienz liefert, sowie die Rücktransformation des frequenzkontinuierlichen Spektrums sind aber sehr rechenaufwendig. Eleganter ist wieder der von Huffman [1962] angegebene Weg über die Nullstellenverteilung der z-Transformierten von Folgen [Ackroyd 1972, 1977; Lewis et al. 1986]. Auch hiermit wurde von Nikol [1990], Bömer und Antweiler [1990e] und Bömer [1991a] eine vollständige Suche für komplexwertige Folgen maximaler Energieeffizienz bis zur Länge $N = 26$ durchgeführt. Die Ergebnisse sind wieder in Bild 6.5 eingetragen. Die höchste Energieeffizienz wurde dabei für die Länge $N = 9$ mit $\eta = 94,9\%$ erreicht. Diese Huffman-Folge hat die Form

$|s(n)| = 1$	0,996	0,933	1,000	0,905	1,000	0,933	0,966	1
$\text{Arc } s(n) = 0$	1,963	0,898	1,844	1,138	2,629	1,346	1,178	0

In denselben Arbeiten [Bömer und Antweiler 1990e, Bömer 1991a] wird auch die bereits in Abschn. 6.5 erwähnte Methode von Ackroyd mit Nachvariation nach Bömer für die Konstruktion längerer komplexwertiger Huffman-Folgen bis $N = 100$ angesetzt. Wie Bild 6.5 zeigt, werden damit noch bei der Länge $N = 95$ Energieeffizienzen um 50% erreicht.

Insgesamt ist Bild 6.5 also zu entnehmen, daß die Energieeffizienzen der komplexwertigen Huffman-Folgen im gesamten Längenbereich deutlich höher als die der reellwertigen Folgen liegen.

7. Familien aperiodischer Korrelationsfolgen

Die Betrachtungen zur Synthese ganzer Familien von Korrelationsfolgen, wie sie in Kap. 5 für den periodischen Fall diskutiert wurden, sollen in diesem Kapitel auf den i.allg. schwierigeren Fall aperiodischer Folgen ausgedehnt werden.

Obwohl derartige Signale immer dann von großem Interesse sind, wenn modulierte Korrelationssignale in mehrkanaligen Systemen übertragen werden (s. Kap. 10), stehen kaum allgemeingültige Syntheseverfahren zur Verfügung.

Weiter ist es, wie bei einzelnen aperiodischen Korrelationsfolgen, prinzipiell nicht möglich Familien mit *perfekten* Korrelationsfunktionen zu bilden, da zumindestens an den Rändern der AKF und KKF immer endliche Werte auftreten. Es werden daher zunächst wieder Schranken abgeleitet, an denen die Korrelationsgüte einer Familie von Folgen gemessen werden kann.

7.1 Schranken der Korrelationsgüte

Die Schranken der Korrelationsgüte für Familien aperiodischer Korrelationsfolgen lassen sich in ähnlicher Weise wie in Abschn. 5.2 ermitteln.

Gegeben ist eine Familie $s_i(n)$, $s_j(n)$ von M aperiodischen Folgen gleicher Länge N und gleicher Energie E. Zwischen ihren Korrelationsfunktionen besteht dann die Beziehung (2.27).

Definiert man weiter die Schranken

$$C_a = \max|\varphi_{ii}(m)|, \quad \forall i, \ \forall m \neq 0$$
$$C_c = \max|\varphi_{ij}(m)|, \quad \forall i,j; \ i \neq j, \ \forall m, \tag{7.1}$$

so erhält man in entsprechender Rechnung wie in Abschn. 5.2 die Abschätzung

$$(2N-1)\frac{C_c^2}{E^2} + \frac{2(N-1)}{M-1}\frac{C_a^2}{E^2} \geq 1. \tag{7.2}$$

Für binäre und uniforme Folgen ist $E = N$, damit vereinfacht sich (7.2) zu der von Sarwate [1979] angegebenen Form

$$(2N-1)\frac{C_c^2}{N^2} + \frac{2(N-1)}{M-1}\frac{C_a^2}{N^2} \geq 1. \tag{7.3}$$

Faßt man die Schranken in (7.1) zusammen und setzt zur oberen Abschätzung in (7.3)

$$C_a = C_c = \max(C_a, C_c) = C_{max},$$ (7.4)

dann ergibt sich die von Welch [1974] angegebene Abschätzung

$$\frac{C_{max}^2}{N^2} \geq \frac{M-1}{2NM - M - 1}.$$ (7.5)

7.2 Aperiodische Eigenschaften periodischer Familien

In Abschn. 6.2 wurde dargestellt, wie aus Einzelfolgen mit gutem periodischen Korrelationsverhalten durch Wahl einer optimalen Verschiebung in vielen Fällen auch Folgen mit recht gutem aperiodischen Verhalten gewonnen werden können. Dieser Zusammenhang gilt ebenso für Familien von Folgen. Dabei läßt sich das Korrelationsverhalten i.allg. verbessern, wenn nur ein Teil der Folgen ausgewählt wird. Für Familien von Folgen größerer Länge N und größeren Umfangs M kann der Rechenaufwand recht beträchtlich werden, da zunächst alle N zyklisch verschobenen Versionen der M Folgen auf ihre AKF-Eigenschaften untersucht und dann die $M(M-1)/2$ Kreuzkorrelationsfunktionen getestet werden müssen. Der Aufwand erhöht sich weiter, wenn andere Invarianzoperationen, insbesondere die Dezimation berücksichtigt werden.

Allgemein gültige Ergebnisse sind bisher nur teilweise bekannt. Für den wichtigen Fall der Familien binärer Gold-Folgen des Grades r, also der Länge $N = 2^r - 1$ und des Umfangs $N + 2$ (Abschn. 5.3), leiten Pursley und Sarwate [1977] für AKF und KKF folgende Oberschranke ab

$$C_{max}\big|_{Gold} \leq 2^{r-1} + 2^{ent(r/2)} + 2.$$ (7.6)

Für größere r ist damit näherungsweise

$$C_{max}\big|_{Gold} \lesssim 2^{r-1} \approx N/2,$$ (7.7)

während die Welch-Schranke (7.5) für große N, M angibt

$$C_{max} \geq \sqrt{\frac{N^2(M-1)}{2NM - M - 1}} \approx \sqrt{N/2}.$$

Vollständige Gold-Folgen-Familien erreichen also keine besonders guten aperiodischen Korrelationseigenschaften. Wie erwähnt, können sie durch Auswahl nur eines Teils der Folgen deutlich verbessert werden.

Tabellen mit ausführlichen aperiodischen Korrelationsparametern von m-, Gold- und Kasami-Familien der Längen $N = 31$ bis 255 finden sich in [Pursley und Roefs 1979], weitere in [Sarwate und Pursley 1980].

7.3 Familien inkohärenter Barker-Folgen

Unter Familien inkohärenter Barker-Folgen werden hier mehrere aperiodische, unipolare Binärfolgen mit Korrelationsschranken $C_a = C_c = 1$ verstanden.

Ein Anwendungsbeispiel für größere Familien dieser Folgen sind Signale für Abstandswarn-Radargeräte für Kraftfahrzeuge mit vereinfachten, inkohärenten Empfängern.

Die Herleitung einzelner inkohärenter Barker-Folgen aus inkohärenten periodischen Binärfolgen, wie sie in Abschn. 6.4 beschrieben wurden, läßt sich auch auf die in Abschn. 5.4 behandelten Familien solcher Folgen anwenden. Dieser einfache Zusammenhang folgt sofort aus (2.56): wenn die periodischen Kreuzkorrelationsfunktionen $\tilde{\varphi}_{sg}(m)$ nur die Werte 0 oder 1 annehmen, so muß dies auch für die aperiodischen $\varphi_{sg}(m)$ gelten.

Hierzu einige Beispiele. Die $M = 4$ Folgen in (5.25) ergeben, ohne die Endnullen geschrieben, eine Familie inkohärenter Barker-Folgen der Länge $N = 5$:

$$s_1(n) = 1\ 1\ 0\ 0\ 0,$$
$$s_2(n) = 1\ 0\ 1\ 0\ 0,$$
$$s_3(n) = 1\ 0\ 0\ 1\ 0,$$
$$s_4(n) = 1\ 0\ 0\ 0\ 1. \tag{7.8}$$

Ebenso erhält man aus den $M = 6$ Folgen in (5.30) eine entsprechende Familie von Folgen der Länge $N = 20$:

$$s_1(n) = 1\ 1\ 0\ 0\ 0\ 0\ 0\ 0\ 0\ 0\ 1\ 0\ 0\ 0\ 0\ 0\ 0\ 0\ 0\ 0,$$
$$s_2(n) = 1\ 0\ 1\ 0\ 0\ 0\ 0\ 0\ 0\ 0\ 0\ 0\ 0\ 0\ 0\ 0\ 0\ 1\ 0\ 0,$$
$$s_3(n) = 1\ 0\ 0\ 1\ 0\ 0\ 0\ 0\ 0\ 0\ 0\ 1\ 0\ 0\ 0\ 0\ 0\ 0\ 0\ 0,$$
$$s_4(n) = 1\ 0\ 0\ 0\ 1\ 0\ 0\ 0\ 0\ 0\ 0\ 0\ 0\ 0\ 0\ 0\ 0\ 0\ 1\ 0,$$
$$s_5(n) = 1\ 0\ 0\ 0\ 0\ 1\ 0\ 0\ 0\ 0\ 0\ 0\ 1\ 0\ 0\ 0\ 0\ 0\ 0\ 0,$$
$$s_6(n) = 1\ 0\ 0\ 0\ 0\ 0\ 1\ 0\ 0\ 0\ 0\ 0\ 0\ 0\ 0\ 0\ 0\ 0\ 0\ 1. \tag{7.9}$$

Nach dem Vorgehen in Abschn. 5.4 läßt sich auch hier ein Zusammenhang zwischen N, M und der Folgenenergie E aufstellen.

Hierzu werden die Autokorrelationsfunktionen der Folgen betrachtet. Wieder gibt die Lage der Einsen in den AKF die Abstände der E Einsen in den zugehörigen Folgen an. Für $C_a = 1$ darf jede der $E(E - 1)/2$ möglichen Differenzen höchstens einmal vorkommen. Bei $N - 1$ Nebenwerten der halbseitigen AKF muß also gelten

$$\frac{E(E - 1)}{2} \leq N - 1.$$

Weiter wird die Kreuzkorrelationsschwelle $C_c = 1$ nicht überschritten, wenn in den zugeordneten Folgenpaaren keine gleichen Differenzen auftreten. Das setzt voraus, daß die Nebenwerte 1 in den AKF nicht an den gleichen Stellen liegen dürfen.

Bei M Folgen lautet demnach die endgültige Bedingung

$$\frac{ME(E-1)}{2} \leq N - 1$$

oder   (7.10)

$$M \leq 2\frac{N-1}{E(E-1)}.$$

Angewendet auf die Familien vom Typ (7.8), oder verallgemeinert (5.26), erhält man für M Folgen mit $E = 2$ eine reduzierte Länge von $N = M + 1$, damit ergibt (7.10)

$$M \leq 2\frac{M}{2} = M,$$

diese Familien sind also optimal.

Bei den Familien von Typ (7.9), verallgemeinert (5.29), ergibt sich für gerade M mit $E = 3$ und $N = 3M + 2$ [nach (5.31)] in (7.10)

$$M \leq 2\frac{3M+1}{3\cdot 2} = M + 1/3,$$

also ein fast optimales Verhalten.

Als letztes Beispiel erhält man aus den $M = 3$ Folgen in (5.33b) nach zyklischer Verschiebung und Abtrennen der längsten Nullfolgen die folgende aperiodische Familie der reduzierten Länge $N = 25$ (in Differenzmengenschreibweise)

$$s_1(n) = \{1, 2, 5, 14\},$$
$$s_2(n) = \{1, 3, 18, 25\},$$
$$s_3(n) = \{1, 6, 12, 20\}.$$

Die Schrankenbetrachtung mit (7.10) ergibt dann

$$M \leq 2\frac{25-1}{4\cdot 3} = 4,$$

die Schranke wird hier also nicht ganz erreicht.

Das letzte Beispiel lässt sich entsprechend Abschn. 5.4 auf die Konstruktion von Familien von Folgen mit beliebig großer Energie ausdehnen.

7.4 Familien komplexwertiger Folgen

7.4.1 Familien von Frank-Zadoff-Chu-Folgen

Die in Abschn. 5.8.1 beschriebenen Familien von perfekten FZC-Folgen wurden für die Längen $N = 3$ bis 20 auf ihre aperiodischen Korrelationsfunktionen hin untersucht. Die Ergebnisse sind für die jeweils vollständigen Familien in Bild 7.1

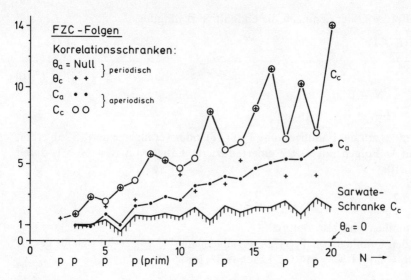

Bild 7.1. Korrelationsschranken von FZC-Folgen-Familien im periodischen und aperiodischen Fall

dargestellt: Die Autokorrelationsschranke C_a steigt etwa proportional zur Folgenlänge N an, während im periodischen Fall für diese perfekten Folgen $\Theta_a = 0$ ist.

Die Schranken der Kreuzkorrelationsfunktionen sind für nichtprime Längen im nichtperiodischen (C_c) und periodischen (Θ_c) Fall fast immer gleich, während für prime Längen die C_c deutlich schlechter als die günstigen Werte $\Theta_c = \sqrt{N}$ nach (5.49) sind.

In Bild 7.1 ist weiter der Verlauf der Sarwate-Schranke für die Schwelle C_c der KKF angegeben. Dieser Verlauf ergibt sich, wenn in (7.3) für die AKF-Schwellen die nach Bild 7.1 näherungsweise gültigen Werte $C_a \approx 0,3N$ eingesetzt werden.

Die Kreuzkorrelationswerte C_c der FZC-Familien liegen also insbesondere bei nichtprimen Längen N um Faktoren 3 bis 7 über der Sarwate-Schranke.

7.4.2 Luchanskaya-Khevrolin-Familien

Von Luchanskaya und Khevrolin [1983] wurde ein Verfahren beschrieben, mit dem aus einer beliebigen binären oder uniformen Startfolge der Länge N eine Familie von $M = N$ uniformen Folgen gebildet werden kann, deren aperiodische Autokorrelationsfunktionen alle betragsmäßig gleich zur AKF der Startfolge sind. Darüber hinaus sind alle Folgen untereinander orthogonal und sie weisen z.T. weitere günstige Kreuzkorrelationseigenschaften auf.

Diese „L-K-Familie" ist gegeben durch

$$s_k(n) = \exp[j\,\alpha_k(n)], \quad n = 0(1)\,N-1, \quad 0 \le k < N \tag{7.11}$$

mit

$$\alpha_k(n) = \alpha_0(n) + 2\pi kn/N,$$

wobei die $\alpha_0(n)$die Phasen der Startfolge $s_0(n)$ sind.

Die aperiodischen Korrelationsfunktionen ergeben sich dann zu (hier nur für $m \geq 0$ berechnet)

$$\varphi_{ki}(m) = \sum_{n=0}^{N-1-m} s_k^*(n) s_i(n+m) \tag{7.12}$$

$$= \sum_{n=0}^{N-1-m} \exp\left\{j\left[-\alpha_0(n) - \frac{2\pi}{N}kn + \alpha_0(n+m) + \frac{2\pi}{N}i(n+m)\right]\right\},$$

$$= \exp\left(j\frac{2\pi}{N}im\right) \sum_{n=0}^{N-1-m} \exp\left\{j\left[-\alpha_0(n) + \alpha_0(n+m) + \frac{2\pi}{N}n(i-k)\right]\right\}.$$

Damit ist der Betrag der Korrelationsfunktion

$$|\varphi_{ki}(m)| = \left|\sum_{n=0}^{N-1-m} \exp\left\{j\left[-\alpha_0(n) + \alpha_0(n+m) + \frac{2\pi}{N}n(i-k)\right]\right\}\right|; \tag{7.13}$$

alle KKF für Folgen gleicher Differenzen $i-k$ sind also betragsgleich.

Aus (7.13) folgen die behaupteten Eigenschaften:

a) Die AKF ergeben sich für $k = i$ zu

$$|\varphi_{kk}(m)| = \left|\sum_{n=0}^{N-1-m} \exp\left\{j\left[-\alpha_0(n) + \alpha_0(n+m)\right]\right\}\right|$$

$$= |\varphi_{00}(m)|; \tag{7.14}$$

sie sind betragsmäßig alle gleich zur AKF der gewählten Startfolge.

b) Die KKF betragen im Nullpunkt

$$|\varphi_{ki}(0)| = \left|\sum_{n=0}^{N-1} \exp\left[j\frac{2\pi}{N}n(i-k)\right]\right|$$

und mit $\quad z = \exp\left[j\frac{2\pi}{N}(i-k)\right]$,

$$|\varphi_{ki}(0)| = \left|\sum_{n=0}^{N-1} z^n\right|. \tag{7.15}$$

Weiter ist mit (4.48) für $z \neq 1$

$$|\varphi_{ki}(0)| = \left|\frac{1-z^N}{1-z}\right| = \left|\frac{1-\exp[j2\pi(i-k)]}{1-\exp\left[j\frac{2\pi}{N}(i-k)\right]}\right| = 0$$

da der Zähler, wegen $(i-k)$ ganz, verschwindet; wohingegen der Nenner

Tabelle 7.1. Korrelationsschranken der auf Barker-Folgen aufgebauten L-K-Familien

N	3	4	5	7	11	13
C_c	1,73	2,24	3,08	2,82	5,87	5,87 ($C_a = 1$)
Sarwate-Schranke	1,18	1,41	1,60	1,90	2,38	2,58

endlich bleibt, weil $(i - k)$ kein Vielfaches von N ist. Damit sind die Folgen also auch orthogonal. Allgemeine Schranken für die Nebenwerte der KKF sind nicht bekannt.

Als einfaches Beispiel seien die 4 Folgen konstruiert, die sich aus der Barker-Folge der Länge $N = 4$ ergeben.

Mit der Startfolge $\alpha_0(n)$ nach Tabelle 6.1 erhält man mit (7.11) als Phasenfolgen dieser L-K-Familie

$$\alpha_0(n) = 0,\ 0,\ 0,\ \pi;$$
$$\alpha_1(n) = 0,\ \pi/2,\ \pi,\ \pi/2; \tag{7.16}$$
$$\alpha_2(n) = 0,\ \pi,\ 0,\ 0;$$
$$\alpha_3(n) = 0,\ 3\pi/2,\ \pi,\ 3\pi/2.$$

Alle Folgen besitzen die Barker-Eigenschaft $C_a = 1$ und sie sind orthogonal zueinander; ihre Kreuzkorrelationsschranke beträgt $C_c = \sqrt{5} \approx 2,24$.

Konstruiert man in entsprechender Weise für alle Barker-Folgen der Längen $N = 3$ bis 13 jeweils Familien des Umfangs N, so ergeben sich die in Tab. 7.1 aufgeführten Kreuzkorrelationsschranken C_c, während die Autokorrelationsschranken alle den „Barker"-Wert $C_a = 1$ behalten.

In die untere Zeile sind die Sarwate-Schranken eingetragen, für die nach (7.3) mit $M = N$, $C_a = 1$ gilt

$$C_c \geq \sqrt{\frac{N^2 - 2}{2N - 1}}. \tag{7.17}$$

Diese komplexwertigen Barker-L-K-Familien liegen also mit ihrem KKF-Verhalten recht gut in der Nähe der Sarwate-Schranke.

8. Vektorwertige Folgen und Familien

Das Problem der Synthese guter Korrelationsfolgen kann durch Vermehren der Freiheitsgrade in den Folgenelementen vereinfacht werden. Dies zeigten bei den bisherigen Betrachtungen deutlich die Übergänge von binären zu mehrwertigen und dann zu komplexwertigen Folgen.

Weitere Möglichkeiten bieten die „vektorwertigen" Folgen, bei denen die einzelnen Folgenelemente z.B. einem Satz orthogonaler Vektoren entnommen werden. Bekannt sind hier insbesondere die Komplementärfolgen und die Welti-Folgen.

8.1 Einführung vektorwertiger Folgen

Komplementärfolgen sind im ursprünglichen Sinn Paare von Binärfolgen mit der Eigenschaft, daß die Summe ihrer aperiodischen Autokorrelationsfunktionen an allen Stellen außer im Nullpunkt verschwindet.

Ein Paar Komplementärfolgen, wie sie 1949 von Golay [1949] konstruiert und in der optischen Spektroskopie benutzt wurden [Golay 1961], zeigt das folgende Beispiel:

$$(+\ +\ -\ +\ +\ +\ +\ +\ -\ -)$$
$$(+\ +\ -\ +\ -\ +\ -\ -\ +\ +). \tag{8.1}$$

Faßt man die jeweils übereinander stehenden Werte dieser beiden Folgen als Vektoren auf, dann läßt sich dieses Folgenpaar auch als eine vektorwertige Folge schreiben.

Mit den zueinander orthogonalen Vektoren $\begin{pmatrix} + \\ + \end{pmatrix} = a$, $\begin{pmatrix} + \\ - \end{pmatrix} = b$, also $ab = 0$, und der Vereinbarung $a^2 = b^2 = 1$ erhält man die alternative Darstellung (Schreibweise $- a \equiv \bar{a}$)

$$(a\ a\ \bar{a}\ a\ b\ a\ b\ b\ \bar{b}\ \bar{b}). \tag{8.2}$$

Folgen dieser Form wurden zuerst 1960 von G.R. Welti angegeben; sie werden Welti-Folgen oder Welti-Codes genannt [Welti 1960].

Die theoretisch idealen Korrelationseigenschaften von Komplementärfolgen können allerdings praktisch nur ausgenutzt werden, wenn zwei Kanäle verfügbar sind und wenn diese Kanäle möglichst identische Eigenschaften besitzen. Die beiden Kanäle können beispielsweise auch im Zeit-, Frequenz- oder Polarisationsduplex realisiert werden oder allgemeiner können die vektorwertigen Elemente der Welti-Folgen orthogonale Subpulse sein.

Die im folgenden diskutierten Syntheseverfahren und Existenzbetrachtungen dürfen fast beliebig im Bereich der Komplementär- oder der Welti-Folgen ausgeführt werden. Hier wird der Weg über die kompakter darstellbaren Welti-Folgen bevorzugt, für die, wie in [Lüke 1982, 1985] gezeigt wurde, besonders übersichtliche Synthesemethoden existieren.

8.2 Welti-Folgen und -Familien

8.2.1 Definitionen und Synthese

Betrachtet werden Folgen $s(n)$, $g(n)$ der Länge N, deren Elemente einem orthogonalen System von Q Vektoren $\mp u_j$ entnommen sind

$$s(n), g(n) \in \{\pm u_1, \pm u_2, \ldots, \pm u_Q\} \tag{8.3}$$

$$\text{mit } u_i u_j = \begin{cases} 1 & \text{für } i = j \\ 0 & \text{für } i \neq j \end{cases}. \tag{8.4}$$

So definierte Folgen können für $Q \geq 2$ aperiodische Autokorrelationsfunktionen mit ideal verschwindenden Nebenwerten besitzen,

$$\varphi_{ss}(m) = \sum_n s(n)s(n + m) = 0, \quad \forall m \neq 0. \tag{8.5}$$

Folgen dieser Art werden Welti-Folgen genannt und im folgenden abkürzend mit $W(Q, N)$ bezeichnet. Sollen mehrere Welti-Folgen gleichzeitig benutzt werden, dann sind Familien von Welti-Folgen (hier gleicher Länge N) mit verschwindenden aperiodischen Kreuzkorrelationsfunktionen von Interesse,

$$\varphi_{sg}(m) = \sum_n s(n)g(n + m) = 0, \quad \forall m, \forall s, g, \quad s \neq g. \tag{8.6}$$

Wenn (8.5) und (8.6) erfüllt sind, dann sind ebenfalls die *periodischen* Korrelationsfunktionen ideal.

Welti [1960] gibt in seiner Arbeit ein Syntheseverfahren an, mit dem Folgenpaare mit $Q = 2$ Orthogonalelementen für alle Längen N, die Zweierpotenzen sind, konstruiert werden können. Weitere Syntheseverfahren für Einzelfolgen mit $Q = 2$, 3 und 4 Orthogonalelementen wurden von Turyn [1963, 1974] gefunden.

Die im folgenden benutzten Synthesemethoden lassen sich auf zwei einfache Verknüpfungen zurückführen [Lüke 1982, 1985, 1989a]:

Methode 1:

In einer Familie von Welti-Folgen können die Q unterschiedlichen Orthogonal-vektoren jeweils durch Folgen aus einer beliebigen anderen Familie von mindestens Q Welti-Folgen ersetzt werden.

Diese Methode benutzt die Eigenschaft, daß zwei Welti-Folgen mit verschwindender KKF selbst wieder Orthogonalvektoren darstellen, die ohne Änderung der Korrelationseigenschaften an die Stelle der ursprünglichen, einfachen Vektoren treten können.

Methode 2:

Die Folgen mehrerer Familien können aneinander gereiht werden, wenn sie mit von Familie zu Familie unterschiedlichen Orthogonalvektoren geschrieben werden.

Hier wird die Verknüpfung zweier Folgen durch Reihung benutzt. Nach (2.30) addieren sich ihre AKF, während die KKF wegen der unterschiedlichen Orthogonalvektoren verschwinden. Da weiter beide AKF ideal sind, gilt dies auch für ihre Summe.

Hierzu einige Beispiele:

Beispiel 1:

Ausgehend von den drei Basis-Folgenpaaren mit $Q = 2$ Orthogonalelementen in Tabelle 8.1 lassen sich über Methode 1 Folgenpaare mit $Q = 2$ für alle Längen

$$N \in 2^{\alpha} \cdot 10^{\beta} \cdot 26^{\gamma}, \quad \alpha, \beta, \gamma \in \mathbb{N} \tag{8.7}$$

erzeugen. So erhält man durch Einsetzen des Paares $N = 2$ in das gleiche Paar

$$
\begin{aligned}
W(2, 4)_1 &= a\ b\ a\ \bar{b}, \\
W(2, 4)_2 &= a\ b\ \bar{a}\ b
\end{aligned}
\tag{8.8}
$$

oder durch Einsetzen des Paares $N = 2$ in das Paar $N = 10$

$$
\begin{aligned}
W(2, 20)_1 &= a\ b\ a\ b\ \bar{a}\ \bar{b}\ a\ b\ a\ b\ \bar{a}\ b\ a\ b\ a\ \bar{b}\ a\ \bar{b}\ \bar{a}\ b, \\
W(2, 20)_2 &= a\ b\ a\ b\ \bar{a}\ \bar{b}\ \bar{a}\ \bar{b}\ a\ b\ \bar{a}\ \bar{b}\ a\ b\ \bar{a}\ b\ a\ b\ a\ \bar{b}.
\end{aligned}
\tag{8.9a}
$$

Tabelle 8.1. Paare von Welti-Folgen $W(2, N)$ mit verschwindender KKF

$N = 2$:	$a\ b$
	$a\ \bar{b}$
$N = 10$	$a\ a\ \bar{a}\ a\ b\ a\ b\ b\ \bar{b}\ \bar{b}$
	$a\ a\ \bar{a}\ \bar{a}\ b\ \bar{a}\ b\ b\ \bar{b}\ b\ b$
$N = 26$	$a\ a\ a\ \bar{a}\ \bar{a}\ \bar{a}\ a\ a\ a\ \bar{a}\ \bar{a}\ \bar{a}\ \bar{a}\ b\ \bar{a}\ b\ b\ \bar{b}\ b\ \bar{b}\ \bar{b}\ b\ b\ \bar{b}\ b\ b\ b\ b$
	$a\ a\ a\ a\ \bar{a}\ a\ a\ \bar{a}\ \bar{a}\ a\ \bar{a}\ a\ b\ a\ b\ b\ \bar{b}\ b\ b\ \bar{b}\ \bar{b}\ b\ b\ \bar{b}\ \bar{b}$

In (8.9a) lassen sich auch zunächst alle a, dann alle b schreiben, ohne daß sich die nicht verschwindenden Produkte in den Korrelationssummen ändern. Man erhält dann die geordneten Welti-Folgen in (8.9b):

$$W(2, 20)_1 = a\,a\,\bar{a}\,a\,a\,a\,a\,a\,\bar{a}\,\bar{a}\,b\,b\,b\,\bar{b}\,b\,\bar{b}\,b\,\bar{b}\,\bar{b}\,b\,b,$$

$$W(2, 20)_2 = a\,a\,\bar{a}\,\bar{a}\,a\,\bar{a}\,a\,\bar{a}\,a\,a\,b\,b\,\bar{b}\,\bar{b}\,\bar{b}\,\bar{b}\,\bar{b}\,b\,\bar{b}\,\bar{b}.$$

(8.9b)

Beispiel 2:

Aus den bisher gefundenen Folgenpaaren mit $Q = 2$ orthogonalen Vektoren lassen sich mit Hilfe der zwei Synthesemethoden weiter Paare und Quartette von Welti-Folgen mit $Q = 4$ Vektoren erzeugen.

Reiht man beispielsweise das Folgenpaar $W(2, 10)$ aus Tabelle 8.1 mit dem Paar (8.8), so erhält man ein Paar $W(4, 14)$

$$W(4, 14)_1 = a\,a\,\bar{a}\,a\,b\,a\,b\,a\,b\,b\,\bar{b}\,\bar{b}\,c\,d\,c\,\bar{d},$$

$$W(4, 14)_2 = a\,a\,\bar{a}\,\bar{a}\,b\,\bar{a}\,b\,b\,\bar{b}\,\bar{b}\,b\,c\,d\,\bar{c}\,d.$$

(8.10)

Beispiel 3:

Mit dem Einsetzverfahren (Methode 1) können auch umfangreichere Familien gebildet werden. Zunächst wird beispielsweise das Folgenpaar $W(2, 10)$ aus Tabelle 8.1 zweimal, aber mit unterschiedlichen orthogonalen Vektoren geschrieben:

$$\left.\begin{array}{l} a\,a\,\bar{a}\,a\,b\,a\,b\,a\,b\,b\,\bar{b}\,\bar{b} \\ a\,a\,\bar{a}\,\bar{a}\,b\,\bar{a}\,b\,b\,\bar{b}\,b\,b \end{array}\right\} \text{Paar } W(2, 10),$$

$$\left.\begin{array}{l} c\,c\,\bar{c}\,c\,d\,c\,d\,c\,d\,d\,\bar{d}\,\bar{d} \\ c\,c\,\bar{c}\,\bar{c}\,d\,\bar{c}\,d\,d\,\bar{d}\,d\,d \end{array}\right\} \text{Paar } W(2, 10).$$

Ersetzt man in dieser Familie die einzelnen Vektoren durch Vektoren aus einer weiteren, wieder mit unterschiedlichen Vektoren geschriebenen Familie, im einfachsten Fall beispielsweise durch $W(2, 2)$

$$a \to ab, \quad b \to cd,$$

$$c \to a\bar{b}, \quad d \to c\bar{d},$$

so erhält man eine Familie von vier ideal korrelierenden Welti-Folgen $W(4, 20)$

$$W(4, 20)_1 = a\,b\,a\,b\,\bar{a}\,\bar{b}\,a\,b\,c\,d\,a\,b\,c\,d\,c\,d\,\bar{c}\,\bar{d}\,\bar{c}\,\bar{d},$$

$$W(4, 20)_2 = a\,b\,a\,b\,\bar{a}\,\bar{b}\,\bar{a}\,\bar{b}\,c\,d\,\bar{a}\,\bar{b}\,c\,d\,\bar{c}\,\bar{d}\,c\,d\,c\,d,$$

$$W(4, 20)_3 = a\,\bar{b}\,a\,\bar{b}\,\bar{a}\,b\,a\,\bar{b}\,c\,\bar{d}\,a\,\bar{b}\,c\,\bar{d}\,\bar{c}\,d\,\bar{c}\,d,$$

$$W(4, 20)_4 = a\,\bar{b}\,a\,\bar{b}\,\bar{a}\,b\,\bar{a}\,b\,c\,\bar{d}\,\bar{a}\,b\,c\,\bar{d}\,\bar{c}\,d\,c\,\bar{d}\,c\,\bar{d}.$$

(8.11)

Mit dieser Methode lassen sich Quartette $W(4, N)$ für alle N nach (8.7) bilden. Mit der gleichen Methode gelingt entsprechend die Synthese von Familien mit

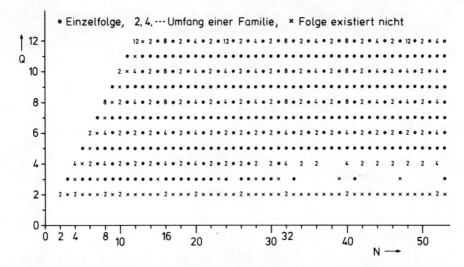

Bild 8.1. Konstruierbare Einzelfolgen und Familien von Welti-Folgen $W(Q, N)$

$Q > 4$ Vektoren. Eine Übersicht über Einzelfolgen und Familien, die überwiegend mit diesen Methoden synthetisiert werden konnten, gibt Bild 8.1. Verwendet wurden dabei zusätzlich die in Tabelle 8.2 zusammengestellten Folgen mit $Q = 3$ Orthogonalelementen [Lüke 1985].

Tabelle 8.2. Welti-Folgen $W(3, N)$

$N = 3$	$a\ b\ c$
$= 5$	$a\ a\ b\ c\ \bar c$
$= 6$	$a\ b\ c\ b\ a\ \bar b$
$= 8$	$a\ a\ c\ b\ a\ \bar a\ \bar b\ c$
$= 9$	$a\ b\ c\ c\ \bar c\ b\ \bar c\ \bar a\ b$
$= 10$	$a\ a\ b\ a\ c\ \bar b\ \bar b\ b\ c\ \bar c$
$= 11$	$a\ b\ a\ c\ a\ \bar b\ \bar c\ a\ c\ \bar a\ b$
$= 12$	$a\ b\ a\ b\ \bar a\ c\ \bar c\ b\ c\ c\ a\ \bar b$
$= 13$	$a\ a\ \bar a\ a\ \bar a\ \bar a\ b\ b\ c\ \bar b\ c\ b\ c$
$= 14$	$a\ b\ c\ \bar a\ a\ a\ b\ \bar c\ b\ \bar c\ \bar c\ c\ a\ \bar b$
$= 16$	$a\ a\ a\ a\ \bar a\ a\ a\ \bar a\ b\ \bar c\ c\ \bar b\ \bar b\ \bar c\ c\ b$
$= 17$	$a\ a\ \bar a\ a\ a\ a\ a\ \bar a\ b\ b\ \bar b\ b\ \bar b\ \bar b\ \bar b\ b\ c$
$= 18$	$a\ a\ a\ \bar a\ \bar a\ \bar a\ a\ a\ \bar a\ b\ \bar c\ c\ \bar c\ c\ c\ c\ \bar b$
$= 19$	$a\ \bar a\ a\ a\ a\ a\ a\ \bar a\ \bar a\ b\ c\ b\ \bar c\ c\ c\ \bar c\ b\ \bar c\ c$
$= 20$	$a\ a\ \bar a\ a\ a\ a\ a\ a\ \bar a\ \bar a\ b\ b\ b\ \bar b\ c\ \bar c\ c\ \bar c\ \bar b\ b\ b$
$= 21$	$a\ \bar a\ \bar a\ a\ \bar a\ \bar a\ \bar a\ \bar a\ \bar a\ b\ b\ \bar b\ \bar b\ \bar b\ \bar b\ \bar b\ b\ b\ \bar b\ c$
$= 22$	$a\ a\ a\ a\ a\ \bar a\ \bar a\ \bar a\ \bar a\ \bar a\ b\ c\ c\ c\ \bar c\ \bar c\ c\ c\ \bar c\ b$
$= 24$	$a\ a\ a\ a\ \bar a\ \bar a\ \bar a\ \bar a\ a\ a\ \bar a\ \bar a\ b\ b\ \bar b\ c\ c\ \bar c\ \bar c\ b\ c\ \bar c\ b\ b$
$= 26$	$a\ a\ a\ a\ \bar a\ \bar a\ \bar a\ a\ a\ \bar a\ a\ a\ b\ c\ c\ c\ c\ \bar c\ \bar c\ \bar c\ c\ c\ \bar c\ c\ \bar c\ \bar b$
$= 27$	$a\ a\ a\ \bar a\ \bar a\ \bar a\ a\ a\ a\ \bar a\ \bar a\ \bar a\ b\ \bar a\ b\ \bar b\ b\ \bar b\ \bar b\ b\ b\ b\ \bar b\ b\ b\ b\ c$
$= 29$	$a\ \bar a\ a\ \bar a\ \bar a\ a\ a\ \bar a\ \bar a\ \bar a\ \bar a\ \bar a\ \bar a\ a\ b\ c\ b\ c\ c\ \bar c\ c\ c\ \bar c\ \bar c\ \bar c\ c\ b\ c\ \bar c$
$= 30$	$a\ a\ a\ a\ \bar a\ a\ a\ \bar a\ \bar a\ a\ a\ a\ \bar a\ a\ \bar a\ b\ c\ \bar c\ \bar c\ \bar c\ \bar c\ \bar c\ c\ c\ \bar c\ c\ \bar c\ c\ c\ b$

Anmerkung: Folgen $W(3, N)$ können nur für Längen N existieren, die sich als Summe dreier Quadratzahlen schreiben lassen. Es entfallen damit Längen $N \in \{7, 15, 23, 28, 31, 39, \ldots\}$, [Turyn 1974]. Folgen der Länge $N + 1$ mit N nach (8.7) können durch Reihen einer Folge $W(2, N - 1)$ mit dem einzelnen Element c gebildet werden.
(Die Mehrzahl der Folgen dieser Tabelle entstammt einer Rechnersuche).

8.2.2 Existenzbedingungen für Familien von Welti-Folgen

Die Bildung von Welti-Folgen ist nicht für alle Q und N und ebenfalls nicht für Familien beliebigen Umfangs M möglich. Eine notwendige, aber nicht hinreichende Existenzbedingung für Familien von M Welti-Folgen $W(Q, N)$ erhält man aus der schwächeren Forderung, daß die Summe aus allen Nebenwerten der AKF und allen Werten der KKF verschwindet,

$$\sum_{\forall s, g} \left(\sum_{m = 1}^{N - 1} \varphi_{ss}(m) + \sum_{m = -N + 1}^{N - 1} \varphi_{sg}(m) \right) = 0. \tag{8.12}$$

Diese Bedingung ist erfüllt, wenn die Hälfte der in (8.12) nicht verschwindenden Produkte $s(n)s(n + m)$ bzw. $s(n)g(n + m)$, gemäß (8.5) und (8.6), negativ sind. Diese Bedingung läßt sich auswerten für Familien von Folgen mit geradzahligem Q und untereinander gleicher, regelmäßiger Aufteilung in Teilfolgen wie im Beispiel (8.9b). Bezeichnet man die Zahl der negativen Elemente in allen i-ten Teilfolgen derartiger Familien mit q_i, dann kann Bedingung (8.12) umformuliert werden in

$$\sum_{i = 1}^{Q} \frac{NM_0}{Q} q_i - q_i^2 = \frac{NM_0}{4} \left(\frac{NM_0}{Q} - 1 \right), \quad \begin{array}{l} \text{alle } 1 \leq M_0 \leq M, \\ \text{wobei } 0 \leq q_i \leq NM_0/Q \text{ beliebig ganz.} \end{array} \tag{8.13}$$

Für $Q = 2$ ergibt sich durch Auswerten von (8.13), daß nur Folgenpaare $M = 2$ existieren können und zwar bei allen Längen N, die gleich der doppelten Summe zweier Quadratzahlen sind, also

$$N \in \{\underline{2}, \underline{4}, \underline{8}, \underline{10}, \underline{16}, (18), \underline{20}, \underline{26}, \underline{32}, (34), (36), \underline{40}, (50), \underline{52}, (58),$$
$$\underline{64}, 68, 72, 74, \underline{80}, 82, \ldots\}. \tag{8.14}$$

Die konstruierbaren Längen nach Gleichung (8.7) sind hier unterstrichen.

Durch Suchverfahren ist weiter bekannt, daß Folgen der eingeklammerten Längen $N \in \{18, 34, 36, 50, 58\}$ nicht existieren (Abschn. 8.3). Schließlich ist für die Längen $N \in \{68, 72, \ldots\}$ die Konstruierbarkeit bisher noch nicht entschieden. Dieses Ergebnis gilt mit $M_0 = 1$ auch für Einzelfolgen und läßt sich ebenfalls auf nicht aus gleichlangen Teilfolgen bestehende Folgen $W(2, N)$ übertragen.

Für $Q = 4$ liefert (8.13) keine Einschränkungen. Dagegen ergibt sich für $Q = 6$, daß bei Längen von $N \in \{6, 30, 54, 78, \ldots\}$ nur höchstens Paare regelmäßig aufgeteilter Folgen möglich sind.

Eine weitere notwendige Bedingung erhält man aus der Überlegung, daß die binäre Folgenfamilie, die man durch Niederschreiben nur der Vorzeichen einer Familie von Welti-Folgen mit jeweils gleicher Reihenfolge ihrer Orthogonalelemente erhält, orthogonal sein muß. Diese Binärfolgen bilden also M Zeilen einer N spaltigen Hadamard-Matrix (Abschn. 9.2.1). Aus den Eigenschaften dieser Matrizen folgt, daß unter diesen Bedingungen für ungerade N nur Einzelfolgen existieren können. Für durch vier teilbare N ist der Umfang der Familie auf $M \leq N$ begrenzt, und für die übrigen geraden Werte von M gibt es nur Folgenpaare.

Eine dritte Bedingung schließlich (s. nächster Abschnitt 8.2.3) enthält die wichtige Einschränkung, daß der Umfang einer Familie stets auf $M \leq Q$ begrenzt ist. Die Übersicht Bild 8.1 zeigt, daß diese Grenze bei den bisher bekannten Familien nur für Folgen mit Q gleich einer Zweierpotenz erreicht werden konnte.

8.2.3 Empfang von Welti-Signalen

Aus einer Welti-Folge entsteht ein zeitkontinuierliches Welti-Signal

$$s(t) = \sum_{n=1}^{N} g_i(t - nT) \tag{8.15}$$

dadurch, daß jeweils im Abstand T dem n-ten Element u_i der Welti-Folge ein Elementarsignal $g_i(t)$ zugeordnet wird. Diese Q Elementarsignale müssen orthogonal sein und sie müssen das 1. Nyquistkriterium in folgender Form erfüllen:

$$\int_{-\infty}^{\infty} g_i(t)g_j(t - mT)\,dt = \begin{cases} 1 & \text{für } i = j \text{ und } m = 0 \\ 0 & \text{sonst}. \end{cases} \tag{8.16a}$$

Die (zeitkontinuierlichen) Korrelationsfunktionen einer Familie von Welti-Signalen haben dann die Eigenschaft

$$\begin{aligned} \varphi_{ss}(mT) &= 0, \quad \forall\, m \neq 0, \\ \varphi_{sg}(mT) &= 0, \quad \forall\, m, \; s \neq g. \end{aligned} \tag{8.16b}$$

Ein mit zwei Welti-Signalen als Trägerfunktionen aufgebautes zweikanaliges Codemultiplexsystem ist–auf das Prinzipielle vereinfacht–im Bild 8.2 dargestellt.

Im Vergleich zu einem einfachen PAM-Multiplexsystem mit den beiden Trägersignalen $g_1(t)$ und $g_2(t)$ erscheint bei der Codemultiplex-Übertragung mit den Welti-Signalen im Sender eine zusätzliche lineare, zeitlich gestaffelte Verknüpfung der beiden Kanäle durch eine Laufzeitkettenmatrix, die durch eine inverse Verknüpfung im Empfänger wieder aufgehoben wird.

Da durch eine derartige lineare Verknüpfung bei ungeänderter Übertragungsrate die Anzahl an unabhängigen Übertragungskanälen nicht erhöht werden kann, muß der Umfang M von Welti-Folgen-Familien immer auf $M \leq Q$ begrenzt sein.

Das im Bild 8.2 dargestellte Übertragungssystem ist ein kohärentes System. Die Abtaster müssen genau synchronisiert sein, da die Auto- und Kreuzkorrelationsfunktionen der Welti-Signale zwischen den Zeitpunkten nT hohe Werte annehmen können. Doch ist bei einkanaliger Übertragung durch eine Diffe-

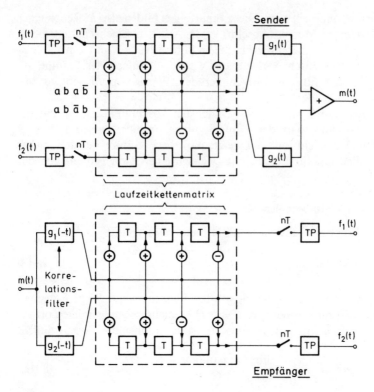

Bild 8.2. Kohärentes Codemultiplex-System mit einem Paar von Welti-Folgen $W(2, 4)$ als Trägersignale

renzcodierung auch nichtkohärenter Empfang möglich [Wilson und Richter 1979, Lüke 1982].

Eine andere Möglichkeit zur nichtkohärenten Übertragung besteht darin, die negativen Vektoren durch neu hinzugenommene Orthogonalvektoren zu ersetzen und die zugehörigen Elementarsignale dann mit getrennten, nichtkohärenten Demodulatoren zu empfangen und weiterzuverarbeiten. Mit diesem im Bandbreitebedarf aufwendigeren Verfahren ist dann auch eine Multiplexübertragung mehrerer, nichtnegativwertig modulierter Welti-Signale möglich.

8.3 Komplementär-Folgen und -Familien

Die Q Folgen $s_{ji}(n)$ gleicher Länge N werden ein Satz komplementärer Folgen genannt, wenn die *Summe* ihrer Autokorrelationsfunktionen $\varphi_{ji,ji}(m)$ außer im Nullpunkt überall verschwindet:

$$\sum_{i=1}^{Q} \varphi_{ji,ji}(m) = 0, \quad \forall\, 1 \le |m| < N. \tag{8.17}$$

Mehrere Sätze komplementärer Folgen $s_{ji}(n)$, $s_{ki}(n)$ können eine Familie bilden (von Tseng und Liu [1972] als „mutually complementary orthogonal set" bezeichnet), wenn auch die Summe der Kreuzkorrelationsfunktionen $\varphi_{ji,ki}(m)$ überall verschwindet:

$$\sum_{i=1}^{Q} \varphi_{ji,ki}(m) = 0, \quad \forall\, |m| < N, \; \forall\, j, k; \; j \ne k. \tag{8.18}$$

Sätze und Familien von Komplementärfolgen können in einfacher Weise aus Welti-Folgen gebildet werden, indem die orthogonalen Vektoren $a, b, \ldots$ durch zahlenwertige, bevorzugt binäre, orthogonale Vektoren ersetzt werden. Hierzu ein einfaches Beispiel für $Q = 2$, das von der aus zwei Folgen bestehenden Welti-Familie der Länge $N = 26$ aus Tabelle 8.1 ausgeht:

$$W(2, 26)_1 = a \; a \; a \; \bar{a} \; \bar{a} \; a \; a \; a \; \bar{a} \; a \; \bar{a} \; \bar{a} \; b \; \bar{a} \; b \; \bar{b} \; b \; \bar{b} \; \bar{b} \; b \; b \; \bar{b} \; b \; b \; b$$

$$\Downarrow$$

$$s_{11}(n) = + + + - - + + + - + - - + - + - + - - + + - + + + +$$

$$s_{12}(n) = + + + - - + + + - + - - - - + - + + - - + - - - -$$

$$\tag{8.19}$$

$$W(2, 26)_2 = a \; a \; a \; a \; \bar{a} \; a \; a \; \bar{a} \; \bar{a} \; a \; \bar{a} \; a \; b \; a \; b \; b \; \bar{b} \; b \; b \; \bar{b} \; \bar{b} \; b \; b \; b \; \bar{b} \; \bar{b}$$

$$\Downarrow$$

$$s_{21}(n) = + + + + - + + - - + - + + + + + - + - - - + + - - -$$

$$s_{22}(n) = + + + + - + + - - + - + - + - - + - + + + - - + + +.$$

Sowohl s_{11}, s_{12} als auch s_{21}, s_{22} bilden je ein komplementäres Paar nach (8.17), während beide Paare zusammen die Kreuzkorrelationsbedingung (8.18) erfüllen.

In gleicher Weise kann jeder Familie von Welti-Folgen $W(2, M)$ eine entsprechende Familie von Komplementärfolgenpaaren gleicher Länge zugeordnet werden. Somit gilt das Diagramm Bild 8.1 auch für derart abgeleitete Komplementärfolgenpaare.

Entsprechendes gilt für die Zuordnung zwischen Welti-Folgen $W(4, M)$ und vierfachen Komplementärfolgen mit den Eigenschaften (8.17) und (8.18) für $Q = 4$. Ein Beispiel zeigt diese Transformation nur für die obere Folge aus (8.11), wobei als binäre Orthogonalvektoren die Spalten einer orthogonalen Hadamard-Matrix der Ordnung 4 genommen werden:

$$W(4, 20)_1 = a \; b \; a \; b \; \bar{a} \; \bar{b} \; a \; b \; c \; d \; a \; b \; c \; d \; c \; d \; \bar{c} \; \bar{d} \; \bar{c} \; \bar{d}$$

$$\text{mit} \quad a \to \begin{pmatrix} + \\ + \\ + \\ + \end{pmatrix}, \quad b \to \begin{pmatrix} + \\ + \\ - \\ - \end{pmatrix}, \quad c \to \begin{pmatrix} + \\ - \\ - \\ + \end{pmatrix}, \quad d \to \begin{pmatrix} + \\ - \\ + \\ - \end{pmatrix}$$

ergibt

$$s_{11}(n) = + + + + - - + + + + + + + + + + + - - - -$$
$$s_{12}(n) = + + + + - - + + - - + + - - - - + + + +$$
$$s_{13}(n) = + - + - - + + - - + + - - + - + + - + -$$
$$s_{14}(n) = + - + - - + + - + - + - + - + - - + - +$$

(8.20)

Vollständig durchgeführt erhält man eine Familie von vier Sätzen zu je vier binären Komplementärfolgen.

Die mit diesem Verfahren synthetisierbaren Komplementärfolgen entsprechen ebenfalls den Eintragungen in Bild 8.1.

Durch Suchverfahren und theoretische Uberlegungen ist z.Z. bekannt, daß binäre Komplementärfolgenpaare, die prinzipiell auf die Längen nach (8.14) beschränkt sind, darüber hinaus *nicht* existieren für die Längen $N \in \{18, 34, 36, 50, 58\}$ [Andres und Stanton 1976], oder für alle Längen $N \in 2 \cdot 9^{\alpha+1}(\alpha \in \mathbb{N})$ [Griffin 1977]. Daraus folgt in umgekehrter Argumentation, daß es auch die zugeordneten Welti-Folgen $W(2, N)$ nicht gibt.

Ergänzend sei noch auf die von Bömer und Antweiler [1990d] untersuchten *periodischen* Komplementär- und Welti-Folgen hingewiesen, deren Konstruktion in Länge und Umfang ihrer Sätze erheblich mehr Möglichkeiten eröffnet [Schotten 1990, Bömer 1991a].

8.4 Höherwertige und komplexwertige Welti- und Komplementär-Folgen

Binäre vektorwertige Folgen mit idealem Korrelationsverhalten existieren, wie gezeigt wurde, nur für bestimmte Abmessungen. Bei Übergang auf mehrwertige Folgen entfallen diese Beschränkungen, die Synthese von Folgenfamilien $W(Q, N)$ ist dann prinzipiell für alle Folgenlängen N und Familiengrößen bis zum Umfang $M \leq Q$ möglich.

In der Praxis sind besonders zwei Fälle von Interesse.

8.4.1 Ternäre Folgen

Unter den reellwertigen Folgen sind ternärwertige Folgen in diesem Zusammenhang am einfachsten zu implementieren. Sie können, wie in [Lüke 1989a] gezeigt wird, für alle Längen mit durchweg guter Energieeffizienz gefunden werden. Als Beispiel sei ein Paar ternärer Welti-Folgen $W(2, 14)$ mit nur einer Null (entsprechend einer Energieeffizienz von 93%) dargestellt:

$$W(2, 14)_1 = a\, a\, a\, \bar{b}\, \bar{a}\, a\, a\, b\, \bar{a}\, a\, \bar{a}\, \bar{b}\, 0\, \bar{b},$$
$$W(2, 14)_2 = a\, 0\, a\, \bar{b}\, b\, \bar{b}\, \bar{a}\, b\, b\, \bar{b}\, a\, b\, b\, b.$$

(8.21)

Auf diese Folgen lassen sich wieder alle Synthesemethoden aus Abschn. 8.2.1

anwenden, um z.B. in Kombination mit bekannten binären Welti-Folgen längere ternäre Folgen oder Familien größeren Umfangs zu gewinnen.

Ebenfalls lassen sich mit dem Verfahren aus Abschn. 8.3 auf dieser Basis ternäre Komplementär-Folgen ableiten, so erhält man aus der oberen Folge in (8.21)

$$s_{11}(n) = +\ +\ +\ -\ -\ +\ +\ +\ -\ +\ -\ -\ 0\ -\,,$$
$$s_{12}(n) = +\ +\ +\ +\ -\ +\ +\ -\ -\ +\ -\ +\ 0\ +\,.$$

(8.22a)

Entsprechend ergibt sich aus der unteren Folge von (8.21) ein zweiter Satz

$$s_{21}(n) = +\ 0\ +\ -\ +\ -\ -\ +\ +\ -\ +\ +\ +\ +\,,$$
$$s_{22}(n) = +\ 0\ +\ +\ -\ +\ -\ -\ -\ +\ +\ -\ -\ -\,,$$

(8.22b)

der zusammen mit (8.22a) auch Bedingung (8.18) einer Familie ternärer Komplementärfolgen erfüllt.

8.4.2 Uniforme Welti- und Komplementär-Folgen

Weitere Möglichkeiten eröffnen sich bei Verwendung komplexwertiger Folgen unter entsprechender Verallgemeinerung von (8.5) und (8.6).

Ein Beispiel für ein Paar uniformer Welti-Folgen $W(2, 6)$ lautet

$$W(2, 6)_1 = a\ a\ \bar{a}\ b\ jb\ b,$$
$$W(2, 6)_2 = a\ j\bar{a}\ a\ b\ \bar{b}\ \bar{b}.$$

(8.23)

Auch hier können diese Folgen wieder mit den Synthesemethoden aus Abschn. 8.2.1 in Länge und Umfang vergrößert werden.

Weiter ist ebenfalls mit den in Abschn. 8.3 geschilderten Verfahren die Zuordnung von zwei Paaren unkorrelierter, uniformer Komplementärfolgen möglich:

$$s_{11}(n) = +\ +\ -\ +\ j\ +\,,$$
$$s_{12}(n) = +\ +\ -\ -\ \bar{j}\ -\ ;$$

(8.24)

$$s_{21}(n) = +\ \bar{j}\ +\ +\ -\ -\,,$$
$$s_{22}(n) = +\ \bar{j}\ +\ -\ +\ +\,.$$

Weitere Angaben über die Bildung einzelner Sätze komplexwertiger Komplementär-Folgen und ihrer Anwendungen in Navigations- und Radarsystemen finden sich in [Sivaswamy 1978, Frank 1980]. Eine Konstruktionsmethode, die auf perfekten Triphasen-Folgen beruht, wird in [Bömer 1991a] angegeben.

8.5 Even-Folgen

Binäre Even-Folgen oder E-Folgen („even-shift orthogonal sequences") wurden von Turyn [1963] und Taki et al. [1969] definiert. E-Folgen haben Autokorrelationsfunktionen $\varphi_{ss}(m)$, die zumindest für alle geraden m verschwinden. E-Folgen lassen sich durch Verschachteln binärer Komplementär-Folgen erzeugen, hierzu ein einfaches Beispiel. Ausgehend z.B. von den Welti-Folgen $W(2,4)$ in (8.8) lassen sich nach dem Verfahren in Abschn. 8.3 zwei Sätze von Komplementär-Folgen bilden

$$
\begin{aligned}
s_{11}(n) &= + \; + \; + \; - \; , \\
s_{12}(n) &= + \; - \; + \; + \; ;
\end{aligned}
$$

$$
\begin{aligned}
s_{21}(n) &= + \; + \; - \; + \; , \\
s_{22}(n) &= + \; - \; - \; - \; .
\end{aligned}
\tag{8.25}
$$

Schreibt man die Elemente dieser Folgen s_{11} und s_{12} bzw. s_{21} und s_{22} abwechselnd hintereinander, so erhält man aufgrund der Eigenschaft (8.17) die E-Folgen

$$
\begin{aligned}
s_{1_E}(n) &= + \; + \; + \; - \; + \; + \; - \; + \; , \\
s_{2_E}(n) &= + \; + \; + \; - \; - \; - \; + \; - \; .
\end{aligned}
\tag{8.26}
$$

Beide E-Folgen besitzen wegen (8.18) zusätzlich die Eigenschaft, daß ihre Kreuzkorrelationsfunktion ebenfalls für geradzahlige Verschiebungswerte m verschwindet.

Paare solcher E-Folgen lassen sich also für alle Längen $2N$ konstruieren, für die es Komplementär-Folgen-Paare der Länge N gibt.

In entsprechender Weise läßt sich allgemein durch Verschachteln eines Satzes von Q Komplementär-Folgen eine neue Folge erzeugen, deren AKF an jeder Q-ten Stelle zu Null wird. Die entsprechende Eigenschaft besitzen auch wieder die KKF einer Familie von Q Folgen dieser Art. Anwendungen solcher „Q-shift cross-orthogonal sequences" in Codemultiplex-Systemen werden in [Suehiro und Hatori 1988a] diskutiert.

Auch hier läßt sich die Erzeugungsmethode ungeändert auf höherwertige und komplexwertige Folgen anwenden.

8.6 Frequenzsprung-Folgen und -Familien

Betrachtet wird eine „inkohärente", periodische Welti-Folge, die im folgenden Beispiel aus 26 unmodulierten Subpulsen besteht, welche einem System von 9 orthogonalen Vektoren entnommen sind:

$$
W_i(9,26) = a \; c \; d \; d \; b \; g \; f \; e \; h \; f \; b \; d \; b \; a \; g \; i \; i \; c \; d \; h \; i \; f \; h \; c \; g \; c. \tag{8.27}
$$

Die PAKF dieser Folge ist zweiwertig:

$$
\tilde{\varphi}_{ww}(m) = 26 \; 2 \; 2 \; 2 \; 2 \; 2 \; 2 \; \cdots .
$$

Werden die Elemente a, b, c, $\cdots\cdot$ dieser Folge durch Subpulse unterschiedlicher Mittenfrequenz realisiert, dann nennt man derartige Signale Frequenzsprung-Folgen (Frequency-Hop- oder FH-Folgen). Solche FH-Folgen und ihre Familien werden z.B. als Trägerfunktionen in asynchronen Spread-spectrum-Systemen (s. Abschn. 10.6.2) oder in Radarsystemen verwendet [Titlebaum 1981, Einarsson 1984, Merserau und Scay 1981]. Bei der Synthese von Familien sollen entsprechend nicht nur die Nebenwerte der PKKF möglichst gering werden, sondern die Folgen sollen auch orthogonal zueinander sein, damit ein vorgegebener Frequenzbereich mit Q Frequenzabschnitten („Frequenzschlitzen") ohne Überlappungen dicht ausgefüllt wird. Die Syntheseaufgabe lautet dann: bei gegebener Zahl an Frequenzschlitzen Q und gegebener Länge N ist eine Familie von möglichst $M = Q$ orthogonalen Folgen mit möglichst geringen Nebenwerten der PAKF und ebenfalls möglichst geringer PKKF zu finden. Spezielle Lösungen für $M = Q = N$ werden z.B. in [Titlebaum 1981, Einarsson 1980] gegeben. Ein elegantes, sehr allgemeines Syntheseverfahren wurde von Lempel und Greenberger [1974] gefunden, es wird im folgenden kurz beschrieben (hier anders als bei Lempel und Greenberger in Form von Welti-Folgen).

Ausgangspunkt der Synthese ist eine p-näre m-Folge $x(n)$ des Grades r, also der Länge $N = p^r - 1$. Durch eine Abbildung läßt sich daraus für jedes k mit $1 \leq k \leq r$ eine Familie von $M = p^k$ Folgen $y_v(n)$, $0 \leq v \leq p^k$, mit ebenfalls $Q = M$ unterschiedlichen orthogonalen Vektoren bilden.

Diese Lempel-Greenberger-Abbildung lautet

$$y_v(n) = \sum_{i=0}^{k-1} \left\{ [\tilde{x}(n+i) + w_v(i)] \bmod p \right\} \cdot p^i, \quad n = 0(1)N - 1, \tag{8.28}$$

wobei die Hilfsfolgen $w_v(i)$ so zu wählen sind, daß gilt

$$\sum_{i=0}^{k-1} w_v(i) \cdot p^i = v, \quad 0 < v < p^k \quad \text{mit den Elementen } w_v \in \{0, 1, \cdots\cdot, p-1\}. \tag{8.29}$$

Die Folgen $y_v(n)$ dieser Familie besitzen dann die Korrelationseigenschaften

$$\tilde{\varphi}_{vv}(m) = \begin{cases} N & \text{für } m \equiv 0 \bmod N \\ p^{r-k} - 1 & \text{sonst,} \end{cases}$$

$$\tilde{\varphi}_{vw}(m) = \begin{cases} 0 & \text{für } m \equiv 0 \quad \bmod N \\ p^{r-k} & \text{sonst.} \end{cases} \tag{8.30}$$

Im einfachsten Fall, für $v = 0$, ist $w_0(i) = 0$. Die Folge $y_0(n)$ wird gemäß (8.28) dadurch gebildet, daß über $\tilde{x}(n)$ ein Fenster der Breite k läuft und die im Fenster liegenden Werte mit den Faktoren 1, p, p^2 $\cdots\cdot$ gewichtet aufaddiert werden.

Den $Q = p^k$ unterschiedlichen Werten von $y_0(n)$ werden anschließend Q Orthogonalvektoren a, b, $\cdots\cdot$ zugeordnet und damit die inkohärente Welti-Folge $s_0(n)$ gebildet.

Hierzu ein Beispiel mit $p = 3$, $r = 3$, $k = 2$:

Die Ausgangsfolge ist damit eine ternäre m-Folge der Länge 26,

$$x(n) = 0\ 0\ 1\ 1\ 1\ 0\ 2\ 1\ 1\ 2\ 1\ 0\ 1\ 0\ 0\ 2\ 2\ 2\ 0\ 1\ 2\ 2\ 1\ 2\ 0\ 2$$

$$\downarrow \tag{8.31}$$

$$y_0(n) = 0\ 3\ 4\ 4\ 1\ 6\ 5\ 4\ 7\ 5\ 1\ 3\ 1\ 0\ 6\ 8\ 8\ 2\ 3\ 7\ 8\ 5\ 7\ 2\ 6\ 2.$$

Durch Zuordnung z.B. $0 \rightarrow a$, $1 \rightarrow b$ usw, ergibt sich dann die in (8.27) dargestellte inkohärente Welti-Folge $W_i(9, 26)$.

Für die anderen Folgen $v > 0$ der Familie wird gemäß (8.28) im Fenster die Hilfsfolge $w_v(i)$ modulo p aufaddiert.

Damit kann die Folge $y_0(n)$ aus dem Beispiel (8.31) zu einer Familie aus insgesamt p^k Folgen $y_v(n)$ ergänzt und eine entsprechende FH-Familie des Umfangs $M = Q = 9$ gebildet werden:

$$\underline{v = 1} \Rightarrow w_1(i) = 1,\ 0$$

$$y_1(n) = 1\ 4\ 5\ 5\ 2\ 7\ 3\ 5\ 8\ 3\ 2\ 4\ 1\ 1\ 7\ 6\ 6\ 0\ 4\ 8\ 6\ 3\ 8\ 0\ 7\ 0$$

$$\underline{v = 2} \Rightarrow w_2(i) = 2,\ 0$$

$$y_2(n) = 2\ 5\ 3\ 3\ 0\ 8\ 4\ 3\ 6\ 4\ 0\ 5\ 0\ 2\ 8\ 7\ 7\ 1\ 5\ 6\ 7\ 4\ 6\ 1\ 8\ 1$$

$$\underline{v = 3} \Rightarrow w_3(i) = 0,\ 1$$

$$y_3(n) = 3\ 6\ 7\ 7\ 4\ 0\ 8\ 7\ 1\ 8\ 4\ 6\ 4\ 3\ 0\ 2\ 2\ 5\ 6\ 1\ 2\ 8\ 1\ 5\ 0\ 5$$

usw. (8.32)

$$y_4(n) = 4\ 7\ 8\ 8\ 5\ 1\ 6\ 8\ 2\ 6\ 5\ 7\ 5\ 4\ 1\ 0\ 0\ 3\ 7\ 2\ 0\ 6\ 2\ 3\ 1\ 3$$

$$y_5(n) = 5\ 8\ 6\ 6\ 3\ 2\ 7\ 6\ 0\ 7\ 3\ 8\ 3\ 5\ 2\ 1\ 1\ 4\ 8\ 0\ 1\ 7\ 0\ 4\ 2\ 4$$

$$y_6(n) = 6\ 0\ 1\ 1\ 7\ 3\ 2\ 1\ 4\ 2\ 7\ 0\ 7\ 6\ 3\ 5\ 5\ 8\ 0\ 4\ 5\ 2\ 4\ 8\ 3\ 8$$

$$y_7(n) = 7\ 1\ 2\ 2\ 8\ 4\ 0\ 2\ 5\ 0\ 8\ 1\ 8\ 7\ 4\ 3\ 3\ 6\ 1\ 5\ 3\ 0\ 5\ 6\ 4\ 6$$

$$y_8(n) = 8\ 2\ 0\ 0\ 6\ 5\ 1\ 0\ 3\ 1\ 6\ 2\ 6\ 8\ 5\ 4\ 4\ 7\ 2\ 3\ 4\ 1\ 3\ 7\ 5\ 7.$$

Die Korrelationsschranken dieser Familie betragen nach (8.30) $\Theta_a = 2$ und $\Theta_c = 3$. Ein Blick in eine beliebige Spalte dieser Familie zeigt, daß jeder Zeitschlitz jeweils alle Q Orthogonalvektoren bzw. Frequenzschlitze genau einmal enthält, eine Eigenschaft, die durch die Orthogonalität der Folgen $\tilde{\varphi}_{vw}(0) = 0$ gegeben ist.

Der Beweis, daß die durch (8.28) und (8.29) definierten Folgen die Korrelationseigenschaften (8.30) erfüllen, ist recht umfangreich, s. [Lempel und Greenberger 1974], er wird daher hier nur für die Autokorrelationseigenschaften der Folge $s_0(n)$, also für $v = 0$ geführt.

Der Wert $\tilde{\varphi}_{00}(m)$ der PAKF der Welti-Folge $s_0(n)$ ist gemäß der Zuordnung in (8.31) gleich der Zahl der termweise übereinstimmenden Symbole der Folge $y_0(n)$ und der zyklisch verschobenen Folge $\tilde{y}_0(n + m)$.

Anders formuliert ist $\tilde{\varphi}_{00}(m)$ dann auch gleich der Zahl der Nullen in der Differenzfolge $y_0(n) - \tilde{y}_0(n + m)$. Da nach (8.28) [hier für $v = 0$, also $w_0(i) = 0$] jedes $y_0(n)$ durch gewichtete Addition des bei n beginnenden k-Tupels der Folge $x(n)$ eindeutig gebildet wird, ist der PAKF-Wert $\tilde{\varphi}_{00}(m)$ damit auch gleich der Zahl der k-Tupel $\underbrace{000 \cdots 0}_{k}$ in der zyklischen Differenzfolge

$x_0(n) - \tilde{x}_0(n + m)$. Schließlich ist die so gebildete Differenzfolge einer m-Folge nach der „Schiebe- und Subtraktionseigenschaft" (3.43) wieder die gleiche, nur zyklisch verschobene Folge. Damit folgt als Ergebnis, daß $\tilde{\varphi}_{00}(m)$ für $m \neq 0$ gleich der Zahl der k-Tupel $000 \cdots 0$ in der m-Folge $x_0(n)$ ist und damit gemäß den Eigenschaften von m-Folgen in Verallgemeinerung von (3.46), gilt

$$\tilde{\varphi}_{00}(m) = p^{r-k} - 1, \quad m \not\equiv 0 \bmod N.$$

In entsprechender, aber umständlicherer Weise lassen sich die übrigen Korrelationseigenschaften nach (8.28) ableiten.

In [Lempel und Greenberger 1974] wird weiter noch gezeigt, daß die sich nach (8.30) ergebenden Korrelationsschranken $\Theta_a = p^{r-k} - 1$ und $\Theta_c = p^{r-k}$ bei jedem Paar aus der durch (8.29) definierten Familie gleich oder kleiner als bei jeder anderen möglichen FH-Familie gleicher Abmessung sind. Die FH-Familien nach Lempel und Greenberger sind also optimal.

In Abschn. 14.4. wird das Thema der FH-Folgen noch einmal aufgegriffen. Unter der Bezeichnung „Costas-Arrays" werden dort Einzelfolgen behandelt, die im Zeit- *und* Dopplerfrequenzbereich gute Auflösungseigenschaften besitzen. Diese Eigenschaft ist besonders in Radar- und Sonar-Ortungssystemen von Bedeutung.

9. Ergänzende Themen zu Korrelationsfolgen

9.1 Mismatched-Filterung

9.1.1 Aperiodischer Fall

Die bisherigen Betrachtungen zeigten, daß es dann besonders schwierig ist Signale mit guter AKF zu finden, wenn die für Implementierung und Wirkungsgrad wichtige praktische Nebenbedingung gestellt wird, daß die Signalfolgen binär oder uniform sein sollen. Ein eleganter Ausweg ist die „Mismatched"-Filterung der Signalfolgen. Während der Sender mit hohem Wirkungsgrad Binärsignale erzeugt, weicht das Empfangsfilter soweit vom „Matched"-Filter (Korrelationsfilter) ab, daß zwar der Hauptwert – und damit das erreichbare Nutz-Störleistungsverhältnis – etwas verringert ist, dafür aber die Nebenwerte deutlich reduziert werden können.

Ist $s(n)$ das Sendesignal der Länge N und $h(n) = w(-n)$ die Stoßantwort des Empfangsfilters, dann erscheint am Filterausgang anstelle der AKF $\varphi_{ss}(m)$ die Kreuzkorrelationsfunktion $\varphi_{sw}(m)$. (Dabei wird $h(n)$ so gewählt, daß der Hauptwert von $\varphi_{sw}(m)$ weiter im Nullpunkt liegt). Die Verminderung des Nutz-Störleistungsverhältnisses wird durch die relative Effizienz η_F des Filters beschrieben als (vgl. Abschn. 1.1)

$$\eta_F = \frac{S'_a/N'_a|_{\text{mismatched}}}{S_a/N_a|_{\text{matched}}} = \frac{\varphi_{sw}^2(0)/[N_0\,\varphi_{ww}(0)]}{\varphi_{ss}(0)/N_0} = \frac{\varphi_{sw}^2(0)}{\varphi_{ss}(0)\cdot\varphi_{ww}(0)}. \tag{9.1}$$

Bei Korrelationsempfang $w(n) = s(n)$ ist also $\eta_F = 1$. Die Syntheseaufgabe für das Filter $h(n)$ stellt sich z. B. so, daß bei vorgegebener Effizienz η_F die Nebenwerte von $\varphi_{sw}(m)$ nach einem geeigneten Kriterium $F[\cdot]$ minimiert werden, also

$$F[\varphi_{sw}(m) - \varphi_{sw}(0)\delta(m)] = \min. \tag{9.2}$$

In der Literatur werden mehrere Ansätze zur Lösung von (9.2) beschrieben.

Kosel [1970] setzt die Länge der Filterstoßantwort gleich der Signallänge N und minimiert (9.2) nach dem Kriterium des mittleren Abweichungsquadrats durch Lösen eines linearen Gleichungssystems nach den N Unbekannten $w(n)$ mit Hilfe der Gaußschen-Transformation.

Seidler [1974, 1976] minimiert das Maximum des Betrages der Abweichung und läßt auch Filter der Länge $> N$ zu. Das lineare, aber im letzteren Fall überbestimmte Gleichungssystem wird mit der „linearen diskreten Tschebyscheff-Approximation" gelöst. Kosel optimiert damit also im wesentlichen den

Merit-Faktor, Seidler das Haupt-Nebenmaximum Verhältnis. Andere Ansätze werden z.B. in [Ackroyd und Ghani 1973, Zoraster 1980, Hua und Oksman 1990] beschrieben. Einige Ergebnisse aus [Seidler 1974, 1976], werden kurz diskutiert.

Bild 9.1(a) zeigt die optimierten Stoßantworten der Mismatched-Filter für die Barker-Folge der Länge $N = 13$ bei einfacher, dann ca. doppelter, drei-und vierfacher Filterlänge. In Bild 9.1(b) stehen die entsprechenden Ausgangssignale (die Folgen werden als mit rechteckförmigen Trägersignalen gefaltet angenommen), sowie die zugeordneten Werte für Haupt-/Nebenmaximumverhältnis HNV und Filtereffizienz η_F. Auffällig ist, daß besonders bei dieser Barker-Folge die Filtereffizienz recht hoch bleibt.

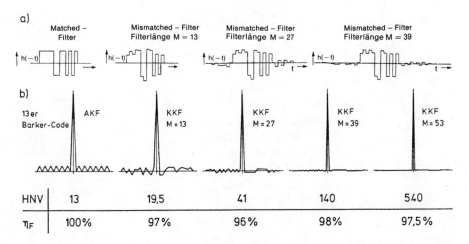

Bild 9.1. Stoßantworten (a) und Korrelationsfunktionen (b) für Matched und Mismatched Filter verschiedener Länge M bei Empfang der Barker-Folge der Länge $N = 13$ (nach [Seidler 1974, 1976]).

Einen Überblick über die mit nichtverlängerten Mismatched-Filtern ($M = N$) bei Empfang von gut korrelierenden Binärfolgen der Längen $N = 3$ bis 61 erzielbaren HNV-Werte gibt Bild 9.2. Verglichen wird mit den entsprechenden Werten für Korrelationsfilterempfang.

Das Bild enthält auch einige Eintragungen für die Ergebnisse bei Bewertung der Nebenwerte nach (9.2) mit dem Kriterium des minimalen mittleren Fehlerquadrats.

9.1.2 Periodischer Fall

Bei periodischen Binärfolgen kann durch Mismatched-Filterung für fast alle Längen ideales Korrelationsverhalten erreicht werden [Rohling und Borchert

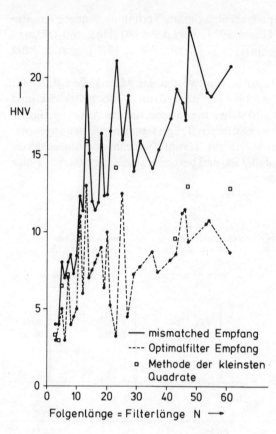

— mismatched Empfang
---- Optimalfilter Empfang
▫ Methode der kleinsten Quadrate

Folgenlänge = Filterlänge N →

Bild 9.2. Durch Mismatched Filter erreichte Haupt-/Nebenmaximum-Verhältnisse bei verschiedenen Folgenlängen für Filterlänge = Folgenlänge

1988, Eggers 1990]. Aus Bedingung (9.2) wird also

$$\tilde{\varphi}_{sw}(m) = \begin{cases} 1 & \text{für } m \equiv 0 \bmod N \\ 0 & \text{sonst.} \end{cases} \qquad (9.3)$$

Einige Beispiele für die Mismatched-Filterung von Binärfolgen bis zur Länge $N = 14$ zeigt Tabelle 9.1. Hier wurden in einem Suchverfahren die Binärfolgen ermittelt, mit denen sich eine maximale Filtereffizienz ergibt.

In [Rohling und Borchert 1988] wird weiter gezeigt, daß das lineare Gleichungssystem (9.3) dann eine Lösung hat, wenn die DFT der Ausgangsfolge $s(n)$ keine Nullstellen enthält; für das Produkt der periodischen Spektren von Signal und Filterstoßantwort muß gemäß (2.71) nämlich gelten

$$|\tilde{S}(k)| \cdot |\tilde{W}(k)| = \text{const.}$$

Längere Folgen und ihre zugehörigen Mismatched-Filter lassen sich aus den Folgen der Tabelle 9.1 durch Anwendung des Multiplikationstheorems (2.63) bilden:

Tabelle 9.1. Einige Beispiele für periodische binäre Folgen $\tilde{s}(n)$ und zugehörige Mismatched-Filter $\tilde{w}(n)$

Länge N	Folge $\tilde{s}(n)$	Filterkoeffizienten $\tilde{w}(n)$	Relative Effizienz η_F in %
3	1 1 -1	1 1 0	66
4	1 1 1 -1	1 1 1 -1	100
5	1 1 1 -1 -1	1 1 1 1 -2	90
6	1 1 1 -1 -1 -1	1 1 1 1 1 -3	76
7	1 1 1 -1 -1 1 -1	1 1 1 1 1 -1 -4	65
8	1 1 1 1 -1 -1 1 -1	1 3 1 -1 -1 3 -1 -1	75
9	1 1 1 1 -1 -1 -1 1 -1	1 6 1 -4 1 1 -4 1 -1	60
10	1 1 1 1 -1 -1 -1 1 -1 -1	9 19 1 7 5 -9 -25 -1 -7 -5	59,7
11	1 1 1 -1 -1 -1 1 -1 -1 1 -1	71 20 47 17 80 -79 68 53 -49 5 -55	77,5
12	1 1 1 1 1 -1 -1 1 -1 1 -1 -1	2 1 1 2 1 -1 -2 1 1 -2 1 -1	89
13	1 1 1 1 1 -1 -1 1 1 -1 1 -1 1	2 2 2 2 2 -3 -3 2 2 -3 2 -3 2	96,5
14	1 1 1 1 1 -1 -1 -1 1 1 -1 1 -1 -1	1 4 4 1 4 1 -5 -5 4 4 -5 4 -5 1	82,3

Es seien $s_1(n)$ und $w_1(n)$ Folge und Mismatched-Folge der Länge N_1 sowie $s_2(n)$, $w_2(n)$ entsprechende Folgen der zu N_1 teilerfremden Länge N_2. Durch periodische Multiplikation $\tilde{s}_1(n) \cdot \tilde{s}_2(n)$ und $\tilde{w}_1(n) \cdot \tilde{w}_2(n)$ erhält man ein neues Paar von Folgen und Mismatched-Folgen der Längen $N_1 \cdot N_2$. Nach (2.63) ist dann auch ihre PKKF gleich dem periodischen Produkt der PKKF der Ausgangsfolgen; sie ist weiter ideal im Sinne von (9.3), wenn auch die Ausgangsfolgen ideal sind. Dabei ergibt das Produkt zweier Binärfolgen wieder eine Binärfolge. Hierbei multiplizieren sich die Filtereffizienzen.

Besonders interessant ist daher die Multiplikation beliebiger Folgen $s_1(n)$ ungerader Länge mit der Folge $s_2(n)$ der Länge 4 und der zugeordneten Filtereffizienz 1. Anwendungen können derartige Folgen z.B. in der Radartechnik oder der Systemmeßtechnik finden, vgl. Abschn. 10.2.

9.2 Orthogonale Folgen und Matrizen

Orthogonalfolgen sind Familien von M Folgen $s_i(n)$ gleicher Länge N, die nur die einfache Kreuzkorrelationsbedingung erfüllen

$$\varphi_{ij}(0) = 0, \quad \forall i, j; \quad i \neq j. \tag{9.4a}$$

Die $s_i(n)$ werden speziell Orthonormalfolgen genannt, wenn sie alle den gleichen Energieinhalt besitzen,

$$\varphi_{ii}(0) = E, \quad \forall i. \tag{9.4b}$$

Die Suche nach Orthogonalfolgen ist i.allg. nur dann schwierig, wenn die $s_i(n)$ weitere Nebenbedingungen erfüllen müssen. Im folgenden werden daher insbesondere binäre, ternäre und uniforme Folgen dieser Art betrachtet [Lüke 1987a].

9.2.1 Binäre Orthogonalfolgen

Binäre orthogonale Folgen und Matrizen sind in vielen Gebieten der Signalverarbeitung und Übertragung von Bedeutung, da ihre Erzeugung und Verarbeitung gut an eine digitale Schaltungstechnik angepaßt ist.

In der Mathematik wurden binäre Orthogonalfolgen zuerst in Form der zweiwertigen Orthogonalmatrizen von Sylvester [1867] und Hadamard [1893] diskutiert. Über Synthese und Eigenschaften derartiger Hadamard-Matrizen liegen Untersuchungen in großer Zahl vor [Hedayat und Wallis 1978, Wallis et al. 1972].

Eine weitere Wurzel stellen die zweiwertigen Orthogonalfunktionssysteme dar, wie sie von Rademacher [1922] und von Walsh [1923] angegeben wurden.

Technische Anwendungen hat die Walsh-Hadamard-Transformation, für die heute auch „schnelle" Algorithmen verfügbar sind, insbesondere in der Bildcodierung und Bildverarbeitung gefunden, ferner in der Sprachverarbeitung, der Kanalcodierung und kryptografischen Codierung, der mehrkanaligen Signalverarbeitung und Übertragung, der Mustererkennung, der Signaturanalyse von hochintegrierten Schaltungen, im Logikentwurf bis zur optischen Spektrografie. Hierzu sind inzwischen mehrere umfassende Darstellungen erschienen [Harmuth 1972, Ahmed und Rao 1975, Beauchamp 1984, Elliott und Rao 1982, Lüke 1970b].

Der Zusammenhang zwischen Orthogonalmatrizen, Orthogonalfolgen und Orthogonalfunktionen wird unmittelbar aus Bild 9.3 deutlich, in dem eine ternäre Orthogonalmatrix der Ordnung 6 und die zugeordneten $M = 6$ Orthogonalfolgen und- funktionen dargestellt sind.

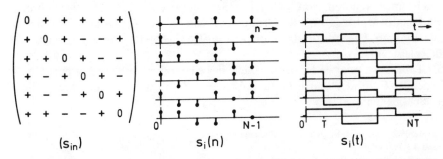

Bild 9.3. Ternäre Orthogonalmatrix (s_{in}) der Ordnung 6 mit den zugehörigen orthogonalen Folgen $s_i(n)$ und Funktionen $s_i(t)$

Eine praktisch interessante Aufgabe besteht darin, aus den Orthogonalfolgen Orthogonalfunktionen abzuleiten, die einen möglichst geringen Bandbreitebedarf aufweisen. Diese spektrale Formung stellt besondere Nebenbedingungen an die Folgen, die beispielsweise in [Lüke 1964, 1965, 1966] diskutiert werden.

Hadamard-Matrizen und Walsh-Folgen. Hadamard–Matrizen sind binäre Orthogonalmatrizen mit den Elementen $+1$ und -1, sie wurden zuerst von Sylvester [1867] angegeben. Bei Sylvester findet sich auch eine einfache Methode zur Konstruktion von Hadamard-Matrizen, deren Ordnung M eine beliebige Zweierpotenz ist. Hadamard [1893] zeigte dann allgemeiner, daß diese Matrizen für die Ordnungen $M = 2, 4$, und alle Vielfachen von 4 existieren können. Diese Eigenschaft ist notwendig, aber nicht hinreichend zur Existenz solcher Matrizen. Bis 1977 war $M = 268$ die kleinste Ordnung 0 mod 4, für die noch keine Hadamard-Matrix konstruiert werden konnte [Hedayat und Wallis 1978].

Der wichtigste Satz zur Konstruktion von Hadamard-Matrizen H_M lautet:

Das Kronecker-Produkt zweier Hadamard-Matrizen $H_M \times H_N$, gebildet durch Substituieren von H_N für $+1$ und $-H_N$ für -1 in H_M, gibt eine Hadamard-Matrix der Ordnung $M \cdot N$.

Ausgehend von der einfachsten Hadamard-Matrix

$$H_2 = \begin{bmatrix} +1 & +1 \\ +1 & -1 \end{bmatrix} \tag{9.5}$$

lassen sich mit diesem Satz Matrizen ableiten, deren Ordnungszahl eine beliebige Zweierpotenz ist, beispielsweise lautet die Matrix der Ordnung $M = 4$

$$H_2 \times H_2 = H_4 = \begin{bmatrix} + & + & + & + \\ + & - & + & - \\ + & + & - & - \\ + & - & - & + \end{bmatrix}. \tag{9.6}$$

Nach einer weiteren, von Paley [1933] angegebenen Konstruktion können Hadamard-Matrizen für alle Ordnungszahlen $M = p + 1$ (p prim $\equiv 3 \bmod 4$) aus binären Legendre-Folgen oder m-Folgen gebildet werden. Hierzu ein Beispiel.

Tabelle 9.2 zeigt in der oberen Zeile des eingerahmten Bereiches eine binäre Legendre-Folge der Länge 11 nach Abschn. 3.3 und darunter alle ihre zyklisch Verschobenen.

Tabelle 9.2. Legendre-Folgen und . Hadamard-Matrix (Ordnung 12)

+	+	−	+	+	+	−	−	−	+	−	−
+	−	+	−	+	+	+	−	−	−	+	−
+	−	−	+	−	+	+	+	−	−	−	+
+	+	−	−	+	−	+	+	+	−	−	−
+	−	+	−	−	+	−	+	+	+	−	−
+	−	−	+	−	−	+	−	+	+	+	−
+	−	−	−	+	−	−	+	−	+	+	+
+	+	−	−	−	+	−	−	+	−	+	+
+	+	+	−	−	−	+	−	−	+	−	+
+	+	+	+	−	−	−	+	−	−	+	−
+	−	+	+	+	−	−	−	+	−	−	+
+	+	+	+	+	+	+	+	+	+	+	+

Gemäß (3.20) haben alle Kreuzkorrelationskoeffizienten zwischen den elf Zeilen den Wert -1. Ergänzt man nun links eine Spalte $+1$, so wird jeder Kreuzkorrelationskoeffizient auf 0 erhöht, die Zeilen werden also orthogonal. Da alle Zeilen gleichanteilfrei sind, läßt sich als zusätzliche untere Zeile noch $+ + + \cdots +$ ergänzen. Es entsteht eine Hadamard-Matrix der Ordnung $M = 11 + 1 = 12$. Die gleiche Konstruktion gilt für alle binären m-Folgen. Kombiniert man diese Matrizen noch über das Kronecker-Produkt mit den nach der ersten Methode gebildeten Orthogonalmatrizen, so lassen sich weitere Hadamard-Matrizen der Ordnungen 20 ($= 19 + 1$), 24 ($= 2 \cdot 12$), 36 ($= 35 + 1$), 40 ($= 2 \cdot 20$), 44 ($= 43 + 1$), 48 ($= 4 \cdot 12$) usw. erzeugen. Die den

Hadamard-Matrizen zugeordneten orthogonalen Folgen bzw. Funktionen werden Walsh- bzw. Walsh-Hadamard-Funktionen genannt.

Aus jeder Hadamard-Matrix kann man durch Permutation und/oder Vorzeichenumkehr beliebiger Zeilen und Spalten eine Anzahl anderer Hadamard-Matrizen gleicher Ordnung ableiten. Die derart auseinander entstehenden Matrizen werden äquivalent genannt. Für $M < 16$ sind alle Hadamard-Matrizen einer Ordnung äquivalent, für $M = 16$ gibt es fünf verschiedene Gruppen nur untereinander äquivalenter Matrizen, für $M > 16$ ist die Zahl dieser sogenannten Äquivalenzklassen nicht bekannt [Baumert 1964]. Die Hadamard-Matrizen, deren erste Zeile und erste Spalte nur positive Elemente enthält, werden normalisiert genannt. Nachrichtentechnisch sind diese normalisierten Matrizen von Bedeutung, da die zur ersten, rein positiven Zeile orthogonalen Zeilen damit auch gleichanteilfrei sind.

Nach diesen Vorbemerkungen über Hadamard-Matrizen sei die Aufmerksamkeit wieder auf die binären Orthogonalfolgen gerichtet, die aus den Zeilen der Hadamard-Matrizen gebildet werden. Da alle Folgen als gleichberechtigt angenommen werden, können äquivalente Matrizen, die durch Permutation und Vorzeichenwechsel nur der Zeilen auseinander hervorgehen, hier als identisch angesehen werden. Dagegen unterscheiden sich in diesem Sinn nichtidentische, äquivalente Martizen teilweise deutlich in ihrem Nebensprechverhalten:

Die Anzahl äquivalenter, aber nachrichtentechnisch nicht identischer Hadamard-Matrizen wächst sehr stark mit steigender Ordnungszahl. So gibt es für $M = 4$ als Ordnung 2, und für $M = 8$ bereits 432 nichtidentische Matrizen. Es ist also sinnvoll nach einer unter bestimmten Kriterien jeweils optimalen Hadamard-Matrix zu suchen.

Man kann zeigen, daß das Nebensprechverhalten von orthogonalen Folgen unter dem Einfluß linearer Verzerrungen und geringer Synchronisationsstörungen wesentlich vom Anstieg ihrer Kreuzkorrelationsfunktionen in der Umgebung des Nullpunktes abhängt. Eine Durchmusterung aller 432 Hadamard-Matrizen der Ordnung 8 ergab beispielsweise, daß sie sich bis zu einem Faktor von 2,3 im maximalen Anstieg der Kreuzkorrelationsfunktionen unterscheiden. Dem entspricht eine Differenz des Nebensprechens um 7 dB. Dieser durch Auswahl der besten Matrizen zu erzielende Gewinn steigt mit wachsender Ordnung der Matrizen noch weiter an [Lüke 1970a].

9.2.2 Ternäre Orthogonal-Folgen und -Matrizen

Für etliche Anwendungsfälle ist es einengend, daß Hadamard-Matrizen und Walsh-Hadamard-Funktionen auf Ordnungen $M \equiv 0 \bmod 4$ beschränkt sind. Es wird daher im folgenden die Synthese mehrwertiger aber noch binärähnlicher Orthogonalmatrizen beliebiger Ordnung betrachtet. Als Beispiel zeigt Bild 9.3 eine ternäre Orthogonalmatrix der Ordnung 6 mit den zugeordneten orthogonalen Folgen und Funktionen.

Als technisch sinnvolles aber auch mathematisch gut handhabbares Maß für „Binärähnlichkeit" wird im folgenden verlangt, daß die betrachteten Folgen bzw. Matrixzeilen $s(n)$ eine möglichst große Energieeffizienz (4.11) besitzen sollen.

Hadamard-Matrizen und zugeordnete Folgen besitzen in allen Zeilen (und Spalten) die höchstmögliche Energieeffizienz 1. Die in Bild 9.3 dargestellte Ternärmatrix hat in allen Zeilen (und Spalten) eine Energieeffizienz von $\eta = 5/6 = 83\%$.

In einer nachrichtentechnischen Anwendung wurden Ternärmatrizen der in Bild 9.3 dargestellten Art mit *einer* Null auf der Hauptdiagonalen erstmals von Belevitch betrachtet, der damit das Problem bearbeitete, ein vieltoriges Netzwerk mit gleicher Dämpfung zwischen jedem Torpaar zu synthetisieren [Belevitch 1950]. Nach der Anwendung in diesen „conference networks" tragen die betrachteten Matrizen auch den Namen „conference matrices" [Wallis et al. 1972].

Conference-Matrizen sind hier recht attraktiv, da ihre Energieeffizienz mit steigender Ordnung $M = N$ für alle Zeilen mit

$$\eta = (N - 1)/N \tag{9.7}$$

wächst; sie werden also immer binärähnlicher.

Conference-Matrizen bzw. -Folgen können nur für geradzahlige Ordnungen existieren. Dies läßt sich wie folgt zeigen:

Für drei beliebige Zeilen einer Conference-Matrix bzw. für die zugeordneten Folgen gilt wegen der Orthogonalität

$$\sum_{n=0}^{N-1} [s_1(n) + s_2(n)] \cdot [s_1(n) + s_3(n)] = \sum_{n=0}^{N-1} s_1^2(n) = N - 1. \tag{9.8}$$

Die N einzelnen Terme der linken Summe enthalten in $N - 3$ Fällen *kein* Element $s_i(n) = 0$; jeder dieser Terme kann dann nur die Werte 4 oder 0 annehmen. Betrachtet man alle Möglichkeiten für die restlichen drei Terme, die Nullen enthalten, so kann ihre Summe entweder die Werte ± 1 oder 4 ± 1 ergeben. In Kombination mit (9.8) muß also gelten, daß $N - 1$ ein Vielfaches von $\pm 4 \pm 1$ ist. Damit folgt die obige Behauptung.

Ähnlich zu dem Vorgehen in Tabelle 9.2 lassen sich Ternärmatrizen dieser Art auch z.B. aus den ternären Legendre-Folgen nach Abschnitt 3.3 konstruieren.

Einige Conference-Matrizen bis zur Ordnung 18 sind in [Raghavarao 1959] angegeben. In [Raghavarao 1960] wird gezeigt, daß Conference-Matrizen für die Ordnungen $M \in \{22, 34, 58, 78, \ldots\}$ nicht existieren. Eine Übersicht über die Energieeffizienzen der bekannten Conference-Matrizen gibt Bild 9.4.

9.2.3 Zyklische und uniforme Orthogonal-Folgen und- Matrizen

Die Erzeugung der Elemente einer Orthogonalmatrix oder der Folgen des zugeordneten Orthogonalsystems ist besonders einfach, wenn die Matrix

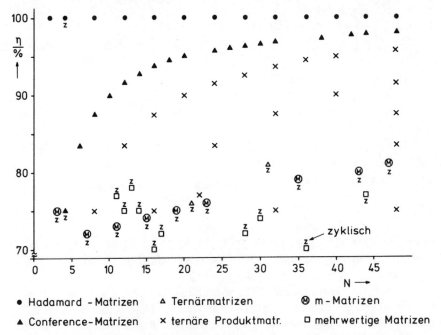

Bild 9.4. Energieeffizienz η orthogonaler Folgen und Matrizen der Länge (und Ordnung) N

zyklisch ist, d.h. daß ihre Zeilen durch zyklische Verschiebung ineinander übergehen. Da in einer solchen Orthogonalmatrix die Kreuzkorrelationskoeffizienten der Zeilen sämtlich verschwinden, ist jede Zeile identisch mit einer perfekten Folge mit idealer periodischer Autokorrelationsfunktion. Die Ergebnisse aus Kap. 4 können daher sofort auf das vorliegende Problem angewendet werden.

Die resultierenden Matrizen haben wieder in allen Zeilen und Spalten gleiche Energieefizienz; diese ist gleich der Energieeffizieng der Ausgangsfolge. Einige dieser zyklischen Orthogonalmatrizen der Ordnungen $M = 3$, 4, 5 und 7 zeigt Bild 9.5.

Die dargestellte zyklische Matrix der Ordnung $M = 3$ ist, wie eine vollständige Suche zeigte, die Matrix mit der höchsten auch für nichtzyklische Matrizen dieser Ordnung erreichbaren Energieeffizienz. Diese Matrix wurde aufgrund einer geometrischen Überlegung bereits von Lang [1963] als optimal binärähnliche Matrix für dreidimensionale Rotationsoperationen an Signalen angegeben.

Die Matrix der Ordnung $M = 4$ ist die einzige bekannte zweidimensionale zyklische Hadamard-Matrix [Lüke 1971a]. Zyklische Matrizen, die, wie das Beispiel $M = 7$ in Bild 9.5 zeigt, zweiwertig aber amplitudenunsymmetrisch sind, existieren auch für die Ordnungen $M \in \{11, 15, 19, 23, 35, 43, \ldots\}$, sie können als „m-Matrizen" aus m-Folgen abgeleitet werden [Hoffmann de Visme 1971, Grallert 1976]. Zyklische Ternärmatrizen mit Energieeffizienzen $\eta > 60\%$

$$
\begin{pmatrix} 1 & 1 & -1/2 \\ -1/2 & 1 & 1 \\ 1 & -1/2 & 1 \end{pmatrix} \quad \begin{pmatrix} 1 & -1 & 1/3 & 1 & 1/2 \\ 1/2 & 1 & -1 & 1/3 & 1 \\ 1 & 1/2 & 1 & -1 & 1/3 \end{pmatrix}
$$

M = 3   η = 75%   M = 5   η = 67 %

$$
\begin{pmatrix} 1 & 1 & 1 & -1 \\ -1 & 1 & 1 & 1 \\ 1 & -1 & 1 & 1 \\ 1 & 1 & -1 & 1 \end{pmatrix} \quad \begin{pmatrix} 1 & 1 & 1 & a & 1 & a & a \\ a & 1 & 1 & 1 & a & 1 & a \\ a & a & 1 & 1 & 1 & a & 1 \end{pmatrix}
$$

M = 4   η = 100%   M = 7   η = 72 %

(a = -0,59)

Bild 9.5. Zyklische Orthogonalmatrizen hoher Energieeffizienz

existieren für Ordnungen $M \in \{6, 13, 21, 31, 33, 52, 57, 73, 84, 91. .\}$ [Lüke 1988]. Die allgemein mit wertkontinuierlichen zyklischen Matrizen erreichbaren Energieeffizienzen sind wieder in Bild 9.4 eingetragen.

Aus den bisher betracheten Orthogonalmatrizen können weitere orthogonale Matrizen oder Folgen über das oben beschriebene Kronecker-Produkt abgeleitet werden. Aufgrund dieser Konstruktion ergibt sich entsprechend (4.19), daß die Energieeffizienz jeder Zeile gleich dem Produkt der Energieeffizienzen der verknüpften Zeilen ist. Als einfaches Beispiel zeigt Bild 9.6 das Kronecker-Produkt der Hadamard-Matrix der Ordnung $N = 2$ mit der zyklischen Matrix mit $M = 3$.

In Bild 9.4 sind ebenfalls die Ergebnisse von Kronecker-Produkt zwischen Hadamard- und Conference-Matrizen eingetragen, soweit die Energieeffizienzen der Produktmatrizen mehr als 70% betragen.

Nach der hier beschriebenen Methode lassen sich auch aus komplexwertigen perfekten Folgen zyklische Orthogonalmatrizen bilden.

Insbesondere ergeben die in Abschn. 4.7 beschriebenen uniformen, perfekten Folgen für jede Ordnung $N = M$ komplexwertige zyklische Orthogonalmatrizen mit der Energieeffizienz 1.

$$
\begin{pmatrix} 1 & 1 \\ 1 & -1 \end{pmatrix} \times \begin{pmatrix} 1 & 1 & -1/2 \\ 1 & -1/2 & 1 \\ -1/2 & 1 & 1 \end{pmatrix} \quad \begin{array}{l} M = 3 \\ \eta = 0{,}75 \end{array}
$$

N = 2 η = 1

$$
= \begin{pmatrix} 1 & 1 & -1/2 & 1 & 1 & -1/2 \\ 1 & -1/2 & 1 & 1 & -1/2 & 1 \\ -1/2 & 1 & 1 & -1/2 & 1 & 1 \\ 1 & 1 & -1/2 & -1 & -1 & 1/2 \\ 1 & -1/2 & 1 & -1 & 1/2 & -1 \\ -1/2 & 1 & 1 & 1/2 & -1 & -1 \end{pmatrix} \quad \begin{array}{l} N \cdot M = 6 \\ \eta = 0{,}75 \end{array}
$$

Bild 9.6. Kronecker-Produkt zweier Orthogonalmatrizen

9.3 Ambiguity-Funktion

9.3.1 Doppler-Kanal und Ambiguity-Funktion

Insbesondere bei Radar-und Sonarsystemen ist eine Dopplerverschiebung auf dem Kanal eine wichtige, die Form des übertragenen Signals häufig deutlich verändernde Größe. Dabei ist diese Signalverzerrung nicht unbedingt ein Störeinfluß, da sie die Nutzinformation über die Relativgeschwindigkeit des Objekts zur Ortungsrichtung enthält.

Wird ein elektromagnetisches Signal $m(t)$ von einem Objekt, das sich relativ zur Einfallsrichtung mit der Geschwindigkeit $\pm v$ bewegt, verlustfrei reflektiert, so gilt für das aus der gleichen Einfallsrichtung empfangene Signal im Zeit- und Frequenzbereich

$$m_d(t) = \sqrt{a}\, m(at)$$

$$M_d(f) = \frac{1}{\sqrt{a}} M\left(\frac{f}{a}\right) \qquad \text{mit } a = 1 \pm 2v/c$$
$$(+\text{ für Annäherung}),$$
$$c \text{ Lichtgeschwindigkeit}.$$

(9.9)

Durch den Dopplereffekt wird das Signal also im Zeit-und Frequenzbereich gedehnt bzw. gestaucht. Der Faktor $\sqrt{a}$ ist durch die Erhaltung der Energie bedingt.

Diese Doppler-Dehnung ist in Bild 9.7 für ein schmalbandiges Signal dargestellt.

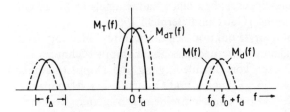

Bild 9.7. Spektrum und äquivalentes Tiefpaßspektrum eines Dopplerverschobenen Bandpaßsignals

Die Darstellung zeigt, daß bei schmalbandigen Signalen und nicht allzugroßer Dopplerdehnung (d.h. $f_\Delta T 2v/c \ll 1$, T Signaldauer) diese Dehnung in guter Näherung als Verschiebung um die „Dopplerfrequenz"

$$f_d = 2v f_0/c \qquad (9.10)$$

beschrieben werden kann. (Der Faktor v/c ist, im Gegensatz zum Radarfall, bei Sonaranwendungen i.allg. so groß, daß diese Näherung für Schallsignale nicht mehr gilt). Im äquivalenten Tiefpaß-Bereich gilt demnach (ohne Berücksichtigung des Amplitudenfaktors)

$$M_{dT}(f) \approx M_T(f - f_d)$$

$$(9.11)$$

$$m_{dT}(t) \approx m_T(t)e^{j2\pi f_d t}.$$

Die komplexe Hüllkurve des Dopplerverschobenen Signals ist also mit der zeitlinear ansteigenden Phase $2\pi f_d t$ phasenverschoben.

Ein auf $m(t)$ angepaßtes Korrelationsfilter bildet dann im Empfänger die Kreuzkorrelationsfunktion zum Dopplerverschobenen Signal. Für dessen komplexe Hüllkurve erhält man [Lüke 1990]

$$\varphi_{mm_{dT}}(\tau) = \frac{1}{2} \int\limits_{-\infty}^{\infty} m_{dT}^*(t)m_T(t + \tau)dt.$$

Durch Einsetzen von (9.11) ergibt sich schließlich eine von τ und f_d abhängige Funktion, die *Ambiguity-Funktion* $A_{mm}(\tau, f_d)$ des Signals $m(t)$ genannt wird,

$$\varphi_{mm_{dT}}(\tau) \equiv A_{mm}(\tau, f_d) = \frac{1}{2} \int\limits_{-\infty}^{\infty} e^{-j2\pi f_d t} m_T^*(t)m_T(t + \tau)dt$$

oder als Faltungsprodukt geschrieben,

$$= \left[\frac{1}{2}e^{j2\pi f_d \tau}m_T^*(-\tau)\right] * m_T(\tau).$$

$$(9.12)$$

(Häufig wird $|A_{mm}(\tau, f_d)|^2$ im engeren Sinn als Ambiguity-Funktion bezeichnet). Die von P.M. Woodward [1953] eingeführte Ambiguity-Funktion beschreibt also z.B. Entfernungsauflösungseigenschaften eines Radarsignals in Abhängigkeit von der Dopplerverschiebung [Cook und Bernfeld 1967].

Die Anwendung der Ambiguity-Funktion setzt, wie ihre Ableitung zeigt, konstante Relativgeschwindigkeit und vernachlässigbare Dopplerdehnung voraus. Mit den genaueren Einflüssen von Beschleunigung und Dopplerdehnung beschäftigt sich z.B. [Rihaczek 1967, Rihaczek und Golden 1971]. Als einfaches Beispiel sei die Ambiguity-Funktion eines einzelnen, geträgerten Rechteckimpulses der Breite t_0 betrachtet.

Mit $m_T(t) = \text{rect}(t/t_0)$ (für $f_0 t_0 \gg 1$) in (9.12) erhält man nach kurzer Zwischenrechnung [Lüke 1990, Aufg. 7.12] als Betrag der Ambiguity-Funktion

$$|A_{mm}(\tau, f_d)| = \left|\frac{t_0}{2}\Lambda\left(\frac{\tau}{t_0}\right)si[\pi f_d(t_0 - |\tau|)]\right|$$

$$(9.13)$$

[$\Lambda(t)$: Dreieckimpuls der Halbbreite 1].

Bild 9.8 zeigt diese Funktion.

Für verschwindende Dopplerverschiebung $f_d = 0$ ergibt sich die bekannte dreieckförmige Hüllkurve des rechteckigen Trägerimpulses. Für wachsende

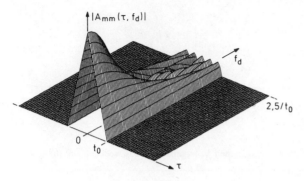

Bild 9.8. Ambiguity-Funktion des geträgerten Rechteckimpulses (für $f_d \geq 0$)

Dopplerverschiebung nimmt die Amplitude bei $\tau = 0$ si-funktionsförmig ab und verschwindet erstmals bei der Verschiebung um $f_d = 1/t_0$. Die Ambiguity-Funktion gibt also z. B. im Fall der Radartechnik sehr anschaulich Auskunft darüber, wie genau und eindeutig gleichzeitig Entfernung und Relativgeschwindigkeit eines Objekts bestimmt werden können; sie gibt weiter Hinweise, wie gut zwei in Entfernung und Geschwindigkeit benachbarte Objekt getrennt werden können.

9.3.2 Eigenschaften der Ambiguity-Funktion

Die Ambiguity-Funktion ist eine verallgemeinerte Autokorrelationsfunktion und hat daher einige Eigenschaften mit der AKF gemeinsam.

a) Energie und Maximum

Die Ambiguity-Funktion für $\tau = f_d = 0$ ist gleich der Energie E des Signals, und dieser Wert wird von keinem anderen Wert des Betrages der Ambiguity-Funktion übertroffen,

$$|A_{mm}(\tau, f_d)| \leq |A_{mm}(0, 0)| = E. \tag{9.14}$$

b) Volumeninvarianz

Das Volumen des Betragsquadrates der Ambiguity-Funktion eines beliebigen Signals hängt nur von seiner Energie ab, es gilt [Cook und Bernfeld 1967]

$$\int\limits_{-\infty}^{\infty} \int\limits_{-\infty}^{\infty} |A_{mm}(\tau, f_d)|^2 \, d\tau \, df_d = E^2. \tag{9.15}$$

Diese Volumeninvarianz ist besonders aussagekräftig, wenn Signale vorgegebener Ambiguity-Funktion konstruiert werden sollen. So müßte ein Signal mit guter Auflösung im Entfernungs- *und* Dopplerbereich eine schmale, impulsförmige Ambiguity-Funktion in τ- und f_d-Richtung erhalten. Um bei gegebener

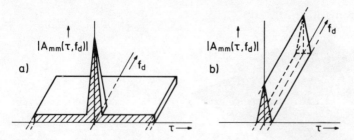

Bild 9.9. Idealisierte Ambiguity-Funktionen gleichen Volumens. **(a)** Reißzweckenform; **(b)** Schneidenform

Energie die Volumeninvarianz zu erfüllen, ist dies aber nur dadurch möglich, daß dieser zweidimensionale Impulse z.B. von einem Plateau umgeben wird. Eine solche idealisierte „Reißzwecken"-Ambiguity-Funktion stellt Bild 9.9a dar.

Eine andere Möglichkeit besteht darin, die Auflösung in einer Richtung auf Kosten der anderen zu erhöhen. Bild 9.9b zeigt die Ambiguity-Funktion eines Signals hoher Zeitauflösung aber fehlender Dopplerauflösung. Die in der Volumeninvarianz enthaltene Aussage über den möglichen Austausch von Zeit- und Dopplerauflösung wird als „Unschärferelation der Radartechnik" bezeichnet.

9.3.3 Diskrete Ambiguity-Funktion

Bei der Übertragung von Korrelationsfolgen $s(nT)$ über Bandpaßkanäle muß ein geeignetes Bandpaß-Trägersignal $h(t)$ verwendet werden; übertragen wird dann das mit der Korrelationsfolge modulierte Signal

$$m(t) = h(t) * \sum_{n=0}^{N-1} s(nT)\delta(t - nT). \tag{9.16}$$

Für die Untersuchung der Ambiguity-Funktion solcher Bandpaß-Korrelationsfolgen ist es nützlich, die Ambiguity-Funktion bezüglich der beiden Anteile $h(t)$ und $s(nT)$ in (9.16) aufspalten zu können.

Die komplexe Hüllkurve von (9.16) lautet, da der rechte Faltungsterm ein periodisches Spektrum besitzt und $h_T(t)$ eine Tiefpaßfunktion ist,

$$m_T(t) = \left[\frac{1}{2}h_T(t)\right] * \left[2\sum_{n=0}^{N-1} s(nT)\delta(t - nT)\right], \quad \text{für } f_0 T \text{ ganz.} \tag{9.17}$$

Für die Ambiguity-Funktion eines Faltungsprodukts

$$m_T(t) = h_T(t) * d_T(t)$$

ergibt sich allgemein mit (9.12)

$$A_{mm}(\tau, f_d) = \left[\frac{1}{2}e^{j2\pi f_d \tau}\{h_T^*(-\tau) * d_T^*(-\tau)\}\right] * [h_T(\tau) * d_T(\tau)].$$

Weiter ist, wie sich z.B. im Frequenzbereich einfach zeigen läßt,

$$e^{j2\pi f_d \tau}\{h_T^*(-\tau) * d_T^*(-\tau)\} = \{h_T^*(-\tau)e^{j2\pi f_d \tau}\} * \{d_T^*(-\tau)e^{j2\pi f_d \tau}\};$$

damit erhält man

$$A_{mm}(\tau, f_{\mathrm{d}}) = [\tfrac{1}{2}\mathrm{e}^{\mathrm{j}2\pi f_{\mathrm{d}}\tau}h_{\mathrm{T}}^*(-\tau)] * h_{\mathrm{T}}(\tau) * [\tfrac{1}{2}\mathrm{e}^{\mathrm{j}2\pi f_{\mathrm{d}}\tau}d_{\mathrm{T}}^*(-\tau)] * d_{\mathrm{T}}(\tau)$$

$$= A_{hh}(\tau, f_{\mathrm{d}}) * A_{dd}(\tau, f_{\mathrm{d}}). \tag{9.18}$$

Bei der Faltung der Hüllkurven zweier Funktionen falten sich also auch ihre Ambiguity-Funktionen (Faltung nur bezüglich der Variablen τ).

Weiter sei die Ambiguity-Funktion eines zeitdiskreten Signals $d(t)$ betrachtet, mit

$$d(t) = \tfrac{1}{2}d_{\mathrm{T}}(t) = \sum_{n=-\infty}^{\infty} s(nT)\delta(t - nT), \quad \text{für } f_0 T \text{ ganz,} \tag{9.19}$$

und (9.12) ist wieder

$$A_{dd}(\tau, f_{\mathrm{d}}) = [\tfrac{1}{2}\mathrm{e}^{\mathrm{j}2\pi f_{\mathrm{d}}\tau}d_{\mathrm{T}}^*(-\tau)] * d_{\mathrm{T}}(\tau). \tag{9.20}$$

Dann gilt mit der Siebeigenschaft des Diracstoßes

$$\mathrm{e}^{\mathrm{j}2\pi f_{\mathrm{d}}\tau}d_{\mathrm{T}}^*(-\tau) = 2 \sum_{n=-\infty}^{\infty} [\mathrm{e}^{\mathrm{j}2\pi f_{\mathrm{d}}nT}s^*(-nT)]\delta(\tau - nT).$$

Damit läßt sich auf das Faltungsprodukt (9.20) die diskrete Faltung anwenden, vgl. [Lüke 1990], und es ist

$$A_{dd}(\tau, f_{\mathrm{d}}) = \sum_{m=-(N-1)}^{N-1} A_{dd}(mT, f_{\mathrm{d}})\delta(\tau - mT), \tag{9.21}$$

wobei die „zeitdiskrete Ambiguity-Funktion" $A_{dd}(mT, f_{\mathrm{d}})$ gegeben ist durch

$$A_{dd}(mT, f_{\mathrm{d}}) = \sum_{n=0}^{N-1} \mathrm{e}^{-\mathrm{j}2\pi f_{\mathrm{d}}nT}s^*(nT)s([n+m]T). \tag{9.22}$$

Die Ambiguity-Funktion zeitdiskret modulierter Bandpaßsignale läßt sich jetzt mit (9.18), (9.21) und (9.22) sehr übersichtlich darstellen und diskutieren.

Formal stellt (9.22) die Fourier-Transformation des Produktsignals $s^*(nT) \cdot s([n+m]T)$ mit m als Parameter dar. Diese Beziehung erleichtert und veranschaulicht die Bestimmung von Ambiguity-Funktionen in den folgenden Beispielen beträchtlich.

9.3.4 Beispiele für Ambiguity-Funktionen von Folgen

a) Impulspaar und Impulsfolge

Als einfachstes Beispiel der Anwendung der zeitdiskreten Ambiguity-Funktion wird ein Impulspaar betrachtet. Bild 9.10 zeigt Signal, zeitdiskrete Signalfolge, diskrete Ambiguity-Funktion und die Gesamt-Ambiguity-Funktion.

Die diskrete Ambiguity-Funktion zeigt hier deutlich im Schnitt $f_{\mathrm{d}} = 0$ die diskrete Autokorrelationsfunktion der Signalfolge $s(nT)$. Im Schnitt $\tau = 0$ steht gemäß (9.22) für $m = 0$ ein Ausdruck, der als das cos-förmige Spektrum des

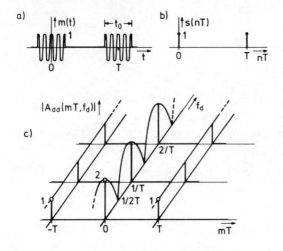

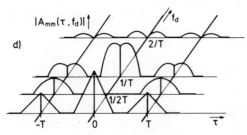

Bild 9.10. (a) Signal $m(t)$, (b) diskrete Signalfolge, (c) diskrete Ambiguity-Funktion sowie (d) Gesamt-Ambiguity-Funktion

Doppelimpulses $|s(nT)|^2$ über der Frequenz f_d interpretiert werden kann. Für $m = \pm 1$ ergibt das Produkt $s^*(nT) \cdot s([n \pm 1]T)$ je einen einzelnen Impuls, dessen Spektrum eine Konstante ist. Das gemäß (9.18) gebildete Faltungsprodukt von $A_{dd}(\tau, f_d)$ und $A_{hh}(\tau, f_d)$ (vgl. Bild 9.8) liefert dann die in d) gezeigte Gesamt-Ambiguity-Funktion.

In gleicher Weise läßt sich die Ambiguity-Funktion einer längeren kohärenten Impulsfolge bestimmen. Bild 9.11 zeigt das Ergebnis für eine Folge von $N = 5$ Impulsen. Diese charakteristische Ambiguity-Funktion wird als vom Typ des „Nagelbetts" („bed of nails") bezeichnet. Zumindest in der Umgebung des Nullpunkts wird also das ideale „Reißbrettstift"-Verhalten recht gut angenähert.

b) Barker- und Huffman-Folgen

Die Ermittlung der Ambiguity-Funktion einer codierten Impulsfolge $s(nT)$ verläuft nach dem gleichen Muster wie bisher. Die Strukturen werden etwas unübersichtlicher, da die in (9.22) zu berechnenden „f_d-Spektren" der Produktfolgen $s^*(nT)s([n + m]T)$ nicht mehr so einfach aufgebaut sind.

Für die Barker-Folge der Länge $N = 13$ sind in Bild 9.12 wieder die diskrete und, für rechteckförmig eingehüllte Trägerimpulse, die Gesamt-Ambiguity-Funktion aufgetragen.

a)

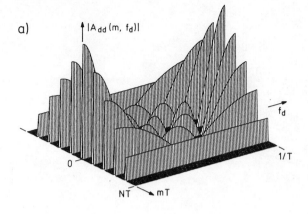

b)

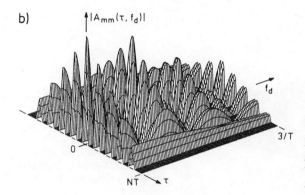

Bild 9.11. Zeitdiskrete (**a**) und gesamte (**b**) Ambiguity-Funktion von 5 äquidistanten Impulsen gleicher Amplitude

Einen prinzipiell ähnlichen Verlauf zeigt die in Bild 9.13 dargestellte Ambiguity-Funktion einer (reellwertigen) Huffman-Folge der Länge $N = 9$.

Beide Beispiele demonstrieren, daß diese Folgen, die auf ein optimales Korrelationsverhalten bei Dopplerverschiebungsfreier Übertragung synthetisiert wurden, bereits bei kleinen Frequenzverschiebungen ihr Korrelationsverhalten schnell verschlechtern. Es wurden daher eine Anzahl von Syntheseverfahren untersucht, mit denen Signale mit nach verschiedenen Gesichtspunkten optimierten Ambiguity-Funktionen gefunden werden können, so z.B. [Arndt et al. 1978, Wolf et al. 1969, Vakman 1968, Hissen 1969]. Ein Ansatz zur Verbesserung des Ambiguity-Verhaltens mit Hilfe eines Mismatched-Filters wird in [Zejak et al. 1991] diskutiert.

Die allgemeine Synthese eines „optimalen" Radarsignals wird allerdings dadurch außerordentlich erschwert, daß eine große Anzahl weiterer Einflußparameter berücksichtigt werden müssen, wie die Antennenrichtcharakteristik, komplexere Modelle für nichtpunktförmige Nutzobjekte und Störobjekte

a)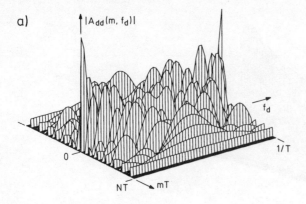

$|A_{dd}(m, f_d)|$

f_d

0

$1/T$

NT mT

b)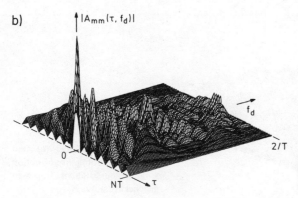

$|A_{mm}(\tau, f_d)|$

f_d

0

$2/T$

NT τ

Bild 9.12. Zeitdiskrete (**a**) und gesamte (**b**) Ambiguity-Funktion der Barker-Folge $N = 13$

(„Clutter"), nichtweißes Rauschen, beschleunigte Bewegung, breitbandige Signale usw.

c) Periodische m-Folgen

Die bisherigen Betrachtungen der Ambiguity-Funktionen beschränkten sich auf aperiodische Signale, wie sie in der Impulsradartechnik üblich sind. Andere Bedingungen gelten in der Dauerstrich-Radartechnik, bei der mit periodischen Signalen insbesondere eine gute Geschwindigkeitsauflösung erreicht werden soll. Ein Verfahren, mit dem in der Dauerstrich-Radartechnik auch eine gute Entfernungsauflösung erhalten werden kann, besteht in der Verwendung periodischer m-Folgen (zum Prinzip s. Abschn. 10.2); daher wird auch deren Ambiguity-Funktion kurz diskutiert. Die diskrete Ambiguity-Funktion einer periodischen m-Folge zeigt Bild 9.14a. Wegen der Periodizität im Zeitbereich sind die f_d-Spektren frequenzdiskret mit Linienabständen $1/NT$.

a)

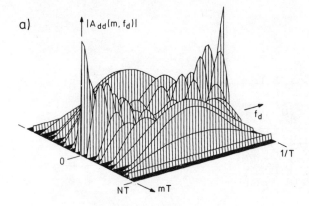

b)

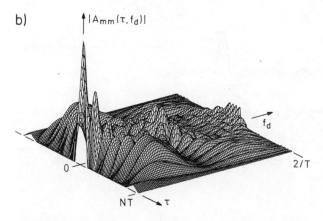

Bild 9.13. Zeitdiskrete (**a**) und gesamte (**b**) Ambiguity-Funktion einer Huffman-Folge der Länge $N = 9$

In den Schnitten $mT = 0$, $NT, ..$ ist die Produktfunktion $\tilde{s}(nT)\tilde{s}([n + m]T) = 1$. Das zugehörige f_d-Spektrum nimmt nur an den Stellen $f_d = k/T$ den Wert N an und verschwindet sonst. In den übrigen Schnitten mT ist die Produktfunktion nach dem Schiebe- und Additions-Theorem für binäre m-Folgen (3.37) wieder dieselbe, nur zyklisch verschobene m-Folge. Die f_d-Spektren sind damit dem Betrag nach für alle $mT \neq 0$, $NT, \ldots$ identisch, sie haben nach (2.72) für alle $f_d = k/T$ den Wert 1 und für alle sonstigen f_d den Wert $\sqrt{N + 1}$. Die sich nach Faltung mit der Ambiguity-Funktion eines rechteckförmig eingehüllten Trägersignals (hier der Breite $T/2$) resultierende Gesamt-Ambiguity-Funktion zeigt Bild 9.14b. Die schneiden-förmigen Doppler-Nebenmaxima liegen im Abstand von $1/NT$ zueinander und lassen in diesem Bereich einen Streifen parallel zur τ-Achse ideal frei. Für größere Dopplerfrequenzen wird ein Doppler-Haupt- zu Nebenmaximumver-hältnis von $N/\sqrt{N + 1} \approx \sqrt{N}$ nicht unterschritten.

a)

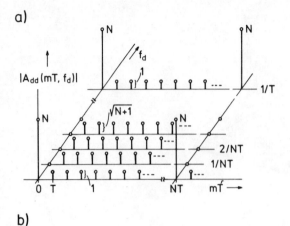

b)

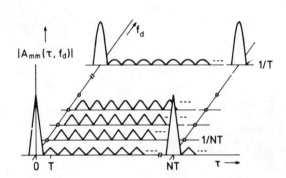

Bild 9.14. Diskrete und Gesamt-Ambiguity-Funktion einer periodischen m-Folge der Länge N (gezeichnet für $t_0 = T/2$)

Ein solches Dauerstrich-Radarsystem mit periodischen Signalen hat zunächst den Nachteil, daß die Entfernungsauflösung vieldeutig mit der Periode NT ist. Von Albanese und Klein [1979] wird ein modifiziertes System beschrieben, mit der durch eine zusätzliche Modulation der Trägerfrequenzen diese Mehrdeutigkeiten in einem weiten Bereich aufgelöst werden können, hierzu s. Abschn. 10.2.

9.4 Zufällige Amplituden- und Phasenfehler bei Übertragung und Empfang von Korrelationsfolgen

Die Übertragung von Korrelationsfolgen über Bandpaßkanäle erfolgt mit Hilfe modulierter Trägerimpulse, vgl. (9.16). Der Korrelationsempfang dieser Signale läßt sich dann als gewichtete, kohärente Addition der Autokorrelationsfunktionen der einzelnen Trägerimpulse beschreiben. Zufällige Fehler, die sowohl auf dem Übertragungskanal als auch in den Sende- und Empfangsschaltungen diese kohärente Addition durch Verändern der komplexen Gewichte und der

Laufzeiten stören, werden im folgenden bezüglich ihres Einflusses auf das Ausgangssignal diskutiert.

9.4.1. Korrelationsfilter und Fehlermodell

Betrachtet wird das Modell eines fehlerbehafteten Transversalfilters in Bild 9.15.

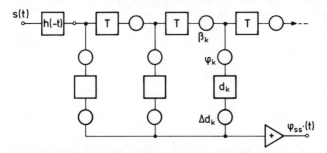

Bild 9.15. Modell eines fehlerbehafteten Transversalfilters

Die Übertragungsfunktion des Filters wird hier als Bandpaß-Funktion geringer relativer Bandbreite so angenommen, daß alle Laufzeitfehler als frequenzunabhängige Phasenfehler beschrieben werden können.

Die Rechtecke im Bild 9.15 stellen die fehlerfreien Elemente des Filters dar, die Kreise symbolisieren die Fehleranteile. Es bedeuten:

Δd_k absoluter Fehler im Betrag des k-ten Gewichtsfaktors,
β_k absoluter Winkelfehler des k-ten Laufzeitelements,
φ_k absoluter Winkelfehler des k-ten Gewichtsfaktors.

Dieses Modell kann sowohl die nichtideale Erzeugung einer Signalfolge als auch die nichtideale Übertragung über einen stochastischen Kanal wie schließlich den Empfang in einem nichtidealen Korrelationsfilter nachbilden.

Beispielsweise lassen sich mit den Winkelfehlern β_k sowohl langsame Jitterstörungen auf dem Kanal als auch ungenaue Laufzeitelemente im Empfänger beschreiben.

Im folgenden wird als konkretes Beispiel ein fehlerbehaftetes Empfangsfilter betrachtet, das ein Eingangssignal der Form

$$s(t) = \sum_{k=0}^{N-1} d_k h(t - kT) \tag{9.23}$$

empfängt.

Als Trägerimpuls $h(t)$ wird ein kohärent geträgerter Rechteckimpuls der Breite T und der Trägerfrequenz f_0 angenommen.

$$h(t) = \operatorname{rect}(t/T)\sin(2\pi f_0 t), \quad \text{mit } f_0 T \gg 1, \text{ ganz.} \tag{9.24}$$

Die Autokorrelationsfunktion dieses Impulses ist ein geträgerter Dreieckimpuls der Form

$$\varphi_{hh}(\tau) = \Lambda(\tau/T)\cos(2\pi f_0 \tau). \tag{9.25}$$

Für $|\tau|/T \ll 1$ gilt dann annähernd

$$\varphi_{hh}(\tau) \approx \cos(2\pi f_0 \tau). \tag{9.26}$$

Die fehlerbehaftete Autokorrelationsfunktion des Signals (9.23) an den Stellen iT (für $i \geq 0$) ergibt sich damit zu

$$\varphi_{ss'}(iT) \approx \sum_{k=0}^{N-i-1} r_{ki} \cos\gamma_k \tag{9.27}$$

mit den Abkürzungen

$$\gamma_k = \varphi_k + \sum_{j=0}^{k} \beta_j, \quad r_{ki} = d_k(d_{k+i} + \Delta d_{k+i}). \tag{9.28}$$

Die fehlerhafte Autokorrelationsfunktion läßt sich also an den Stützstellen $|i|\,T$ als Projektion einer Summe von $N - |i|$ Vektoren mit den Beträgen r_{ki} und den Winkeln γ_k darstellen.

Im folgenden wird vereinfachend angenommen, daß die Signalfolge d_k binärwertig ist. Die einzelnen Vektoren sind dann näherungsweise Einheitsvektoren. Durch (9.27) ist ein Ausdruck gegeben, mit dem die konkrete Ausgangsfunktion eines mit im einzelnen bekannten Fehlern behafteten Transversalfilters berechnet werden kann. Von größerem praktischem Interesse ist die Frage nach der Abhängigkeit der mittleren Fehler eines solchen Filters von den mittleren Fehlern der Filterelemente. Der mittlere quadratische Fehler eines Satzes von fehlerbehafteten Filtern kann geschrieben werden als

$$\varepsilon_i^2 = \overline{[\varphi_{ss'}(iT) - \varphi_{ss}(iT)]^2}, \tag{9.29}$$

wobei der gewellte Überstrich den Erwartungswert über alle Filter bezeichnet.

Für die Fehlerberechnung müssen Mittelwerte und quadratische Mittelwerte der Summen von Vektoren berechnet werden. Die Längen und Winkel dieser Vektoren sind mit stochastinchen Fehlern behaftet, deren Mittelwerte und Streuungen bekannt seien. Diese Rechnung wird im folgenden Abschnitt für zwei Fälle ausgeführt. Im ersten Fall wird der Fehler des Hauptwertes der Autokorrelationsfunktion berechnet, im zweiten Fall der Fehler der Nebenwerte [Lüke 1971b, 1972b].

9.4.2 Der mittlere Fehler des Hauptwertes

Der Hauptwert der fehlerhaften Autokorrelationsfunktion ergibt sich aus (9.27) für $i = 0$, $|d_k| = 1$ und damit $r_{k0} = 1 + \Delta d_k /d_k = r_k$ zu

$$\varphi_{ss'}(0) = \sum_{k=0}^{N-1} r_k \cos\gamma_k. \tag{9.30}$$

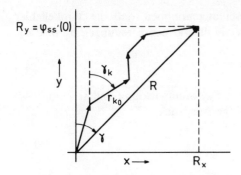

Bild 9.16. Zeigerdiagramm zur Addition von zufälligen Vektoren

Im Zeigerdiagramm werden also N Vektoren der Länge r_k unter den Winkeln γ_k aufaddiert, siehe Bild 9.16.

Im fehlerfreien Fall sind $r_k = 1$ und $\gamma_k = 0$, damit wird

$$\varphi_{ss'}(0) = \varphi_{ss}(0) = N. \tag{9.31}$$

In diesem Beispiel addieren sich alle N Einheitsvektoren längs der y-Achse zu dem Summenvektor der Länge N auf. Als fehlerfrei soll aber darüber hinaus noch die unabhängige Drehung aller Vektoren um einen jeweils gleichen Winkel $\gamma_k = \text{const}$ aufgefaßt werden, da sie nur einer zeitlichen Verschiebung der Filterausgangsfunktion entspricht. Im Sinne dieser Verallgemeinerung wird daher im folgenden nurmehr die Länge R statt der Projektion R_y des Summenvektors als Hauptwert der fehlerhaften Autokorrelationsfunktion betrachtet, und entsprechend werden zur Auswertung des mittleren quadratischen Fehlers die Erwartungswerte $\widetilde{R^2}$ und $\widetilde{R}$ berechnet. Der Erwartungswert des quadratischen Summenvektors ergibt sich aus seinen Komponenten R_x und R_y (Bild 9.16) zu

$$\widetilde{R^2} = \widetilde{R_x^2} + \widetilde{R_y^2}. \tag{9.32}$$

Nach Bild 9.16 ist weiter

$$R_x = \sum_{k=0}^{N-1} r_k \cos\gamma_k, \quad R_y = \sum_{k=0}^{N-1} r_k \sin\gamma_k. \tag{9.33}$$

Die vom Amplitudenfehler abhängige Länge r_k der Vektoren wird durch den Mittelwert $\widetilde{r} = 1$ und die Streuung $\widetilde{r^2} - \widetilde{r}^2 = \rho^2$ gekennzeichnet. Weiter wird der nach (9.28) durch φ und β gegebene Winkelfehler durch die Mittelwerte $\widetilde{\varphi} = \widetilde{\beta} = 0$ und $\widetilde{\cos\varphi} = c_1$ sowie $\widetilde{\cos\beta} = c_2$ beschrieben. Die Berechnung des quadratischen Mittelwertes des Summenvektors ergibt [Barsukov 1963, Lüke 1971b]

$$\widetilde{R^2} = N(1 + \rho^2) + 2c_1^2 c_2 \frac{N(1 - c_2) - (1 - c_2^N)}{(1 - c_2)^2}. \tag{9.34}$$

Zur praktischen Auswertung dieser Beziehungen für $\widetilde{R^2}$ müssen die Werte für

$\widetilde{\cos \varphi}$ und $\widetilde{\cos \beta}$ bekannt sein. Es sei angenommen, daß die Winkelfehler Gauß-verteilt sind mit dem Mittelwert Null und den Streuungen σ_1^2 bzw σ_2^2. Damit erhält man

$$c_{1,2} = e^{-\sigma_{1,2}^2/2}. \tag{9.35}$$

Nähert man diesen Ausdruck über eine Taylorentwicklung und setzt in (9.34) ein, so ergibt sich der für $\sigma_{1,2}^2 \ll 1$ gültige Ausdruck

$$\widetilde{R^2} \approx N^2 \left[1 + \frac{1}{N}\rho^2 - \left(1 - \frac{1}{N}\right)\sigma_1^2 - \frac{N}{6}\sigma_2^2 \right]. \tag{9.36}$$

Zur Berechnung des Fehlerausdrucks (9.29) fehlt noch die Angabe des Mittelwertes $\widetilde{R}$ des realen Hauptwertes der Autokorrelationsfunktion. Nach [Barsukov 1963] kann für diesen explizit nicht allgemein zu berechnenden Wert bei reinen Winkelfehlern folgende untere Grenze angegeben werden: Da die Amplitude des Summenvektors höchstens den Wert N erreicht, gilt $N \geq R$; damit folgt nach Erweiterung mit R und Bildung des Erwartungswertes

$$N\widetilde{R} \geq \widetilde{R^2} \quad \text{und} \quad \widetilde{R} \geq \widetilde{R^2}/N. \tag{9.37}$$

Mit (9.37) und (9.31) in (9.29) ist dann der Fehler

$$\varepsilon^2 \leq \widetilde{R^2} - 2N\frac{\widetilde{R^2}}{N} + N^2 = N^2 - \widetilde{R}^2. \tag{9.38}$$

Es folgt für den relativen quadratischen Fehler mit der Näherung (9.36) und unter der vereinfachten Annahme, daß ausschließlich Winkelfehler mit geringen Streuungen von Bedeutung sind, also mit $\rho^2 = 0$, σ_1^2, $\sigma_2^2 \ll 1$,

$$\frac{\varepsilon^2}{N^2} \leq \left(1 - \frac{1}{N}\right)\sigma_1^2 + \frac{N}{6}\sigma_2^2. \tag{9.39}$$

Für größere Winkelstreuungen ist der exakte Wert für $\widetilde{R^2}$ aus (9.34) in (9.38) einzusetzen. Dieser genaue Verlauf des relativen Fehlers ist im Bild 9.17 in logarithmischem Maß dargestellt. Variiert wird jeweils nur eine Fehlerursache σ_1 bzw. σ_2 (absolute Standardabweichungen in Radian). Parameter ist die Länge N des Filters. Ein Anwendungsbeispiel wird im Abschn. 9.4.4 besprochen.

9.4.3 Der Fehler der Nebenwerte

Die Nebenwerte der realen Autokorrelationsfunktion erhält man aus (9.27) an den Stellen iT (für $i > 0$) zu

$$\varphi_{ss'}(iT) = \sum_{k=0}^{N-i-1} d_k(d_{k+i} + \Delta d_{k+i})\cos\gamma_k.$$

Da die Form der Binärfolge d_k geringfügig in das Ergebnis der Fehlerrechnung eingeht, wird vereinfachend angenommen, daß die fehlerfreie Autokorrelations-

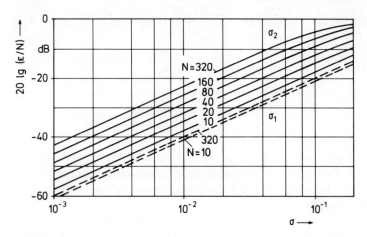

Bild 9.17. Relativer Fehler des Hauptwertes der Autokorrelationsfunktion in Abhängigkeit von den Standardabweichungen σ_1 bzw. σ_2 mit der Filterlänge N als Parameter

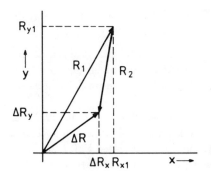

Bild 9.18. Zeigerdiagramm zur Bildung der Nebenwerte der Autokorrelationsfunktion

funktion

$$\varphi_{ss}(iT) = \sum_{k=0}^{N-i-1} d_k d_{k+i} \tag{9.40}$$

für gerade Werte $n' = N - i$ verschwindet (z.B. Barker-Folge) und daß die erste Hälfte der Terme in (9.40) positiv ist. Im Zeigerdiagramm Bild 9.18 kann die Bildung der geradzahligen Nebenwerte also als Subtraktion zweier Summenvektoren R_1, R_2 aus je $n'/2$ Komponenten dargestellt werden.

Der resultierende, im fehlerhaften Fall von Null abweichende Differenzvektor sei mit ΔR bezeichnet. Es gilt also für die Komponenten des Differenzvektors

$$\Delta R_x \atop y = R_{x1} \atop y - R_{x2} \atop y. \tag{9.41}$$

Der Erwartungswert des quadratischen Differenzvektors ergibt sich dann zu

$$\widetilde{\Delta R^2} = \widetilde{\Delta R_x^2} + \widetilde{\Delta R_y^2}. \tag{9.42}$$

Eine Zwischenrechnung liefert dafür den Ausdruck

$$\widetilde{\Delta R^2} = n'(1 + \rho^2) + 2c_1^2 c_2 \frac{n'(1 - c_2) + 4c_2^{n'/2} - c_2^{n'} - 3}{(1 - c_2)^2} \tag{9.43}$$

$$\text{mit} \quad n' = N - i.$$

Zum praktischen Gebrauch dieses Ausdrucks $\widetilde{\Delta R^2}$ werden wie im vorhergehenden Abschnitt die Phasenfehler als Gauß-verteilt angenommen und für kleine Streuungen $\sigma_1^2, \sigma_2^2 \ll 1$ die Näherungsausdrücke aus einer Taylorentwicklung in (9.43) eingesetzt. Es ergibt sich

$$\widetilde{\Delta R^2} \approx n'\left(\rho^2 + \sigma_1^2 + \frac{n'^2}{12}\sigma_2^2\right). \tag{9.44}$$

Mit $\varphi_{ss}(iT) = 0$ und $n' = N - i$ ist der relative quadratische Fehler des i-ten Nebenwertes der Autokorrelationsfunktion nach (9.29) und (9.44)

$$\frac{\varepsilon_i^2}{N^2} = \frac{\widetilde{\Delta R^2}}{n^2} \approx \frac{N - \imath}{N^2}\left(\rho^2 + \sigma_1^2 + \frac{(N - i)^2}{12}\sigma_2^2\right). \tag{9.45}$$

Der mittlere quadratische Fehler der Nebenwerte ist also am größten in der Umgebung des Hauptwertes und nimmt nach beiden Seiten linear ab. Anschaulich: Mit steigendem $|i|$ sind immer weniger fehlerhafte Elemente des Filters an der Bildung der Vektorsumme beteiligt.

Für größere Winkelstreuungen muß der exakte Wert für $\widetilde{\Delta R^2}$ aus (9.43) in (9.45) eingesetzt werden. Dieser genaue Verlauf des relativen Fehlers der Nebenwerte der Autokorrelationsfunktion wird für den ungünstigsten Fall $i = 1$, also für die Nachbarschaftsbereiche des Hauptwertes, im Bild 9.19 dargestellt. Aufgetragen sind die Fehlerdämpfungen über jeweils nur einer Fehlerursache ρ, σ_1 oder σ_2 mit der Länge N des Filters als Parameter. Wenn die Nebenwerte der Autokorrelationsfunktion nicht, wie in der Ableitung idealisierend angenommen, gleich Null sind, dann kann der quadratische Fehler in guter Näherung als additiv zu den Nebenwerten angenommen werden.

9.4.4 Anwendungsbeispiel

Zum Abschluß sei ein Anwendungsbeispiel betrachtet: Ein Transversalfilter mit $N = 40$ Gliedern soll so ausgelegt werden, daß bei 95% aller Filter die nur durch Zeitfehler in den Laufzeitgliedern hervorgerufene Größe der Nebenwerte ≤ -30 dB beträgt.

Der mittlere Fehler ε ist ein Streumaß für die wirklichen Fehler ε_w in einem Filterkollektiv. Der interessierende Zusammenhang mit der Summenhäufigkeit der wirklichen Fehler in diesem Kollektiv wird durch das Gaußsche Wahrscheinlichkeitsintegral $\Phi(x)$ gegeben.

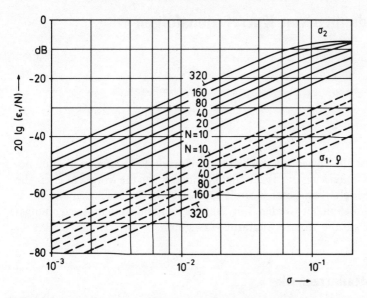

Bild 9.19. Relativer Fehler des 1. Nebenwertes der Autokorrelationsfunktionen in Abhängigkeit von den Standardabweichungen σ_1, ρ bzw. σ_2 mit der Filterlänge N als Parameter

$$\text{Prob}\left(\frac{\varepsilon_w}{\varepsilon} \leq x\right) = \Phi(x) = \frac{2}{\sqrt{2\pi}} \int\limits_0^x e^{-\xi^2/2}\, d\xi. \tag{9.46}$$

Die Angabe eines Fehlers der Größe ε bedeutet also, daß $\Phi(1) = 68{,}3\%$ der Filter eines Kollektivs in ihren wirklichen Fehlern unter ε liegen. Soll beispielsweise der wirkliche Fehler von 95% aller Filter unter -30 dB liegen, dann darf der mittlere Fehler ε mit $0{,}95 = \Phi(1{,}96)$ nur die Größe $\varepsilon/1{,}96 \triangleq -36$ dB erreichen.

Aus Bild 9.19 erhält man mit $N = 40$ für die Standardabweichung der Laufzeitglieder den Wert $\sigma_2 = 9 \cdot 10^{-3} \triangleq 0{,}51°$. Bei einer Trägerfrequenz $f_0 = 10$ MHz und einer Einzellaufzeit $T = 0{,}1\ \mu s$ darf also die relative Standardabweichung der Laufzeitglieder den Wert $\Delta T/T = \sigma_2/2\pi f_0 T = 1{,}4‰$ nicht überschreiten. Die Standardabweichung des Hauptwertes hat bei diesen Werten nach Bild 9.17 eine Größe $\leq -32{,}5$ dB.

10. Anwendungen von Korrelationsfolgen

Einige grundlegende Anwendungsgebiete von Korrelationssignalen wurden bereits im ersten Kapitel kurz umrissen. Im folgenden sollen die Möglichkeiten, die sich mit der Verfügbarkeit guter Korrelationsfolgen in der Nachrichtentechnik eröffnen, vertieft behandelt werden. Für Einzelheiten und weitere Anwendungsgebiete sei aber auf die zitierte Literatur verwiesen.

10.1 Impuls-Radartechnik

Das prinzipielle Verfahren der Impulskompressionstechnik in Radarsystemen wurde bereits in Abschn. 1.2 knapp dargestellt.

Ein stark vereinfachtes Blockbild eines Zielentdeckungs-Radargeräts mit digitaler Signalverarbeitung zeigt Bild 10.1.

Der Sender wird z.B. mit einer geeigneten binären Folge guter AKF phasenmoduliert, ihre Länge hängt von den Anforderungen ab. Beispielsweise werden in [Klein und Fujita 1979] m-Folgen der Längen $N = 15, 31$ und 63 bezüglich ihrer Entdeckungswahrscheinlichkeit und Auflösungsfähigkeit für Doppelziele untersucht.

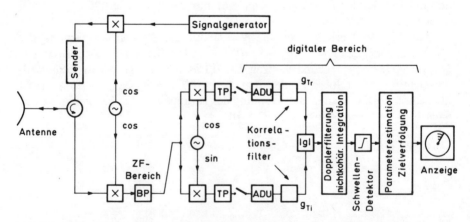

Bild 10.1. Zielentdeckungs-Radar mit Impulskompressionstechnik und digitaler Signalverarbeitung

Im Empfänger wird das reflektierte Signal über Hochfrequenz- und Zwischenfrequenzbereich in den Tiefpaßbereich („Videobereich") transformiert, dort nach Bandpaß-Tiefpaß-Transformation in zwei Quadratur-Kanälen digitalisiert und den zwei Korrelationsfiltern zugeführt (zu den Prinzipien dieser Schaltungstechnik vgl. z.B. [Lüke 1990]). Der Betrag des Ausgangssignals wird dann in weiteren Prozessoren weiterverarbeitet, hierzu gehören i.allg. eine Dopplerfilterung zur Festzielunterdrückung und eine „nichtkohärente" Integration zur Zusammenfassung der für die einzelnen Antennenumdrehungen aufeinander folgenden Reflexionen desselben Ziels. Nach der Zielentscheidung, z.B. nach dem Neyman-Pearson Kriterium (s. Abschn. 1.2), können noch weitere Aufbereitungsoperationen wie Zielparameterextraktion und Zielverfolgung nach-geschaltet werden.

Gute Übersichten über den Entwicklungsstand der Radartechnik finden sich in [Skolnik 1985, 1990; Wehner 1987, Lewis et al. 1986]. Über Entdeckungsstrategien bei der Impulskompressionstechnik wird in [Hughes 1983], über ein System mit Komplementärfolgen in [Rabiner und Gold 1975] berichtet.

Eine prinzipiell ähnliche Gerätetechnik wird ebenfalls in Sonar-Systemen der Unterwasser-Schallortung verwendet [Burdic 1984].

10.2 Dauerstrich-Radarsystem mit m-Folgen

Eine andere Art der Anwendung der Impulskompressionstechnik soll am Beispiel eines Dauerstrich-Radargerätes näher betrachtet werden [Albanese und Klein 1979]. Im Gegensatz zur Impulsradartechnik wird in der Dauerstrich-Technik ein kontinuierliches Sendesignal verwendet. Damit wird eine besonders gute Messung von Dopplerverschiebungen, also Radialgeschwindigkeiten des Ziels erreicht. Ebenso wird die Entdeckung eines bewegten Ziels in einer Umgebung ruhender Ziele („Clutter" wie Regenwolken, Seegang, feste Landziele) erleichtert. Weiter werden die hohen Spitzenleistungen der Impulsradartechnik vermieden, so daß Halbleiterendstufen verwendet werden können [Skolnik 1962, Eggers 1990].

Eine Entfernungsmessung ist aber nur möglich, wenn das kontinuierliche Signal des Dauerstrich-Radars zusätzlich in geeigneter Weise moduliert wird. Hierzu sind Korrelationsfolgen mit guter periodischer Autokorrelationsfunktion hervorragend geeignet:

In dem betrachteten Beispiel wird der Sender mit einer periodischen m-Folge der Länge $N = 63$ kontinuierlich binär phasenmoduliert. Der prinzipielle Aufbau des Empfängers ist in Bild 10.2 dargestellt. Das empfangene Signal wird, nach Umsetzung in den Zwischenfrequenzbereich, in N Entfernungs-Kanälen mit allen verschobenen Versionen des Korrelationssignals multipliziert, zur Unterdrückung von Festzielechos in einer Bandsperren-Bandpaß-Kombination gefiltert und dann in den Tiefpaßbereich transformiert. Liegt in einem oder mehreren Entfernungsbereichen ein sich bewegendes Ziel, so

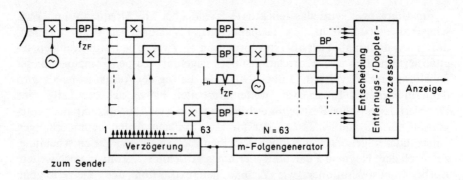

Bild 10.2. Dauerstrich-Radarempfänger für m-Folgen-Signale

erscheint am Ausgang dieses Kanals ein entsprechend Doppler-moduliertes, videofrequentes Signal. In einer jeweils anschließenden Doppler-Filterbank, die bei digitaler Realisierung durch einen FFT-Prozessor implementiert werden kann, können die Signale dann noch nach ihrer relativen Geschwindigkeit aufgeteilt und anschließend detektiert werden.

Im angesprochenen Beispiel [Albanese und Klein 1979] beträgt die Entfernungsauflösung 30 m. Bei einer Folgenlänge von $N = 63$ überdecken die N Entfernungszellen dann nur einen Bereich von $63 \cdot 30$ m $= 1890$ m. Bei periodischer Folgenerzeugung werden also alle Ziele im Abstand von Vielfachen von 1890 m im selben Entfernungskanal abgebildet. Diese unerwünschte Entfernungsvieldeutigkeit kann durch eine zusätzliche Folgenstaffelung aufgelöst werden. Hierzu wird die gleiche Folge alternierend mit zwei unterschiedlichen Taktraten r und $r \cdot 62/63$ ausgesendet und empfangen. Durch einen einfachen Algorithmus kann dann der eindeutige Entfernungsbereich bei ungeänderter Auflösung auf $63 \cdot 1890$ m $= 119$ km vergrößert werden.

Zur Diskussion der Dopplerauflösung läßt sich hier die bereits in Abschn. 9.3.4c abgeleitete Ambiguity-Funktion periodischer m-Folgensignale heranziehen. Neben der erwähnten Entfernungsvieldeutigkeit im Abstand NT zeigt sie auch eine entsprechende Doppler-Vieldeutigkeit im Abstand $r = 1/T$. Weiter treten stärkere Doppler-Nebenmaxima im Abstand $1/NT = r/N$ auf. Bei der angegebenen Entfernungsauflösung ist $r = 5$ MHz. Als höchste, eindeutig auflösbare Dopplerfrequenz ergibt sich dann $f_{d_{max}} = \frac{1}{2}(r/N) = 39{,}7$ kHz; dem entspricht bei einer Trägerwellenlänge von 6 cm (C-Band) eine maximale relative Zielgeschwindigkeit von $\lambda f_d/2 = 1{,}2$ km/s.

Einfache Dauerstrich-Radargeräte dieser Art werden auch als Abstandswarngeräte im Straßenverkehr diskutiert. Für den Masseneinsatz müssen hier als Modulationssignale große Familien von Korrelationsfolgen benutzt werden, um die gegenseitigen Störungen gering zu halten.

Ein in das Extrem des technisch Denkbaren gerichteter Vorschlag zur Kartierung möglicher Planeten benachbarter Sterne mit Hilfe der Dauerstrich-Radartechnik findet sich in [Williams 1985]. Hier wird die Anwendung von m-Folgen der Länge $N \approx 2 \cdot 10^7$ vorgeschlagen.

10.3 Aktive Entfernungsmessung – Ranging

Genaue Laufzeitmessungen nach dem Radar-Prinzip sind bei größeren Entfernungen und gleichzeitig hoher Genauigkeit schwierig. Einmal verringert sich die empfangene Energie mit der 4. Potenz der Entfernung, zum zweiten muß bei einfachen Impulsradarsystemen die Wiederholfrequenz zur Vermeidung von Entfernungsmeß-Vieldeutigkeiten mit der Entfernung reduziert werden.

Das Problem ist aber auch für interplanetare Entfernungen lösbar, wenn das Meßobjekt einen aktiven Empfänger und Sender (Transponder) zur Rückstrahlung des Meßsignals enthält. Die empfangene Energie vermindert sich in diesem Fall jeweils nur mit dem Quadrat der Entfernung. Für hohe Genauigkeiten werden i.allg. auch höhere Impulsfolgefrequenzen verlangt. Die Meßmehrdeutigkeiten lassen sich dann elegant durch zusätzliche Strukturierung des Sendesignals, insbesondere durch geeignete Korrelationsfolgen auflösen. Das prinzipielle Schaltbild zeigt Bild 10.3.

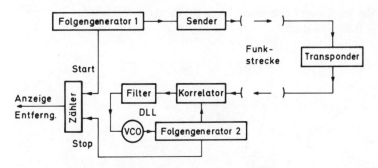

Bild 10.3. Aktive Entfernungsmessung

Vom Sender wird z.B. eine längere m-Folge erzeugt und phasenmoduliert zum Transponder übertragen. Im Empfänger wird das vom Transponder zurückgestrahlte Signal mit einem Korrelator empfangen. Bei nicht zu großer Ablage zwischen empfangenen und im Folgengenerator 2 lokal erzeugten Signalen, steuert das Ausgangssignal des Korrelators in einer DLL-Schaltung („delay-locked loop") über Schleifenfilter und spannungsgesteuerten Taktgenerator (VCO) das lokale Signal in die Synchronität zum empfangenen Signal. Die Laufzeit kann dann aus der Zeitverschiebung zwischen den beiden Folgengeneratoren ermittelt werden.

Der Transponder selbst kann ein einfacher Bandpaßverstärker mit anschließender Frequenzumsetzung sein („turnaround-transponder"). Höhere Genauigkeit erreicht man mit einem „regenerativen Transponder", dessen Schaltung prinzipiell dem DLL-Empfänger gleicht.

Bei größeren Ablagen zwischen den Folgengeneratoren 1 und 2 muß vor Einschalten der DLL-Schaltung eine Akquisitionsphase eingesetzt werden. Im einfachsten Fall wird hierzu das Signal des Folgengenerators 2 schrittweise solange verschoben, bis näherungsweise Synchronität erreicht ist [Easterling 1964, Painter 1967, Yamamotu et al. 1987].

Bei sehr großen Entfernungen und entsprechend langen Folgen kann diese Akquisitionszeit verkürzt werden, wenn die Meßfolge entweder aus Teilfolgen zusammengesetzt wird oder, wie in [Yamamotu et al. 1987], mit zwei unterschiedlichen Folgen in einem Duplexkanal operiert wird.

10.4 Satelliten-Navigationssysteme

Ihre wichtigste Anwendung finden die „Ranging"-Methoden mit der breiten Einführung von weltweiten Satelliten-Navigationssystemen. Hier seien kurz die Prinzipien von aktivem und passivem Ranging betrachtet.

10.4.1 Aktive Ranging-Verfahren

Die prinzipielle Wirkungsweise eines aktiven Ranging-Verfahrens mit zwei Satelliten stellt Bild 10.4 dar.

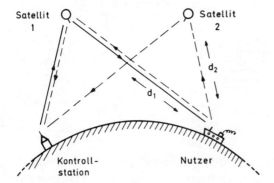

Bild 10.4. Range-Range-Navigation

In einer bestimmten Zone, z.B. im Nordatlantik, wird der Standort des Nutzers, z.B. ein Schiff oder Flugzeug, in einer dem System bekannten Höhe aus den beiden Entfernungen d_1 und d_2 zu den im Standort bekannten Satelliten bestimmt. Hierzu sendet die Kontrollstation ein geeignetes Meßsignal aus, das über die Transponder im Satelliten 1 und im Nutzer wieder zurückkommt und zur Bestimmung von d_1 dient. Das Transpondersignal des Nutzers läuft gleichzeitig auch über den Satelliten 2 und bestimmt so d_2. Aus beiden Entfernungen errechnet die Kontrollstation geografische Länge und Breite des Nutzers und teilt sie diesem über denselben Weg mit. Verschiedene Nutzer werden durch zusätzliche Adresscodierungen unterschieden. Geeignete Meßsignale sind auch hier z.B. m-Folgen. Ihre Periodendauer muß zur Vermeidung von Mehrdeutigkeiten größer als die Summe der Laufzeiten sein. Bei geostationären Satelliten beträgt die volle Umlaufzeit der Signale von der Kontrollstation zum Nutzer und zurück maximal $T_r \approx 0,5$ s. Bei einer Taktperiode der m-Folge von $T_0 = 1$ µs (entsprechend einer Bandbreite von ca. 1 MHz) müssen bei Verwendung periodischer Folgen diese also eine Länge von $N = T_r/T_0 \approx 500\,000$ erhalten, ihre Erzeugung verlangt also ein lb (500 000) ≈ 19 stufiges Schieberegister [Gaffney 1967]. Neben m-Folgen sind andere Signale möglich [Lüke 1972a]. Mit *drei* Satelliten lassen sich für Flugzeuge auch die *drei* Größen geografische Länge und Breite sowie die Höhe bestimmen (3 Gleichungen für 3 Unbekannte).

10.4.2 Passive Ranging-Verfahren – Global Positioning Systeme

Mit dem passiven Ranging-Verfahren ist eine erheblich einfachere, weil transponderlose, reine Empfänger-Technik bei den Nutzern möglich. Im weltweiten Maßstab sind diese Verfahren derzeit im NAVSTAR-Global Positioning System (GPS) des Verteidigungsministeriums der USA sowie im ebenfalls primär militärischen GLONASS-System der früheren Sowjetunion verwirklicht. Das NAVSTAR-System benutzt Satelliten auf 12-Stunden-Bahnen, um alle Satelliten von nordamerikanischen Kontrollstationen überwachen zu können. Für die weltweite Bedeckung sind im Endausbau 18 bis 24 NAVSTAR-Satelliten vorgesehen [Parkinson und Gilbert 1983, Stansell 1983, Kayton 1988, Seeber 1989].

Ein einfacheres System für zivile Zwecke wurde von Ha und Robertson [1987] vorgeschlagen. Da es dem NAVSTAR-System prinzipiell ähnlich ist, soll es hier kurz besprochen werden. Für eine weltweite Bedeckung, mit Ausnahme der Polarzonen, werden in diesem geostationären GPS nur 12 Satelliten und drei Grundkontrollstationen benötigt. Jeder Satellit sendet als Ranging-Signal eine für ihn charakteristische Gold-Folge im L-Band ($\lambda \approx 20$ cm) aus. Diese Folgen werden durch an Bord befindliche Atomuhren zu exakt bekannten Zeiten gestartet und untereinander synchronisiert. Vom Empfänger eines Nutzers werden zunächst drei Satellitensignale empfangen, aus deren Laufzeiten bei ebenfalls atomuhrgenauer Zeitbasis die drei geografischen Werte für Länge, Breite und Höhe bestimmt werden könnten. Diese Messung ist in Wirklichkeit ungenau, da im Empfänger als Zeitbasis nur einfache Quarzuhren benutzt werden. Dieser Fehler kann aber durch Empfang eines vierten Satellitensignals kompensiert werden (4 Gleichungen für 4 Unbekannte). Die damit erreichbare Ortungsgenauigkeit liegt bei 100 m, außerdem steht dann im Empfänger noch die atomuhrgenaue Zeit zur Verfügung.

Der maximale Entfernungs*unterschied* zwischen einem Empfänger an einem beliebigen Ort auf der Erde und zwei geostationären Satelliten beträgt etwa 5900 km (entsprechend einem Laufzeitunterschied von 19,6 ms). Um diesen Entfernungsbereich auflösen zu können, soll das Ranging-Signal etwa die doppelte Periodenlänge, also 39,2 ms besitzen. Bei einer Folgenrate von 10,23 Mbit/s wird hier eine Gold-Folge der Periode $N = 2^{19} - 1$ (entsprechend 51,25 ms) benutzt. Für diese Folgen erhält man als maximalen PKKF-Wert nach (5.12) $\Theta_c = 2^{ent(19/2+1)} + 1$, damit wird bei Empfang von drei Signalen ein Nebensprechabstand von etwa $10 \lg \frac{1}{3} [2^{19}/2^{10}]^2 \cong 49{,}4 \, dB$ erreicht.

Um die Akquisition dieser Folge zu erleichtern und die notwendigen Daten über die Lage der Satelliten u.ä. zu übertragen, senden die Satelliten in einen benachbarten Frequenzbereich jeweils eine zweite, kürzere Gold-Folge z.B. der Länge $2^{10} - 1 = 1023$ mit einer Rate von 1,023 Mbit/s und entsprechend einer Dauer von 1 ms (Nebensprechabstand 19 dB). In hochintegrierter Technik können heute bereits tragbare GPS-Empfänger gebaut werden.

10.5 Synchronisation

In allen digitalen Nachrichtenübertragungssystemen ist ein Synchronisationsteil enthalten, das die für ein ordnungsgemäßes Zeitverhalten von Abtastern oder Oszillatoren notwendigen Steuersignale bereitstellt. Zeitfehler dieser Synchronisation können das Empfangsverhalten beliebig verschlechtern.

Die Synchronisation eines Empfängers verläuft zumeist in hierarchisch gegliederten Stufen: Die *Trägersynchronisation* sorgt bei Übertragung im Bandpaßbereich für die richtige Frequenz und, besonders bei kohärentem Empfang, richtige Phasenlage der im Empfänger vorhandenen Oszillatoren.

Die *Symbolsynchronisation* – oder Bitsynchronisation – bestimmt die Abtastzeitpunkte. Die *Wort*- oder *Rahmensynchronisation* dient der Rekonstruktion der Datenformate oder der einzelnen Kanäle eines Vielfachsystems.

Die effiziente Ausnutzung der verfügbaren Sendeleistung verbietet zumeist die Übertragung eigener Synchronsignale für die Träger- und Symbolsynchronisation. Diese Informationen müssen dann durch oft recht trickreiche Schaltungen dem empfangenen Datensignal entnommen werden.

Da die Wort- oder Rahmentaktsignale nur jeweils recht große Gruppen von Symbolen unterteilen, können hier ohne allzu große Verluste an Übertragungskapazität eigene Synchronisationssignale verwendet werden.

Häufig wird die Rahmensynchronisation noch einmal in zwei Teilaufgaben gegliedert. Bei Einschalten des Systems oder Synchronisationsverlust legt die Anfangssynchronisation (acquisition) erstmals die Rahmenanfänge ohne apriori-Information fest. Nach Abschluß der Akquisitionsphase kennt das Synchronisationsverfahren die ungefähre Lage der Rahmen und muß nur noch die genaue Lage nachführen (tracking). In beiden Phasen können optimal korrelierende Folgen, ggf. unterschiedlicher Länge oder Anzahl, als Synchronisationssignale benutzt werden. Dieses Verfahren wurde zuerst von R.H. Barker [1953] vorgeschlagen, der hierfür die nach ihm benannten Binärfolgen angab, s. Abschn. 6.2. In gleicher Weise können andere optimal korrelierende AKF-Folgen benutzt werden. In [Grayson und Darnell 1990] werden im Gegensatz dazu modifizierte AKF-Folgen mit stark negativen Nebenwerten diskutiert. Bei Verwendung der mehrfachen Korrelation gemäß Abschn. 1.4 können PAKF-

Folgen eingesetzt werden. Dort wurde bereits erwähnt, daß in diesem Fall das Synchronisationssignal auch zur Bestimmung der Kanalübertragungsfunktion benutzt werden kann.

Schwieriger wird die Synchronisation, wenn, wie es zumeist in der Tracking-phase üblich ist, die Synchronisationsfolgen in zufällige Datensignale eingebettet sind. Massey [1972] zeigte, daß in diesem Fall bei Störung durch weißes Gaußsches Rauschen und Bayes-Detektion der Korrelationsterm durch einen Energieterm für das empfangene Kombinationssignal ergänzt werden muß. In diesem Fall lassen sich spezielle, von den üblichen AKF-Folgen abweichende Synchronisationsfolgen mit besseren Ergebnissen finden. Ausführliche Konstruktionsergebnisse und Hinweise werden von Wu [1984] angegeben. Für praktische Zwecke empfiehlt Wu die Lindner-Folgen (s. Abschn. 6.2). Bei der „unique word"-Konstruktion werden beispielsweise alle Lindner-Folgen einer gegebenen Länge in eine vorlaufende Folge 111 . . . 1 zur Trägersynchronisation und eine nachlaufende Folge 010101 . . . zur Symbolsynchronisation eingebettet und dann die mit dem besten Nebenwertverhalten ausgesucht. Diese Synchronisationssignale wurden für das „ARPA Experimental Satellite System" vorgeschlagen. In mehrkanaligen Anwendungen werden entsprechende Familien von Synchronisationsfolgen mit ebenfalls guter KKF benötigt.

10.6 Nachrichtenübertragung mit Spreizmodulation

10.6.1 Multiplex-Verfahren mit breitbandigen Trägerfunktionen

Zur Übertragung mehrerer Quellensignale über einen gemeinsamen, durch weißes Rauschen gestörten Kanal sind lineare Multiplexverfahren mit orthogonalen Trägerfunktionen optimal. Verwendet man darüber hinaus Trägerfunktionen, deren Kreuzkorrelationsfunktionen überall verschwinden, so tritt auch bei fehlender Synchronisation kein Nebensprechen auf. Derartige *asynchrone* Multiplexverfahren sind besonders dann vorteilhaft, wenn viele Übertragungssysteme möglichst freizügig auf einen Kanal zugreifen sollen. Klassisches Beispiel eines solchen asynchronen Systems ist das Frequenzvielfach, das darum besonders bei Zugriff auf nicht gerichtete Funkkanäle üblich ist. Die Trägerfunktionen des klassischen Frequenzvielfachsystems sind wertkontinuierlich und schmalbandig. Beide Eigenschaften können für bestimmte Anwendungen nachteilig sein (s.u.) und waren Anlaß zur Entwicklung von Übertragungsverfahren mit breitbandigen Trägern. Das prinzipielle Schema eines analogen PAM-Multiplexsystems mit breitbandigen Trägern wurde bereits in Abschn. 1.2 kurz angesprochen. Die entsprechende, aber für die Übertragung digitaler Signale modifizierte Schaltung ist, auf das Prinzipielle vereinfacht, in Bild 10.5 dargestellt.

Werden die Trägerfunktionen $s_i(t)$ speziell einem System breitbandiger Signale mit möglichst gut verschwindender KKF entnommen, dann beschreibt

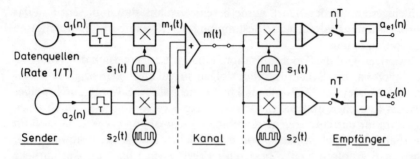

Bild 10.5. Digitales Code-Multiplexsystem mit orthogonalen Trägerfunktionen

Bild 10.5 ein asynchrones Multiplexsystem mit Spreizmodulation. Im Empfänger werden Korrelatoren verwendet. Jeder Generator für ein $s_i(t)$ im Empfänger muß bei diesem asynchronen System nur noch auf das *eine* zugeordnete Sendesignal synchronisiert werden. Bei der zumeist üblichen Übertragung über Bandpaßkanäle werden die $m_i(t)$ noch in geeigneter Weise moduliert. Als breitbandige Trägersignale mit gut verschwindender KKF sind z.B. die in Kap. 7 diskutierten Familien mit guten aperiodischen Korrelationseigenschaften brauchbar. Verwendet man speziell binärwertige Signale, dann wird die Schaltungstechnik einfacher. Besonders in diesem Fall wird das Verfahren auch als Codemultiplex-Technik bezeichnet. Je nach Art der verwendeten Trägersignale unterscheidet man mehrere Arten von „spread spectrum"-Systemen, die im folgenden kurz besprochen werden sollen [Schilling et al. 1990a, b, Dixon 1984, Baier et al. 1984, Simon et al. 1985, Skaug und Hjelmstad 1985, Nicholson 1988, Ziemer und Peterson 1985].

10.6.2 Arten der Spreizmodulation

a) Rauschsignale

Hinreichend lange Ausschnitte aus bandbegrenztem weißen Rauschen besitzen die verlangten Korrelationseigenschaften für Einzelträgersignale und Familien von Trägern (s. Abschn. 6.3). Diese Signale müssen in gespeicherter Form in Sender und Empfänger bereit gehalten werden. In den frühesten Anwendungen der Spreizmodulation wurden derartige Signale z.B. optisch auf synchron umlaufenden Scheiben gespeichert (s. Bild 1.10). Historische Überblicke über derartige Systeme, die primär zur Lösung kryptografischer Aufgaben z.B. in den 30er Jahren in Deutschland und etwas später in den USA entwickelt wurden, finden sich in [Scholtz 1982, Lange 1962, Price 1983].

b) Pseudorauschsignale

Pseudorauschsignale erlauben eine weitaus elegantere Methode zur synchronen Erzeugung geeigneter Korrelationssignale in digitaler Technik (Kap. 3). Ihre

Entwicklung geht auf Arbeiten zurück, die etwa ab 1953 im Jet Propulsion Laboratory des California Institute of Technology liefen [Scholtz 1982]. Systeme dieser Art sind prinzipiell nach dem Schema in Bild 10.5 aufgebaut. Sie werden auch als „Direct-sequence"-Systeme bezeichnet oder, bei Verwendung in Vielfachsystemen, als Codemultiplex-Systeme.

Eine Abschätzung über die Zusammenhänge zwischen Nebensprechen, Kanalzahl und notwendiger Folgenlänge für ein M-kanaliges Codemultiplexsystem mit Folgen aus der Gold-Familie (s. Abschn. 5.3.2) läßt sich wie folgt geben:

Im Abtastzeitpunkt addieren sich zum Nutzwert mit der Amplitude N die Nebensprechwerte aus $M - 1$ Kanälen. Diese Nebensprechwerte sind auf Θ_c beschränkt; da sie als unabhängig angenommen werden können, addieren sie sich leistungsmäßig.

Damit gilt unter der Annahme, daß alle Signale am Empfängereingang gleiche Amplituden haben, im ungünstigsten Fall für das Nutz-Nebensprechstörleistungsverhältnis V_n

$$V_n = \frac{N^2}{(M - 1)\Theta_c^2}. \tag{10.1}$$

Werden als Trägersignal Gold-Folgen benutzt, so erhält man mit (5.19) in (10.1)

$$V_{n_{GOLD}} \approx \frac{N^2}{(M - 1)(2\sqrt{N})^2} = \frac{N}{4(M - 1)}. \tag{10.2}$$

Für $M = 10$ Kanäle und $V_n = 40\,dB$ ergibt das eine notwendige Folgenlänge von $N \approx 3,6 \cdot 10^5$.

Aufwendig sind insbesondere bei Verwendung langer m-Folgen die Synchronisationseinrichtungen, für die i. allg. die in Abschn. 10.5 beschriebenen zweistufigen Verfahren von Akquistion und Tracking verwendet werden [Pickholtz et al. 1982, Baier et al. 1984, Simon et al. 1985, Annecke 1980, 1981]. Neben binären Folgen wurden auch höherwertige Folgen und Familien von Folgen zur Realisierung von Direct-sequence-Systemen vorgeschlagen, so Polyphasen-Folgen [Li et al. 1987], Quadriphasen-Folgen [Krone und Sarwate 1984] oder Komplementärfolgen [Suehiro und Hatori 1988a].

c) Inkohärente „optische" Folgen

Die Möglichkeiten des freien asynchronen Zugriffs auf ein Übertragungsmedium, wie sie die Codemultiplex-Verfahren bieten, kann besonders in der Lichtwellenleiter-Technik vorteilhaft sein. Die heute nur sehr geringe Ausnutzung der außerordentlich hohen optischen Bandbreite von Monomode-Glasfasern ist durch die begrenzte Geschwindigkeit der elektronischen Signalverarbeitung und der elektro-optischen Wandler bedingt. Einen Ausweg kann eine sehr schnelle, rein optische Signalverarbeitung bieten, wobei die Wandlung von und in langsamere elektrische Signale nur am Anfang und am Ende eines Übertragungssystems geschieht. Für dieses Konzept bietet sich die Codemultiplex-Technik in eleganter Weise an, da bei ihr relativ schmalbandige Signale in sehr breitbandiger Form übertragen werden. Das prinzipielle Schema entspricht der Schaltung Bild 10.5, wobei die Sender im optischen Bereich über eine Phasenmaskentechnik erzeugte, unipolar modulierte, inkohärente Folgen $m_i(t)$ auf das gemeinsame optische Medium geben und diese in optischen Korrelationsempfängern detektiert werden [Bergh und Chynoweth 1989, Salehi 1989, Salehi et al. 1990, Chung et al. 1989]. Diese Übertragungstechnik verlangt Familien inkohärenter Korrelationsfolgen, wie sie in Abschn. 5.4 behandelt wurden.

d) Frequenzsprung-Folgen

Bei den Frequenzsprungverfahren („frequency-hopping", FH) werden i.allg. sinusförmige Trägersignale verwendet, deren Augenblickfrequenz in einer geeigneten, pseudozufälligen Weise mehrfach pro Taktperiode verändert wird. Neben diesen „schnellen" Frequenzsprungverfahren existieren auch langsame Verfahren, bei denen die Augenblicksfrequenz nur einmal pro Taktperiode umgeschaltet wird [Pickholtz et al. 1982, Simon et al. 1985]. Die Konstruktion geeigneter Familien von Folgen für das schnelle Frequenzspringen wurde in Abschn. 8.6 besprochen. Die Schaltungstechnik wird ebenfalls wieder durch das allgemeine Blockbild 10.5 beschrieben, dabei können die Trägersignale durch Ansteuern von Frequenzsynthetisatoren aus den FH-Folgen erzeugt werden.

Langsame Frequenzsprung-Verfahren wurden bereits im 2. Weltkrieg verwendet, um sowohl das Abhören zu erschweren als auch um schmalbandigen Störern auszuweichen [Scholtz 1982]. Schnelle Frequenzsprung-Verfahren werden heute gern dann den Direct-sequence-Verfahren vorgezogen, wenn in einem Funknetz mit Vielfachzugriff die Sender räumlich weit gestreut liegen. Nah benachbarte Sender können dann so stark nebensprechen, daß die nicht ideal verschwindende Kreuzkorrelationsfunktion eines Direct-sequence-Systems ein zu hohes Nebensprechen erzeugt (sog. „far–near problem"). Hier kann bei Frequenzsprungverfahren das Nebensprechen, u.U. in Kombination mit einem fehlerkorrigierenden Code, besser beherrscht werden [Pickholtz et al. 1982].

10.6.3 Störminderung durch Spreizmodulation

Die Spreizmodulation gehört zu den linearen Modulationsverfahren, bei denen unter Störung durch weißes Rauschen gegebener Leistungsdichte das Signal-Störleistungsverhältnis am Ausgang des Korrelationsempfängers nur von der Energie, aber nicht von der Form des Trägersignals abhängig ist (s. Abschn. 1.2). Die Spreiztechnik kann aber dann Vorteile haben, wenn der Störer eine feste endliche Leistung besitzt und die Störung beabsichtigt ist.

In [Pickholtz et al. 1982] wird hierzu folgendes Modell durchgerechnet: Nutz- und Störsender („jammer") besitzen am Empfängereingang pro Bit die Energie E bzw. E_j. Der Nutzsender verwendet echte Rauschsignale mit einer Bandbreitedehnung $\beta (\beta = $ Verhältnis der Bandbreite des gespreizten Signals zur Bandbreite des ungespreizten Signals, bei binären Korrelationsfolgen ist $\beta = N$). Nimmt man nun an, daß der Störsender – ohne Kenntnis der exakten Form des Nutzsignals – seine verfügbare Energie E_j so verteilt, daß das S_a/N-Verhältnis am Empfängerausgang maximal verschlechtert wird, so erhält man hierfür

$$\frac{S_a}{N} = \beta \frac{E}{E_j}. \tag{10.3}$$

Das durch den Störer bedingte S_a/N-Verhältnis kann also durch Erhöhen des Bandbreitedehnfaktors oder Spreizfaktors β prinzipiell, d.h. ohne Berücksichtigung von Aufwand und Übertragungsverzögerung, beliebig verbessert werden. Diese Eigenschaft hat dazu geführt, daß die Spreizmodulation besonders in der militärischen Nachrichtentechnik breit eingeführt wurde. Dieses günstige Ergebnis gilt aber nicht mehr, wenn der Störsender die Form des Nutzsignals kennt und dann gezielt stören kann. Unter dieser Betrachtung sind m-Folgen ungünstig, da infolge ihrer rekursiven Bildung in einem Schieberegister der Länge r bereits die Beobachtung von $2r - 2$ aufeinanderfolgenden Bits genügt, um z.B. durch Lösen eines linearen Gleichungssystems des gleichen Umfangs die $r - 2$ mittleren Koeffizienten der Rekursionsgleichung und die r Anfangswerte bestimmen und damit die gesamte Folge der Länge $2^r - 1$ rekonstruieren zu können. Aus diesem Grund werden in stör-wie auch abhörsicheren Systemen entweder bewußt mit geringen Fehlern behaftete Folgen benutzt oder es werden nichtlinear verknüpfte Schieberegisterfolgen verwendet. Über Erzeugung und Eigenschaften solcher Folgen hoher Komplexität und ihren Familien, wie den Bent-Folgen, den No-Folgen oder den komplexwertigen No-Antweiler-Folgen, muß hier auf die Literatur verwiesen werden [Pickholtz et al. 1982, Key 1976, Simon et al. 1985, Rothaus 1976, No und Kumar 1989, Antweiler und Börner 1990d].

Für zivile Zwecke wird die Spreizmodulation in letzter Zeit besonders für Mobilfunkanwendungen diskutiert [Schilling et al. 1990b]. Hier liegt ein Hauptgrund in ihrer Unempfindlichkeit gegenüber schmalbandigen, multiplikativen Störungen (Fading), die in dieser Technik infolge der Mehrwegeausbreitung oft dominieren. Ein weiterer Vorteil der breitbandigen Multiplextechnik für diese Anwendung besteht weiter darin, daß die Zahl der benutzbaren Kanäle nicht hart begrenzt ist, sondern daß sich Überlast nur als zunehmende rauschähnliche Störung bemerkbar macht. Hierzu wird als Beispiel das in Europa als Kandidat für das D-Netz diskutierte MATS-D-System im nächsten Abschnitt betrachtet.

Weitere zivile Anwendungen finden sich z.B. in „packet radio"-Systemen [Leiner et al. 1987] oder in Datenübertragungssystemen auf dem Starkstromnetz [Dostert 1990].

10.6.4 Beispiel: MATS-D-Mobilfunksystem

Das MATS-D-System (*M*obiles *a*utomatisches *T*elefon-*S*ystem mit *d*igitaler Übertragung) ist ein Vorschlag für das zukünftige paneuropäische Mobilfunksystem im 900 MHz Bereich. Da in diesem System Funkverbindungen innerhalb einer Zelle nur jeweils zwischen einer festen Funkstation zu den beweglichen Teilnehmern und zurück stattfinden, wird ein hybrides System mit unterschiedlichen Modulationsverfahren für beide Richtungen gewählt [Eizenhöfer 1986, Eizenhöfer und von Harten 1987, Langewellpot 1986].

Für die Richtung Fest- zu Mobilstationen wird in diesem Vorschlag eine Codemultiplex-Übertragung benutzt, die mehrere Vorteile bietet. Der wichtigste besteht darin, besonders gut für Kanäle mit schnell wechselnder Mehrwegeübertragung geeignet zu sein. Weiter ist an der Feststation im Vergleich zu Schmalbandverfahren keine Vielzahl an Sendeendstufen, Kopplern und Antennen erforderlich. Auch ist durch die gute Gleichkanal-Störunterdrückung der Wiederholabstand der verfügbaren Frequenzbänder in benachbarten Funkzellen gering, so daß trotz der insgesamt höheren Bandbreite des Spreizsignals die Frequenzökonomie gewahrt bleibt. Endlich ergibt sich eine mit wachsender Teilnehmerzahl nur allmählich ansteigende Verschlechterung des Störabstandes, die für die Bewältigung kurzzeitiger Verkehrsbedarfsspitzen vorteilhaft ist („graceful degradation").

Zu Beginn jedes Rahmens wird als gemeinsames Synchroncodewort eine m-Folge mehrfach gesendet, so daß nach Empfang in einem Korrelationsfilter einmal Rahmenanfang und die Symbolabtastzeitpunkte festgelegt, zum anderen die aktuelle Stoßantwort jedes Kanals gemessen werden kann. Diese Information wird zur Kanalentzerrung benutzt.

Das Synchronisationssignal gilt für alle Kanäle, es kann daher mit höherer Leistung (8fach) gesendet werden und ermöglicht so, da auch Nebensprechstörungen entfallen, eine sichere Synchronisation und eine sehr zuverlässige Messung der Kanalstoßantwort.

Das Sprachsignal wird nach Quellen- und Kanalcodierung mit einer Rate von 18 kbit/s übertragen. Aus vier Sprechkanälen, einem Signalisierungskanal und den Synchronisationswörtern wird zunächst im Zeitmultiplex ein Rahmen der Länge 16 ms mit 1248 bit gebildet. Dann werden 2 Bit zusammengefaßt und die entstehenden 4 Symbole durch je 2 verschiedene Spreizfolgen der Länge 32 bipolar codiert, das entspricht einer Halbierung der notwendigen Bandbreite. Durch Überlagerung von 8 dieser Folgen im Codemultiplex entsteht ein Signal mit 32 Sprechkanälen. Die Quadraturmodulation von zwei dieser Codemultiplexsignale ergibt das endgültige Sendesignal mit 64 Sprechkanälen. Werden in einem Funkfeld mehr Sprechkanäle benötigt, dann werden mehrere dieser Signale im Frequenzmultiplex mit einem Kanalabstand von 1,25 MHz kombiniert.

Da die Codemultiplexbildung in der festen Funkstation für alle Signale synchron erfolgt, könnte bei Verwendung orthogonaler Spreizfolgen der Umfang des Codemultiplexsystems prinzipiell sogar gleich dem Spreizfaktor 32 gewählt werden. Wegen der Mehrwegeausbreitung ist jedoch der orthogonale Empfang nicht möglich, so daß der Umfang auf die erwähnten 16 Folgen beschränkt wird. Diese Folgen wurden den entsprechenden Systemanforderungen gemäß durch Rechnersuche so bestimmt, daß die Nebenwerte der Kreuzkorrelationsfunktionen besonders in der Umgebung von Null klein sind.

Für die umgekehrte Richtung Mobil- zu Feststation läßt sich ein Codemultiplex nicht mit der durch die Bandbegrenzung gegebenen mäßigen Spreizung realisieren, da die Signale der Mobilstationen an der Feststation mit außerordentlich verschiedenen, schnell wechselnden Leistungen ankommen (Dynamik etwa 80 dB, „far-near"-Problem). Hier wird daher ein Frequenzmultiplexsystem mit schmalbandiger Frequenzmodulation verwendet. Dies hat weiter Kostenvorteile für den Aufbau der Mobilstationen und ermöglicht Diversity-Empfang in der Feststation.

10.7 Pseudozufallsfolgen

10.7.1 Vergleich mit „echten" Zufallsfolgen

Zeitdiskrete Zufallssignale spielen bei der Untersuchung, der Simulation und dem Aufbau vieler Systeme der Signalverarbeitung eine wichtige Rolle.

Pseudozufallsfolgen, die algorithmisch erzeugt werden können, sind dabei für die Praxis besonders wichtig, da sie einmal eindeutig festgelegte Eigenschaften besitzen und zum anderen eindeutig reproduzierbar sind. Neben den für Rechner geeigneten Kongruenzmethoden [Coates et al. 1988], sind die durch rückgekoppelte Schieberegister einfach erzeugbaren binären m-Folgen besonders attraktiv [Sarwate 1984, Hänel 1981]. Die „Zufälligkeit" dieser in Wirklichkeit determinierten Folgen, daher *Pseudo*zufallsfolgen, läßt sich nur durch eine Reihe von Tests beschreiben, in denen ihre Eigenschaften mit den mittleren Eigenschaften von Ausschnitten gleicher Länge aus echten Zufallsfolgen verglichen werden. Von m-Folgen erwartet man, daß sie alle den Anwendungen entsprechenden Tests im Vergleich mit Ausschnitten aus symmetrischen Bernoulli-Folgen („Münzwurffolgen", vgl. Abschn. 6.3) bestehen. Eine Anzahl der Eigenschaften von m-Folgen wurde in Abschn. 3.4.3 zusammengestellt. Insbesondere erfüllt jede Periode einer binären m-Folge des grades r folgende Eigenschaften:

- beide Symbole sind bis auf ein Element gleichhäufig
- *Fenster-Eigenschaft*: in jedem beliebig verschobenen Fenster der Breite r erscheint jedes der $2^r - 1$ möglichen r-Tupel, außer dem $00 \cdots 0$-Tupel, genau einmal.
- *Lauflängen-Eigenschaft*: von den $2^r - 1$ Folgen hintereinander liegender Elemente gleicher Art besitzen 50% die Lauflänge 1, 25% die Lauflänge 2, 12, 5% die Lauflänge 3 (usw. bis zur Länge $r - 2$).
- ideal impulsförmige PAKF.

Da Münzwurffolgen gleicher Länge $2^r - 1$ diese Eigenschaften erst im Grenzfall sehr großer Länge genau annehmen, erfüllen die m-Folgen zwar diese

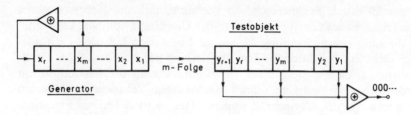

Bild 10.6. Verarbeitung einer m-Folge

Tests, sind aber eigentlich „zu ideal". Andererseits enthalten die m-Folgen starke determinierte Ahängigkeiten, die mit echten Zufallsfolgen zu erwartende Ergebnisse verfälschen können. Ein einfaches Beispiel verdeutlicht diese Eigenschaft, hierzu Bild 10.6.

„Schickt man die in einem Schieberegister der Länge r erzeugte m-Folge in ein zweites Schieberegister der Länge $r + 1$ und verknüpft die dem Erzeugungsprinzip entsprechenden Bits über einen mod 2-Addierer, so entsteht am Ausgang eine Folge von lauter Nullen. Eine echte Bernoulli-Folge würde am Ausgang dieses Netzwerkes dagegen wieder eine Bernoulli-Folge liefern, · · · . Das Beispiel zeigt, wie das Testergebnis entarten kann, wenn das Testobjekt ein Gedächtnis von mehr als r Bits hat". Zitiert nach [Gaugg et al. 1973].

Ausführliche Untersuchungen zu diesem Thema in [Gaugg et al. 1973] zeigen, daß Amplitudenverteilung und Übergangshäufigkeiten zum unmittelbar nachfolgendem Ereignis am Ausgang eines Meßobjekts bei Messung mit einer binären m-Folge der Länge $N = 2^r - 1$ nur dann mit den Ergebnissen einer echten Zufallsmessung übereinstimmen, wenn im Meßobjekt nur Summationen über weniger als r Bits vorkommen.

10.7.2 Anwendungsbeispiele

Aus den besprochenen Eigenschaften folgt, daß m-Folgen-Generatoren anwendungsbezogen dann brauchbare Bernoulli-Quellen sind, wenn das Gedächtnis der nachfolgenden Systeme nicht zu groß ist. Hierzu zwei Beispiele:

a) Messungen an Datenübertragungsgeräten

Zur Messung der Fehlerwahrscheinlichkeit von Datenübertragungseinrichtungen über echte Übertragungsstrecken sind m-Folgen besonders gut geeignet, da sich leicht identische Zufalls-Testfolgen in Sender und Empfänger erzeugen lassen. Jedoch muß auch hier die Länge des Schieberegisters größer als die Gedächtnislänge der Schaltung sein (kritisch sind hier insbesondere rekursive Schaltungen, wie Filter oder Coder).

b) Scrambler

Datenquellen erzeugen oft lange Folgen von 0 oder 1 oder auch kurzperiodische Folgen. Derartige Folgen können die Synchronisation oder die adaptive Entzerrung stark erschweren. Ein Ausweg ist ein zusätzliches Verwürfeln der Daten, das z.B. durch eine mod 2-Addition einer Pseudozufallsfolge im Sender geschehen kann. Im Empfänger kann die ursprüngliche Folge durch synchrones Addieren der gleichen Zufallsfolge wieder zurückgewonnen werden. In einer praktischen Modifikation läßt sich die Rahmensynchronisation beider Zufallsfolgen vermeiden, wenn die die Zufallsfolge erzeugenden rückgekoppelten Schieberegister als sequentielle Filter benutzt werden [Spilker 1977]. Das Prinzip ist an dem einfachen Beispiel in Bild 10.7 dargestellt.

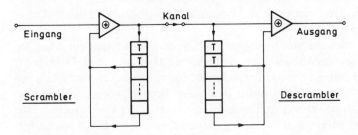

Bild 10.7. Datenübertragung mit Scrambling

Der Scrambler besteht aus einem rückgekoppelten Schieberegister, der Descrambler aus einem dazu komplementären, vorwärtsgekoppelten Schieberegister. Bei fehlerfreier Übertragung wird die Eingangsfolge dann wieder zurückgewonnen, wenn zu Beginn ein definierter Anfangszustand hergestellt wurde [Finger 1985]. Bei Übertragungsfehlern erzeugt der Descrambler allerdings aus Einzelfehlern stets Mehrfachfehler. Schließlich ist noch anzumerken, daß es Eingangsfolgen gibt, die in lange 1-oder 0-Folgen abgebildet werden (vgl. Bild 10.6).

Den Scramblern ähnliche Schaltungen können auch Anwendungen bei einfachen Verschlüsselungsaufgaben finden.

10.8 Systemmeßtechnik

Die klassische Messung der Stoßantwort eines linearen, zeitinvarianten Systems mit einem kurzen Impuls ist dann ungünstig, wenn der Einzelimpuls bei begrenzter Amplitude eine zu geringe Energie besitzt und damit die Messung einen schlechten Signal-Störabstand erhält. Ein einfacher Ausweg ist wieder, entsprechend zur Radartechnik, die Messung mit einer Korrelationsfolge.

Ist $h(t)$ die gesuchte Stoßantwort des Systems, so gilt bei Anregung mit dem Signal $s(t)$ und anschließender Korrelation mit einem Korrelationsfilter der Stoßantwort $s(-t)$

$$s(t) * h(t) * s(-t) = \varphi_{ss}(t) * h(t). \qquad (10.4)$$

Die AKF des anregenden Signals muß also möglichst impulsförmig sein, d.h. ein gutes HNV besitzen. Weiter muß der Hauptwert so schmal sein, daß das Energiedichtespektrum im Frequenzbereich des Filters hinreichend flach ist.

Geeignete Testsignale sind also einmal gute aperiodische Korrelationsfolgen, deren Werte genügend schmale Rechteckimpulse modulieren. Zum anderen können ebensogut ideale periodische Korrelationsfolgen benutzt werden, wenn ihre Periode größer als die Dauer der zu messenden Stoßantwort ist.

Über ein akustisches Meßsystem dieser Art wird z.B. in [Schmitz und Vorländer 1990] berichtet. Als Signale zur Messung der Stoßantwort des menschlichen Außenohres werden dort m-Folgen der Länge $2^{17} - 1$ benutzt, wobei sich die Korrelation einer rechenaufwandsgünstigen Hadamard-Transformation bedient.

Über die Anwendung von m-Folgen mit Dreifachkorrelation zur schnellen Messung zeitvarianter Mobilfunkkanäle berichten Hermann et al. [1990].

Die Messung mit Korrelationssignalen ist dann besonders nützlich, wenn Untersuchungen an einem System im „laufenden Betrieb" vorgenommen werden sollen, ohne diesen zu stören. Diese Aufgabe tritt in der Praxis recht häufig auf und kann von Messungen in einem gefüllten Konzertsaal bis zu Meßaufgaben an einem laufenden industriellen Prozeß reichen [H.A. Barker 1967, Godfrey 1969, Davies 1973, Xiang 1989, Lehnert 1988, Borish und Angel 1983].

10.9 Lineare Antennen mit codierter Apertur

Schaltet man eine Anzahl von Strahlern oder Antennen zusammen, so lassen sich durch eine entsprechend in Amplitude und Phase verschiedene Ansteuerung gewünschte Richtwirkungen in Sende- oder Empfangsrichtung erzeugen. Bei linearen Strahlern liegen die Elemente in einer Reihe, bei Array-Anordnungen in der Ebene. In der Akustik erhält man so Anordnungen von Lautsprechern, Mikrofonen oder passiven Schallreflektoren. In der Hochfrequenztechnik lassen sich Gruppenantennen aufbauen. Mit Anordnungen von Röntgenstrahlern sind schließlich schnelle Tomografieverfahren möglich [Schroeder 1984, Wohlleben und Mattes 1973, Kuttruff und Quadt 1978, Bracewell 1986, Moffet 1968].

Der Zusammenhang zwischen Anordnung der Strahler und ihrem Richtdiagramm, sowie der Zusammenhang mit der Theorie optimal korrelierender Folgen, wird zunächst kurz an einem einfachen Beispiel betrachtet. Es wird dabei eine lineare Anordnung äquidistanter, rundstrahlender Punktquellen a_i ohne gegenseitige Beeinflussung angenommen, s. Bild 10.8.

Die Fernfeldamplitude in Richtung α ergibt sich nach dem Huygensschen Prinzip als Summe der Beiträge der N Einzelstrahler. Da diese Beiträge räumlich um Vielfache von $d \cdot \sin \alpha$ (s. Bild) versetzt abgestrahlt werden oder ankommen, ergibt sich bei entsprechend phasenverschobenem Aufaddieren die

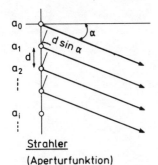

Strahler
(Aperturfunktion)   **Bild 10.8.** Zum Richtdiagramm linearer Punktstrahler

normierte Fernfeldamplitude zu

$$A(\alpha) = \sum_{n=0}^{N-1} a(n)\exp[-\mathrm{j}2\pi nd \sin(\alpha)/\lambda], \quad \lambda: \text{Wellenlänge.} \tag{10.5}$$

Die Folge $a(n)$ der komplexen Amplituden der Einzelstrahler bilden die, hier diskrete, Aperturfunktion der Antenne. Richtdiagramm $A(\alpha)$ und Aperturfunktion $a(n)$ sind also formal über eine modifizierte Fourier-Transformation miteinander verbunden. Entsprechend erhält man für das Leistungsrichtdiagramm mit dem Wiener-Khintchine-Theorem

$$|A(\alpha)|^2 = \sum_{m=0}^{N-1} \varphi_{aa}(m)\exp[-\mathrm{j}2\pi md \sin(\alpha)/\lambda], \tag{10.6}$$

mit $\varphi_{aa}(m)$ als der AKF der Aperturfunktion.

Durch Wahl von Aperturfunktionen mit vorgegebener AKF lassen sich also Leistungsrichtdiagramme in weiten Grenzen variieren („codierte Apertur"). Wird z.B. eine gut korrelierende Folge $a(n)$ verwendet, so ergäbe sich bei ideal impulsförmiger AKF eine Antenne mit Rundstrahlcharakteristik

$$\varphi_{ss}(m) = \delta(m) \rightarrow |A(\alpha)|^2 = 1. \tag{10.7}$$

Hierzu zunächst zwei Anwendungen aus der Elektroakustik. Das erste Beispiel betrifft Lautsprecherzeilen, die zur Beschallung eines großen Auditoriums eine breite Richtcharakteristik besitzen sollen. Hier können Barker-Folgen verwendet werden, da bei binären $a(n)$ die Lautsprecher durch einfaches Verpolen codiert angeschaltet werden können. Bild 10.9 zeigt als Meßergebnisse die Richtdiagramme einer Zeile aus 7 Lautsprechern uncodiert bzw. codiert verschaltet, nach Kuttruff und Quadt [1978]. Die bei schmalbandiger Messung auftretende Feinstruktur ist bei den normalerweise breitbandigen Schallsignalen ohne große Bedeutung, s. hierzu Bild 10.9c als Meßergebnis mit Oktavrauschen.

Noch ausgeglichenere Richtdiagramme, jedoch auf Kosten von Wirkungsgrad und Aufwand, lassen sich mit Aperturfunktionen in Form von Huffman-Folgen erzielen [El-Khamy und Banah 1990].

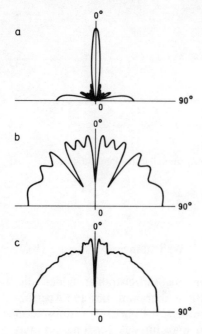

Bild 10.9. Richtdiagramme einer Zeile aus 7 Lautsprechern (**a**) uncodiert; (**b**) Barker-Codierung; (**c**) Messung mit Oktavrauschen

In einer anderen von Schroeder [1980, 1984] eingeführten Anwendung wird die Decke eines Konzertsaals mit Vertiefungen versehen, deren Tiefe den Phasen einer gut korrelierenden Polyphasen-Folge proportional sind. Damit läßt sich eine erwünscht breite Rückstrahlcharakteristik erzielen, s. Bild 10.10.

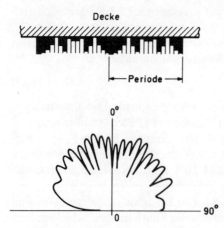

Bild 10.10. Schnittbild und Rückstrahlcharakteristik einer Konzertsaaldecke nach Schroeder

Das gleiche Prinzip läßt sich in der Optik auf Streuscheiben anwenden.

Als Beispiel aus der Antennentechnik werden lineare Interferometerantennen der Radioastronomie betrachtet [Moffet 1968]. Für die gewünschte hohe Auflösung sind große Aperturabmessungen erforderlich. Andererseits sind die

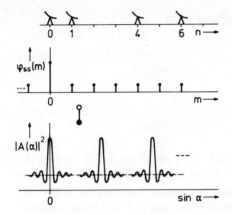

Bild 10.11. Lineare Antennenanordnung und Leistungsrichtdiagramm

einzelnen Antennenelemente selbst schon große, steuerbare Parabolspiegel-antennen. Einen eleganten Ausweg stellen Antennenanordnungen dar, bei denen nur ein Teil der Elemente besetzt ist („thinned arrays"). Es bieten sich dann als Aperturfunktionen inkohärente Binärfolgen mit möglichst regelmäßigen Nebenwerten der AKF an.

Bild 10.11 zeigt das Prinzip am Beispiel der Folge der Länge $N = 7$ aus Abschn. 6.4

$$s(n) = 1\ 1\ 0\ 0\ 1\ 0\ 1$$

mit der AKF

$$\varphi_{ss}(m) = 1\ 1\ 1\ 1\ 1\ 1\ 4\ 1\ 1\ 1\ 1\ 1\ 1\ .$$

Das durch Fourier-Transformation der AKF der Aperturfunktion entstehende Leistungsrichtdiagramm besitzt die gewünschte hohe Auflösung in äquidistanten Raumrichtungen. Der konstante, vom Hauptmaximum der AKF hervorgerufene Anteil kann in der Rekonstruktion eines abgetasteten radioastronomischen Objekts als Gleichanteil kompensiert werden. Inkohärente Folgen mit völlig regelmäßiger AKF wie im Beispiel existieren für $N > 7$ nicht mehr (vgl. Abschn. 6.4), jedoch lassen sich die dann resultierenden Unregelmäßigkeiten im Richtdiagramm bei der Auswertung berücksichtigen. In der Radioastronomie werden normalerweise zweidimensionale Aperturen verlangt (s. Abschn. 18.1), jedoch läßt sich in einfacher Weise bei bestimmten Anwendungen die zweidimensionale Richtcharakteristik auch dadurch erreichen, daß die Rotation der Linearantenne mit der Erddrehung ausgenutzt wird.

11. Definition und Eigenschaften von Korrelationsarrays

Das Konzept der Korrelationssignale läßt sich ebenfalls auf Aufgaben der mehrdimensionalen Signalverarbeitung übertragen. Beispiele hierfür sind einmal Antennensysteme mit codierter zweidimensionaler Apertur, mit denen eine gesteuerte Abstrahlung oder Reflexion erreicht werden soll: elektromagnetische Antennen, Lautsprecheranordnungen, Schallreflektoren, sowie Anordnungen von Röntgenstrahlern in der Kurzzeittomografie.

In der mehrdimensionalen Signalverarbeitung sind weiter zu nennen: Zeit-Frequenz-Codierung, zweidimensionale Synchronisation (map matching), Parallelverarbeitung zur schnellen Berechnung eindimensionaler Korrelationen, Trägersignale für die Add-on Datenübertragung in Videokanälen, zweidimensionale Bitmuster zum Testen hochintegrierter Digitalschaltungen, Systemmeßtechnik zweidimensionaler, z.B. optischer Systeme, oder die Anwendung zyklischer zweidimensionaler Orthogonalfunktionen in der Transformationscodierung von Bildsignalen. Beispiele aus diesen Gebieten werden in Kap. 18 besprochen.

11.1 Begriff des Korrelationsarrays

Eine zweidimensionale Signalfolge $s(n_x, n_y)$ endlicher Energie, im folgenden kurz Array genannt, zeigt Bild 11.1a. Dieses binäre Array besitzt eine „gute" aperiodische Autokorrelationsfunktion $\varphi_{ss}(m_x, m_y)$, deren Nebenwerte, wie Bild 11.1b zeigt, überall im Vergleich zum Hauptwert klein sind. Diese AKF kann wie im eindimensionalen Fall außerhalb des zentralen Hauptmaximums prinzipiell nicht überall verschwinden. Dagegen kann die in horizontaler und vertikaler Richtung periodisch wiederholte Autokorrelationsfunktion (PAKF) „perfekter" Arrays zwischen den zweidimensional periodischen Hauptmaxima zu Null werden, s. Bild 11.1c. In vielen Anwendungsfällen ist aber die Bildung der periodischen Korrelation nicht möglich; hier kann es genügen, ein Array mit dem in Zeilen- und Spaltenrichtungen jeweils doppelt bis dreifach wiederholten Array zu korrelieren, um in einem Meßfenster ideales Korrelationsverhalten zu erzielen, s. Bild 11.1d.

Für Mehrfachanwendungen sind wieder Familien von Arrays mit gutem Auto- *und* Kreuzkorrelationsverhalten von Interesse.

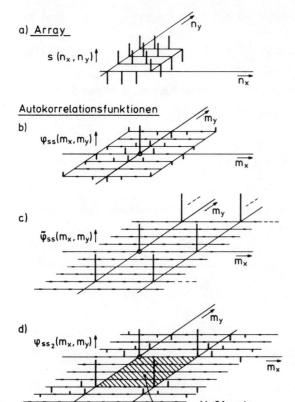

a) Array

b) Autokorrelationsfunktionen

Bild 11.1. Zweidimensionales Binärarray (**a**) mit aperiodischer (**b**), periodischer (**c**) und doppelter (**d**) Autokorrelationsfunktion.

11.2 Zweidimensionale aperiodische Korrelationsfunktionen

Dieser und der folgende Abschnitt stellen wieder wichtige Eigenschaften der Korrelationsfunktionen von Arrays in einer Art ausführlicher Formelsammlung zusammen, sie können daher beim ersten Lesen übergangen werden.

11.2.1 Grundbeziehungen

Die Definitionen der Korrelationsfunktionen von Arrays stellen einfache Erweiterungen der entsprechenden Definitionen eindimensionaler Folgen dar. Betrachtet wird ein Array

$$s(n_x, n_y), \quad n_x = 0\,(1)\,N_x - 1,$$

$$n_y = 0\,(1)\,N_y - 1,$$

$$s(n_x, n_y) \in \mathbb{C}$$

(11.1)

mit dem zweidimensionalen Amplitudendichtespektrum

$$S(f_x, f_y) = \sum_{n_x=0}^{N_x-1} \sum_{n_y=0}^{N_y-1} s(n_x, n_y) e^{-j2\pi(n_x f_x + n_y f_y)}, \quad \begin{array}{l} f_{x,y} \in \mathbb{R} \\ \text{Perioden: } 1. \end{array} \tag{11.2}$$

Autokorrelationsfunktion. Die zweidimensionale AKF ist definiert durch[1]

$$\varphi_{ss}(m_x, m_y) = \sum_{n_x} \sum_{n_y} s^*(n_x, n_y) s(n_x + m_x, n_y + m_y), \quad \begin{array}{l} \text{mit } |m_x| = 0\,(1)\,N_x - 1 \\ |m_y| = 0\,(1)\,N_y - 1 \end{array} \tag{11.3}$$

oder über die zweidimensionale Faltung

$$\varphi_{ss}(m_x, m_y) = s^*(-m_x, -m_y) ** s(m_x, m_y). \tag{11.4}$$

Im Frequenzbereich ergibt sich das Energiedichtespektrum des Arrays als Fourier-Transformierte der AKF

$$\phi_{ss}(f_x, f_y) = S^*(f_x, f_y) \cdot S(f_x, f_y) = |S(f_x, f_y)|^2. \tag{11.5}$$

Die AKF hat die Eigenschaften:
Sie ist konjugiert symmetrisch

$$\varphi_{ss}(-m_x, -m_y) = \varphi_{ss}^*(m_x, m_y), \tag{11.6}$$

die AKF reeller Arrays ist dann punktsymmetrisch zu $(0, 0)$.
Die Energie eines Arrays beträgt

$$E = \varphi_{ss}(0,0) = \sum_{n_x} \sum_{n_y} |s(n_x, n_y)|^2 = \int_0^1 \int_0^1 |S(f_x, f_y)|^2 \, df_x \, df_y, \tag{11.7}$$

sie begrenzt die AKF mit

$$|\varphi_{ss}(m_x, m_y)| \leq E. \tag{11.8}$$

Die Fläche der AKF ist

$$\sum_{m_x} \sum_{m_y} \varphi_{ss}(m_x, m_y) = |S(0,0)|^2 = |m_s|^2, \tag{11.9}$$

mit dem Mittelwert des Arrays $m_s = S(0,0)$.

Kreuzkorrelationsfunktion. Die KKF zweier Arrays $s(n_x, n_y)$, $g(n_x, n_y)$ ist gegeben durch

$$\varphi_{sg}(m_x, m_y) = \sum_{n_x} \sum_{n_y} s^*(n_x, n_y) g(n_x + m_x, n_y + m_y) \tag{11.10}$$

oder mit der zweidimensionalen Faltung

$$\varphi_{sg}(m_x, m_y) = s^*(-m_x, -m_y) ** g(m_x, m_y), \tag{11.11}$$

---

[1] $\sum_n (\cdot)$ bedeutet wie in Abschn. 2.2.1 die Summierung über alle n, für die das Argument $(\cdot)$ nicht verschwindet.

und im Frequenzbereich damit

$$\phi_{sg}(f_x, f_y) = S^*(f_x, f_y) \cdot G(f_x, f_y). \tag{11.12}$$

Die KKF besitzt die Symmetrie

$$\varphi_{sg}(-m_x, -m_y) = \varphi_{gs}^*(m_x, m_y). \tag{11.13}$$

Sie ist beschränkt durch das geometrische Mittel der Energien

$$|\varphi_{sg}(m_x, m_y)| \leq \sqrt{E_s E_g}. \tag{11.14}$$

Für die Fläche der KKF gilt mit den Mittelwerten m_s, m_g

$$\sum_{m_x} \sum_{m_y} \varphi_{sg}(m_x, m_y) = m_s^* m_g. \tag{11.15}$$

Bei orthogonalen Arrays ist

$$\varphi_{sg}(0,0) = \int_0^1 \int_0^1 \phi_{sg}(f_x, f_y) \, df_x \, df_y = 0. \tag{11.16}$$

Zwischen AKF und KKF besteht die Beziehung

$$\varphi_{ss}(m_x, m_y) ** \varphi_{gg}(m_x, m_y) = \varphi_{sg}(m_x, m_y) ** \varphi_{gs}(m_x, m_y), \tag{11.17}$$

woraus sich

$$\sum_{m_x} \sum_{m_y} |\varphi_{sg}(m_x, m_y)|^2 = \sum_{m_x} \sum_{m_y} \varphi_{ss}^*(m_x, m_y) \varphi_{gg}(m_x, m_y) \tag{11.18}$$

ableiten läßt.

Separierbare Arrays. Ein Array wird separierbar genannt, wenn es sich als Produkt eindimensionaler Folgen darstellen läßt

$$s(n_x, n_y) = s_x(n_x) \cdot s_y(n_y). \tag{11.19}$$

Auf diese Weise lassen sich auch eindimensionale Folgen zu Arrays verknüpfen. Die Korrelationsfunktionen separierbarer Arrays sind selbst wieder separierbar. Für den allgemeineren Fall der KKF gilt

$$\varphi_{sg}(m_x, m_y) = \varphi_{s_x g_x}(m_x) \cdot \varphi_{s_y g_y}(m_y) \tag{11.20}$$

und entsprechend im Frequenzbereich

$$\phi_{sg}(f_x, f_y) = \phi_{s_x g_x}(f_x) \cdot \phi_{s_y g_y}(f_y), \tag{11.21}$$

bzw. mit (11.5) für das Spektrum der AKF

$$\phi_{ss}(f_x, f_y) = |S(f_x, f_y)|^2 = |S_x(f_x)|^2 \cdot |S_y(f_y)|^2. \tag{11.22}$$

Höherdimensionale Arrays. Alle zusammengestellten Definitionen und Eigenschaften können auf höherdimensionale Arrays erweitert werden. Allgemein besitzen die höherdimensionalen Arrays

$$s(n_x, n_y, n_z, \ldots), \quad g(n_x, n_y, n_z, \ldots)$$

die KKF

$$\varphi_{sg}(m_x, m_y, m_z, \ldots) \tag{11.23}$$

$$= \sum_{n_x} \sum_{n_y} \sum_{n_z} \cdots s^*(n_x, n_y, n_z, \ldots) g(n_x + m_x, n_y + m_y, n_z + m_z, \ldots)$$

usw.

Grundtransformationen. Die Auswirkungen einfacher Transformationen der Arrays auf ihre Korrelationsfunktionen sind in den drei Tabelle 11.1–3 zusammengefaßt. Tabelle 11.1 betrachtet zunächst die Autokorrelationsfunktionen.

Tabelle 11.1. Transformationen von Arrays und ihre AKF

$s(n_x, n_y)$	$\varphi_{ss}(m_x, m_y)$
$as(n_x, n_y), \quad a \in \mathbb{C}$	$|a|^2 \varphi_{ss}(m_x, m_y)$
$s(n_x, n_y) + a, \quad a \in \mathbb{C}$	$\varphi_{ss}(m_x, m_y) + (N_x - m_x)(N_y - m_y)|a|^2$ $+ a \displaystyle\sum_{n_x=0}^{N_x-1-m_x} \sum_{n_y=0}^{N_y-1-m_y} s^*(n_x, n_y)$ $+ a^* \displaystyle\sum_{n_x=m_x}^{N_x-1} \sum_{n_y=m_y}^{N_y-1} s(n_x, n_y), \quad \text{für } m_x, m_y \geq 0$
$s(n_x - n_{x0}, n_y - n_{y0}), \quad n_{x0}, n_{y0} \in \mathbb{N}$	$\varphi_{ss}(m_x, m_y)$
$s^*(n_x, n_y)$	$\varphi_{ss}^*(m_x, m_y)$
$s(n_x, -n_y)$	$\varphi_{ss}^*(m_x, -m_y)$
$s(-n_x, -n_y)$	$\varphi_{ss}(-m_x, -m_y)$
$s^*(-n_x, -n_y)$	$\varphi_{ss}(m_x, m_y)$
Zerlegung in gerade und ungerade Anteil	
$s_g(n_x, n_y) + s_u(n_x, n_y)$ mit $s_g(n_x, n_y) = s_g^*(N_x - 1 - n_x, N_y - 1 - n_y)$ $s_u(n_x, n_y) = -s_u^*(N_x - 1 - n_x, N_y - 1 - n_y)$	$\varphi_{ss}(m_x, m_y) = \varphi_{s_g s_g}(m_x, m_y) + \varphi_{s_u s_u}(m_x, m_y)$
Addition einer linearen Phase	
$e^{j2\pi(n_x/x + n_y/y)} s(n_x, n_y), \quad x, y \in \mathbb{R}$	$e^{j2\pi(m_x/x + m_y/y)} \varphi_{ss}(m_x, m_y)$
Ein- und zweidimensionale Alternierung	
$(-1)^{n_x} s(n_x, n_y)$ $(-1)^{n_x + n_y} s(n_x, n_y)$	$(-1)^{m_x} \varphi_{ss}(m_x, m_y)$ $(-1)^{m_x + m_y} \varphi_{ss}(m_x, m_y)$
Dehnung	
$D^{c_x} D^{c_y}[s(n_x, n_y)]$ $= \begin{cases} s(n_x/c_x, n_y/c_y) & \text{für } \dfrac{n_x}{c_x} \text{ und } \dfrac{n_y}{c_y} \text{ ganz} \\ 0 & \text{sonst} \end{cases}$	$D^{c_x} D^{c_y}[\varphi_{ss}(m_x, m_y)]$

Tabelle 11.2. Invarianzoperationen von Arrays bezüglich ihrer AKF

Invarianzoperationen Typ I (AKF-Werte unverändert)

Verschieben	$s(n_x - n_{x0}, n_y - n_{y0})$	$\varphi_{ss}(m_x, m_y)$
Negieren	$-s(n_x, n_y)$	$\varphi_{ss}(m_x, m_y)$
Konjugiert komplex Spiegeln	$s^*(-n_x, -n_y)$	$\varphi_{ss}(m_x, m_y)$
Addition einer konst. Phase	$e^{j\alpha}s(n_x, n_y)$	$\varphi_{ss}(m_x, m_y)$

Invarianzoperationen Typ II (Betrag der AKF-Werte unverändert)

Spiegeln	$s(-n_x, -n_y)$	$\varphi_{ss}^*(m_x, m_y)$
Konjugiert komplex	$s^*(n_x, n_y)$	$\varphi_{ss}^*(m_x, m_y)$
Alternierung, eindim.	$(-1)^{n_x}s(n_x, n_y)$	$(-1)^{m_x}\varphi_{ss}(m_x, m_y)$
Alternierung, zweidim. (Schachbrettmuster)	$(-1)^{n_x+n_y}s(n_x, n_y)$	$(-1)^{m_x+m_y}\varphi_{ss}(m_x, m_y)$
Addition einer lin. Phase	$e^{j2\pi(n/x + n_y/y)}s(n_x, n_y)$	$e^{j2\pi(m_x/x + m_y/y)}\varphi_{ss}(m_x, m_y)$

Invarianzoperationen Typ III (AKF-Werte umsortiert)

Konjugiert komplex	$s^*(n_x, n_y)$	$\varphi_{ss}(-m_x, -m_y)$
Spiegeln am Mittelpunkt	$s(-n_x, -n_y)$	$\varphi_{ss}(-m_x, -m_y)$
Spiegeln an einer Achse	$s(n_x, -n_y)$	$\varphi_{ss}(m_x, -m_y)$
Transponieren	$s(n_y, n_x)$	$\varphi_{ss}(m_y, m_x)$
Drehen um 90°	$s(n_y, N_x - 1 - n_x)$	$\varphi_{ss}(m_y, -m_x)$

Einige dieser Transformationen lassen die AKF bzw. ihren Betrag ungeändert. Die wichtigsten dieser „Invarianzoperationen" enthält Tabelle 11.2.

Schließlich zeigt Tabelle 11.3 die Kreuzkorrelationsfunktionen transformierter Arrays.

Tabelle 11.3. Transformationen von Arrays und ihre KKF

$s(n_x, n_y),\ g(n_x, n_y)$	$\varphi_{sg}(m_x, m_y)$
$as(n_x, n_y),\ bg(n_x, n_y),\quad a, b \in \mathbb{C}$	$a^*b\varphi_{sg}(m_x, m_y)$
$s(n_x - n_{xs}, n_y - n_{ys}),\ g(n_x - n_{xg}, n_y - n_{yg})$ $n_{xs,g}, n_{ys,g} \in \mathbb{N}$	$\varphi_{sg}[m_x - (n_{xg} - n_{xs}), m_y - (n_{yg} - n_{ys})]$
$s^*(n_x, n_y),\ g^*(n_x, n_y)$	$\varphi_{sg}^*(m_x, m_y)$
$s(-n_x, -n_y),\ g(-n_x, -n_y)$	$\varphi_{sg}(-m_x, -m_y)$
$s(n_x, -n_y),\ g(n_x, -n_y)$	$\varphi_{sg}(m_x, -m_y)$
Addition einer lin. Phase	
$e^{j2\pi(n_x/x + n_y/y)}s(n_x, n_y),$ $e^{j2\pi(n_x/x + n_y/y)}g(n_x, n_y),\quad x, y \in \mathbb{R}$	$e^{j2\pi(m_x/x + m_y/y)}\varphi_{sg}(m_x, m_y)$
Ein- u. zweidim. Alternierung	
$(-1)^{n_y}s(n_x, n_y),\ (-1)^{n_y}g(n_x, n_y)$	$(-1)^{m_y}\varphi_{sg}(m_x, m_y)$
$(-1)^{n_x+n_y}s(n_x, n_y),\ (-1)^{n_x+n_y}g(n_x, n_y)$	$(-1)^{m_x+m_y}\varphi_{sg}(m_x, m_y)$

11.2.2 Verknüpfung aperiodischer Arrays

Die Verknüpfungsregeln, die in Abschn. 2.2.2 für Folgen aufgestellt wurden, werden hier für Arrays verallgemeinert und ergänzt.

Addition

$$h_{1,2}(n_x, n_y) = s_{1,2}(n_x, n_y) + g_{1,2}(n_x, n_y), \tag{11.24}$$

AKF:

$$\varphi_{hh}(m_x, m_y) = \varphi_{ss}(m_x, m_y) + \varphi_{gg}(m_x, m_y) + \varphi_{sg}(m_x, m_y) + \varphi_{gs}(m_x, m_y),$$

KKF:

$$\varphi_{h_1 h_2}(m_x, m_y) = \varphi_{s_1 s_2}(m_x, m_y) + \varphi_{g_1 g_2}(m_x, m_y) + \varphi_{s_1 g_2}(m_x, m_y)$$
$$+ \varphi_{g_1 s_2}(m_x, m_y).$$

Faltung

$$h_{1,2}(n_x, n_y) = s_{1,2}(n_x, n_y) ** g_{1,2}(n_x, n_y), \tag{11.25}$$

AKF:

$$\varphi_{hh}(m_x, m_y) = \varphi_{ss}(m_x, m_y) ** \varphi_{gg}(m_x, m_y),$$

KKF:

$$\varphi_{h_1 h_2}(m_x, m_y) = \varphi_{s_1 s_2}(m_x, m_y) ** \varphi_{g_1 g_2}(m_x, m_y).$$

Reihung (eindimensional). An das Array $s(n_x, n_y)$ wird in x-Richtung ein zweites Array $g(n_x, n_y)$ gleicher Höhe $N_{ys} = N_{yg}$ angehängt.

$$h(n_x, n_y) = s(n_x, n_y) + g(n_x - N_{xs}, n_y), \tag{11.26}$$

AKF:

$$\varphi_{hh}(m_x, m_y) = \varphi_{ss}(m_x, m_y) + \varphi_{gg}(m_x, m_y) + \varphi_{sg}(m_x - N_{xs}, m_y)$$
$$+ \varphi_{gs}(m_x + N_{xs}, m_y),$$

KKF:

$$\varphi_{h_1 h_2}(m_x, m_y) = \varphi_{s_1 s_2}(m_x, m_y) + \varphi_{g_1 g_2}(m_x, m_y) + \varphi_{s_1 g_2}(m_x - N_{xs}, m_y)$$
$$+ \varphi_{g_1 s_2}(m_x + N_{xs}, m_y).$$

Verkettung (eindimensional). Die Elemente zweier Arrays gleicher Größe werden spaltenweise abwechselnd aneinandergereiht.

$$h_{1,2}(n_x, n_y) = s_{1,2}(n_x, n_y) \otimes_v g_{1,2}(n_x, n_y)$$

mit

$$h_{1,2}(2k, n_y) = s_{1,2}(k, n_y), \quad h_{1,2}(2k + 1, n_y) = g_{1,2}(k, n_y), \quad k = 0(1) N_x - 1,$$
$$\tag{11.27}$$

AKF:

$\varphi_{hh}(m_x, m_y)$

$$= [\varphi_{ss}(m_x, m_y) + \varphi_{gg}(m_x, m_y)] \otimes_v [\varphi_{sg}(m_x, m_y) + \varphi_{gs}(m_x + 1, m_y)],$$

KKF:

$\varphi_{h_1 h_2}(m_x, m_y)$

$$= [\varphi_{s_1 s_2}(m_x, m_y) + \varphi_{g_1 g_2}(m_x, m_y)] \otimes_v [\varphi_{s_1 g_2}(m_x, m_y) + \varphi_{g_1 s_2}(m_x + 1, m_y)].$$

Kronecker-Produkt. Das Array $g(n_x, n_y)$ mit den Abmessungen N_{xg}, N_{yg} wird mit dem um N_{xg}, N_{yg} gedehnten Array $s(n_x, n_y)$ gefaltet.

$$h_{1,2}(n_x, n_y) = D^{N_{xg}} D^{N_{yg}} [s_{1,2}(n_x, n_y)] \ast\ast g_{1,2}(n_x, n_y), \tag{11.28}$$

AKF:

$$\varphi_{hh}(m_x, m_y) = D^{N_{xg}} D^{N_{yg}} [\varphi_{ss}(m_x, m_y)] \ast\ast \varphi_{gg}(m_x, m_y),$$

KKF:

$$\varphi_{h_1 h_2}(m_x, m_y) = D^{N_{xg}} D^{N_{yg}} [\varphi_{s_1 s_2}(m_x, m_y)] \ast\ast \varphi_{g_1 g_2}(m_x, m_y).$$

Multiplikation. Zur multiplikativen Verknüpfung eindimensionaler Folgen zu Arrays s. „separierbare Arrays" in Abschn. 11.2.1.

11.3 Periodische Korrelationsfunktionen von Arrays

11.3.1 Grundbeziehungen

Gegeben ist ein Array $s(n_x, n_y)$ mit den endlichen Abmessungen N_x, N_y. Durch periodische Wiederholung in n_x- und n_y-Richtung entsteht daraus das periodische Array $\tilde{s}(n_x, n_y)$ mit der Eigenschaft

$$\tilde{s}(n_x, n_y) = \tilde{s}(n_x + pN_x, n_y + qN_y), \quad p, q \in \mathbb{Z}, \ \tilde{s}(\cdot) \in \mathbb{C}, \ \text{Perioden } N_x, N_y. \tag{11.29}$$

Das Array besitzt ein zweidimensionales DFT-Spektrum

$$\tilde{S}(k_x, k_y) = \sum_{n_x=0}^{N_x-1} \sum_{n_y=0}^{N_y-1} s(n_x, n_y) e^{-j2\pi(n_x k_x/N_x + n_y k_y/N_y)}, \quad \begin{matrix} k_x = 0(1)N_x - 1, \\ k_y = 0(1)N_y - 1. \end{matrix} \tag{11.30}$$

Periodische Autokorrelationsfunktion. Die PAKF des Arrays ist definiert als

$$\tilde{\varphi}(m_x, m_y) = \sum_{n_x=0}^{N_x-1} \sum_{n_y=0}^{N_y-1} s^*(n_x, n_y) \tilde{s}(n_x + m_x, n_y + m_y) \tag{11.31}$$

$$= \sum_{n_x=0}^{N_x-1} \sum_{n_y=0}^{N_y-1} s^*(n_x, n_y) s[(n_x + m_x) \bmod N_x, (n_y + m_y) \bmod N_y]$$

oder über die zweidimensionale, periodische Faltung

$$\tilde{\varphi}_{ss}(m_x, m_y) = \tilde{s}^*(-m_x, -m_y) **_{\mathrm{per}} \tilde{s}(m_x, m_y). \tag{11.32}$$

Im Frequenzbereich gilt damit

$$\tilde{\phi}_{ss}(k_x, k_y) = \tilde{S}^*(k_x, k_y) \cdot \tilde{S}(k_x, k_y) = |\tilde{S}(k_x, k_y)|^2. \tag{11.33}$$

Die PAKF besitzt folgende Eigenschaften:

Symmetrie:

$$\tilde{\varphi}_{ss}(m_x, m_y) = \tilde{\varphi}_{ss}^*(-m_x, -m_y) \tag{11.34}$$

$$= \tilde{\varphi}_{ss}^*(N_x - m_x, N_y - m_y).$$

Energie:

$$E = \tilde{\varphi}_{ss}(0, 0) = \frac{1}{N_x N_y} \sum_{k_x=0}^{N_x-1} \sum_{k_y=0}^{N_y-1} |\tilde{S}(k_x, k_y)|^2. \tag{11.35}$$

Schranke:

$$|\tilde{\varphi}_{ss}(m_x, m_y)| \leq E. \tag{11.36}$$

Fläche:

$$\sum_{m_x=0}^{N_x-1} \sum_{m_y=0}^{N_y-1} \tilde{\varphi}_{ss}(m_x, m_y) = |\tilde{S}(0, 0)|^2 = |m_s|^2. \tag{11.37}$$

Beziehung zur aperiodischen Autokorrelationsfunktion:

$$\tilde{\varphi}_{ss}(m_x, m_y) = \varphi_{ss}(m_x, m_y) + \varphi_{ss}(m_x - N_x, m_y - N_y)$$

$$+ \varphi_{ss}(m_x - N_x, m_y) + \varphi_{ss}(m_x, m_y - N_y),$$

$$\text{für } 0 \leq m_x < N_x, \ 0 \leq m_y < N_y. \tag{11.38}$$

Periodische Kreuzkorrelationsfunktion. Es gilt für zwei Arrays mit gleichen Perioden

$$\tilde{\varphi}_{sg}(m_x, m_y) = \sum_{n_x=0}^{N_x-1} \sum_{n_y=0}^{N_y-1} s^*(n_x, n_y) \tilde{g}(n_x + m_x, n_y + m_y)$$

$$= \tilde{s}^*(-m_x, -m_y) **_{\mathrm{per}} \tilde{g}(m_x, m_y). \tag{11.39}$$

Im Frequenzbereich ist

$$\tilde{\phi}_{sg}(k_x, k_y) = \tilde{S}^*(k_x, k_y) \cdot \tilde{G}(k_x, k_y). \tag{11.40}$$

Weitere Eigenschaften der PKKF:

Symmetrie:

$$\tilde{\varphi}_{sg}(m_x, m_y) = \tilde{\varphi}_{gs}^*(-m_x, -m_y)$$

$$= \tilde{\varphi}_{gs}^*(N_x - m_x, N_y - m_y). \tag{11.41}$$

Schranke:

$$\tilde{\varphi}_{sg}(m_x, m_y) \leq \sqrt{E_s E_g}. \tag{11.42}$$

Fläche:

$$\sum_{m_x=0}^{N_x-1} \sum_{m_y=0}^{N_y-1} \tilde{\varphi}_{sg}(m_x, m_y) = m_s^* \cdot m_g. \tag{11.43}$$

Beziehung zur aperiodischen KKF:

$$\tilde{\varphi}_{sg}(m_x, m_y)$$

$$= \varphi_{sg}(m_x, m_y) + \varphi_{sg}(m_x - N_x, m_y - N_y) + \varphi_{sg}(m_x - N_x, m_y) + \varphi_{sg}(m_x, m_y - N_y),$$

$$\text{für } 0 \leq m_x < N_x, \quad 0 \leq m_y < N_y. \tag{11.44}$$

Beziehung zur PAKF:

$$\tilde{\varphi}_{ss}(m_x, m_y) \ast\ast_{\text{per}} \tilde{\varphi}_{gg}(m_x, m_y) = \tilde{\varphi}_{sg}(m_x, m_y) \ast\ast_{\text{per}} \tilde{\varphi}_{gs}(m_x, m_y) \tag{11.45}$$

und

$$\sum_{m_x=0}^{N_x-1} \sum_{m_y=0}^{N_y-1} |\tilde{\varphi}_{sg}(m_x, m_y)|^2 = \sum_{m_x=0}^{N_x-1} \sum_{m_y=0}^{N_y-1} \tilde{\varphi}_{ss}^*(m_x, m_y) \tilde{\varphi}_{gg}(m_x, m_y). \tag{11.46}$$

Separierbare periodische Arrays. Verknüpft man zwei periodische Folgen in folgender Weise zu einem periodischen Array

$$\tilde{s}(n_x, n_y) = \tilde{s}_x(n_x) \cdot \tilde{s}_y(n_y), \tag{11.47}$$

so wird das Array separierbar genannt. Wie im aperiodischen Fall ist dann auch die PAKF separierbar, also

$$\tilde{\varphi}_{ss}(m_x, m_y) = \tilde{\varphi}_{s_x s_x}(m_x) \cdot \tilde{\varphi}_{s_y s_y}(m_y), \tag{11.48}$$

entsprechend zu (11.20) gilt die Verallgemeinerung für die PKKF.

Einige Grundtransformationen sind wieder in Tabellenform zusammengefaßt. (Tabellen 11.4–6).

11.3.2 Verknüpfung periodischer Arrays

Addition

$$\tilde{h}_{1,2}(n_x, n_y) = \tilde{s}_{1,2}(n_x, n_y) + \tilde{g}_{1,2}(n_x, n_y)$$

$$\text{für } N_{xh} = N_{xs} = N_{xg}, \ N_{yh} = N_{ys} = N_{yg}. \tag{11.49}$$

PAKF

$$\tilde{\varphi}_{gg}(m_x, m_y) = \tilde{\varphi}_{ss}(m_x, m_y) + \tilde{\varphi}_{gg}(m_x, m_y) + \tilde{\varphi}_{sg}(m_x, m_y) + \tilde{\varphi}_{gs}(m_x, m_y).$$

PKKF

$$\tilde{\varphi}_{g_1g_2}(m_x, m_y)$$
$$= \tilde{\varphi}_{s_1s_2}(m_x, m_y) + \tilde{\varphi}_{g_1g_2}(m_x, m_y) + \tilde{\varphi}_{s_1g_2}(m_x, m_y) + \tilde{\varphi}_{g_1s_2}(m_x, m_y).$$

Tabelle 11.4. Transformationen periodischer Arrays und ihre PAKF

$\tilde{s}(n_x, n_y)$	$\tilde{\varphi}_{ss}(m_x, m_y)$
$a\tilde{s}(n_x, n_y), \quad a \in \mathbb{C}$	$|a|^2\, \tilde{\varphi}_{ss}(m_x, m_y)$
$\tilde{s}(n_x, n_y) + a, \quad a \in \mathbb{C}$	$\tilde{\varphi}_{ss}(m_x, m_y) + N_x N_y |a|^2 + a m_s^* + a^* m_s$
$\tilde{s}(n_x - n_{x0}, n_y - n_{y0}) \quad n_{x0}, n_{y0} \in \mathbb{N}$	$\tilde{\varphi}_{ss}(m_x, m_y)$
$\tilde{s}^*(n_x, n_y)$	$\tilde{\varphi}_{ss}^*(m_x, m_y)$
$\tilde{s}(-n_x, -n_y)$	$\tilde{\varphi}_{ss}^*(m_x, m_y)$
$\tilde{s}^*(-n_x, -n_y)$	$\tilde{\varphi}_{ss}(m_x, m_y)$
Zerlegung gerade–ungerade	
$\tilde{s}_g(n_x, n_y) + \tilde{s}_u(n_x, n_y)$ mit $\tilde{s}_g(n_x, n_y) = \tilde{s}_g^*(N_x - 1 - n_x, N_y - 1 - n_y)$ $\tilde{s}_u(n_x, n_y) = -\tilde{s}_u^*(N_x - 1 - n_x, N_y - 1 - n_y)$	$\tilde{\varphi}_{ss}(m_x, m_y) = \tilde{\varphi}_{s_g s_g}(m_x, m_y) + \tilde{\varphi}_{s_u s_u}(m_x, m_y)$
Alternierung	
$(-1)^{n_y}\tilde{s}(n_x, n_y), \quad N_y$ gerade	$(-1)^{m_y}\tilde{\varphi}_{ss}(m_x, m_y)$
$(-1)^{n_x + n_y}\tilde{s}(n_x, n_y), \quad N_x, N_y$ gerade	$(-1)^{m_x + m_y}\tilde{\varphi}_{ss}(m_x, m_y)$
Dehnung	
$D^{c_x}D^{c_y}[\tilde{s}(n_x, n_y)], \quad$ Perioden $c_x N_x, \; c_y N_y$	$D^{c_x}D^{c_y}[\tilde{\varphi}_{ss}(m_x, m_y)]$

Tabelle 11.5. Invarianzoperationen periodischer Arrays bezüglich ihrer PAKF

Invarianzoperationen Typ I (PAKF-Werte unverändert)

zyklisches Verschieben	$\tilde{s}(n_x - n_{x0}, n_y - n_{y0})$	$\tilde{\varphi}_{ss}(m_x, m_y)$
Negieren	$-\tilde{s}(n_x, n_y)$	$\tilde{\varphi}_{ss}(m_x, m_y)$
Konjugiert komplex Spiegeln	$\tilde{s}^*(-n_x, -n_y)$	$\tilde{\varphi}_{ss}(m_x, m_y)$
Addition einer konst. Phase	$e^{j\alpha}\tilde{s}(n_x, n_y)$	$\tilde{\varphi}_{ss}(m_x, m_y)$

Invarianzoperationen Typ II (Betrag der PAKF-Werte unverändert)

Spiegeln	$\tilde{s}(-n_x, -n_y)$	$\tilde{\varphi}_{ss}^*(m_x, m_y)$
Konjugiert komplex	$\tilde{s}^*(n_x, n_y)$	$\tilde{\varphi}_{ss}^*(m_x, m_y)$
Alternierung eindim.	$(-1)^{n_y}\tilde{s}(n_x, n_y), \; N_y$ gerade	$(-1)^{m_y}\tilde{\varphi}_{ss}(m_x, m_y)$
Alternierung zweidim.	$(-1)^{n_x + n_y}\tilde{s}(n_x, n_y), \; N_x, N_y$ gerade	$(-1)^{m_x + m_y}\tilde{\varphi}_{ss}(m_x, m_y)$

Invarianzoperationen Typ III (PAKF-Werte umsortiert)

Konjugiert komplex	$\tilde{s}^*(n_x, n_y)$	$\tilde{\varphi}_{ss}(-m_x, -m_y)$
Spiegeln am Mittelpunkt	$\tilde{s}(-n_x, -n_y)$	$\tilde{\varphi}_{ss}(-m_x, -m_y)$
Spiegeln an einer Achse	$\tilde{s}(n_x, -n_y),$	$\tilde{\varphi}_{ss}(m_x, -m_y)$
Transponieren	$\tilde{s}(n_y, n_x)$	$\tilde{\varphi}_{ss}(m_y, m_x)$
Drehen um 90°	$\tilde{s}(n_y, N_x - 1 - n_x)$	$\tilde{\varphi}_{ss}(m_y, -m_x)$
Dezimation	$\tilde{s}([d_x n_x] \bmod N_x, [d_y n_y] \bmod N_y)$ für d_x, N_x teilerfremd und d_y, N_y teilerfremd	$\tilde{\varphi}_{ss}([d_x m_x] \bmod N_x, [d_y m_y] \bmod N_y)$

Tabelle 11.6. Transformationen periodischer Arrays und ihre PKKF

$\tilde{s}(n_x, n_y),\ \tilde{g}(n_x, n_y)$	$\tilde{\varphi}_{sg}(m_x, m_y)$
$a\tilde{s}(n_x, n_y),\ b\tilde{g}(n_x, n_y),\quad a, b \in \mathbb{C}$	$a^* b\, \tilde{\varphi}_{sg}(m_x, m_y)$
$\tilde{s}(n_x, n_y) + a,\ \tilde{g}(n_x, n_y) + b,\quad a, b \in \mathbb{C}$	$\tilde{\varphi}_{sg}(m_x, m_y) + N_x N_y a^* b + b m_s^* + a^* m_g$
$\tilde{s}(n_x - n_{xs}, n_y - n_{ys}),\ \tilde{g}(n_x - n_{xg}, n_y - n_{yg})$ $\quad n_{xs,g},\, n_{ys,g} \in \mathbb{N}$	$\tilde{\varphi}_{sg}[m_x - (n_{xg} - n_{xs}), m_y - (n_{yg} - n_{ys})]$
$\tilde{s}^*(n_x, n_y),\ \tilde{g}^*(n_x, n_y)$ $\tilde{s}(-n_x, -n_y),\ \tilde{g}(-n_x, -n_y)$	$\tilde{\varphi}_{sg}^*(m_x, m_y)$ $\tilde{\varphi}_{sg}(-m_x, -m_y)$

Faltung

$$\tilde{h}_{1,2}(n_x, n_y) = \tilde{s}_{1,2}(n_x, n_y) **_{\text{per}} \tilde{g}_{1,2}(n_x, n_y). \tag{11.50}$$

PAKF

$$\tilde{\varphi}_{hh}(m_x, m_y) = \tilde{\varphi}_{ss}(m_x, m_y) **_{\text{per}} \tilde{\varphi}_{gg}(m_x, m_y).$$

PKKF

$$\tilde{\varphi}_{h_1 h_2}(m_x, m_y) = \tilde{\varphi}_{s_1 s_2}(m_x, m_y) **_{\text{per}} \tilde{\varphi}_{g_1 g_2}(m_x, m_y).$$

Verkettung (hier eindimensionale Verkettung, vgl. Abschn. 11.2.2)

$$\tilde{h}_{1,2}(n_x, n_y) = \tilde{s}_{1,2}(n_x, n_y) \otimes_v \tilde{g}_{1,2}(n_x, n_y)$$

mit den Perioden

$$N_{xh} = 2N_{xs} = 2N_{xg}$$
$$N_{yh} = N_{ys} = N_{yg}. \tag{11.51}$$

PAKF

$$\tilde{\varphi}_{hh}(m_x, m_y)$$
$$= [\tilde{\varphi}_{ss}(m_x, m_y) + \tilde{\varphi}_{gg}(m_x, m_y)] \otimes_v [\tilde{\varphi}_{sg}(m_x, m_y) + \tilde{\varphi}_{gs}(m_x + 1, m_y)].$$

PKKF

$$\tilde{\varphi}_{h_1 h_2}(m_x, m_y)$$
$$= [\tilde{\varphi}_{s_1 s_2}(m_x, m_y) + \tilde{\varphi}_{g_1 g_2}(m_x, m_y)] \otimes_v [\tilde{\varphi}_{s_1 g_2}(m_x, m_y) + \tilde{\varphi}_{g_1 s_2}(m_x + 1, m_y)].$$

Kronecker-Produkt (vgl. Abschn. 11.2.2)

$$\tilde{h}_{1,2}(m_x, m_y) = D^{N_{xg}} D^{N_{yg}} [\tilde{s}_{1,2}(n_x, n_y)] ** g_{1,2}(n_x, n_y)$$

mit den Perioden $N_{xh} = N_{xs} \cdot N_{xg}$,

$$N_{yh} = N_{ys} \cdot N_{yg},$$

$$(g_{1,2} \text{ aperiodisch!}). \tag{11.52}$$

PAKF

$$\tilde{\varphi}_{hh}(m_x, m_y) = D^{N_{xg}} D^{N_{yg}} [\tilde{\varphi}_{ss}(m_x, m_y)] \ast\ast \varphi_{gg}(m_x, m_y).$$

PKKF

$$\tilde{\varphi}_{h_1h_2}(m_x, m_y) = D^{N_{xg}} D^{N_{yg}} [\tilde{\varphi}_{s_1s_2}(m_x, m_y)] \ast\ast \varphi_{g_1g_2}(m_x, m_y).$$

Periodische Multiplikation (s. [Lüke 1986])

$$\tilde{h}_{1,2}(n_x, n_y) = \tilde{s}_{1,2}(n_x, n_y) \cdot \tilde{g}_{1,2}(n_x, n_y), \quad \text{mit } N_{xs}, N_{xg} \text{ teilerfremd}$$
$$\text{und } N_{ys}, N_{yg} \text{ teilerfremd;}$$

dann $N_{xh} = N_{xs} \cdot N_{xg}, \quad N_{yh} = N_{ys} \cdot N_{yg}. \tag{11.53}$

PAKF

$$\tilde{\varphi}_{hh}(m_x, m_y) = \tilde{\varphi}_{ss}(m_x, m_y) \cdot \tilde{\varphi}_{gg}(m_x, m_y)$$

PKKF

$$\tilde{\varphi}_{h_1h_2}(m_x, m_y) = \tilde{\varphi}_{s_1s_2}(m_x, m_y) \cdot \tilde{\varphi}_{g_1g_2}(m_x, m_y).$$

11.4 Transformationen mit Dimensionswechsel

Abschließend werden einige für die Synthese von Korrelationsarrays wichtige Transformationen vorgestellt, die mit einem Dimensionswechsel verbunden sind.

11.4.1 Verknüpfungen mit Dimensionswechsel

Multiplikation. Die wichtigste Verknüpfung dieser Art wurde bereits in (11.19) und (11.47) als Bildung separierbarer Arrays über die Multiplikation von Folgen in unterschiedlichen Dimensionen beschrieben. Das Verfahren läßt sich in gleicher Weise zur Bildung drei- und höher-dimensionaler Arrays benutzen. Weiter ergibt auch das Produkt von Folgen mit Arrays oder von Arrays untereinander entsprechend höherdimensionale Arrays, z.B.:

$$h(n_x, n_y, n_z) = s(n_x) \cdot g(n_y, n_z) \tag{11.54}$$

mit der AKF

$$\varphi_{hh}(m_x, m_y, m_z) = \varphi_{ss}(m_x) \cdot \varphi_{gg}(m_y, m_z),$$

ebenso für periodische Arrays usw.

Reichere Möglichkeiten für Verknüpfungen dieser Art bietet das periodische Produkt von Folgen und Arrays, da hier die Faktoren auch gemeinsame Dimensionen besitzen dürfen.

Kronecker-Produkt. Das Kronecker-Produkt läßt sich ebenfalls z.B. zur Verknüpfung von Folgen und Arrays zu Arrays benutzen, da es nach (11.28) und (11.52) für beliebige Abmessungen der Arrays gültig ist. Die Korrelationsfunktionen verknüpfen sich dann in gleicher Weise.

11.4.2 Auf- und Rückfaltung

Auf- und Rückfalten stellt eine wichtige Methode zur Konstruktion neuer Arrays in anderen Dimensionen dar, bei der die Elemente periodischer Folgen und Arrays und in gleicher Weise die Elemente ihrer Korrelationsfunktionen nur umsortiert werden.

Das Grundprinzip der Auffaltung einer Folge $\tilde{s}(n)$ der Länge N_s zu einem Array $\tilde{g}(n_x, n_y)$ mit den Abmessungen N_{xg}, N_{yg} zeigt Bild 11.2.

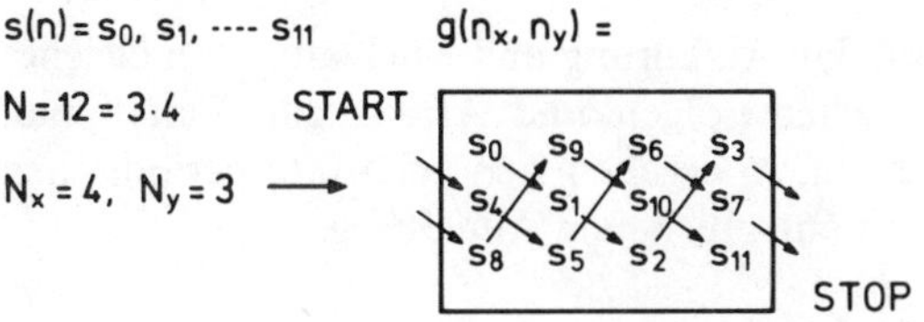

$s(n) = s_0, s_1, \cdots s_{11}$ $g(n_x, n_y) =$

$N = 12 = 3 \cdot 4$ START

$N_x = 4, \ N_y = 3 \longrightarrow$

s_0	s_9	s_6	s_3
s_4	s_1	s_{10}	s_7
s_8	s_5	s_2	s_{11}

STOP

Bild 11.2. Auffaltung der Folge $\tilde{s}(n)$ in das Array $\tilde{g}(n_x, n_y)$

Wenn wie im Beispiel $N_s = N_{xg} \cdot N_{yg}$ ist, wobei N_{xg} und N_{yg} teilerfremd sein müssen, dann wird auch die PAKF der Folge nach dem gleichen Schema zur PAKF des Arrays aufgefaltet, da die periodisch wiederholte Folge sich auf den Diagonalen des periodisch wiederholten Arrays ungeändert wiederfindet [MacWilliams und Sloane 1976].
Es gilt damit

$$g(n_x, n_y) = s(n), \quad \text{mit } n_x \equiv n \bmod N_x, \quad n_y \equiv n \bmod N_y$$

und für die PAKF   (11.55)

$$\tilde{\varphi}_{gg}(m_x, m_y) = \tilde{\varphi}_{ss}(m), \quad \text{mit } m_x \equiv m \bmod N_x, \quad m_y \equiv m \bmod N_y.$$

Diese Methode kann auf die Auffaltung von Arrays zu Arrays mit einer um Eins höheren Dimension verallgemeinert werden, s. Bild 11.3 [Lüke et al. 1989b].

Die Auffaltung ist eine umkehrbare eindeutige Abbildung, ihre Umkehrung wird Rückfaltung genannt. Durch Rückfaltung lassen sich damit höherdimensionale Arrays, wenn sich die Länge wenigstens einer ihrer Seiten in ein Produkt teilerfremder Zahlen aufspalten läßt, Arrays bzw. Folgen mit einer um Eins niedrigeren Dimension zuordnen.

Durch Kombination von Auffaltung, dann ggf. einer Invarianzoperation (z.B. Rotation), und Rückfaltung in gleicher oder anderer Weise können Folgen

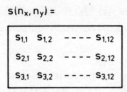

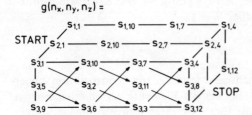

Bild 11.3. Auffaltung eines zwei- in ein drei-dimensionales Array

und Arrays umgeformt werden, ohne daß sich ihre Elemente oder die Elemente ihrer Korrelationsfunktionen verändern. Beispiele hierzu finden sich in Abschn. 12.5.

Abschließend sei noch erwähnt, daß Auffaltung und Rückfaltung in gleicher Weise auch für Familien periodischer Folgen und Arrays gilt. Faltet man mehrere Folgen in gleicher Weise auf, so ergeben sich auch ihre periodischen Kreuzkorrelationsfunktionen durch entsprechende Auffaltung.

12. Arrays mit gutem periodischen Korrelationsverhalten

Arrays mit möglichst impulsförmiger Autokorrelationsfunktion sind, wie in Abschn. 11.1 dargelegt, in der höherdimensionalen Signalverarbeitung von besonderem Interesse.

In diesem Sinn ideale aperiodische Korrelations-Arrays, also Arrays endlicher Abmessung mit ideal impulsförmiger, aperiodischer Autokorrelationsfunktion kann es wieder nicht geben, da zumindest an den Rändern der AKF endliche Werte auftreten müssen. Ein binäres Array mit guter AKF wurde bereits in Bild 11.1 dargestellt.

Dasselbe Array weist, wie Bild 11.1c zeigt, dagegen ein ideales PAKF-Verhalten auf. Derartige Arrays werden „perfekt" genannt, wenn *eine* Periode der PAKF lautet

$$\tilde{\varphi}_{ss}(m_x, m_y) = \begin{cases} E & \text{für } (m_x, m_y) = (0, 0) \\ 0 & \text{sonst,} \end{cases} \qquad E \text{ Energie des Arrays.} \tag{12.1}$$

Im Gegensatz zu eindimensionalen Folgen ist seit kurzem bekannt (1988, s. Abschn. 12.3), daß perfekte Binärarrays bis zu beliebig großen Abmessungen existieren und konstruiert werden können.

Wie im eindimensionalen Fall ist dagegen die Existenz von Array-Familien mit perfekten PAKF *und* ideal verschwindenden PKKF ausgeschlossen. Um jeweils optimale Kompromisse zwischen möglichst idealem Auto- und Kreuzkorrelationsverhalten sowie guter Energieeffizienz im periodischen wie aperiodischen Fall zu erzielen, werden im folgenden die Synthesemethoden wieder über passende Gütekriterien und ihre zugeordneten Schranken verglichen.

Zunächst werden Arrays mit gutem Verhalten ihrer periodischen Korrelationsfunktionen betrachtet.

12.1 Gütemaße

Die in Abschn. 4.1 definierten Gütemaße für die PAKF von Folgen können in einfacher Weise auf Arrays erweitert werden. Es gelten dann für das Haupt-Nebenmaximum-Verhältnis

$$\text{HNV} = \frac{\tilde{\varphi}_{ss}(0, 0)}{\max |\tilde{\varphi}_{ss}(m_x, m_y)|}, \qquad \begin{array}{l} \forall (m_x, m_y) \neq (0, 0), \\ \text{innerhalb einer Periode} \end{array} \tag{12.2}$$

und für den Merit-Faktor

$$MF = \frac{\tilde{\varphi}_{ss}^2(0,0)}{\sum\limits_{m_x}\sum\limits_{m_y} |\tilde{\varphi}_{ss}(m_x, m_y)|^2}, \quad \begin{array}{l} \forall (m_x, m_y) \neq (0,0), \\ \text{innerhalb einer Periode.} \end{array} \tag{12.3}$$

Beide Gütemaße werden für perfekte Arrays unendlich groß. Weiter ist die Energieeffizienz eines Arrays definiert durch

$$\eta = \frac{E}{N_x N_y \max |\tilde{s}(n_x, n_y)|^2}. \tag{12.4}$$

12.2 Spektren von Arrays mit zweiwertiger periodischer Autokorrelationsfunktion

Eine besonders wichtige Klasse reellwertiger Arrays besitzt eine PAKF, deren sämtliche Nebenwerte den reellen, konstanten Wert φ_1 annehmen:

$$\tilde{\varphi}_{ss}(m_x, m_y) = \begin{cases} E & \text{für } (m_x, m_y) = (0,0) \\ \varphi_1 & \text{sonst,} \end{cases} \quad (m_x, m_y) \text{ innerhalb einer Periode.} \tag{12.5}$$

Das zugehörige Leistungsdichtespektrum ist dann ebenfalls zweiwertig:

$$\tilde{\phi}_{ss}(k_x, k_y) = \begin{cases} E - \varphi_1 + N\varphi_1 & \text{für } (k_x, k_y) = (0,0) \\ E - \varphi_1 & \text{sonst,} \end{cases}$$

$$\text{mit } N = N_x \cdot N_y,$$
$$(k_x, k_y) \text{ innerhalb einer Periode.} \tag{12.6}$$

Der Betrag des Spektrums des Arrays folgt zu,

$$|\tilde{S}(k_x, k_y)| = \begin{cases} \sqrt{E - \varphi_1 + N\varphi_1} & \text{für } (k_x, k_y) = (0,0) \\ \sqrt{E - \varphi_1} & \text{sonst.} \end{cases} \tag{12.7}$$

Für den Mittelwert dieser Arrays gilt also,

$$|m_s| = |\tilde{S}(0,0)| = \sqrt{E - \varphi_1 + N\varphi_1}. \tag{12.8}$$

Speziell für perfekte Arrays ist weiter mit $\varphi_1 = 0$

$$|\tilde{S}(k_x, k_y)| = \sqrt{E}, \tag{12.9}$$

sie besitzen also ein konstantes Betragsspektrum und einen Mittelwert

$$|m_s| = \sqrt{E}. \tag{12.10}$$

Der Mittelwert perfekter Arrays kann also prinzipiell nicht verschwinden.

Sind die Elemente der Arrays ganzzahlig, so sind auch ihre PAKF, Energien und Mittelwerte ganzzahlig. Damit folgt aus (12.8), daß $E - \varphi_1 + N\varphi_1$ eine

Quadratzahl sein muß, und speziell für perfekte Arrays, daß ihre Energie E eine Quadratzahl sein muß.

Schließlich seien binäre Arrays mit zweiwertiger PAKF betrachtet, mit $E = N_x N_y = N$ gilt dann

$$|\tilde{S}(k_x, k_y)| = \begin{cases} \sqrt{N - \varphi_1 + N\varphi_1} & \text{für } (k_x, k_y) = (0, 0) \\ \sqrt{N - \varphi_1} & \text{sonst,} \end{cases}$$

$$(k_x, k_y) \text{ innerhalb einer Periode;} \quad (12.11)$$

damit ergibt sich über $N - \varphi_1 + N\varphi_1 \geq 0$ wieder, wie bei Binärfolgen, für die Nebenwerte die Bedingung

$$\varphi_1 \geq -1. \tag{12.12}$$

Im Grenzfall $\varphi_1 = -1$ erhält man als Spektrum innerhalb einer Periode

$$|\tilde{S}(k_x, k_y)| = \begin{cases} 1 & \text{für } (k_x, k_y) = (0, 0) \\ \sqrt{N + 1} & \text{sonst.} \end{cases} \tag{12.13}$$

Diese „Maximalfolgen-Arrays" besitzen also immer einen Mittelwert des Betrages

$$|m| = |\tilde{S}(0, 0)| = 1, \tag{12.14}$$

daraus folgt weiter, daß sich die Anzahl der Elemente $+1$ und -1 von Maximalfolgen-Arrays genau um 1 unterscheiden.

12.3 Perfekte Binärarrays

Unter den perfekten Arrays zeichnen sich binäre Arrays mit $s(n) \in \{\pm 1\}$ durch maximale Energieeffizienz 1 und einfache Implementierung aus. Nach Abschn. 12.2 muß die Anzahl ihrer Elemente, also ihre Fläche $N = N_x \cdot N_y$ eine Quadratzahl sein. Weiter muß die Anzahl der Produktterme, die je *einen* Wert der PAKF bilden, geradzahlig sein, damit dieser Wert verschwinden kann. Aus beidem folgt, daß die Fläche N dieser Binärarrays eine gerade Quadratzahl ist [Lüke 1987b], also

$$N = N_x \cdot N_y \in \{4, 16, 36, 64, 100, 144, \ldots\}. \tag{12.15}$$

Calabro und Wolf [1968a] veröffentlichten die ersten dieser Binärarrays der Größe $2 \cdot 2$ und $4 \cdot 4$. Chan et al. [1979] leiteten dann u.a. die Arrays $3 \cdot 12$, $6 \cdot 6$ und $12 \cdot 12$ ab. Später wurden die Arrays $2 \cdot 8$, dann $8 \cdot 8$, $6 \cdot 24$ und $4 \cdot 16$ gefunden, s. Bild 12.1 [Lüke 1987b, Bömer und Antweiler 1990a]. Als Parallelveröffentlichung ist noch [Kopilovich 1988] zu nennen.

Eine sehr allgemeine Konstruktionsmethode wurde schließlich von Jedwab und Mitchell [1988, 1989a] sowie Wild [1988] angegeben. Diese rekursive Methode wird hier nur beispielhaft, ohne die etwas umständlichen Beweise, für den einfachsten Fall quadratischer Arrays beschrieben:

$$\begin{vmatrix} + & + \\ + & - \end{vmatrix} \qquad \begin{vmatrix} + & - & + & - & + & + & + & + \\ - & + & + & - & - & - & + & + \end{vmatrix}$$
$$2\cdot 2 \qquad\qquad 2\cdot 8$$

$$4\cdot 16$$

$$\begin{vmatrix} - & + & + & - & + & + & + & + & - & + & - & + & + & + & - & - \\ + & + & + & + & - & - & - & - & + & + & - & - & + & - & + & + \\ - & - & + & + & + & - & + & - & - & - & - & + & - & - & + \\ + & - & + & - & + & + & - & + & + & - & - & + & + & + & + & - \end{vmatrix}$$

Bild 12.1. Beispiele perfekter Binärarrays

Ausgangspunkt sind ein perfektes quadratisches Array $s(n_x, n_y)$ der Größe $N \cdot N$ und ein gleichgroßes, sog. quasiperfektes Array $q(n_x, n_y)$. Dieses quasiperfekte Array ist dadurch definiert, daß die Kreuzkorrelationsfunktion zwischen $q(n_x, n_y)$ und dem nach dem Schema in Bild 12.2 alternierend periodisch wiederholten $q(n_x, n_y)$ verschwindende *Neben*werte hat.

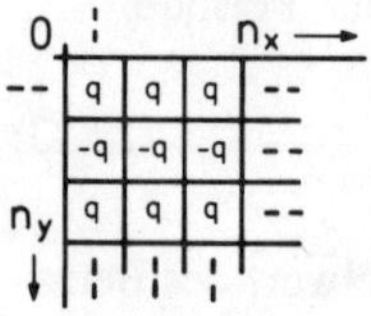

Bild 12.2. Zur Definition quasiperfekter Arrays

Einfachstes Beispiel ist das Array $2\cdot 2$ aus Bild 12.1, das sowohl perfekt wie quasiperfekt ist.

Durch alternierendes Verschachteln der Spalten läßt sich nach dem Schema in Bild 12.3a aus den Arrays $s(\cdot)$ und $q(\cdot)$ dann ein perfektes Array doppelter Abmessungen $2N \cdot 2N$ bilden. In Bild 12.3 ist hierzu in a) das allgemeine Schema, in b) ein Beispiel gegeben.

Um das Verfahren rekursiv zu gestalten, wird ebenso ein quasiperfektes Array der Größe $2N \cdot 2N$ benötigt. Hierzu verschiebt man zunächst die Spalten $i = 0, 1, 2, \ldots$ des quasiperfekten Arrays zyklisch um i Stellen, multipliziert aber die zyklisch wieder hineingeschobenen Werte mit -1 (das Ergebnis wird in [Jedwab und Mitchell 1988] als „doppelquasiperfektes Array" bezeichnet). Dieses Array $d(\cdot)$ wird dann schließlich durch alternierendes Verschachteln seiner Zeilen mit den Zeilen des quasiperfekten Arrays $q(\cdot)$ zu dem quasiperfekten Array doppelter Abmessungen kombiniert. Fährt man nach diesem Schema in rekursiver Weise fort, so entstehen perfekte Arrays beliebiger Größe $(2^r)\cdot(2^r)$ mit $r \in \mathbb{N}$. Beginnt man entsprechend mit dem perfekten Array $s_{36}(\cdot)$ der Größe $6\cdot 6$ und dem zugehörigen quasiperfekten Array $q_{36}(\cdot)$ in (12.16),

$$s_{36}(\cdot) = \begin{vmatrix} - & + & + & + & + & - \\ + & - & + & + & + & - \\ + & + & - & + & + & - \\ + & + & + & - & + & - \\ + & + & + & + & - & - \\ - & - & - & - & - & + \end{vmatrix}, \quad q_{36}(\cdot) = \begin{vmatrix} + & - & - & + & - & + \\ - & - & - & + & - & + \\ + & + & - & - & + & - \\ - & - & - & - & + & + \\ - & - & - & + & + & + \\ + & + & + & - & + & + \end{vmatrix},$$

$$(12.16)$$

dann erhält man quadratische Arrays der Größe $(3\cdot 2^{r+1})\cdot(3\cdot 2^{r+1})$.

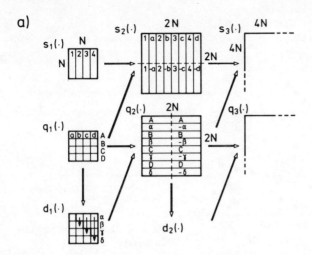

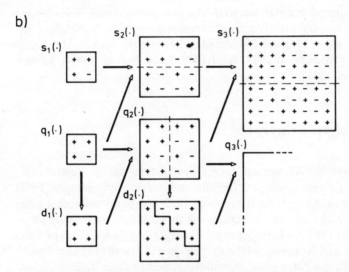

Bild 12.3. Rekursive Bildung perfekter Binärarrays. (**a**) Schema; (**b**) Beispiel $s(\cdot)$: perfekte Arrays; $q(\cdot)$: quasiperfekte Arrays; $d(\cdot)$: doppelt quasiperfekte Arrays

Mit einer Verallgemeinerung dieser rekursiven Synthesemethoden auf nicht-quadratische Arrays gelingt weiter die Synthese der nichtquadratischen Arrays $(2^{r+2}) \cdot (2^{r})$ und $(3 \cdot 2^{r+2}) \cdot (3 \cdot 2^{r})$.

Diese Abmessungen umfassen alle bisher bekannten perfekten Binärarrays. Eine Übersicht über die konstruierbaren perfekten Binärarrays im Bereich bis $50 \cdot 50$ gibt das Bild 12.4.

Das Diagramm enthält weiter alle Abmessungen, für die nach (12.15) perfekte Binärarrays existieren können. Die Kreuze geben an, bei welchen dieser Abmessungen die Nichtexistenz bekannt ist. Dies ist z.B. für alle Seitenlängen

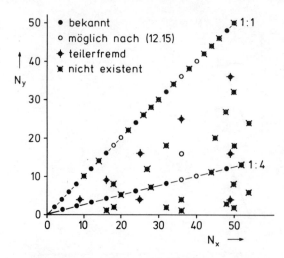

Bild 12.4. Abmessungen perfekter Binärarrays

gegeben, die teilerfremd zueinander sind, da aus ihnen durch Rückfaltung (s. Abschn. 11.4.2) nichtexistierende eindimensionale perfekte Binärfolgen gewonnen werden könnten. Weitere Nichtexistenzbeweise für andere Abmessungen finden sich in [Kopilovich 1988, Wild 1988, Jedwab et al. 1989b, Jedwab 1991, Chan und Siu 1991].

12.4 Maximalfolgen-Arrays

Perfekte Binärarrays mit Elementen $\in \{\pm 1\}$ existieren, wie in Abschn. 12.3 gezeigt wurde, nur für einen geringen Teil aller möglichen Abmessungen. Es ist daher auch die Konstruktion anderer bipolarer Binärarrays mit möglichst guter PAKF von Interesse. In gleicher Ableitung wie in 4.2 lassen sich wieder allgemeine Schranken für die PAKF-Nebenwerte dieser Arrays finden [Calabro und Wolf 1968a, Bömer und Antweiler 1989d,e]. So gelten (4.5) und (4.6) ungeändert, damit ergibt sich für die betragsmäßig minimalen Nebenwerte λ_{min}:

$$N = N_x N_y = \begin{cases} 0 \bmod 4 & \to & \lambda_{min} = 0 \\ 1 \bmod 4 & \to & \lambda_{min} = 1 \\ 2 \bmod 4 & \to & \lambda_{min} = \pm 2 \\ 3 \bmod 4 & \to & \lambda_{min} = -1. \end{cases} \qquad (12.17)$$

Dabei sind Arrays mit zweiwertiger PAKF nach (12.1), deren Nebenwerte diese Schranken erreichen, also $\varphi_1 = \lambda_{min}$ erfüllen, optimal bezüglich des Haupt-Nebenmaximum-Verhältnisses und des Merit-Faktors.

Der Idealfall der perfekten Arrays $\varphi_1 = \lambda_{min} = 0$ wurde bereits besprochen. Arrays der Fläche $N \equiv 2 \bmod 4$ mit den minimalen Nebenwerten ± 2 lassen sich durch Auffalten von Lempel-Folgen (s. Abschn. 4.2) konstruieren. Weitere Möglichkeiten und die Ergebnisse einer Rechnersuche finden sich in [Bömer und Antweiler 1989e].

Von besonderem Interesse sind die Arrays der Fläche $N \equiv 3 \bmod 4$ mit allen Nebenwerten $\varphi_1 = \lambda_{\min} = -1$. Diese Maximalfolgen-Arrays (Pseudonoise-Arrays) lassen sich nach dem Verfahren von MacWilliams und Sloane [1976] durch Auffalten aus m-Folgen erzeugen, deren Länge sich in ein Produkt zweier teilerfremder Zahlen aufspalten läßt.

Nach Abschn. 11.4.2 gehört die Auffaltung zu den Invarianzoperationen, bei denen sich nur die Anordnung der Autokorrelationsnebenwerte verändert; daher entsteht bei der Auffaltung einer m-Folge ein m-Array, dessen PAKF-Nebenwerte überall -1 sind. Damit erhält man für m-Arrays die Korrelationsgütemaße

$$\mathrm{HNV} = N$$

$$\mathrm{MF} = N^2/(N - 1) \approx N. \tag{12.18}$$

Das Prinzip des Auffaltens der m-Folge der Länge 15 in ein m-Array der Größe $3 \cdot 5$ nach dem Schema in Bild 11.2 zeigt Bild 12.5.

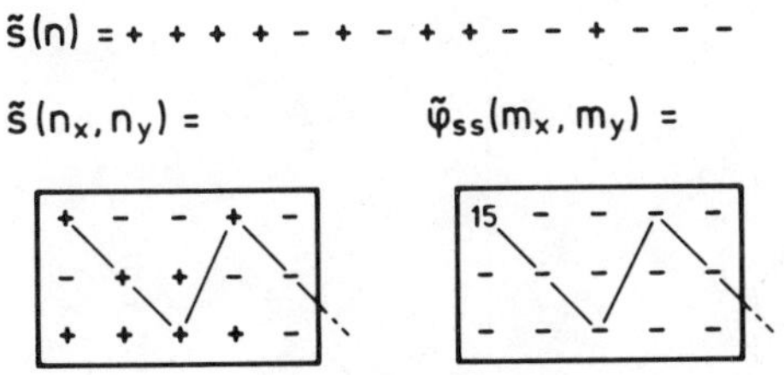

$\tilde{s}(n) = + \; + \; + \; + \; - \; + \; - \; + \; + \; - \; - \; + \; - \; - \; -$

$\tilde{s}(n_x, n_y) =$ $\qquad$ $\tilde{\varphi}_{ss}(m_x, m_y) =$

Bild 12.5. Auffalten einer m-Folge zu einem m-Array

Die Primfaktoren der Längen von m-Folgen bis zum Grad $r = 20$ sind in Tabelle 12.1 zusammengestellt (in [Simon et al. 1985] tabelliert bis $r = 118$). Zu bemerken ist noch, daß N immer zerlegbar ist, wenn r nicht prim ist; das gilt jedoch nicht umgekehrt, wie das Beispiel $r = 11$ zeigt. (Primzahlen der Form $N = 2^r - 1$ mit r prim werden auch „Mersennesche Primzahlen" genannt).

Der Tabelle läßt sich z.B. entnehmen, daß aus einer m-Folge der Länge $N = 2^{10} - 1 = 1023$ Arrays mit den drei unterschiedlichen Abmessungen $31 \cdot 33$, $11 \cdot 93$ und $3 \cdot 341$ konstruiert werden können.

Ein m-Array der Größe $63 \cdot 65 = 4095$ wurde bereits in Bild 1.11 als optische Aperturmaske dargestellt.

Entsprechend lassen sich auch aus allen twin-prime-Folgen (vgl. Abschn. 4.2) der Länge $N = p \cdot (p + 2)$, mit p prim, m-Arrays der Größe $N_x = p$, $N_y = p + 2$ auffalten. Beispiele sind die Größen $3 \cdot 5$, $7 \cdot 5$, $11 \cdot 13$, $17 \cdot 19$, $29 \cdot 31$, $41 \cdot 43$, $59 \cdot 61$, $71 \cdot 73$ usw.

Weitere Binärarrays mit guten periodischen Korrelationseigenschaften, die aber eine dreiwertige PAKF besitzen, lassen sich durch Auffalten der Binärfolgen aus Abschn. 4.2(b) bilden.

Pseudozufalls-Eigenschaften. Die durch Auffaltung von m-Folgen gebildeten m-Arrays besitzen eine Reihe von Eigenschaften, die denen eines idealisierten zweidimensionalen, binären Zufallssignals entsprechen [MacWilliams und

Tabelle 12.1. Primfaktoren der Längen von m-Folgen

r	4	6	8	9	10	11	12	14	15	16	18	20	21
$N = 2^r - 1$	15	63	255	511	1023	2047	4095	16383	32767	65535	262143	1048575	2097151
Prim-Faktoren	3	3^2	3	7	3	23	3^2	3	7	3	3^3	3	7^2
	5	7	5	73	11	89	5	43	31	5	7	5^2	127
			17		31		7	127	151	17	19	11	337
							13			257	73	31	
												41	

Sloane 1976, Spann 1965, Reed und Stewart 1962, Nomùra et al. 1972, Green 1985, van Lint et al. 1979, Dénes 1990, Etzion 1988, 1990]. So stimmen aufgrund der Invarianzeigenschaften der Auffaltung die Elementehäufigkeiten und das Korrelationsverhalten mit denen eindimensionaler m-Folgen überein.

Trotz der Pseudonoise-Eigenschaften fallen jedoch bei den m-Arrays i.allg. Symmetrien auf, wie sie in Bild 1.11 deutlich zu erkennen sind.

12.5 Perfekte Binär- und Ternärarrays hoher Energieeffizienz

12.5.1 Asymmetrische Binärarrays

Wie in Abschn. 4.3.1 können auch Binärarrays mit konstanten Nebenwerten ihrer PAKF durch Addition einer Konstanten in perfekte, aber amplitudenunsymmetrische Arrays überführt werden.

Da diese Arrays im Fall der m-Arrays auch direkt durch Auffaltung der zugehörigen Folgen aus Abschn. 3.4.1 entstehen, gelten die dort abgeleiteten Beziehungen ungeändert. Ein Binärarray der Größe $N = N_x \cdot N_y$ mit den PAKF-Nebenwerten -1 und dem Mittelwert $m_s = 1$ geht dann durch die Zuordnung

$$1 \rightarrow 1$$
$$-1 \rightarrow a = \frac{-1}{1 + 2/\sqrt{N+1}},$$

(12.19)

in ein perfektes Binärarray über. Auf das m-Array aus Bild 12.5 angewendet, ergibt diese Zuordnung das perfekte Array

$$s(n_x, n_y) = \begin{vmatrix} 1 & a & a & 1 & a \\ a & 1 & 1 & a & a \\ 1 & 1 & 1 & 1 & a \end{vmatrix}, \text{ mit } a = -2/3.$$

(12.20)

Die Energieeffizienz beträgt in diesem Beispiel $\eta = 74\%$ (vgl. Tab. 4.2), sie tendiert für große N gegen 100%.

12.5.2 Legendre-Arrays und asymmetrische Legendre-Arrays

Legendre-Folgen können nicht zu Arrays aufgefaltet werden, da ihre Längen prim sind. Doch wird im folgenden gezeigt, daß über das Produkt von Legendre-Folgen binäre Arrays mit einer führenden Null und zweiwertiger PAKF für alle quadratischen Abmessungen mit primzahliger Seitenlänge $N_x = N_y = p$ konstruierbar sind.

Diese „Legendre-Array" ergeben sich als

$$
s(n_x, n_y) = \begin{cases}
0 & \text{für } (n_x, n_y) = (0, 0) \\
1 & \text{für } n_x \neq 0,\ n_y = 0 \\
-1 & \text{für } n_x = 0,\ n_y \neq 0 \\
s(n_x) \cdot s(n_y) & \text{sonst,}
\end{cases}
\tag{12.21}
$$

innerhalb einer Periode,
mit $N_x = N_y = p$ prim $(p > 2)$,
$s(n)$ Legendre-Folge der Länge p, s. (3.10).

Als Beispiel sei das Legendre-Array für $N_x = N_y = 5$ dargestellt

$$
s(n_x, n_y) = \begin{vmatrix}
0 & + & + & + & + \\
- & + & - & - & + \\
- & - & + & + & - \\
- & - & + & + & - \\
- & + & - & - & +
\end{vmatrix}.
\tag{12.22}
$$

Die PAKF dieser Arrays ist zweiwertig, innerhalb einer Periode gilt

$$
\tilde{\varphi}_{ss}(m_x, m_y) = \begin{cases}
p^2 - 1 & \text{für } (m_x, m_y) = (0, 0) \\
-1 & \text{sonst.}
\end{cases}
\tag{12.23}
$$

Legendre-Arrays haben demnach die Korrelationsgüte

$$
\text{HNV} = \text{MF} = p^2 - 1.
\tag{12.24}
$$

Zur Ableitung der PAKF-Eigenschaft (12.23) müssen die Autokorrelationswerte in den einzelnen Bereichen getrennt berechnet werden. Diese Rechnung wird hier beispielhaft nur für den Bereich $\tilde{\varphi}_{ss}(m_x, 0)$ ausgeführt. Es ist für $m_y = 0$ in (11.31)

$$
\tilde{\varphi}_{ss}(m_x, 0) = \sum_{n_x=0}^{p-1} \sum_{n_y=0}^{p-1} s(n_x, n_y)\tilde{s}(n_x + m_x, n_y).
$$

Mit der Struktur des Arrays nach (12.21) ergibt sich im Bereich $0 < m_x < p$

$$
\tilde{\varphi}_{ss}(m_x, 0) = p - 2 + \qquad\qquad \text{(1. Zeile)}
$$

$$
+ \sum_{n_y=1}^{p-1} (-1)s(m_x, n_y) + \sum_{n_y=1}^{p-1} (-1)\tilde{s}(p - m_x, n_y) +
$$

$$
+ \sum_{n_y=1}^{p-1} \sum_{\substack{n_x=1 \\ n_x \neq p-m_x}}^{p-1} s(n_x, n_y)\tilde{s}(n_x + m_x, n_y)
$$

und nach Einsetzen der Legendre-Folgen gemäß (12.21)

$$\varphi_{ss}(m_x, 0) = p - 2 - s(m_x) \sum_{n_y=1}^{p-1} s(n_y) - \tilde{s}(p - m_x) \sum_{n_y=1}^{p-1} s(n_y)$$

$$+ \sum_{n_y=1}^{p-1} s^2(n_y) \cdot \sum_{\substack{n_x=1 \\ n_x \neq p - m_x}}^{p-1} s(n_x)\tilde{s}(n_x + m_x).$$

Mit den Eigenschaften der Legendre-Folgen nach Abschn. 3.3 folgt schließlich

$$\tilde{\varphi}_{ss}(m_x, 0) = p - 2 - 0 - 0 + (p-1)(-1) = -1, \quad 0 < m_x < p.$$

Von Calabro und Wolf [1968a] wurden die ähnlichen, aber binären „Quadratic residue-Arrays" beschrieben, sie entstehen dadurch, daß der Eckwert (0, 0) in (12.21) zu -1 gesetzt wird. Diese Binärarrays besitzen dann allerdings eine dreiwertige PAKF mit Nebenwerten $\in \{1, -3\}$.

Eine andere, sehr allgemeine Konstruktion perfekter Ternärarrays mit nur einer führenden Null wurde von L. Bömer abgeleitet. Diese w-dimensionalen „Legendre-Bömer-Arrays" mit den Abmessungen $p \cdot p \cdot p \cdots$ (p prim > 2) werden über ein verallgemeinertes Legendre-Symbol konstruiert, das im erweiterten Galois-Feld $GF(p^w)$ definiert ist. Die PAKF dieser Arrays ist zweiwertig mit den Nebenwerten -1 [Bömer und Antweiler 1990b, g, Bömer 1991a]. Für Dimensionen $w \geq 3$ existieren sogar rein binäre Arrays dieser Art mit zweiwertiger PAKF, s. Abschn. 12.9.4. Die Legendre-Arrays nach (12.21) und die zweidimensionalen Legendre-Bömer-Arrays sind in ihrer Struktur zwar ähnlich, sie lassen sich jedoch nicht durch Invarianzoperationen ineinander überführen.

Aus den Legendre-Arrays und den Legendre-Bömer-Arrays können durch Addition einer geeigneten Konstanten wieder perfekte, aber amplitudenunsymmetrische Arrays gebildet werden. Wie in Abschn. 4.3.2 lautet die Zuordnung mit $N = N_x \cdot N_y = p^2$

$$1 \to 1,$$

$$-1 \to a = \frac{2}{1 + \sqrt{N}} - 1 = \frac{2}{1 + p} - 1, \tag{12.25}$$

$$0 \to \frac{1 + a}{2} = \frac{1}{1 + p}.$$

Die Energieeffizienz ist ebenfalls wie in Abschn. 4.3.2

$$\eta = \frac{1}{(1 + 1/\sqrt{N})^2} = \left(\frac{p}{p+1}\right)^2, \tag{12.26}$$

sie tendiert für größere Abmessungen p gegen 1.

12.5.3 Ternärarrays

Perfekte Ternärarrays mit Elementen $\in \{0, \pm 1\}$ lassen sich in einfacher Weise durch Auffalten der ternären Ipatov-Folgen (s. Abschn. 3.4.5) bilden. So ergibt sich aus der Ternärfolge der Länge $N = 21$ folgendes perfektes Ternärarray der Größe 3·7 mit der ungeänderten Energieeffizienz $\eta = 76\%$:

$$s(n_x, n_y) = \begin{vmatrix} + & 0 & 0 & + & 0 & + & + \\ 0 & + & + & - & + & - & - \\ 0 & + & + & - & + & - & - \end{vmatrix}. \qquad (12.27)$$

Andere Ternärarrays dieser Art haben die Abmessungen 3·19, 7·13, 7·19 usw.

Eine weitere Konstruktionsmethode ist die periodische Multiplikation. Gemäß (11.53) wird bei der zweidimensionalen periodischen Multiplikation ein Array mit einem weiteren Array teilerfremder Abmessungen in periodischer Wiederholung multipliziert. Da sich dann auch ihre PAKF periodisch multiplizieren, ergibt das Produkt zweier perfekter Arrays wieder ein perfektes Array. Schließlich liefert das Produkt eines Ternärarrays mit einem anderen ternären oder binären Array wieder ein Ternärarray. Ein Sonderfall dieser Operation ist schließlich die Multiplikation zweier eindimensionaler Folgen zu einem Array gemäß Abschn. 11.4.1.

Als Beispiel wird in Bild 12.6 das Produkt des Ternärarrays 3·7 aus (12.27) mit dem perfekten Binärarray 2·2 gebildet, die Energieeffizienz bleibt $\eta = 76\%$.

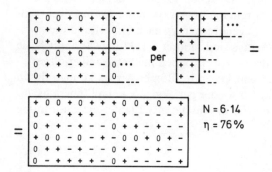

Bild 12.6. Periodisches Produkt zweier Arrays teilerfremder Abmessungen

Endlich kann auch die in Abschn. 12.3 geschilderte rekursive Methode zur Bildung ternärer Arrays erweitert werden [Antweiler et al. 1990a].

Mit diesen Methoden lassen sich eine Fülle von neuen Ternärarrays bis zu beliebigen Abmessungen konstruieren. Eine Auswahl der mit Auffaltung und periodischer Multiplikation gewonnenen Ternärarrays bis zu 1000 Elementen und mit besonders hoher Energieeffizienz $> 85\%$ zeigt Tab. 12.2. Dabei wurde auch die invariante Formänderung durch Auf- und Rückfaltung nach Abschn. 11.4.2 ausgenutzt [Lüke 1987b, 1988; Antweiler et al. 1990a].

Die Energieeffizienz von Ternärarrays ist gleich dem Verhältnis der Zahl der nichtverschwindenden Elemente zur Gesamtzahl. Aus den Eigenschaften der perfekten Arrays (s. Abschn. 12.2) folgt, daß die Anzahl der nichtverschwindenden Elemente, die gleich der Energie ist, eine Quadratzahl sein muß. Da weiter

Tabelle 12.2. Perfekte Ternärarrays mit Energieeffizienzen $> 85\%$

Elemente	Größe	η (%)	Konstruktion
57	3*19	86	F
91	7*13	89	F
133	7*19	91	F
183	3*61	92	F
228	2*114	86	M $(1*57)_T \cdot (2*2)_B$
228	6*38	86	M $(3*19)_T \cdot (2*2)_B$
228	12*19	86	M $(3*19)_T \cdot (4*1)_B$
228	4*57	86	M $(1*57)_T \cdot (4*1)_B$
273	3*91	94	F
273	7*39	94	F
273	13*21	94	F
292	2*146	88	M $(1*73)_T \cdot (2 \cdot 2)_B$
292	4*73	88	M $(1*73)_T \cdot (4*1)_B$
364	2*182	89	M $(1*91)_T \cdot (2*2)_B$
364	4*91	89	M $(1*91)_T \cdot (4*1)_B$
364	7*52	89	M $(7*13)_T \cdot (1*4)_B$
364	13*28	89	M $(13*7)_T \cdot (1*4)_B$
364	14*26	89	M $(7*13)_T \cdot (2*2)_B$
381	3*127	95	F
532	2*266	91	M $(1*133)_T \cdot (2*2)_B$
532	4*133	91	M $(1*133)_T \cdot (4*1)_B$
532	7*76	91	M $(7*19)_T \cdot (1*4)_B$
532	14*38	91	M $(7*19)_T \cdot (2*2)_B$
532	19*28	91	M $(19*7)_T \cdot (1*4)_B$
553	7*79	96	F
651	3*217	96	F
651	7*93	96	F
651	21*31	96	F
732	2*366	92	M $(1*183)_T \cdot (2*2)_B$
732	3*244	92	M $(3*61)_T \cdot (1*4)_B$
732	4*183	92	M $(1*183)_T \cdot (4*1)_B$
732	6*122	92	M $(3*61)_T \cdot (2*2)_B$
732	12*61	92	M $(3*61)_T \cdot (4*1)_B$
871	13*67	97	F
912	2*456	86	M $(1*57)_T \cdot (2*8)_B$
912	4*228	86	M $(1*57)_T \cdot (4*4)_B$
912	6*152	86	M $(3*19)_T \cdot (2*8)_B$
912	8*114	86	M $(1*57)_T \cdot (8*2)_B$
912	12*76	86	M $(3*19)_T \cdot (4*4)_B$
993	3*331	97	F

F: Auffaltung
M: periodische Multiplikation

diese Quadratzahl kleiner als die Fläche $N_x \cdot N_y$ des Arrays ist, ergibt sich als Oberschranke der Energieeffizienz [Lüke 1987b]

$$\eta \le (\text{ent } \sqrt{N_x N_y})^2 / N_x N_y. \tag{12.28}$$

Den Verlauf dieser Schranke zeigt Bild 12.7. Die Schranke wird von allen

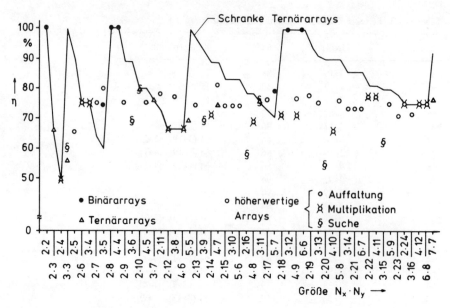

Bild 12.7. Energieeffizienzen perfekter Arrays

Ipatov-Arrays erreicht, die durch Auffalten von Ipatov-Folgen des Grades $r = 3$ entstehen, weiter von zwei durch eine Suche [Antweiler et al. 1990a] gefundenen Ternärarrays der Größe 2·10 und 3·11.

Eingetragen sind weiter die Energieeffizienzen der mit den geschilderten Verfahren konstruierten binären, asymmetrisch binären, ternären und asymmetrisch ternären perfekten Arrays.

Während sich die Energieeffizienz beim Auffalten nicht ändert, gilt bei der periodischen Multiplikation von Arrays, daß sich ihre Energieeffizienzen wie im eindimensionalen Fall des periodischen Produkts von Folgen multiplizieren.

12.6 Höherwertige und reellwertige perfekte Arrays

12.6.1 Quaternäre Arrays

Die bisher verwendeten Synthesemethoden können in gleicher Weise zur Bildung höherwertiger Arrays herangezogen werden.

So ergibt die Auffaltung der in Abschn. 4.3.3 erwähnten perfekten quaternären, quinären usw. Folgen die entsprechenden Arrays. In gleicher Weise liefert das zweidimensionale periodische Produkt eines symmetrischen bzw. asymmetrischen Binärarrays mit einem anderen asymmetrischen Binärarray quaternäre Arrays. Das Produkt eines asymmetrischen Binärarrays mit einem Ternärarray quinäre Arrays usw.

Als Beispiel sei das Produkt des Binärarrays 2·2 aus Bild 12.1 mit dem asymmetrischen Binärarray 3·5 aus (12.20) gebildet. Es entsteht eine perfektes quaternäres Array 6·10 mit der Energieeffizienz $\eta = 74\%$:

$$s(n_x, n_y) = \begin{vmatrix} 1 & a & a & 1 & a & 1 & a & a & 1 & a \\ a & -1 & 1 & -a & a & -a & 1 & -1 & a & -a \\ 1 & 1 & 1 & 1 & a & 1 & 1 & 1 & 1 & a \\ 1 & -a & a & -1 & a & -1 & a & -a & 1 & -a \\ a & 1 & 1 & a & a & a & 1 & 1 & a & a \\ 1 & -1 & 1 & -1 & a & -1 & 1 & -1 & 1 & -a \end{vmatrix}, \tag{12.29}$$

mit $a = -2/3$.

12.6.2 Reellwertige Arrays

Alle perfekten Arrays besitzen nach (12.9) ein konstantes Betragsspektrum. Daher ergibt die Kombination eines solchen Spektrums mit einem beliebigen, im Zweidimensionalen schiefsymmetrischen Phasenspektrum $\tilde{\Psi}(k_x, k_y)$ stets ein reellwertiges, perfektes Array [Lüke 1987b]:

$$\tilde{\Psi}(k_x, k_y) = -\tilde{\Psi}(N_x - k_x, N_y - k_y), \quad \text{im Bereich einer Periode.} \tag{12.30}$$

Ein Syntheseverfahren zur Berechnung solcher reellwertiger Arrays unter der Randbedingung maximaler Energieeffizienz ist allerdings nicht bekannt. Zwei Ergebnisse eines Suchverfahrens über die Variation der Phasen zeigt Bild 12.8.

3·3, $\eta = 60{,}5\,\%$

1	$\overline{0{,}444}\cdots$	1
$0{,}222\cdots$	$\overline{1}$	0
1	1	$\overline{0{,}444}\cdots$

3·6, $\eta = 69{,}4\,\%$

1	0,794	$\overline{0{,}420}$	1	1	$\overline{1}$
$\overline{0{,}401}$	0,917	0,269	0,894	$\overline{0{,}341}$	1
$\overline{1}$	$\overline{1}$	$\overline{1}$	0,941	0,897	$\overline{0{,}024}$

Bild 12.8. Im Frequenzbereich synthetisierte Arrays hoher Energieeffizienz

Da der Rechenaufwand mit der Größe der Arrays schnell steigt, sind größere effizienzoptimierte Arrays so kaum zu finden. Wesentlich einfacher lassen sich perfekte Arrays dieser Art wieder durch Auffalten, z.B. der reellwertigen perfekten Folgen aus Tab. 4.2 allein oder in Kombination mit periodischer Multiplikation finden. Einige Ergebnisse sind ebenfalls in das Diagramm, Bild 12.7, eingetragen.

12.7 Inkohärente periodische Binärarrays

Inkohärente periodische Binärarrays stellen die zweidimensionale Erweiterung der in Abschn. 4.5 diskutierten inkohärenten periodischen Folgen dar. Sie sind beispielsweise für den Aufbau von Flächenantennen mit synthetischer Apertur von Bedeutung (s. Abschn. 18.1).

Arrays dieser Art mit Elementen $\in \{0, 1\}$ und PAKF-Nebenwerten 1 und 0 lassen sich durch Auffalten der Folgen aus Abschn. 4.5 bilden. Die erste der dort benutzten Methoden liefert Arrays mit konstanten Nebenwerten $+1$, wenn sich die durch Gl. (4.24) gegebene Folgenlänge teilerfremd zerlegen läßt, also für die Größen

$$21 = 3 \cdot 7, \quad 57 = 3 \cdot 19, \quad 91 = 7 \cdot 13, \quad 133 = 7 \cdot 19, \quad 183 = 3 \cdot 61 \text{ usw.}$$

Das Array $3 \cdot 7$ und seine PAKF haben beispielsweise die Form (nach Tab. 4.3)

$$s(n_x, n_y) = \begin{vmatrix} 1 & 1 & 0 & 0 & 0 & 1 & 0 \\ 0 & 0 & 1 & 0 & 0 & 0 & 0 \\ 0 & 0 & 1 & 0 & 0 & 0 & 0 \end{vmatrix}, \quad \tilde{\varphi}_{ss}(m_x, m_y) = \begin{vmatrix} 5 & 1 & 1 & 1 & 1 & 1 & 1 \\ 1 & 1 & 1 & 1 & 1 & 1 & 1 \\ 1 & 1 & 1 & 1 & 1 & 1 & 1 \end{vmatrix}.$$

$$(12.31)$$

Die zweite in Abschn. 4.5 beschriebene Methode geht von den Folgen der Länge nach (4.27) aus. Hier erhält man durch Auffalten Arrays mit Nebenwerten 1 und 0 für die Abmessungen

$$15 = 3 \cdot 5, \quad 24 = 3 \cdot 8, \quad 48 = 3 \cdot 16, \quad 63 = 7 \cdot 9, \quad 80 = 5 \cdot 16 \text{ usw.}$$

Auch hier als Beispiel das Array $3 \cdot 5$ und seine PAKF nach (4.31)

$$s(n_x, n_y) = \begin{vmatrix} 1 & 0 & 0 & 1 & 0 \\ 0 & 0 & 0 & 0 & 0 \\ 0 & 1 & 1 & 0 & 0 \end{vmatrix}, \quad \tilde{\varphi}_{ss}(m_x, m_y) = \begin{vmatrix} 4 & 1 & 1 & 1 & 1 \\ 0 & 1 & 1 & 1 & 1 \\ 0 & 1 & 1 & 1 & 1 \end{vmatrix}. \quad (12.32)$$

Für Haupt-Nebenmaximum-Verhältnis und Energieeffizienz dieser Arrays gelten die Beziehungen aus Abschn. 4.5, da beide Gütemaße für aufgefaltete Folgen unverändert bleiben.

12.8 Uniforme perfekte Arrays

Entsprechend zum eindimensionalen Fall besitzen komplexwertige Arrays mehr Freiheitsgrade, so daß Einschränkungen, die bei der Synthese reellwertiger Arrays entstehen, hier entfallen.

Im folgenden werden nur uniforme Arrays betrachtet, deren Elemente alle vom Betrag Eins sind. Uniforme Arrays besitzen damit die Energieeffizienz 100%.

12.8.1 Frank-Zadoff-Chu-Arrays

Uniforme, perfekte Arrays lassen sich sehr einfach und für alle Abmessungen durch Auffalten oder zweidimensionale Multiplikation aus den für alle Längen existierenden uniformen, perfekten FZC-Folgen (s. Abschn. 4.7.1) konstruieren.

FZC-Arrays mit *allen* möglichen teilerfremden Abmessungen N_x, N_y ergeben sich durch Auffalten von FZC-Folgen der Länge $N = N_x \cdot N_y$. Die Phasenzahl der Folgen bleibt dabei ungeändert. Als Beispiel erhält man durch Auffalten der Folge der Länge $N = 21$ aus (4.51) das Array $3 \cdot 7$

$$s(n_x, n_y) = \exp\left[j \frac{2\pi}{N_x N_y} \gamma(n_x, n_y) \right]$$

mit

$$\gamma(n_x, n_y) = \begin{vmatrix} 0 & 15 & 18 & 9 & 9 & 18 & 15 \\ 7 & 1 & 4 & 16 & 16 & 4 & 1 \\ 7 & 1 & 4 & 16 & 16 & 4 & 1 \end{vmatrix}. \tag{12.33}$$

Eine andere Möglichkeit ist die Multiplikation [nach (11.47)] zweier FZC-Folgen $s_x(n), s_y(n)$ der Längen N_x, N_y, die FZC-Arrays beliebiger Abmessungen $N_x \cdot N_y$ liefert. Damit erhält man mit (4.44), vereinfacht für $\lambda = 1$,

$$s(n_x, n_y) = s_x(n_x) \cdot s_y(n_y) \tag{12.34}$$

$$= (-1)^{n_x} \exp(j\pi n_x^2/N_x) \cdot (-1)^{n_y} \exp(j\pi n_y^2/N_y).$$

Die Phasenzahl P ergibt sich als kleinstes gemeinsames Vielfach der Phasenzahlen P_x, P_y der Ausgangsfolgen zu

$$P = \mathrm{kgV}(P_x, P_y). \tag{12.35}$$

12.8.2 Biphasen-Arrays

FZC-Arrays besitzen wie FZC-Folgen Phasenzahlen, die proportional zu ihren Abmessungen steigen. Aus Aufwandsgründen ist daher die Suche nach Arrays mit einer geringeren Anzahl unterschiedlicher Phasen von Interesse. Entsprechend den Biphasen-Folgen in Abschn. 4.7.3 lassen sich auch Biphasen-Arrays bilden. Dies geschieht entweder durch Auffalten von Biphasen-Folgen oder, gleichbedeutend, indem die Abbildung (4.55) auf m- oder Legendre-Arrays der Fläche N angesetzt wird. Entsprechendes gilt für die Triphasen-Folgen aus Abschn. 4.7.4.

Die so abgeleiteten zwei- und dreiphasigen Arrays gehören allerdings nicht zu den im folgenden behandelten P-Phasen-Arrays mit äquidistanten Phasenwerten.

12.8.3 P-Phasen-Arrays

Entsprechend zu Abschn. 4.6.1 nehmen P-Phasen-Arrays aus Implementierungsgründen nur Phasenwerte aus den P äquidistanten Winkelwerten gemäß

(4.35) an, wobei zusätzlich für eine gegebene Arrayfläche die Phasenzahl P möglichst klein sein soll. In diesem Sinn gehören die FZC-Arrays zu den P-Phasen-Arrays, wenn es auch für viele Abmessungen Arrays mit kleineren Phasenzahlen gibt. Ein erstes Beispiel sind die Calabro-Wolf-Arrays:

a) Calabro-Wolf-Arrays

Die Calabro-Wolf-Arrays sind perfekte, uniforme Arrays, die für alle quadratischen Abmessungen $N_x = N_y = N$ existieren. Sie sind definiert durch [Calabro und Wolf 1968a]

$$s(n_x, n_y) = \exp\left(j\frac{2\pi}{N} n_x n_y\right), \quad n_x, n_y = 0(1)N - 1. \tag{12.36}$$

Diese Arrays enthalten also N^2 Elemente bei einer Phasenzahl von nur $P = N$. Ihre PAKF errechnet sich, da $s(n_x, n_y)$ in (12.36) periodisch ist, zu

$$\tilde{\varphi}_{ss}(m_x, m_y) = \sum_{n_x=0}^{N-1} \sum_{n_y=0}^{N-1} \exp\left(-j\frac{2\pi}{N} n_x n_y\right) \exp\left[j\frac{2\pi}{N}(n_x + m_x)(n_y + m_y)\right]$$

$$= \exp\left(j\frac{2\pi}{N} m_x m_y\right) \sum_{n_x=0}^{N-1} \exp\left(j\frac{2\pi}{N} n_x m_y\right) \sum_{n_y=0}^{N-1} \exp\left(j\frac{2\pi}{N} n_y m_x\right).$$

Mit der Summenformel

$$\sum_{n=0}^{N-1} \exp\left(\pm j\frac{2\pi}{N} nk\right) = \begin{cases} N & \text{für } k \equiv 0 \bmod N \\ 0 & \text{sonst} \end{cases} \tag{12.37}$$

ergibt sich innerhalb einer Periode

$$\tilde{\varphi}_{ss}(m_x, m_y) = \begin{cases} N^2 & \text{für } (m_x, m_y) = (0, 0) \\ 0 & \text{sonst} \end{cases}; \tag{12.38}$$

die Arrays (12.36) sind also perfekt.
Als Beispiel erhält man für $N = 5$ das Array

$$s(n_x, n_y) = \exp\left[j\frac{2\pi}{N} \gamma(n_x, n_y)\right]$$

mit

$$\gamma(n_x, n_y) = n_x n_y \bmod 5 = \begin{vmatrix} 0 & 0 & 0 & 0 & 0 \\ 0 & 1 & 2 & 3 & 4 \\ 0 & 2 & 4 & 1 & 3 \\ 0 & 3 & 1 & 4 & 2 \\ 0 & 4 & 3 & 2 & 1 \end{vmatrix} \tag{12.39}$$

und der Phasenzahl $P = 5$.

b) *P*-Phasen-Arrays durch Auffaltung und Produktbildung

Durch Auffaltung der in Abschn. 4.7 behandelten perfekten *P*-Phasenfolgen erhält man, wenn sich ihre Länge teilerfremd zerlegen läßt, perfekte *P*-Phasen-Arrays mit ungeänderter Phasenzahl. Die bezüglich der Phasenzahl günstigsten Ergebnisse sind bis zur Größe 7·7 in Tab. 12.3 eingetragen (nach [Bömer und Antweiler 1990f]).

Tabelle 12.3. Konstruktion perfekter *P*-Phasen-Arrays mit niedriger Phasenzahl *P*

Größe	*P*	Art	Größe	*P*	Art	Größe	*P*	Art
2·2	2	Binär	3·8	12	M, F	4·9	6	M
2·3	12	M, F	4·6	12	M	6·6	2	Binär
2·4	4	M	5·5	5	Calabro	2·19	38	M, F
3·3	3	Calabro	2·13	52	M, F	3·13	39	M, F
2·5	20	M, F	3·9	3	M	2·20	40	M
2·6	3	Suche	2·14	14	M	4·10	20	M
3·4	6	M, F	4·7	14	M, F	5·8	20	M, F
2·7	28	M, F	2·15	60	M, F	2·21	84	M, F
3·5	15	F	3·10	60	M, F	2·22	22	M
2·8	2	Binär	5·6	60	M, F	4·11	22	M, F
4·4	2	Binär	2·16	4	M	3·15	15	M
2·9	12	M, F	4·8	4	M	5·9	15	M
2·10	10	M	3·11	33	M, F	6·8	6	M
4·5	10	M	2·17	34	F	12·4	6	M
3·7	21	M, F	5·7	35	M, F	7·7	7	Calabro
2·11	44	M, F	2·18	6	M			
2·12	12	M, F	3·12	2	Binär			

F: Auffaltung
M: periodische Multiplikation

Das periodische Produkt zweier perfekter, uniformer Folgen oder Arrays gibt wieder ein uniformes und, wenn ihre zugeordneten Längen teilerfremd sind, auch perfektes Array. Die Phasenzahl ist (vgl. Abschn. 4.7.2) das kleinste gemeinsame Vielfache der Phasenzahlen der Ausgangsfolgen.

Besonders günstig ist damit die periodische Multiplikation eines *P*-Phasen-arrays mit einem perfekten Binärarray (s. Abschn. 12.3), da deren Phasenzahl nur $P = 2$ beträgt.

Als Beispiel wird eine FZC-Folge der Länge 5 mit dem perfekten Binärarray 2·2 periodisch multipliziert. Man erhält so ein perfektes Array 10·2. Die Multiplikation wird hier im Bereich der Phasenwinkel ausgeführt, die sich dann mod 2π addieren.
Mit

$$s_{FZC}(n) = \exp[j\alpha(n)],$$

wobei nach (4.44) für $\lambda = 2$, $N = 5$ gilt

$$\alpha(n) = 0, \frac{2\pi}{5}, \frac{8\pi}{5}, \frac{8\pi}{5}, \frac{2\pi}{5}, \tag{12.40}$$

sowie

$$s_{Bin}(n_x, n_y) = \exp[j\beta(n_x, n_y)].$$

Hier ist nach Bild 12.1

$$\beta(n_x, n_y) = \begin{vmatrix} 0 & 0 \\ 0 & \pi \end{vmatrix}.$$

Damit ergeben sich mit periodischer Wiederholung und mod 2π-Addition die Winkel $\gamma(n_x, n_y)$ des Produktarrays zu:

$$\gamma(n_x, n_y) = \begin{vmatrix} 0 & \dfrac{2\pi}{5} & \dfrac{8\pi}{5} & \dfrac{8\pi}{5} & \dfrac{2\pi}{5} & 0 & \dfrac{2\pi}{5} & \dfrac{8\pi}{5} & \dfrac{8\pi}{5} & \dfrac{2\pi}{5} \\ 0 & \dfrac{7\pi}{5} & \dfrac{8\pi}{5} & \dfrac{3\pi}{5} & \dfrac{2\pi}{5} & \pi & \dfrac{2\pi}{5} & \dfrac{3\pi}{5} & \dfrac{8\pi}{5} & \dfrac{7\pi}{5} \end{vmatrix}. \tag{12.41}$$

Die Phasenzahl beträgt $P = \text{kgV}(5, 2) = 10$.

In Tab. 12.3 sind wieder die mit den hier geschilderten Verfahren konstruierbaren Arrays mit jeweils niedrigster Phasenzahl P eingetragen. Dabei wurden auch Arrays berücksichtigt, die sich durch die Auf-Rückfaltungstransformation nach Abschn. 11.4.2 ergeben, da diese die Phasenzahl nicht verändert.

Als eine weitere, hier nicht berücksichtigte Konstruktionsmethode wird in [Bömer und Antweiler 1990f, Bömer 1991a] gezeigt, daß das in Abschn. 12.3 beschriebene rekursive Verfahren zur Bildung perfekter Binärarrays auf perfekte P-Phasenarrays erweitert werden kann.

Schließlich sei noch erwähnt, daß man durch Auffalten der in 4.6.2 behandelten uniformen, P-phasigen m-Folgen entsprechende uniforme, P-phasige Maximalfolgen-Arrays mit den Nebenwerten -1 erhält.

12.9 Höherdimensionale Arrays

Die Konstruktion höherdimensionaler Arrays mit guter oder perfekter PAKF ist in erster Linie nur theoretisch interessant. Doch finden sich für dreidimensionale Arrays auch praktische Anwendungen. So können sie z.B. zur Bildung dreidimensionaler zyklischer Orthogonalarrays herangezogen werden, wie sie in der Transformationscodierung von Bewegtbildsequenzen von Interesse sind, s. Abschn. 17.2. Weitere Möglichkeiten bieten sich in der Kanalcodierung, in der Parallelverarbeitung zur schnellen Berechnung eindimensionaler Korrelationen oder zur räumlichen Ausrichtung mechanischer Teile mit Hilfe codierter Markierungen [Hammer und Seberry 1981, Lüke 1987a, b].

Im folgenden wird nur ein knapper Überblick über einige wichtige Konstruktionsmöglichkeiten weniger Typen von im wesentlichen dreidimensionalen Arrays gegeben.

12.9.1 Dreidimensionale perfekte Binärarrays

Ein dreidimensionales perfektes Binärarray mit Elementen $\in \{\pm 1\}$ und den Abmessungen $N = N_x \cdot N_y \cdot N_z$ besitzt die Energie

$$E = N = N_x \cdot N_y \cdot N_z. \tag{12.42}$$

Entsprechend der Ableitung in Abschn. 12.2 läßt sich der Mittelwert berechnen zu

$$|m_s| = \sqrt{E} = \sqrt{N_x N_y N_z}. \tag{12.43}$$

Da dieser Mittelwert ganzzahlig ist und da weiter die Anzahl der Elemente, die zur Bildung eines verschwindenden Nebenwertes der PAKF beitragen, geradzahlig sein muß, folgt, daß die Energie und damit das Volumen eine gerade Quadratzahl sein müssen,

$$E = N = N_x N_y N_z \in \{16, 36, 64, 100, 144, \ldots\} \tag{12.44}$$

(die gleiche Beziehung gilt entsprechend für höherdimensionale Arrays).

Perfekte Binärarrays lassen sich insbesondere durch Auffalten und periodische Multiplikation ausgehend von den bekannten zweidimensionalen Arrays bis zu beliebigen Abmessungen bilden [Lüke et al. 1989b]:

Auffaltung. Durch Verallgemeinerung der Auffaltung (s. Abschn. 11.4.2) lassen sich zwei- in dreidimensionale Arrays umformen, wenn sich wenigstens eine Seitenlänge des Ausgangsarrays in ein teilerfremdes Produkt zerlegen läßt.

Das Prinzip der Auffaltung zeigt Bild 12.9 am Beispiel der Auffaltung des Arrays 3·12 in ein dreidimensionales Array 3·3·4 nach dem Schema in Bild 11.3.

$$
s_2(n_x,\ n_y) =
\begin{vmatrix}
- & + & + & - & + & + & + & + & + & - & + & - \\
+ & + & + & + & - & + & + & - & + & - & + & - \\
+ & + & - & - & + & + & - & - & - & - & - & +
\end{vmatrix}
$$

$$
s_3(n_x,\ n_y,\ n_z) =
\begin{Vmatrix}
\begin{vmatrix} - & - & + & - \\ + & + & + & + \\ + & + & + & - \end{vmatrix} &
\begin{vmatrix} + & - & + & + \\ - & + & + & - \\ + & + & + & - \end{vmatrix} &
\begin{vmatrix} + & - & - & - \\ + & + & - & - \\ - & + & - & + \end{vmatrix}
\end{Vmatrix}
$$

Bild 12.9. Auffalten eines zweidimensionalen in ein dreidimensionales Array

Das periodisch wiederholte dreidimensionale Array enthält das zweidimensionale Array auf allen nach rechts geneigten Hauptdiagonalflächen. Damit ergibt sich auch die dreidimensionale PAKF durch die gleiche Auffaltung. Es folgt also, daß die Auffaltung eines perfekten, zweidimensionalen Arrays ein ebenfalls perfektes, dreidimensionales Array liefert.

Weitere Beispiele sind die Auffaltungen der Binärarrays 6·6 in 2·3·6, 12·12 in 3·4·12, 6·24 in 2·3·24 oder 6·3·8, schließlich 24·24 in 3·8·24 usw.

Multiplikation. Jedes beliebige perfekte, zweidimensionale Binärarray $s_2(n_x, n_y)$ der Größe $N_x \cdot N_y$ kann mit der (einzigen bekannten) perfekten Binärfolge $s_1(n) = + + + -$ multipliziert werden, so daß gilt

$$s_3(n_x, n_y, n_z) = s_2(n_x, n_y) \cdot s_1(n_z). \tag{12.45}$$

Das entstehende dreidimensionale Array ist dann wieder ein perfektes Binärarray mit der Größe $N_x \cdot N_y \cdot 4$. So erhält man Binärarrays der Größe

$$2 \cdot 2 \rightarrow 2 \cdot 2 \cdot 4, \quad 2 \cdot 8 \rightarrow 2 \cdot 8 \cdot 4, \quad 4 \cdot 4 \rightarrow 4 \cdot 4 \cdot 4, \quad 3 \cdot 12 \rightarrow 3 \cdot 12 \cdot 4 \text{ usw.}$$

Weitere Möglichkeiten ergeben sich durch Bildung zunächst eines vierdimensionalen Arrays durch Multiplikation, und anschließendes Rückfalten (s. Abschn. 11.4.2). So entstehen z.B. die folgenden dreidimensionalen Arrays

$$3 \cdot 3 \cdot 4 \rightarrow 3 \cdot 3 \cdot 4 \cdot 4 \rightarrow 3 \cdot 4 \cdot 12$$

oder

$$2 \cdot 3 \cdot 6 \rightarrow 2 \cdot 3 \cdot 6 \cdot 4 \rightarrow 2 \cdot 6 \cdot 12.$$

Mit diesen und anderen Konstruktionsmethoden lassen sich eine Vielzahl perfekter Binärarrays bis zu beliebigen Abmessungen und Dimensionen finden.

12.9.2 Höherdimensionale mehrwertige perfekte Arrays

Mit den Werkzeugen Auffaltung und periodische Multiplikation lassen sich aus allen bisher behandelten perfekten Folgen und Arrays drei- und höherdimensionale perfekte Arrays fast nach Belieben konstruieren. So ergeben sich sofort dreidimensionale Ternärarrays, reellwertige Arrays oder uniforme komplexwertige Arrays.

Von Interesse können weiter höherdimensionale inkohärente Binärarrays sein, die sich ebenfalls mit den beschriebenen Methoden aus inkohärenten Korrelationsfolgen bilden lassen.

12.9.3 Dreidimensionale Maximalfolgen-Arrays

Abschließend seien kurz die höherdimensionalen binären m-Arrays oder PN-Arrays betrachtet, die sich direkt durch mehrfaches Auffalten binärer m-Folgen ergeben.

Diese Konstruktion dreidimensionaler m-Arrays verlangt, daß die Länge der m-Folgen in mindestens drei Primfaktoren zerlegbar ist. Aus Tab. 12.1 ist zu entnehmen, daß damit m-Arrays folgender Abmessungen existieren:

$$N = 255 = 3 \cdot 5 \cdot 17,$$

$$N = 1023 = 3 \cdot 11 \cdot 31,$$

$$N = 4095 = 9 \cdot 13 \cdot 35, \; 45 \cdot 7 \cdot 13, \; 63 \cdot 5 \cdot 13, \ldots, \qquad (12.46)$$

$$N = 16383 = 3 \cdot 43 \cdot 127,$$

$$N = 32767 = 7 \cdot 31 \cdot 151$$

usw.

Auch diese m-Arrays besitzen typische Pseudozufallseigenschaften, vgl. Abschn. 12.4 und [Green 1985].

12.9.4 Dreidimensionale Legendre-Bömer-Arrays

Die in Abschn. 12.5.2 erwähnten Legendre-Bömer-Arrays lassen sich für beliebige Dimensionen konstruieren. Interessant ist dabei ihre Eigenschaft, daß es schon im dreidimensionalen Fall rein binäre, kubische Arrays dieser Art mit zweiwertiger PAKF gibt. Diese Arrays lassen sich für alle Abmessungen $p \cdot p \cdot p \equiv 3 \bmod 4$ (p prim) bilden, also für $p \in \{3, 7, 11, 19, \ldots\}$ [Bömer und Antweiler 1990b, g; Bömer 1991a].
Das einfachste Beispiel für $p = 3$ hat folgende Form

$$
s(n_x, n_y, n_z) = \begin{vmatrix} + & + & - \\ - & - & + \\ + & - & + \end{vmatrix} \begin{vmatrix} + & + & - \\ + & + & + \\ - & + & - \end{vmatrix} \begin{vmatrix} - & + & - \\ + & + & - \\ - & - & - \end{vmatrix} \tag{12.47}
$$

mit den PAKF-Nebenwerten -1.

13. Familien periodischer Korrelationsarrays

Für mehrkanalige Anwendungen kann es wünschenswert sein, ein einzelnes Array mit guten Autokorrelationseigenschaften zu einer Familie mit ebenfalls guten Kreuzkorrelationseigenschaften zu ergänzen. Hier werden zunächst Familien gut periodisch korrelierender Arrays betrachtet. Durch Doppelkorrelation, wie sie einleitend in Abschn. 11.1 beschrieben wurde, können die Korrelationseigenschaften in einem Fensterbereich (vgl. Bild 11.1) auch bei aperiodischen Anwendungen ausgenutzt werden.

13.1 Perfekte Familien von Arrays

Interessant ist zunächst die Frage, ob es „perfekte Familien" von Arrays mit sowohl perfekten PAKF als auch perfekten, d.h. verschwindenden PKKF gibt. Die PKKF zweier Arrays $s_{i,j}(n_x, n_y)$ ist perfekt, wenn gilt

$$\tilde{\varphi}_{ij}(m_x, m_y) = 0, \quad i \neq j, \ \forall m_x, m_y. \tag{13.1}$$

Mit (11.40) erhält man dann für ihre DFT-Spektren die Bedingung, mit $s_i(n_x, n_y) \circ\!\!-\!\!\bullet \tilde{S}_i(k_x, k_y)$,

$$\tilde{\varphi}_{ij}(k_x, k_y) = \tilde{S}_i^*(k_x, k_y) \cdot \tilde{S}_j(k_x, k_y) = 0, \quad i \neq j, \ \forall k_x, k_y \tag{13.2}$$

oder

$$|\tilde{S}_i(k_x, k_y)| \cdot |\tilde{S}_j(k_x, k_y)| = 0.$$

Wegen (12.9) können perfekte Arrays diese Bedingung nicht erfüllen, es gibt also keine idealen Familien mit perfekten periodischen Auto- *und* Kreuzkorrelationsfunktionen. In Abschn. 13.6 wird aber gezeigt, daß diese Eigenschaft zumindest in einem Fensterbereich erreicht werden kann.

13.2 Schranken der Korrelationsgüte

Die Existenz perfekter Arrays wurde bereits gezeigt, weiter werden in Abschn. 13.5 Familien von Arrays mit perfekter PKKF abgeleitet. Es ist aber wie in

Abschn. 13.1 bewiesen wurde, nicht möglich beide Eigenschaften im gesamten Bereich zu kombinieren. Jedoch lassen sich bestimmte Schranken des Korrelationsverhaltens angeben, die einige Familien von Arrays erreichen können.

Wie im eindimensionalen Fall (s. Abschn. 5.2) geht die Ableitung von der Beziehung zwischen Auto- und Kreuzkorrelationsfunktion (11.46) aus. In völlig entsprechender Rechnung erhält man dann für eine Familie von M Arrays der untereinander gleichen Abmessungen N_x, N_y und Energien E die Ungleichung

$$\frac{N_x N_y}{E^2} \Theta_c^2 + \frac{N_x N_y - 1}{M - 1} \frac{1}{E^2} \Theta_a^2 \geq 1, \tag{13.3}$$

dabei bedeuten Θ_a, Θ_c die Korrelationsschranken

$$\Theta_a = \max | \tilde{\varphi}_{ii}(m_x, m_y)|, \quad \forall i, \ (m_x, m_y) \neq (0, 0),$$

$$\Theta_c = \max | \tilde{\varphi}_{ij}(m_x, m_y)|, \quad \forall i, j; \ i \neq j, \ \forall m, \tag{13.4}$$

$$\text{innerhalb einer Periode.}$$

Für bipolar binäre und uniforme Arrays ist $N_x N_y = E$, damit wird in Verallgemeinerung der Sarwate-Schranke

$$\frac{\Theta_c^2}{N_x N_y} + \frac{N_x N_y - 1}{N_x N_y (M - 1)} \frac{\Theta_a^2}{N_x N_y} \geq 1, \tag{13.5}$$

oder mit $\Theta_{max} = \max(\Theta_a, \Theta_c)$ in Verallgemeinerung der Welch-Schranke

$$\frac{\Theta_{max}^2}{N_x N_y} \geq \frac{N_x N_y (M - 1)}{N_x N_y M - 1}. \tag{13.6}$$

Diese Schranken gehen in (5.7) bzw. (5.9) über, wenn $N_x N_y = N$ gesetzt wird. Dieser einfache Zusammenhang ist für aus Folgen aufgefaltete Arrays sofort einsichtig, da die Auffaltung die Korrelationseigenschaften und damit auch die Schrankenbeziehungen nicht ändert. Mit gleicher Überlegung können die Schrankenbeziehungen auf höhere Dimensionen erweitert werden, wenn man entsprechend $N = N_x \cdot N_y \cdot N_z \ldots$ einsetzt.

13.3 Familien von Maximalfolgen-Arrays

Die bekannten Familien von Maximal-Folgen lassen sich durch Auffalten direkt in Familien von Maximalfolgen-Arrays gleichen Umfangs und mit denselben Korrelationsschranken überführen, wenn ihre Abmessungen teilerfremd zerlegbar sind.

Damit lassen sich also z.B. Familien von „Gold-Arrays" unter Zuhilfenahme von Tab. 12.1 mit den Abmessungen

$$N = N_x \cdot N_y \rightarrow 63 = 7\cdot9, \quad 511 = 7\cdot73, \quad 1023 = 31\cdot33 = 11\cdot93 = 3\cdot341$$

usw. bilden.

Die zugehörigen PAKF und PKKF sind wieder höchstens dreiwertig. Die auf Arrays verallgemeinerte Welch-Schranke wird wie im eindimensionalen Fall für große Längen bis auf den Faktor 2 erreicht, wie aus der Invarianz der aufgefalteten Korrelationsfunktionen sofort folgt.

Entsprechendes gilt für die Kasami-Folgen nach Abschn. 5.3.3. Durch Auffalten entstehen Familien von „Kasami-Arrays" mit den Abmessungen $N = N_x \cdot N_y \rightarrow 15 = 3 \cdot 5$, $63 = 7 \cdot 9$ usw. Da Kasami-Folgen ausschließlich von m-Folgen mit geradzahligem Grad abgeleitet werden, läßt sich ihre Länge nach Abschn 12.4 immer in ein Produkt teilerfremder Zahlen zerlegen; damit lassen sie sich in jedem Fall in Arrays auffalten. Ein Beispiel für die vier Arrays der Abmessungen $3 \cdot 5$, die sich durch Auffalten der Kasami-Folgen in Abschn. 5.3.3 ergeben, zeigt Bild 13.1. Ihre Korrelationsschranken betragen $\Theta_a = \Theta_c = 5$.

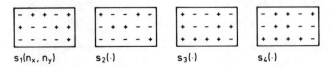

$s_1(n_x, n_y)$ $s_2(\cdot)$ $s_3(\cdot)$ $s_4(\cdot)$

Bild 13.1. Familie von Kasami-Arrays

Die gute Annäherung dieser Kasami-Array-Familien an die Welch-Schranke für große N entspricht völlig dem eindimensionalen Fall.

13.4 Familien inkohärenter Binärarrays

Familien inkohärenter Binärarrays mit Elementen $\in \{0, 1\}$ lassen sich wieder direkt durch Auffalten aus den in Abschn. 5.4 behandelten inkohärenten Binärfolgen-Familien gewinnen, wenn deren Längen teilerfremd zerlegbar sind. Die Korrelationseigenschaften bleiben dabei erhalten. So erhält man z.B. durch Auffalten der Folgen der Länge 39 in (5.30) eine Familie von 6 Arrays der Größe $3 \cdot 13$ mit den Korrelationsschranken $\Theta_a = \Theta_c = 1$ und der Energie 3. Da die ursprüngliche Folgenfamilie optimal ist, gilt dies auch für die aufgefaltete Familie von Arrays.

13.5 Familien mit perfekter Kreuzkorrelation

In mehrfachen oder mehrkanaligen Anwendungen sind Arrays mit verschwindenden Kreuzkorrelationsfunktionen von Interesse. Nach (13.2) müssen mehrere Arrays mit perfekter, also überall verschwindender PKKF im Frequenzbereich überlappungsfrei sein. Da weiter reellwertige Arrays im Spektralbereich symmetrisch sind, also

$$\widetilde{S}_i(k_x, k_y) = \widetilde{S}_i^*(N_x - k_x, N_y - k_y) \tag{13.7}$$

im Bereich einer Periode $0 \le k_x < N_x$; $0 \le k_y < N_y$,

muß jedes Arrays mindestens zwei nichtverschwindende Spektralwerte in einer zweidimensionalen Periode aufweisen. Da diese Spektralwerte in der Mitte der Perioden allerdings auch zusammenfallen können, ist die Anzahl M der so höchstens im Frequenzbereich überlappungsfrei unterzubringenden Spektren durch den Ausdruck

$$M = 1 + \text{ent}(N_x/2) + \text{ent}(N_y/2) + 2\,\text{ent}(N_x/2)\cdot\text{ent}(N_y/2) \tag{13.8}$$

gegeben [Lüke 1987b]. Derartige „monofrequente" Arrays sind Abtastwerte zweidimensionaler sin- und cos-Funktionen. Der durch (13.8) gegebene Umfang solcher Familien ist als obere Schranke in Bild 13.2 eingetragen.

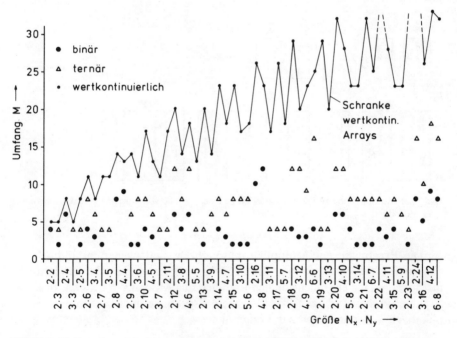

Bild 13.2. Umfang der synthetisierten Familien von Arrays mit perfekten periodischen Kreuzkorrelationsfunktionen

Da diese sin-förmigen Arrays i.allg. keine guten Energieeffizienzen besitzen und aufwendig zu verarbeiten sind, wird die Synthese binärer und ternärer Familien betrachtet. Wichtigste Werkzeuge hierzu sind wieder die Auffaltung eindimensionaler Folgen mit idealer PKKF sowie die periodische Multiplikation.

Durch Auffalten können eindimensionale Familien perfekt kreuzkorrelierender Folgen, wenn deren Länge in das teilerfremde Produkt zweier Zahlen zerlegt werden kann, in zweidimensionale Arrayfamilien gleichen Umfangs umgeschrieben werden. Die nach dieser Methode aus den eindimensionalen Familien in Abschn. 5.5 gebildeten zweidimensionalen Binär- und Ternärfamilien sind im Diagramm Bild 13.2, eingetragen.

Die zweite Methode benutzt die periodische Multiplikation der Arrays zwei- und auch eindimensionaler idealer Familien miteinander. Mit (11.53) multiplizieren sich die PKKF, so daß auch die resultierenden PKKF wieder verschwinden. Da der Umfang der Produktfamilien gleich dem Produkt der Umfänge der Ausgangsfamilien ist, können in einfacher Weise Familien großen Umfangs gebildet werden. So zeigt Bild 13.3a zwei perfekt kreuzkorrelierende Binärarrays der Größe 2·3. Multipliziert man diese Arrays in diesem Beispiel mit den gleichen, um 90° gedrehten Arrays 3·2, dann ergeben sie eine Familie von vier Binärarrays 6·6.

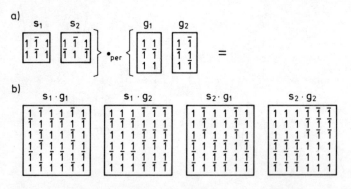

Bild 13.3. Multiplikation zweier Arrays 3·2 (**a**) zu einer Familie von 4 perfekt kreuzkorrelierenden Arrays 6·6 (**b**)

Die Ergebnisse der Multiplikationsmethode sind wieder in Bild 13.2 zu finden. Bei der Synthese wurden zunächst die Ergebnisse der Auffaltungsmethode und die eindimensionalen Familien aus Abschn. 5.5 benutzt. In einem zweiten Synthesedurchgang standen diese Ergebnisse dann zu weiteren multiplikativen Verknüpfungen zur Verfügung.

13.6 Perfekte Familien in einem Meßfenster

Bild 11.1 zeigt, daß die Autokorrelationseigenschaften eines perfekten Arrays auch im praktisch wichtigeren aperiodischen Fall innerhalb eines Meßfensters, in der Kurzzeittomografie „artifact-free region of interest" genannt (s. Abschn. 18.1), erhalten bleiben. Wie im eindimensionalen Fall (s. Abschn. 5.6) kann diese Methode auf mehrkanalige Anwendungen ausgedehnt werden, obwohl es nach Abschn. 13.1 auch im periodischen Fall keine perfekt auto- *und* kreuzkorrelierenden Arrays gibt.

Das benutzte Prinzip ist in Bild 13.4 dargestellt. Als erstes wird eine Familie kleinflächiger, perfekt kreuzkorrelierender Arrays mit einem perfekten Array größerer Fläche und teilerfremden Abmessungen periodisch multipliziert. Im Beispiel sind zwei Binärarrays der Abmessungen 2·2 mit einem unsymmetrischen, perfekten Ternärarray 3·3 zu den dargestellten zwei Arrays $s_{1,2}(n_x, n_y)$ der Größe 6·6 verknüpft (s. Bild 13.4a). Wiederholt man nun diese beiden Arrays periodisch und schneidet daraus jeweils einen Ausschnitt der doppelten Größe 12·12 aus, dann bilden die Korrelationen dieser Ausschnitte mit den Arrays $s_{1,2}(n_x, n_y)$ die in Bild 13.4b dargestellten aperiodischen Korrelationsfunktionen, die innerhalb der Fensterbereiche perfekt sind.

a)

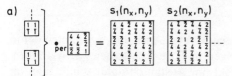

b) φ_{11_2} (m_x, m_y) Autokorrelationsfunktion

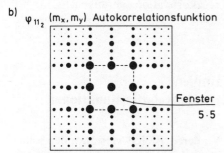

Fenster
5·5

φ_{12_2} (m_x, m_y) Kreuzkorrelationsfunktion

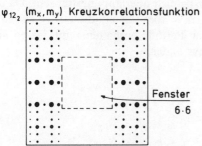

Fenster
6·6

Bild 13.4. Zweidimensionales Arraypaar mit perfekten aperiodischen Auto- und Kreuzkorrelationseigenschaften in einem Fensterbereich. (a) Bildung des Arraypaares $s_{1,2}(n_x, n_y)$; (b) doppelte Auto- und Kreuzkorrelationsfunktion (Kreisflächen ~ |Amplituden|)

Allgemein bestimmt bei diesem Konstruktionsprinzip das Einzelarray die Abmessungen des Meßfensters. Die Größe der Produktarrays $s_{1,2}(n_x, n_y)$ ist durch die Produkte der Abmessungen der multiplizierten Arrays gegeben. Die Anzahl der Produktarrays ist schließlich gleich dem Umfang der Ausgangsfamilie.

13.7 Familien komplexwertiger Arrays

Komplexwertige Arrays bieten mit ihren zusätzlichen Freiheitsgraden wieder reichere Möglichkeiten auch bei beliebigen Abmessungen die Korrelationsschranken zu erreichen.

FZC-Array-Familien. Familien von FZC-Folgen der Länge N (s. Abschn. 5.8.1) lassen sich in entsprechende Arrayfamilien mit gleichen Korrelationseigenschaften auffalten, wenn N teilerfremd zerlegbar ist. Die Arrays selbst sind perfekt, ihre Kreuzkorrelationsfunktionen können die Schranke

$$\Theta_c = \sqrt{N} \quad \text{mit} \quad N = N_x \cdot N_y \text{ erreichen.}$$

Der Umfang dieser Familien ist nach Abschn. 5.8.1 durch $p - 1$ gegeben, wobei p gleich dem kleinsten Primfaktor von $N = N_x \cdot N_y$ ist.

Familien komplexwertiger Maximalfolgen-Arrays. Auch durch Auffalten der in Abschn. 5.7 behandelten komplexwertigen m-Folgen entstehen Arrayfamilien. Die Arrays selbst sind hier nicht perfekt, im Austausch dafür erhält man im Vergleich zu den FZC-Arrays bessere Kreuzkorrelationsschranken.

13.8 Uniforme komplexwertige Familien mit perfekten periodischen Kreuzkorrelationsfunktionen

Arrays $\tilde{s}_{\underline{\lambda}}(n_x, n_y)$ der Abmessungen N_x, N_y, deren PKKF verschwinden sollen, müssen wie in Abschn. 13.5 im Frequenzbereich überlappungsfrei sein. Da das Spektrum $\tilde{S}_{\underline{\lambda}}(k_x, k_y)$ komplexwertiger Arrays aber nur mindestens *einen* nichtverschwindenden Wert im Bereich einer Periode enthalten muß, lassen sich insgesamt $N_x \cdot N_y$ „monofrequente" Arrays bilden.
Es gilt, in Erweiterung von Abschn. 5.9,

$$\tilde{S}_{\underline{\lambda}}(k_x, k_y) = N_x N_y \delta(k_x - \lambda_x, k_y - \lambda_y), \quad \underline{\lambda} = (\lambda_x, \lambda_y)$$
$$0 \leq k_y, \lambda_x < N_x \qquad (13.9)$$
$$0 \leq k_y, \lambda_y < N_y$$

$\updownarrow$ DFT

$$\tilde{s}_{\underline{\lambda}}(n_x, n_y) = \exp\left[j2\pi \left(\frac{n_x \lambda_x}{N_x} + \frac{n_y \lambda_y}{N_y} \right) \right]$$

mit

$$|\tilde{\varphi}_{\underline{\lambda}\underline{\mu}}(m_x, m_y)| = \begin{cases} 0 & \text{für } \underline{\lambda} \neq \underline{\mu} \\ N_x N_y & \text{für } \underline{\lambda} = \underline{\mu} \end{cases} \quad \forall m_x, m_y. \tag{13.10}$$

Der Betrag der PAKF ist also eine Konstante.

Die Familie dieser Arrays erreicht wieder die verallgemeinerte Sarwate-Schranke. Mit $\Theta_a = N_x N_y$, $\Theta_c = 0$ und $M = N_x N_y$ in (13.5) ist nämlich

$$0 + \frac{N_x N_y - 1}{N_x N_y (N_x N_y - 1)} \cdot \frac{(N_x N_y)^2}{N_x N_y} = 1.$$

13.9 Perfekte uniforme Familien in einem Meßfenster

Abschließend sei kurz erwähnt, daß das Verfahren aus Abschn. 13.6 auch auf die besprochenen uniformen PAKF- und PKKF-Arrays angewendet werden kann. Es ergeben sich dann entsprechend Familien uniformer Arrays mit Energie-effizienzen 1, die das dort besprochene perfekte Fensterverhalten aufweisen.

14. Arrays mit gutem aperiodischen Korrelationsverhalten

In einer Reihe von Anwendungsfällen, die in Kap. 18 noch näher betrachtet werden, spielt, wie bei den Folgen so auch bei den Arrays, das *aperiodische* Korrelationsverhalten die i.allg. wichtigere Rolle. Einige Methoden zur Synthese von Arrays und von Familien von Arrays mit gutem aperiodischen Korrelationsverhalten werden daher im folgenden betrachtet.

14.1 Gütemaße

Die Gütemaße für die aperiodischen Korrelationseigenschaften von Arrays lassen sich sinngemäß als Verallgemeinerung von (6.1) und (6.2) formulieren:

Haupt-Nebenmaximum-Verhältnis:

$$\text{HNV} = \frac{\varphi_{ss}(0,0)}{\max |\varphi_{ss}(m_x, m_y)|}, \quad \forall (m_x, m_y) \neq (0,0). \tag{14.1}$$

Merit-Faktor:

$$\text{MF} = \frac{\varphi_{ss}^2(0,0)}{\sum\limits_{m_x}\sum\limits_{m_y} |\varphi_{ss}(m_x, m_y)|^2}, \quad \forall (m_x, m_y) \neq (0,0). \tag{14.2}$$

Bei nichtbinären und nichtuniformen Arrays muß weiter auf die Energieeffizienz geachtet werden. Ihre Definition entspricht der Festlegung Gleichung (12.4) für periodische Arrays.

14.2 Binärarrays hoher Korrelationsgüte

Binärarrays mit Elementen $s(n_x, n_y) \in \{\pm 1\}$ sind besonders attraktiv, da sie einfache Implementierbarkeit mit maximaler Energieeffizienz 1 verbinden.

14.2.1 Barker-Arrays

Binäre Arrays, deren Nebenwerte den Betrag Eins nicht überschreiten, werden entsprechend zum eindimensionalen Fall Barker-Arrays genannt. Das einzige bisher bekannte Beispiel hat die Abmessungen 2·2:

$$s(n_x, n_y) = \begin{vmatrix} + & + \\ + & - \end{vmatrix} \quad \text{mit } \varphi_{ss}(m_x, m_y) = \begin{vmatrix} -1 & 0 & 1 \\ 0 & 4 & 0 \\ 1 & 0 & -1 \end{vmatrix}. \tag{14.3}$$

Von Al Quaddoomi und Scholtz [1989] wurden einige Existenzüberlegungen zu Barker-Arrays angestellt. So konnten sie zeigen, daß $N_x \cdot N_y$-Arrays dann *keine* Barker-Arrays sein können, wenn

a) $N_x/2$ ungerade und ebenfalls N_y ungerade ist
   oder wenn
b) N_x oder N_y eine ungerade Primzahl ist.

Die bisherigen Suchergebnisse zeigen, daß die Existenz weiterer Barker-Arrays nicht sehr wahrscheinlich ist.

14.2.2 Zufallsgesteuerte Suche

Eine recht erfolgreiche Methode zur Bildung guter, aber nicht zu umfangreicher Binärarrays ist die Rechnersuche. Ergebnisse, die unter den beiden Kriterien HNV und MF erzielt wurden, sind in [Pasedach und Hase 1981, Kuttruff und Quadt 1982, Eggers 1986, Al Quaddoomi und Scholtz 1989] zu finden. Einige dieser Arrays mit bestem HNV werden in Bild 14.1 dargestellt.

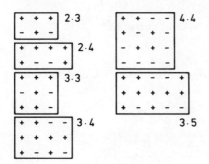

Bild 14.1. Binärarrays mit AKF-Nebenwerten vom Betrag ≤ 2

Die Werte für das Haupt-Nebenmaximum-Verhältnis, die eine Suche von Eggers [1986] ergab, zeigt Bild 14.2. Diese Suche durchmusterte zunächst die möglichen Arrays bis zu 21 Elementen vollständig. Die Arrays bis zur Größe 11·11 wurden dann mit Hilfe einer zufallsgesteuerten Suche gefunden. In diesem schnellen, aber suboptimalen Verfahren wird zunächst ein Array erwürfelt, dann wird versucht es durch Verändern weniger Elemente zu verbessern. Ist dies möglich, so wird dieses Array als Ausgangspunkt für einen weiteren Verbesserungsversuch genommen. Im anderen Fall werden die Änderungen rückgängig gemacht und das nächste Element wird verändert. Das Verfahren wurde sowohl für beliebige wie auch speziell für skew-symmetrische Arrays durchgeführt.

Die Ergebnisse zeigen, daß die untere Grenze des HNV entsprechend zum eindimensionalen Fall recht gut durch die (eingezeichnete) Funktion $\sqrt{N}$ mit $N = N_x \cdot N_y$ wiedergegeben wird (Abschn. 6.2).

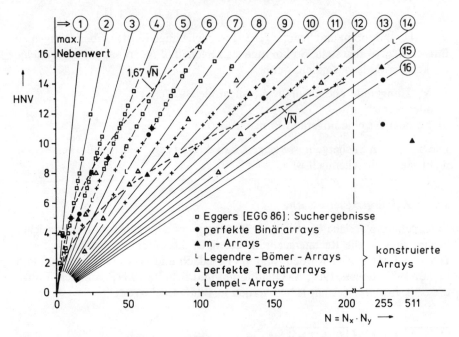

Bild 14.2. Haupt-Nebenmaximum-Verhältnisse von Binär- und Ternärarrays

Die Suche unter dem Kriterium des größten Meritfaktors kann durchaus andere Arrays ergeben.
So hat das Array 4·4 folgender Form

$$s(n_x, n_y) = \begin{vmatrix} + & - & - & - \\ + & - & - & - \\ + & - & + & + \\ - & + & - & - \end{vmatrix}.$$ \hfill (14.4)

zwar Nebenwerte der Größe 3, aber einen MF von 5,33; während der MF des gleichgroßen Arrays in Bild 14.1 nur 3,28 beträgt.
Die bei der zufallsgesteuerten Suche von Eggers gefundenen Merit-Faktoren sind in Bild 14.3 eingetragen, sie liegen im Bereich 3 bis 5.

14.2.3 Aperiodische Eigenschaften periodischer Binär- und Ternärarrays

Ganz entsprechend zur Ableitung der Boehmer-Folgen in Abschn. 6.2.4 besitzen auch Arrays mit guter PAKF häufig gute aperiodische Korrelationseigen-

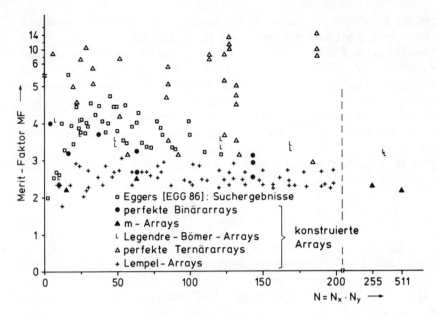

Bild 14.3. Merit-Faktoren von Binär- und Ternärarrays

schaften, wenn die beste ihrer durch alle möglichen Invarianzoperationen ableitbaren Versionen ausgewählt wird.

Einige Ergebnisse dieser, für größere Arrays rechnerisch recht aufwendigen Suche, sind in [Bömer und Antweiler 1989e, 1990h und Bömer 1991a] zu finden. Untersucht wurden die folgenden der in Kap. 12. behandelten Arrays: perfekte Binärarrays, m-Arrays, Lempel-, Legendre-Bömer-, Calabro-Wolf-Arrays und verschiedene Produktarrays. Die Ergebnisse unter den Kriterien HNV und MF sind ebenfalls in den Bildern 14.2 und 14.3 enthalten.

Das Verhalten ist in beiden Fällen wieder dem der eindimensionalen Folgen ähnlich: Während das HNV etwa proportional zur Wurzel aus der Arrayfläche ansteigt, scheint sich der MF einem konstanten Grenzwert zu nähern.

Ergänzend wurden ebenfalls die aperiodischen Eigenschaften der in Abschn. 12.5.3 behandelten perfekten Ternärarrays untersucht [Bömer 1991a]. Auch diese Ergebnisse finden sich in den Bildern 14.2 und 14.3. Während die HNV im Bereich der Werte der Binärarrays liegen, sind die MF der Ternärarrays teilweise deutlich besser.

14.3 Inkohärente Binärarrays

Inkohärente Binärarrays sind hier Arrays mit Elementen $\in \{0, 1\}$, deren AKF ebenfalls nur Nebenwerte $\in \{0, 1\}$ besitzt. Wie im eindimensionalen Fall wird wieder die Zusatzforderung erhoben, daß bei gegebener Energie (identisch mit der Zahl der Einsen) die Fläche möglichst gering sein soll.

Anwendungen können solche Arrays z.B. in der Konstruktion schwach besetzter Strahler- und Antennenanordnungen oder in der Radar-Gruppencodierung finden, s. Abschn. 18.1,2. Eine erste Konstruktionsmethode, die aber i.allg. keine effizienzoptimierten Arrays liefert, benutzt die inkohärenten periodischen Arrays nach Abschn. 12.7. Durch geeignete Invarianzoperationen werden zunächst Randzeilen und- spalten gebildet, die nur Nullen enthalten. Diese können dann abgeschnitten werden. Als Beispiel wird das Array 3·5 in (12.32) betrachtet, aus dem in der beschriebenen Weise das folgende Array der Größe 2·4 abgeleitet werden kann:

$$s(n_x, n_y) = \begin{vmatrix} 1 & 0 & 0 & 1 \\ 0 & 1 & 1 & 0 \end{vmatrix}, \quad \varphi(m_x, m_y) = \begin{vmatrix} 0 & 1 & 1 & 0 & 1 & 1 & 0 \\ 1 & 0 & 1 & 4 & 1 & 0 & 1 \\ 0 & 1 & 1 & 0 & 1 & 1 & 0 \end{vmatrix}. \quad (14.5)$$

Da die periodische Autokorrelationsfunktion des Ausgangsarrays ausschließlich die Werte 0 und 1 enthält, kann die aperiodische AKF, aus der sich durch Verschiebung und Summation die PAKF ableiten läßt, ebenfalls nur diese Werte enthalten.

Arrays mit besserer Energieeffizienz erhält man i.allg. mit einer rekursiven Konstruktionsmethode, die auf Golay [1971] zurückgeht:
Ausgangspunkt ist ein Startarray der Form

$$s_3(n_x, n_y) = \begin{vmatrix} 1 & 0 \\ 1 & 1 \end{vmatrix}.$$

Dann wird in einem rechteckigen Gitter eine weitere Eins so hinzugefügt, daß

a) das entstehende Array $s_i(n_x, n_y)$ die gewünschten Korrelationseigenschaften besitzt,
b) die Eins möglichst nahe am Schwerpunkt des vorhergehenden Arrays $s_{i-1}(n_x, n_y)$ liegt.

Einige Ergebnisse dieser Methode zeigt Bild 14.4, wobei durchaus mehrere Entwicklungslinien entstehen können.

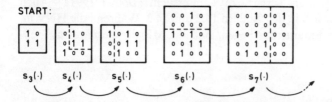

Bild 14.4. Rekursive Bildung inkohärenter Binärarrays (Golay-Arrays)

Das Verfahren kann Arrays beliebiger Größe liefern. Einige Beispiele bis zu $E = 43$ Einsen in einem Gitter 100·100 finden sich in [Weiss et al. 1977].

Für kleinere Abmessungen lassen sich aber auch kompaktere Arrays finden, d.h. Arrays die bei gegebener Energie E in ein kleineres Gitter eingepaßt werden können. Einige Beispiele aus [Golomb und Taylor 1982] zeigt Bild 14.5. Weitere Ergebnisse aus einem schnellen Suchverfahren enthält [Robinson 1985].

$$
\begin{array}{ccc}
0 & 1 & 1 \\
1 & 0 & 0 \\
1 & 0 & 1
\end{array}
\quad 3 \cdot 3
\qquad
\begin{array}{ccccc}
1 & 1 & 0 & 0 & 1 \\
0 & 0 & 0 & 1 & 0 \\
1 & 0 & 0 & 0 & 0 \\
0 & 0 & 0 & 0 & 1 \\
0 & 0 & 1 & 0 & 1
\end{array}
\quad 5 \cdot 5
$$

Bild 14.5. Inkohärente Binärarrays nach Golomb und Taylor

Aus der für die AKF aperiodischer Arrays gültigen Flächenbeziehung (11.9) läßt sich, ähnlich zu der Ableitung in Abschn. 6.4, eine Obergrenze der Energie bzw. des gleichgroßen HNV angeben. Mit (11.9) und dem Mittelwert $m_s = E$ eines inkohärenten Arrays ist

$$
\sum_{m_x=-N_x+1}^{N_x+1} \sum_{m_y=-N_y+1}^{N_y+1} \varphi_{ss}(m_x, m_y) = E^2.
$$

Bei gegebenen Abmessungen wird also die Energie am größten, wenn alle Nebenwerte die Größe 1 annehmen, damit gilt die Ungleichung

$$
(2N_x - 1)(2N_y - 1) - 1 \geq E^2 - E. \tag{14.6}
$$

Für quadratische Arrays größerer Abmessungen $N = N_x = N_y$ vereinfacht sich (14.6) zu

$$
E \leq 2N. \tag{14.7}
$$

Eine etwas engere Schranke für quadratische Arrays gibt Robinson [1985] an. Für $N > 6$ wird danach $E \leq 2N - 3$. In derselben Arbeit wird eine noch engere, von Golomb abgeleitete Schranke angegeben, nach der für große N gilt

$$
E < N + 1{,}5N^{2/3}. \tag{14.8}
$$

Inkohärente Binärarrays, die auf einem hexagonalen Gitter angeordnet sind, können z.T. höhere Kompaktheit erreichen. Dieser Ansatz wird in Abschn. 17.3 dargestellt.

14.4 Costas-Arrays

Costas-Arrays sind spezielle inkohärente Binärarrays. Sie sind quadratisch, enthalten in jeder Zeile und jeder Spalte nur eine Eins und ihre AKF-Nebenwerte sind auf 1 begrenzt. Zwei Costas-Arrays der Abmessungen $N_x = N_y = 4$ und $N_x = N_y = 7$ zeigt Bild 14.6.

Mit Costas-Arrays werden die eindimensionalen Signale eines inkohärenten Frequenzsprung-Radar oder -Sonarsystems beschrieben, wobei zu den Zeiten

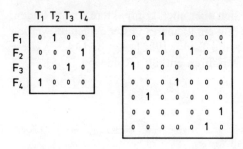

Bild 14.6. Costas-Arrays 4·4 und 7·7

$T_1, T_2, \ldots,$ Bandpaß-Impulse mit den durch die Lage der Einsen im Array gekennzeichneten Mittenfrequenzen $F_1, F_2, \ldots$ gesendet werden. Bei äquidistanten Zeiten T_i und sich äquidistant erhöhenden Frequenzen F_i, stellt dann die zweidimensionale AKF des Costas-Arrays in Näherung die Ambiguity-Funktion des Signals dar. Costas-Signale besitzen damit eine Ambiguity-Funktion in Form der erstrebten Reißzwecken-Form (s. Bild 9.9a) [Costas 1984].

Für Costas-Arrays $s(n_x, n_y)$ der Abmessungen $N \cdot N$ existieren mehrere algebraische Konstruktionsverfahren, von denen zwei kurz beschrieben werden [Golomb und Taylor 1982, 1984; Popović 1989b, Bellegarda et al. 1990].

Die erste Methode („Welch-Konstruktion") erzeugt Costas-Arrays der Seitenlänge $N = p - 1$, p prim. Es ist

$$s(n_x, n_y) = \begin{cases} 1 & \text{für } n_x \equiv \mu^{n_y} \bmod p \\ 0 & \text{sonst,} \end{cases} \qquad \begin{array}{l} \mu \text{ primitives Element im } GF(p), \\ n_x, n_y = 1\,(1)\,p - 1. \end{array}$$

(14.9)

Für $p = 5$ und $\mu = 2$ [s. Gleichung (3.27)] erhält man so das Array 4·4 in Bild 14.6, (z.B. $2^1 \equiv 2 \bmod 5$ usw.).

Die zweite Methode ("Lempel-Konstruktion") benutzt erweiterte Galois-Felder $GF(p^w)$ und erzeugt Arrays mit $N = p^w - 2$, hier gilt die Konstruktion

$$s(n_x, n_y) = \begin{cases} 1 & \text{für } \mu^{n_x} + \mu^{n_y} \equiv 1 \bmod p \\ 0 & \text{sonst,} \end{cases} \qquad \begin{array}{l} \mu \text{ primitives Element im } GF(p^w), \\ n_x, n_y = 1\,(1)\,p^w - 2. \end{array}$$

(14.10)

Ein Beispiel ist das Array 7·7 in Bild 14.6, das sich im $GF(3^2)$ mit Hilfe der Polynomdarstellung aus Tabelle 3.8 ergibt, (z.B. $\mu^1 + \mu^3 = x + (2x + 1) \equiv 1 \bmod 3$, also wird eine Eins auf die Stelle 1, 3 gesetzt. usw.).

Mit Hilfe der bekannten Synthesemethoden, ergänzt durch eine Suche, konnte Golomb Costas-Arrays im Bereich $N \leq 50$ für alle N außer für 32, 33, 43, 48 und 49 finden. Es wird vermutet, daß Costas-Arrays für alle N existieren.

Für eine Reihe von Abmessungen lassen sich auch Familien von Costas-Arrays konstruieren, deren AKF *und* KKF bestimmte Schranken einhalten [Maric und Titlebaum 1990, Drumheller und Titlebaum 1991].

14.5 Huffman-Arrays

Multipliziert man nach (11.19) zwei eindimensionale Folgen zu einem Array, so multiplizieren sich ihre AKF in gleicher Weise. Auf Huffman-Folgen angewendet, ergibt diese Verknüpfung Arrays, deren Autokorrelationsfunktionen außer an den Rändern überall verschwinden und die beliebig hohe Korrelationsgüten erreichen können. Ein solches „Huffman-Array" ist in Bild 14.7 dargestellt, wobei als Ausgangsfolgen in x- und y-Richtung dieselbe Folge nach (6.22) mit $a = 2$ gewählt wurde.

$s(n_x, n_y) =$

$$
\begin{bmatrix}
1 & 2 & 2 & \bar{2} & 1 \\
2 & 4 & 4 & \bar{4} & 2 \\
2 & 4 & 4 & \bar{4} & 2 \\
\bar{2} & \bar{4} & \bar{4} & 4 & \bar{2} \\
1 & 2 & 2 & \bar{2} & 1
\end{bmatrix}
$$

$\varphi_{ss}(m_x, m_y) =$

$$
\begin{bmatrix}
1 & 0 & 0 & 0 & 14 & 0 & 0 & 0 & 1 \\
0 & 0 & 0 & 0 & 0 & 0 & 0 & 0 & 0 \\
0 & 0 & 0 & 0 & 0 & 0 & 0 & 0 & 0 \\
0 & 0 & 0 & 0 & 0 & 0 & 0 & 0 & 0 \\
14 & 0 & 0 & 0 & 196 & 0 & 0 & 0 & 14 \\
0 & 0 & 0 & 0 & 0 & 0 & 0 & 0 & 0 \\
0 & 0 & 0 & 0 & 0 & 0 & 0 & 0 & 0 \\
0 & 0 & 0 & 0 & 0 & 0 & 0 & 0 & 0 \\
1 & 0 & 0 & 0 & 14 & 0 & 0 & 0 & 1
\end{bmatrix}
$$

Bild 14.7. Quadratisches Huffman-Array 5·5

Die Energieeffizienz von Produktarrays ergibt sich als Produkt der einzelnen Energieeffizienzen, damit besitzen Huffman-Arrays hier recht niedrige Werte.

Über eine Anwendung von Huffman-Arrays zur Ansteuerung von Lautsprechergruppen wird in [El-Khamy und Banah 1990] berichtet, vgl. Abschn. 18.1.1; hier erhält man aufgrund der außerodentlich hohen Meritfaktoren dieser Arrays eine sehr ausgeglichene Rundstrahlcharakteristik.

14.6 Uniforme komplexwertige Arrays

Uniforme komplexwertige Arrays mit gutem aperiodischen Korrelationsverhalten können durch Invarianzoperationen aus den entsprechenden Binärarrays gebildet werden. Hierbei erhält man zwar keine verbesserten Korrelationsgüten, jedoch lassen sich aus einem Binärarray größere Familien komplexwertiger Arrays erzeugen. Dieses Verfahren wird deshalb im nächsten Kapitel unter Abschn. 15.3 dargestellt.

Eine weitere Möglichkeit geht wieder von den in Abschn. 12.8 behandelten uniformen, komplexwertigen, perfekten Arrays aus und sucht unter den durch alle möglichen Invarianzoperationen gebildeten Versionen diejenigen mit bestem aperiodischen Korrelationsverhalten aus. Da der Rechenaufwand recht hoch ist, liegen hierzu noch keine weiterreichenden Ergebnisse vor.

Ein dritter Weg wurde ausführlich von Eggers [1985, 1986] untersucht. Eggers erzeugt zunächst durch angenäherte Lösung einer Fourier-Transformationsgleichung mit dem Prinzip der stationaïren Phase ortskontinuierliche, zweidimensionale Signale konstanten Betrages mit vorgebbarem aperiodischen Autokorrelationsverhalten. Durch Abtasten und Quantisieren der Phasenfunktion erhält man daraus uniforme Phasenarrays beliebiger Phasenzahl, die je nach Abtast- und Quantisierungsgenauigkeit ein ähnliches AKF-Verhalten besitzen. Der Rechenaufwand bleibt dabei auch bei der Synthese großer Arrays erträglich. So ergab z.B. die Synthese eines $P = 8$ phasigen Arrays der Dimension 32·32 ein Haupt-Nebenmaximumverhältnis von 16.

P-Phasen-Barker-Arrays sind nur für die eine Abmessung 3·3 bekannt. Ein solches von [Frank und Zadoff 1962] angegebenes Array mit der Phasenzahl $P = 3$ hat die Form

$$
s(n_x, n_y) = \begin{vmatrix} 1 & 1 & 1 \\ 1 & \alpha & \alpha^2 \\ 1 & \alpha^2 & \alpha \end{vmatrix}, \quad \text{mit } \alpha = \mathrm{e}^{\mathrm{j}2\pi/3} \tag{14.11}
$$

15. Familien aperiodischer Korrelationsarrays

Familien von Arrays mit guten aperiodischen Auto- *und* Kreuzkorrelationseigenschaften spielen in der Praxis bisher eine eher untergeordnete Rolle. Die
folgenden Ausführungen sind daher, konform mit den fast fehlenden
Veröffentlichungen, knapp gehalten.

Erinnert sei daran, daß auch Familien periodischer Korrelationsarrays bei
Anwendung der Doppelkorrelation, s. Abschn. 13.6, für bestimmte Anwendungen ein perfektes aperiodisches Korrelationsverhalten annehmen können.

15.1 Schranken der Korrelationsgüte

Zunächst lassen sich wieder allgemeingültige Schranken angeben, in denen die
gemeinsamen Eigenschaften von AKF und KKF einer Array-Familie verknüpft
sind.

In Erweiterung von Abschn. 7.1 auf Arrays erhält man über die Korrela-
tionsbeziehung (11.18) für eine Familie von M binären oder uniformen Arrays
der Größe $N_x \cdot N_y$ die Schrankenbeziehung

$$\frac{2N_x N_y - 1}{N_x N_y} C_c^2 + \frac{2(N_x N_y - 1)}{N_x N_y (M - 1)} C_a^2 \geq N_x N_y \tag{15.1}$$

mit $C_a = \max |\varphi_{ii}(m_x, m_y)|, \quad \forall i, \forall (m_x, m_y) \neq (0, 0),$ (15.2)

$\quad C_c = \max |\varphi_{ij}(m_x, m_y)|, \quad \forall i, j; \, i \neq j, \, \forall (m_x, m_y).$

15.2 Aperiodische Eigenschaften periodischer Familien

Entsprechend zu Abschn. 7.2 lassen sich aus Familien von Arrays mit guten
periodischen Korrelationseigenschaften in vielen Fällen bei Wahl optimaler
Invarianzoperationen auch brauchbare aperiodische Array-Familien gewinnen.

So erhält man für die in Bild 13.1 dargestellte Familie von 4 Kasami-Arrays
der Größe $3 \cdot 5$, bei Wahl der optimalen Versionen, die aperiodischen Korrelationsschranken $C_a = 4$ und $C_c = 10$.

Einsetzen in die Schrankenbeziehung (15.1) ergibt

$$203,3 \geq 15,$$

diese Familie ist also weit vom Optimum entfernt. Allgemeingültige Ergebnisse zu diesem Verfahren sind nicht bekannt.

Einen einfachen Sonderfall stellen aber die inkohärenten Arrays dar, da sich ihre Korrelationsschranken beim Übergang von periodischen zu aperiodischen Arrays nicht ändern, vgl. Abschn. 7.3.

Hierzu ein kurzes Beispiel:

Zunächst wird nach dem Vorgehen in Abschn 5.4 eine Familie inkohärenter periodischer Folgen gebildet, deren Länge teilerfremd faktorisierbar ist.

So erhält man $M = 2$ Folgen der Energie $E = 3$ und der Länge $N = 15$ mit (5.29) und (5.31) zu

$$s_1(n) = 1\ 1\ 0\ 0\ 1\ 0\ 0\ 0\ 0\ 0\ 0\ 0\ 0\ 0\ 0$$

$$s_2(n) = 1\ 0\ 1\ 0\ 0\ 0\ 0\ 1\ 0\ 0\ 0\ 0\ 0\ 0\ 0\ .$$

Durch Auffalten entsteht daraus ein Paar inkohärenter periodischer Arrays der Größe $N_x \cdot N_y = 5 \cdot 3$:

$$s_1(n_x, n_y) = \begin{vmatrix} 1 & 0 & 0 & 0 & 0 \\ 0 & 1 & 0 & 0 & 1 \\ 0 & 0 & 0 & 0 & 0 \end{vmatrix}, \qquad s_2(n_x, n_y) = \begin{vmatrix} 1 & 0 & 0 & 0 & 0 \\ 0 & 0 & 1 & 0 & 0 \\ 0 & 0 & 1 & 0 & 0 \end{vmatrix}. \quad (15.3)$$

Nach dem Vorgehen in Abschn. 14.3 werden zunächst wieder möglichst viele Randzeilen und- spalten gebildet, die nur Nullen enthalten. Durch Abschneiden dieser Bereiche erhält man dann aus (15.3) das folgende Paar inkohärenter aperiodischer Arrays der Größe $3 \cdot 3$.

$$s_{1a}(n_x, n_y) = \begin{vmatrix} 0 & 1 & 0 \\ 1 & 0 & 1 \\ 0 & 0 & 0 \end{vmatrix}, \qquad s_{2a}(n_x, n_y) = \begin{vmatrix} 1 & 0 & 0 \\ 0 & 0 & 1 \\ 0 & 0 & 1 \end{vmatrix}. \quad (15.4)$$

Diese Arrays behalten ihre Korrelationsschranken $\Theta_a = \Theta_c = 1$ auch in ihrem aperiodischen Korrelationsverhalten bei, also ist $C_a = C_c = 1$.

Nach der Methode in Abschn. 7.3 läßt sich auch hier eine Beziehung zwischen Umfang, Energie und Abmessungen der Arrays aufstellen.

Da die halbseitige AKF insgesamt $\frac{1}{2}[(2N_x - 1)(2N_y - 1) - 1]$ Nebenwerte enthält, ergibt sich entsprechend zu (7.10)

$$M \leq \frac{(2N_x - 1)(2N_y - 1) - 1}{E(E - 1)}.$$

Angewendet auf die Arrays in (15.4) ist

$$M \leq \frac{5 \cdot 5 - 1}{6} = 4,$$

die Schranke wird in diesem Beispiel also nur bis auf den Faktor 2 erreicht.

15.3 Familien komplexwertiger Arrays

In Erweiterung des Verfahrens in Abschn. 7.4.2 läßt sich auf einem beliebigen uniformen Startarray der Größe $N_x \cdot N_y$ eine Familie von $M = N_x \cdot N_y$ uniformer Arrays gleicher Größe aufbauen, deren aperiodische Autokorrelationsfunktionen alle betragsgleich mit der AKF des Startarrays sind. Die Arrays sind weiter untereinander orthogonal und liegen mit ihren Korrelations-Eigenschaften in der Nähe der Schranken aus Abschn. 15.1.
Diese Familie ist gegeben durch

$$s_{\underline{k}}(n_x, n_y) = \exp[j\alpha_{\underline{k}}(n_x, n_y)], \quad \underline{k} = (k_x, k_y), \tag{15.5}$$
$$k_x, n_x = 0(1)N_x - 1,$$
$$k_y, n_y = 0(1)N_y - 1,$$

mit $\alpha_{\underline{k}} = \alpha_0(n_x, n_y) + 2\pi(k_x n_x/N_x + k_y n_y/N_y)$,
wobei $\alpha_0(\cdot)$ die Phasenfolge des Startarrays ist.

Die Korrelationsfunktion dieser Familie erhält man damit (im Bereich $0 \leq n_x, n_y < N_{x,y}$) zu

$$\varphi_{\underline{ki}}(m_x, m_y) = \sum_{n_x=0}^{N_x-1-m_x} \sum_{n_y=0}^{N_y-1-m_y} s_{\underline{k}}^*(n_x, n_y) s_i(n_x + m_x, n_y + m_y)$$

$$= \sum_{n_x=0}^{N_x-1-m_x} \sum_{n_y=0}^{N_y-1-m_y} \exp\left\{ j\left[-\alpha_0(n_x, n_y) - 2\pi\left(\frac{k_x n_x}{N_x} + \frac{k_y n_y}{N_y}\right) + \right.\right.$$

$$\left.\left. + \alpha_0(n_x + m_x, n_y + m_y) + 2\pi\left(i_x \frac{n_x + m_x}{N_x} + i_y \frac{n_y + m_y}{n_y}\right)\right]\right\}$$

$$= \exp\left[j2\pi\left(\frac{i_x m_x}{N_x} + \frac{i_y m_y}{N_y}\right)\right] \sum\sum \exp\left\{ j\left[-\alpha_0(n_x, n_y) + \right.\right.$$

$$\left.\left. + \alpha_0(n_x + m_x, n_y + m_y) + 2\pi\{(i_x - k_x)\frac{n_x}{N_x} + (i_y - k_y)\frac{n_y}{N_y}\}\right]\right\}.$$

Für den *Betrag* der Korrelationsfunktion gilt also

$$|\varphi_{\underline{ki}}(m_x, m_y)| = \qquad (15.6)$$

$$= \left| \sum_{n_x=0}^{N_x-1-m_x} \sum_{n_y=0}^{N_y-1-m_y} \exp\left\{ j\left[-\alpha_0(n_x, n_y) + \alpha_0(n_x + m_x, n_y + m_y) + \right.\right.\right.$$

$$\left.\left.\left. + 2\pi\left\{ (i_x - k_x)\frac{n_x}{N_x} + (i_y - k_y)\frac{n_y}{N_y} \right\} \right] \right\} \right|,$$

d.h. alle Korrelationsfunktionen mit gleicher Differenz $\underline{i} - \underline{k}$ sind betragsgleich.

Damit folgen die Eigenschaften:

a) Für $\underline{k} = \underline{i}$ ergeben sich die AKF zu

$$|\varphi_{\underline{kk}}(m_x, m_y)| = \left| \sum_{n_x} \sum_{n_y} \exp\{ j[-\alpha_0(n_x, n_y) + \alpha_0(n_x + m_x, n_y + m_y)] \} \right| \quad (15.7)$$

$$= |\varphi_{00}(m_x, m_y)|.$$

Alle AKF sind im Betrage identisch mit der AKF des Startarrays.

b) Die KKF im Nullpunkt sind

$$|\varphi_{\underline{ki}}(0, 0)| = \left| \sum_{n_x} \sum_{n_y} \exp\left\{ j2\pi\left[(i_x - k_y)\frac{n_x}{N_x} + (i_y - k_y)\frac{n_y}{N_y} \right] \right\} \right|$$

$$= \left| \sum_{n_x} \exp\left\{ j2\pi(i_x - k_x)\frac{n_y}{N_y} \right\} \cdot \sum_{n_y} \exp\left\{ j2\pi(i_y - k_y)\frac{n_y}{N_y} \right\} \right|, \qquad (15.8)$$

und mit der Abkürzung $z_x = \exp[j2\pi(i_x - k_x)/N_x]$ ergibt sich

$$= \left| \sum_{n_x=0}^{N_x-1} z_x^{n_x} \sum_{n_y=0}^{N_y-1} z_y^{n_y} \right| = \left| \frac{1 - z_x^{N_x}}{1 - z_x} \cdot \frac{1 - z_y^{N_y}}{1 - z_y} \right| = 0.$$

Die Arrays sind also zueinander orthogonal.

Allgemeine Schranken für die Nebenwerte der KKF sind nicht bekannt.

Mit dieser Methode läßt sich beispielsweise aus dem 3-Phasen-Barker-Array nach Gleichung (14.11) eine Familie von 9 orthogonalen uniformen 3-Phasen-Barker-Arrays konstruieren. In die Schreibweise von (14.11) umgesetzt, erhält man so z.B. die Arrays [mit $\alpha = \exp(j2\pi/3)$]

Tabelle 15.1. KKF-Nebenwerte komplexwertiger Array-Familien

$N_x \cdot N_y$	2·2	2·4	3·3	4·4
C_c	2	4	3, 46	6, 32
Schranken nach (15.1)	1, 41	1, 93	2, 07	2, 83

$$s_{10}(n_x, n_y) = \begin{vmatrix} 1 & \alpha & \alpha^2 \\ 1 & \alpha^2 & \alpha \\ 1 & 1 & 1 \end{vmatrix}, \qquad s_{20}(\cdot) = \begin{vmatrix} 1 & \alpha^2 & \alpha \\ 1 & 1 & 1 \\ 1 & \alpha & \alpha^2 \end{vmatrix}, \qquad (15.9)$$

$$s_{11}(\cdot) = \begin{vmatrix} 1 & \alpha & \alpha^2 \\ \alpha & 1 & \alpha^2 \\ \alpha^2 & \alpha^2 & \alpha^2 \end{vmatrix}, \qquad s_{22}(\cdot) = \begin{vmatrix} 1 & \alpha^2 & \alpha \\ \alpha^2 & \alpha^2 & \alpha^2 \\ \alpha & \alpha^2 & 1 \end{vmatrix}.$$

usw.

mit der Barker-Eigenschaft $C_a = 1$ und der Kreuzkorrelationsschranke $C_c = 6$.

Benutzt man als Startarrays die binären Korrelations-Arrays aus Bild 14.1, so ergeben sich die in Tab. 15.1 dargestellten maximalen KKF-Nebenwerte.

Die untere Zeile der Tabelle enthält die mit (15.1) berechneten Schranken für C_c, die in diesen Beispielen im Mittel also um etwa das Doppelte überschritten werden.

16. Vektorwertige Arrays

Das in Kap. 8 beschriebene Prinzip vektorwertige Folgen zu benutzen, die durch ihre zusätzlichen Freiheitsgrade bessere Korrelationseigenschaften besitzen und teilweise auch einfacher zu synthetisieren sind, läßt sich mit gleichem Gewinn auf höherdimensionale Arrays ausdehnen.

Zunächst werden wieder Welti-Arrays bzw. die mit ihnen nahe verwandten Komplementär-Arrays und ihre Familien diskutiert.

16.1 Welti-Arrays und -Familien

16.1.1 Definition und Synthese

Betrachtet werden zweidimensionale Arrays $s(n_x, n_y)$, $g(n_x, n_y)$, deren $N_x \cdot N_y$ Elemente orthogonal im Sinne von (8.4) sind. In einer praktischen Realisierung können diese Elemente selbst wieder zweidimensionale Orthogonalarrays, Gebiete unterschiedlicher Ortsfrequenz oder auch Gebiete sein, in denen Punktquellen zu unterschiedlichen Zeiten aktiv sind.

Entsprechend zu Abschn. 8.2 werden Welti-Arrays bzw. Familien von Welti-Arrays definiert mit den Eigenschaften

$$\varphi_{ss}(m_x, m_y) = 0, \quad \forall (m_x, m_y) \neq (0, 0), \tag{16.1}$$

$$\varphi_{sg}(m_x, m_y) = 0, \quad \forall (m_x, m_y), \ s \neq g \tag{16.2}$$

Auch hier können die in Abschn. 8.2 beschriebenen Synthesemethoden zur Synthese von Welti-Arrays und Familien dieser Arrays herangezogen werden [Lüke 1983, 1985].

Hierzu zwei Beispiele:

Als Beispiel für die Anwendung der Methode 1 zeigt Bild 16.1 die Synthese eines Arraypaares mit den Abmessungen $10 \cdot 10$ durch Ersetzen der Elemente der Welti-Folgen $W(2, 10)$ aus Tabelle 8.1 durch die gleichen Folgen, aber in vertikaler Richtung.

Hiermit lassen sich in entsprechender Weise, ausgehend von den bekannten $W(2, N)$-Folgenpaaren, alle zweidimensionalen Arraypaare $W(2, N_x \cdot N_y)$ mit

```
a a ā a b a b b b̄ b̄        a a ā ā b ā b b̄ b b
        ⇓                           ⇓

a a ā a a a a a ā ā        a a ā a ā a ā a a a
a a ā a a a a a ā ā        a a ā a ā a ā a a a
ā ā a ā ā ā ā ā a a        ā ā a a ā a ā a ā ā
a a ā a ā a ā a a a        a a ā ā ā ā ā a ā ā
b b b̄ b b b b b b̄ b̄        b b b̄ b̄ b b̄ b b̄ b b
a a ā a ā a ā a a a        a a ā ā ā ā ā a ā ā
b b b̄ b b b b b b̄ b̄        b b b̄ b̄ b b̄ b b̄ b b
b b b̄ b b̄ b b̄ b b b        b b b̄ b̄ b b̄ b b̄ b b̄
b̄ b̄ b b̄ b b̄ b b b̄ b        b̄ b̄ b b b b b b̄ b b
b̄ b̄ b b̄ b̄ b b b b̄ b        b̄ b̄ b b b b b b̄ b b
```

Bild 16.1. Synthese zweier Welti-Arrays 10·10 mit verschwindender KKF

den Abmessungen

$$N_x, N_y \in 2^\alpha \cdot 10^\beta \cdot 26^\gamma, \quad \alpha, \beta, \gamma \in \mathbb{N} \tag{16.3}$$

synthetisieren.

Als weiteres Beispiel ist in Bild 16.2 dargestellt, wie mit Methode 1 aus eindimensionalen Folgen zweidimensionale Array-Familien mit ebenfalls größerem Umfang M abgeleitet werden können (zum Vorgang s. Beispiel 3 in Abschn. 8.2.1):

Die Syntheseergebnisse für Array-Familien mit $Q = 4$ orthogonalen Vektoren, ausgehend von eindimensionalen Folgen mit $Q = 2, 3$ oder 4, zeigt Bild 16.3. Es lassen sich Quartette für fast alle durch (16.3) gegebenen Abmessungen bilden. Wieder wurden nur strukturgleiche Familien berücksichtigt, also Familien von Arrays, die sich allein durch ihre Vorzeichenmuster unterscheiden.

```
a a ā a b a b b b̄ b̄  }
a a ā ā b ā b b̄ b b   }  Paar W(2,10)
c c c̄ c d c d d d̄ d̄  }
c c c̄ c̄ d c̄ d d̄ d d   }  Paar W(2,10)
```

Ersetzen durch (8.8) in senkrechter Richtung

a → a b a b̄   b → c d c d̄
c → a b ā b   d → c d c̄ d

ergibt

```
a a ā a c a c c c̄ c̄        a a ā ā c ā c c̄ c c
b b b̄ b d b d d d̄ d̄        b b b̄ b̄ d b̄ d d̄ d d
a a ā a c a c c c̄ c̄        a a ā ā c ā c c̄ c c
b̄ b̄ b b̄ d̄ b̄ d̄ d d        b̄ b̄ b b b d b d̄ d d̄
```

```
a a ā a c a c c c̄ c̄        a a ā ā c ā c c̄ c c
b b b̄ b d b d d d̄ d̄        b b b̄ b̄ d b̄ d d̄ d d
ā ā a ā c̄ ā c̄ c c        ā ā a a c̄ a c c̄ c̄
b b b̄ b d b d d d̄ d̄        b b b̄ b̄ d b̄ d d̄ d d
```

Bild 16.2. Konstruktion einer Familie von vier Welti-Arrays 4·10

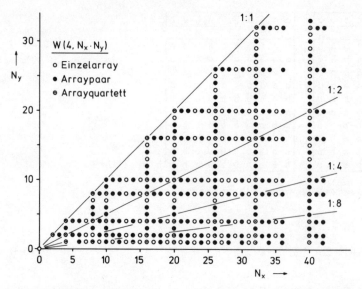

Bild 16.3. Diagramm synthetisierter Array-Familien mit $Q = 4$ orthogonalen Vektoren

Für $Q = 3$ Orthogonalelemente gibt es bisher keine Syntheseverfahren. Eine Rechnersuche ergab Einzelarrays wie z.B.:

$$W(3, 4 \cdot 4) = \begin{vmatrix} a & a & a & a \\ \bar{a} & a & a & \bar{a} \\ b & c & \bar{c} & \bar{b} \\ \bar{b} & c & \bar{c} & b \end{vmatrix} . \tag{16.4}$$

Dagegen liefern die Syntheseverfahren für $Q = 6, 8, \ldots$ Arrays und ihre Familien für fast beliebige Abmessungen.

Durch Invarianzoperationen, wie insbesondere Alternieren der Vorzeichen in Zeilenrichtung bzw. in Spaltenrichtung oder nach einem Schachbrettmuster, lassen sich modifizierte Arrays und Familien bilden.

16.1.2 Höherdimensionale Welti-Arrays

Die Erweiterung der Synthese auf höherdimensionale Arrays gelingt mit den gleichen Ansätzen.

Ein Beispiel für die Bildung eines Paares dreidimensionaler Arrays $W(2, 4 \cdot 4 \cdot 4)$ zeigt Bild 16.4.

Nach der 1. Synthesemethode werden in diesem Beispiel die Elemente des zweidimensionalen Arrays $W(2, 4 \cdot 4)$ durch eindimensionale Folgen $W(2, 4)$ nach Gleichung (8.8) in Richtung der 3. Dimension ersetzt.

In gleicher Weise lassen sich, ausgehend von bekannten Arraypaaren $W(2, N_z)$ und $W(2, N_x \cdot N_y)$, alle dreidimensionalen Arraypaare $W(2, N_x \cdot N_y \cdot N_z)$

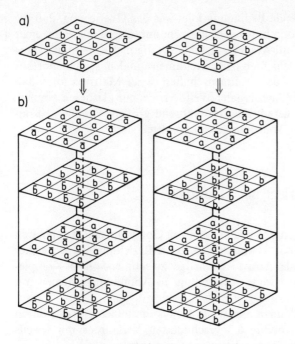

Bild 16.4. Konstruktion eines Paars dreidimensionaler Welti-Arrays $W(2, 4 \cdot 4 \cdot 4)$

mit den Abmessungen

$$N_x, N_y, N_z \in 2^\alpha \cdot 10^\beta \cdot 26^\gamma, \quad \alpha, \beta, \gamma \in \mathbb{N} \tag{16.5}$$

konstruieren. Entsprechende Ergebnisse folgen für noch höher dimensionale Arrays. Ebenso ist die Synthese drei- und höherdimensionaler Arrays und ihrer Familien mit $Q \geq 4$ Orthogonalelementen mit den geschilderten Verfahren möglich.

16.1.3 Existenzbedingungen höherdimensionaler Welti-Arrays

Wie im eindimensionalen Fall sind auch für die Existenz zwei- und höherdimensionaler Welti-Arrays und ihrer Familien keine notwendigen *und* hinreichenden Bedingungen bekannt. Eine notwendige Bedingung läßt sich wieder aus der Forderung ableiten, daß die Summe aller Nebenwerte der Autokorrelationsfunktion eines Arrays verschwindet. Für zweidimensionale Arrays mit $Q = 2$ Orthogonalelementen folgt dann, daß sich ihre Fläche $N_x \cdot N_y$ als doppelte Summe zweier Quadratzahlen darstellen lassen muß.

Für die möglichen Abmessungen von Arrays mit $Q \geq 4$ Orthogonalelementen ergeben sich daraus keine Einschränkungen. Allgemein gilt nur, daß Arrays der Fläche $Q + 1$ stets ausgeschlossen sind.

Der Umfang M einer zwei- und höherdimensionalen Array-Familie ist, mit der gleichen Begründung wie für den eindimensionalen Fall (s. Abschn. 8.2.2), auf $M \leq Q$ beschränkt.

Eine weitere einschränkende Bedingung folgt aus der Überlegung, daß die binäre Array-Familie, die durch Niederschreiben nur der Vorzeichen einer Familie strukturgleicher Welti-Arrays entsteht, orthogonal sein muß. Diese Binärarrays bilden also M Schichten einer dreidimensionalen, schichtenorthogonalen Hadamard-Matrix. Aus den Eigenschaften dieser Matrizen folgt, daß Paare strukturgleicher, zweidimensionaler Welti-Arrays nur existieren können, wenn mindestens eine Seite geradzahlig ist, während größere Familien besonders bei durch vier teilbaren Abmessungen zu erwarten sind.

16.2 Komplementär-Arrays und -Familien

Eindimensionale Welti-Folgen sind eng mit den von Golay eingeführten binären Komplementärfolgen verwandt, s. Abschn. 8.3. Diese Beziehung gilt in gleicher Weise für höherdimensionale Arrays. Derartige zweidimensionale Komplementär-Arrays finden beispielsweise Anwendung in Abbildungssystemen mit codierter Apertur (Kap. 18).

Komplementär-Arrays können aus Welti-Arrays in einfacher Weise durch Verallgemeinerung des in Abschn. 8.3 geschilderten Verfahrens mit jeweils denselben Abmessungen und Dimensionen erzeugt werden.

Ersetzt man beispielsweise in dem Welti-Arraypaar $W(2, 10 \cdot 10)$ aus Bild 16.1 die orthogonalen Vektoren a, b durch die zahlenwertigen Orthogonalvektoren $a \rightarrow (+ \ +)$, $b \rightarrow (+ \ -)$ dann erhält man die beiden Paare komplementärer Arrays der Größe $10 \cdot 10$ in Bild 16.5.

Entsprechend (8.17) und (8.18) in Abschn. 8.3 erfüllt eine Familie von M Sätzen zu je Q zweidimensionalen Komplementär-Arrays die beiden Bedingungen:

Komplementarität:

$$\sum_{i=1}^{Q} \varphi_{ji,ji}(m_x, m_y) = 0, \quad \forall (m_x, m_y) \neq (0, 0), \ \forall j, \tag{16.6}$$

Orthogonalität:

$$\sum_{i=1}^{Q} \varphi_{ji,ki}(m_x, m_y) = 0, \quad \forall (m_x, m_y), \ \forall j, k; \ j \neq k. \tag{16.7}$$

Nach (16.3) und (16.5) lassen sich orthogonale Paare wie in Bild 16.5 in entsprechender Weise für beliebige Dimensionen und alle Abmessungen $2^\alpha \cdot 10^\beta \cdot 26^\gamma$ ($\alpha, \beta, \gamma \in \mathbb{N}$) synthetisieren. Völlig entsprechend ist die Ableitung von mehrfachen Komplementär-Arrays und Familien von Komplementär-Arrays auch aus ein- oder höherdimensionalen Welti-Folgen mit $Q > 2$ möglich [Lüke 1983, 1985]. Nach anderen Verfahren können Paare zweidimensionaler Komplementär-Arrays, deren Abmessungen speziell Zweierpotenzen sind, auch rekursiv erzeugt werden [Ohyama et al. 1978, Weiss und Pasedach 1978, Weiss

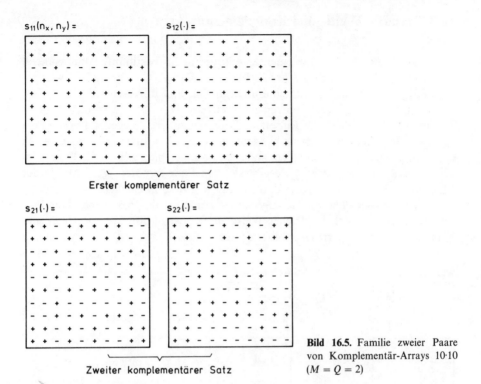

$s_{11}(n_x, n_y) =$

$s_{12}(\cdot) =$

Erster komplementärer Satz

$s_{21}(\cdot) =$

$s_{22}(\cdot) =$

Zweiter komplementärer Satz

Bild 16.5. Familie zweier Paare von Komplementär-Arrays $10 \cdot 10$ ($M = Q = 2$)

1981]. Ebenfalls untersucht wurde die Konstruktion *periodischer* Komplementär- und Welti-Arrays [Schotten 1990, Bömer 1991a].

In Erweiterung des in Abschn. 8.5 beschriebenen Verfahrens lassen sich aus Komplementär-Arrays weiter „Even-Arrays" bilden, deren Autokorrelationsnebenwerte in allen geradzahligen Zeilen *und* Spalten verschwinden.

Als Beispiel werden die Komplementär-Arrays $10 \cdot 10$ aus Bild 16.5 betrachtet. Zunächst schreibt man die Spalten des ersten komplementären Satzes abwechselnd hintereinander, desgleichen dann die Spalten des zweiten Satzes. Anschließend werden die Zeilen der beiden so entstandenen Arrays ebenfalls abwechselnd untereinander geschrieben. Aufgrund der Beziehungen (16.6) und (16.7) entsteht dann ein binäres Even-Array, das in diesem Beispiel die Abmessungen $20 \cdot 20$ besitzt.

Mit dieser Konstruktion lassen sich allgemein binäre Even-Arrays für alle Abmessungen $2N_x \cdot 2N_y$ mit $N_{x,y}$ nach (16.3) bilden.

Even-Arrays besitzen i.allg. gute Meritfaktoren, da ihre AKF-Nebenwerte zu $\geq 75\%$ aus Nullen bestechen. Diese Eigenschaft wird bei höherdimensionalen Even-Arrays, deren Anteil an verschwindenden Nebenwerten mit der Dimensionszahl asymptotisch gegen 100% geht, noch deutlicher.

16.3 Ternäre Welti- und Komplementär-Arrays

Da binäre Welti- und Komplementär-Arrays nur für bestimmte Abmessungen existieren, soll kurz noch die Möglichkeit ternärer Arrays betrachtet werden. Das Vorgehen ist analog zum eindimensionalen Fall in Abschn. 8.4.

Als einfaches, aber recht universal einsetzbares Verfahren wird hier beispielhaft in Bild 16.6 (oben) die Einsetzmethode behandelt. Ausgehend von einem einfachen ternären Folgenpaar werden die beiden Vektoren a, b jeweils durch eine Folge aus einer beliebigen anderen Familie, hier z.B. $W(2, 4)$ aber in vertikaler Richtung ersetzt. Es ergibt sich ein Paar ternärer Welti-Arrays der Fläche 6·4. Jedem Array kann dann wieder ein Satz zweier ternärer Komplementär-Arrays gleicher Fläche zugeordnet werden (Bild 16.6 unten). Das Einsetzverfahren läßt sich in gleicher Weise zur Konstruktion höherwertiger und höherdimensionaler Arrays erweitern [Lüke 1989a].

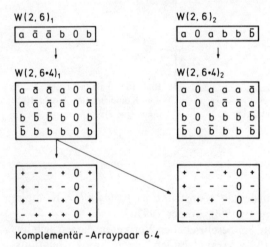

Komplementär-Arraypaar 6·4

Bild 16.6. Ableitung ternärer Welti- und Komplementär-Arraypaare

17. Ergänzende Themen zu Korrelationsarrays

17.1 Mismatched Filterung

Im zweidimensionalen Fall lassen sich ebenso wie im eindimensionalen (vgl. Abschn. 9.1) die für die Implementierung vorteilhaften binären Arrays durch eine „Mismatched"-Nachverarbeitung in ihren aperiodischen Korrelationseigenschaften prinzipiell beliebig verbessern [Brown 1974, Seidler 1981].

Ein Array $s(n_x, n_y)$ mit den Abmessungen N_x, N_y wird bei der Mismatched-Nachverarbeitung mit einem Empfangsarray $w(n_x, n_y)$ korreliert. Das Empfangsarray wird dabei so berechnet, daß einmal die KKF $\varphi_{ws}(m_x, m_y)$ möglichst verschwindende Nebenwerte hat und zum anderen der Hauptwert $\varphi_{ws}(0, 0)$ hinreichend groß bleibt, genauer, daß die in Erweiterung von (9.1) definierte relative Effizienz η_F des korrelierenden Empfangsfilters

$$\eta_F = \frac{\varphi_{sw}^2(0, 0)}{\varphi_{ss}(0, 0) \cdot \varphi_{ww}(0, 0)} \tag{17.1}$$

möglichst nahe an Eins liegt.

Wählt man allgemein die Abmessungen des Empfangsarrays größer als N_x, N_y, dann läßt sich bei einem geeignet gewählten Korrelationsgütekriterium für die Elemente des Empfangsarrays ein überbestimmtes Gleichungssystem aufstellen und z.B. über eine lineare diskrete Tschebyscheff-Approximation lösen. Einige Ergebnisse dieses von Seidler [1981] untersuchten Ansatzes zeigt Tabelle 17.1: Berechnet wurden für das Barker-Array $2 \cdot 2$, s. Gleichung (14.3), vier Empfangsarrays der Größen $2 \cdot 2$, $4 \cdot 4$, $6 \cdot 6$ und $8 \cdot 8$ für maximales HNV. Die

Tabelle 17.1. Matched- und mismatched-Korrelation des Barker-Arrays $2 \cdot 2$

	Matched	Mismatched		
$N_x \cdot N_y$	$2 \cdot 2$	$4 \cdot 4$	$6 \cdot 6$	$8 \cdot 8$
HNV	4	13	25	40
η_F %	100	83	74	68

HNV: Haupt-Nebenmaximum-Verhältnis
η_F: Filtereffizienz (in %)

Ergebnisse zeigen die starke Verbesserung im Haupt-Nebenmaximum-Verhältnis bei Vergrößerung des Empfangsarrays, wobei sich die Filtereffizienz nur in Maßen verschlechtert. Eine Anwendung findet sich in Abschn. 18.1

17.2 Orthogonale Arrays und Matrizen

Orthogonale Arrays $s_{i,\,j}(n_x, n_y)$ sind zweidimensionale Verallgemeinerungen der in Abschn. 9.2 besprochenen Orthogonalfolgen. Sie erfüllen die Bedingung

$$\varphi_{ij}(0, 0) = 0, \quad \forall i, j;\ i \neq j\,. \tag{17.2}$$

Alle $s_{ij}(n_x, n_y)$ können dann auch als Ebenen einer dreidimensionalen Orthogonalmatrix aufgefaßt werden.

Orthogonale Arrays können beispielsweise als Basisfunktion in der Transformationscodierung von Bildsignalen eingesetzt werden. Im folgenden werden insbesondere binäre und ternäre Arrays betrachtet [Harmuth 1972, Shlichta 1979, Hammer und Seberry 1981, Grallert 1976, Lüke 1987b].

Eine bekannte Konstruktionsmethode kombiniert die Zeilen $s_i(n_x)$ einer ersten Orthogonalmatrix der Ordnung N_x mit den Zeilen $g_j(n_y)$ einer zweiten Orthogonalmatrix der Ordnung N_y zu einer dreidimensionalen Matrix aus $N_x \cdot N_y$ zueinander orthogonalen Ebenen der Form $s_i(n_x) \cdot g_j(n_y)$ mit den Abmessungen $N_x \cdot N_y$ [Courant und Hilbert 1968]. Bei dieser Verknüpfung multiplizieren sich die Energieeffizienzen.

Da die einzelnen Ebenen separierbar sind, läßt sich die zugehörige zweidimensionale Orthogonaltransformation als Folge zweier eindimensionaler Transformationen sehr effizient berechnen.

Höherdimensionale separierbare Hadamard-Matrizen bzw. Walsh-Funktionen existieren gemäß dieser Konstruktion nur für Seitenlängen $N_x, N_y, \ldots$, die gleich 2 oder durch 4 teilbar sind.

Bei Verzicht auf Separierbarkeit läßt sich eine noch einfachere Konstruktionsmethode für höherdimensionale Matrizen einführen, bei der jede der N Zeilen (oder Spalten) einer zweidimensionalen Orthogonalmatrix in beliebiger, aber für alle gleicher Reihenfolge in der Ebene (oder im Raum) angeordnet wird. Die Anordnung kann beliebig geformt sein. Als Beispiel zeigt Bild 17.1 die z.B. für eine verschachtelte Transformationscodierung geeignete nichtrechteckförmige zweidimensionale Umordnung der 12 Zeilen der Hadamard-Matrix der Ordnung 12 [Lüke 1987b]; zur Anwendung s. [Gilge 1990].

Da diese Umordnung in beiden Richtungen möglich ist, gilt auch ganz allgemein, daß dreidimensionale Hadamard-Matrizen nur für Abmessungen existieren können, deren Ebenen eine durch 4 teilbare Fläche besitzen. Entsprechendes gilt für die Volumina noch höherdimensionaler Hadamard-Matrizen. Eine Übersicht über die Abmessungen rechteckiger Hadamard-Matrizen dieser Art gibt Bild 17.2.

Für eine einfache Implementierung ist auch hier die Existenz *zyklischer* höherdimensionaler Hadamard-Matrizen von Interesse. Während es nur *eine*

Bild 17.1. Dreidimensionale, nichtrechteckige Hadamard-Matrix der Fläche 12

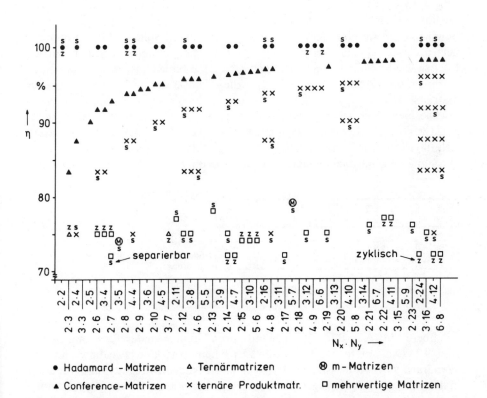

Bild 17.2. Energieeffizienz η dreidimensionaler orthogonaler Matrizen und zugeordneter Arrays der Fläche $N_x \cdot N_y$

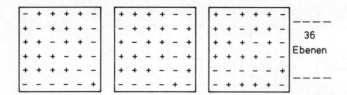

Bild 17.3. Zyklische dreidimensionale Hadamard-Matrix

zweidimensionale zyklische Hadamard-Matrix gibt, lassen sich beliebig viele dreidimensionale zyklische Hadamard-Matrizen aus zweidimensionalen perfekten Arrays bilden. Bild 17.3 zeigt als Beispiel drei der insgesamt 36 orthogonalen Arrays, die sich aus allen 36 möglichen, zyklisch verschobenen Versionen der perfekten zweidimensionalen Folge $6 \cdot 6$ [nach (12.16)] ergeben.

Für höherdimensionale Matrizen wächst die Zahl der Möglichkeiten noch stärker an.

Bisher wurden nur dreidimensionale Matrizen betrachtet, deren Ebenen in *einer* Achsenrichtung orthogonal sind. Während diese Eigenschaften z.B. für die Transformationscodierung hinreichend ist, kann in der Kanalcodierung auch Orthogonalität innerhalb der Ebenen gefordert werden, um die Zahl der Testmöglichkeiten für eine Fehlererkennung zu erhöhen. Shlichta [1979] bezeichnet dreidimensionale Orthogonalmatrizen, die in *allen* achsennormalen Ebenen wieder vollständige Orthogonalmatrizen bilden, als „proper matrices". Hammer und Seberry [1981] bauten die Theorie der nichtbinären „proper matrices" aus.

Die hier beschriebenen Methoden zur Synthese dreidimensionaler Hadamard-Matrizen aus zweidimensionalen Matrizen oder perfekten Arrays lassen sich ungeändert auf ternäre und mehrwertige Matrizen anwenden.

Bild 17.4 zeigt zwei einfache Beispiele dreidimensionaler Ternärmatrizen.

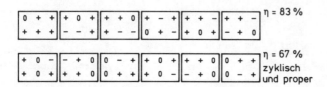

Bild 17.4. Dreidimensionale ternäre Orthogonalmatrizen

Die obere Matrix in Bild 17.4 entstand durch Umordnen der Ternärmatrix aus Bild 9.3. Die untere Matrix wurde aus einem perfekten zweidimensionalen Ternärarray der Abmessungen $3 \cdot 2$ gebildet, sie ist demzufolge zyklisch (und hat in diesem Fall auch die Eigenschaft einer „proper matrix"). Die entsprechenden Konstruktionsmöglichkeiten für größere Ternärmatrizen sind mit ihren Energieeffizienzen und Eigenschaften wie „separierbar" oder „zyklisch" wieder in

Bild 17.2 zusammengestellt. Ebenso sind dort einige Ergebnisse für quaternäre und höherwertige, dreidimensionale Orthogonalmatrizen aufgeführt, die in gleicher Weise mit den Ergebnissen aus den Abschn. 4.3 und 12.6 konstruiert werden können. In diesem Bereich sind auch die dreidimensionalen m-Matrizen anzusiedeln, wie sie von Grallert [1976, 1981] aus amplitudenunsymmetrischen m-Folgen gebildet und zur Transformationscodierung von Bildsignalen angewendet wurden.

Ternär sind schließlich die dreidimensionalen Haar-Matrizen und die verwandten Matrizen der S-Transformation [Harmuth 1972]. Da diese Matrizen niedrige Energieeffizienzen besitzen, werden sie in diesem Zusammenhang nicht weiter betrachtet.

Für einige Anwendungen sind Hadamard-Matrizen oder Ternärmatrizen mit bestimmten Symmetrieeigenschaften, sowie komplexwertige Hadamard-Matrizen interessant. Ausführliche Übersichten zu ihrer Existenz und Konstruktion gibt Wallis et al. [1972].

Eine Erweiterung des Begriffes der Hadamard-Matrizen auf beliebige Ordnungen ist möglich, wenn die Matrizenelemente selbst einem System orthogonaler Elemente entnommen werden, also vektorwertig sind. Die einfachste Konstruktionsmethode bildet die Zeilen derartiger Matrizen aus allen zyklisch Verschobenen einer Welti-Folge. Die Matrix ist orthogonal, da die aperiodischen und auch die periodischen Autokorrelationsfunktionen von Welti-Folgen verschwindende Nebenwerte besitzen.

17.3 Hexagonale Arrays

In höheren Dimensionen erscheinen zunehmend weitere Freiheitsgrade dadurch, daß das rechteckige Gitter durch andere Strukturen ersetzt werden kann. Im Zweidimensionalen sind insbesondere hexagonale Gitter interessant, da sich mit ihnen z.T. kompaktere Arrays aufbauen lassen (Näherung an dichte Kugelpackungen).

Hierzu nur einige Hinweise:

a) Zweidimensionale hexagonale Abtastsysteme werden z.B. in [Dudgeon und Merserau 1984] gut diskutiert, dort finden sich auch Hinweise zum zugehörigen Entwurf diskreter hexagonaler Filter.

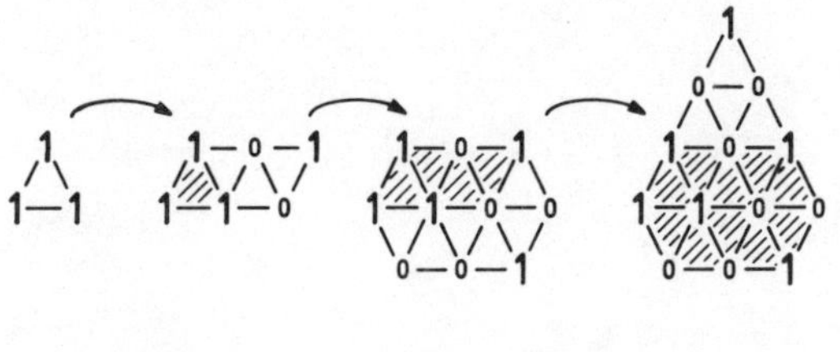

Bild 17.5. Hexagonale Golay-Arrays

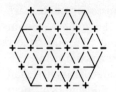 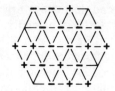

Bild 17.6. Hexagonale Komplementär-Arrays

b) Der Entwurf hexagonaler, inkohärenter AKF-Arrays wird von Golay [1971] betrachtet. Ganz entsprechend seinem in Abschn. 14.3 für Rechteckgitter beschriebenen Verfahren ergeben sich beispielsweise die in Bild 17.5 dargestellten Arrays mit Nebenwerten ≤ 1.

c) Ein Verfahren zur Bildung hexagonaler Komplementärarrays findet sich in [Weiss und Pasedach 1978], hierzu ein Beispiel in Bild 17.6. Beide Arrays können auch wieder zu einem hexagonalen Welti-Array kombiniert werden.

d) Beispiele für Konstruktion und Eigenschaften hexagonaler Costas-Arrays werden in [Golomb und Taylor 1984] gegeben.

18. Anwendungen von Korrelationsarrays

Anhand einiger ausgewählter Beispiele werden Anwendungen von Arrays mit gutem Korrelationsverhalten abschließend kurz diskutiert. Einzelheiten und weitere Möglichkeiten sind in der zitierten Literatur zu finden.

18.1 Strahler und Antennen mit codierter Apertur

Das Prinzip der linearen Antennen mit codierter Apertur läßt sich, wie bereits in Abschn. 10.9 ausgeführt, ohne weiteres auf zweidimensionale Antennen- bzw. Strahleranordnungen ausdehnen. Es gilt dann für den Zusammenhang zwischen Aperturfunktion $a(n_x, n_y)$ (also dem Array der komplexen Amplituden der Einzelstrahler) bzw. ihrer AKF $\varphi_{aa}(m_x, m_y)$ und dem zweidimensionalen Leistungsrichtdiagramm $|A(\alpha_x, \alpha_y)|^2$ ein der Gleichung (10.6) entsprechender Zusammenhang [Papoulis 1968]

$$\varphi_{aa}(m_x, m_y) \; \circ\!\!-\!\!\bullet \; |A(\alpha_x, \alpha_y)|^2. \tag{18.1}$$

Hierzu einige Anwendungsbeispiele:

18.1.1 Elektroakustik

Das in Abschn. 10.9 beschriebene Prinzip der mit Barker-Folgen verpolten Lautsprecherzeilen wurde in [Kuttruff und Quadt 1982] auf zweidimensionale Lautsprechergruppen ausgedehnt. Neben der ungerichteten Schallabstrahlung zeigen solche Gruppen ein ausgeglicheneres Frequenzverhalten als ihre Elemente. Die zur Ansteuerung der Lautsprecher benutzten Arrays sollten binärwertig sein, um Leistungsverluste zu vermeiden und einfach, also durch reines Umpolen der Lautsprecheranschlüsse, implementierbar zu sein. Es wurden daher Binärarrays mit bestem Merit-Faktor ihrer AKF mit einem Suchalgorithmus bis zur Größe 5·5 gesucht (vgl. Abschn. 14.2). Die Veränderung der Richtdiagramme entspricht prinzipiell Bild 10.9.

In [El-Khamy und Banah 1990] wurde für die gleiche Aufgabe ein zweidimensionales Huffman-Array vorgeschlagen, s. Abschn. 14.5. Dem damit erheblich verbesserten Merit-Faktor steht allerdings die aufwendigere und energetisch ungünstigere mehrwertige Lautsprecheransteuerung entgegen.

Auch das in Abschn. 10.9 kurz beschriebene Prinzip codierter Reflektoren läßt sich in Form passiver, aber auch aktiver akustischer Reflektoren auf zweidimensionale Anordnungen erweitern [Guicking und Schlöffel 1987]. Auf Anwendungen in Form optischer Streulichtscheiben oder zur Radartarnung wird in [Schroeder 1984] hingewiesen.

18.1.2 Interferometer-Arrays

Eine entsprechende zweidimensionale Erweiterung wird auch bei den in Abschn. 10.9 beschriebenen Interferometeranordnungen der Radioastronomie benutzt. Geeignete inkohärente Binärarrays können nach dem Verfahren von Golay [1971] konstruiert werden, vgl. Abschn. 14.3.

18.1.3 Abbildung mit codierten Masken

Das Prinzip der codierten zweidimensionalen Apertur geht auf Dicke [1968] und Ables zurück [Fenimore und Cannon 1978, Skinner 1988]. Zur Abbildung von z.B. astronomischen oder nuklearmedizinischen Objekten im Röntgen- und γ-Strahlenbereich, in dem keine Linsenobjektive zur Verfügung stehen, ist eine einfache Lochkamera prinzipiell noch brauchbar. Nur verlangt eine scharfe Abbildung einen so geringen Lochdurchmesser, daß die Empfindlichkeit bzw. der Signal-Rauschabstand nicht ausreicht. Ein Ausweg ist die Verwendung mehrerer Löcher, s. Bild 18.1, von denen jedes ein eigenes, verschobenes Bild der Quelle erzeugt.

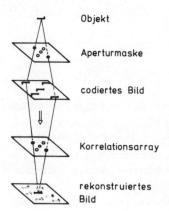

Objekt

Aperturmaske

codiertes Bild

Korrelationsarray

rekonstruiertes Bild

Bild 18.1. Schema des Abbildungssystems mit codierter Maske

Bei einer Lochanordnung in Form eines gut korrelierenden Arrays läßt sich durch optische oder elektrische Korrelation das einfache Bild mit jetzt um die Lochzahl erhöhter Empfindlichkeit rekonstruieren [Ohyama et al. 1978, Skinner 1988, Fenimore und Cannon 1978, Brown 1974, Harwit und Sloane 1979].

Für diese Verfahren sind viele der beschriebenen Arrays mit guten aperiodischen Autokorrelationsfunktionen schon vorgeschlagen worden. Beispielsweise inkohärente Zufallsarrays von Dicke [1968], günstiger sind aber optimale inkohärente Arrays [Golay 1971, Skinner 1988]. Kohärente Arrays können nur indirekt verwendet werden, indem ein $\{\pm 1\}$-Array in zwei $\{0, 1\}$-Arrays aufgespalten und im Verlauf der Verarbeitung die Differenz gebildet wird [Pasedach und Haase 1981]. Periodische, z.B. m-Arrays, können über das Verfahren der Doppelkorrelation (s. Abschn. 11.1) benutzt werden. Dieses Verfahren hat zwei Vorteile. Einmal stehen m-Arrays bis zu beliebiger Größe zur Verfügung, zum anderen wird damit ein ideal nebenwertfreier Bereich im Zentrum erreicht (vgl. Bild 18.2) [Fenimore und Cannon 1981, Weiss 1981]. Beide Vorteile lassen sich ebenfalls mit zwei Lochmasken erreichen, die mit Komplementärarrays codiert werden, auch hier muß in der Verarbeitung die Differenz gebildet werden [Ohyama et al. 1978, Weiss 1981]. Schließlich wurde auch eine „Mismatched"-Verarbeitung vorgeschlagen s. Abschn. 17.1 [Brown 1974, Seidler 1981]. Bild 18.2 zeigt die Abbildung einer Ringstruktur im Vergleich zwischen inkohärentem Array und „Doppelkorrelation".

a)   b)

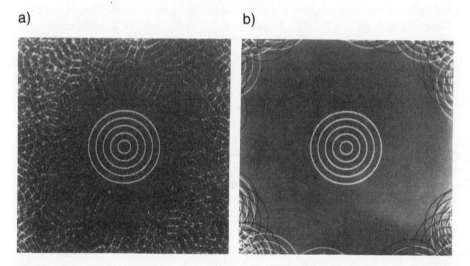

Bild 18.2. Bildrekonstruktion mit (a) inkohärentem Array und (b) „Doppelkorrelation" (nach [Weiss 1981])

18.1.4 Abbildung dreidimensionaler Objekte

Das Verfahren der Abbildung mit codierter Apertur hat die weitere, ganz wesentliche Eigenschaft auch dreidimensionale Objekte schichtweise abbilden zu können. Diese Eigenschaft wird z.B. in der Röntgendiagnostik zur Kurzzeittomosynthese genutzt. Das Prinzip zeigt Bild 18.3 [Weiss und Pasedach 1978, Weiss 1981, Fenimore und Cannon 1978].

a)

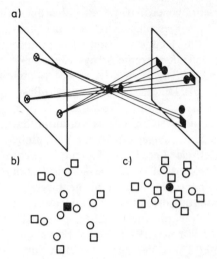

b)   c)

Bild 18.3. Codierte Abbildung dreidimensionaler
Objekte

Die codierte Apertur besteht hier aus einem Array aktiver Strahler, z.B. Röntgenröhren. Das von ihnen durchstrahlte dreidimensionale Objekt wird im Beispiel durch zwei in Strahlrichtung hintereinanderliegende Schichten mit den absorbierenden Mustern Quadrat und Kreis repräsentiert. In der Aufzeichnungsebene wirft jedes Objekt einen Mehrfachschatten in Form des Aperturarrays, aber in je nach Abbildungsentfernung unterschiedlichem Maßstab. Die Rekonstruktion *einer* Ebene kann nun, um ein gutes Nutz-Störverhalten zu erreichen, durch (rechnergestützte elektrische oder optische) Korrelation mit dem im entsprechenden Maßstab genommenen Aperturarray geschehen, s. Bild 18.3b) und c). Das Aperturarray soll also zum einen eine gute AKF besitzen, um die Nebenbilder des jeweils abzubildenden Objekts gering zu halten, zum anderen müssen aber auch die Kreuzkorrelationsfunktionen zwischen Aperturarray und den linear vergrößerten und verkleinerten Abbildern des Aperturarrays möglichst klein sein. Zur Konstruktion nichtkohärenter Arrays dieser Art wird in [Weiss et al. 1977] eine Modifizierung des Golay-Verfahrens (s. Abschn. 14.3) vorgeschlagen.

Neben nichtkohärenten Arrays können hier ebenfalls die anderen unter Abschn. 18.1.3 aufgeführten Aperturen benutzt werden.

Ein großer Vorteil des beschriebenen Tomografieverfahrens liegt in seiner hohen Geschwindigkeit. In einem experimentellen Aufbau mit einer Anordnung von 25 Röntgenröhren gelang es Aufnahmesequenzen eines schlagenden Herzens herzustellen [Weiss 1981].

18.2 Radar-Gruppencodierung

In der Impuls-Radartechnik wird das Entfernungsmeßsignal, [vgl. z.B. $s_2(t)$ in Bild 1.5] periodisch wiederholt ausgesendet. Im Normalfall wird die Perioden-

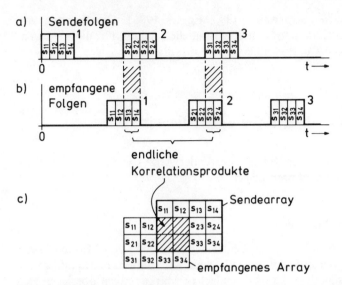

Bild 18.4. Impulsgruppencodierung. (a) gesendetes und (b) nach der Zeit τ empfangenes Signal. (c) Beschreibung als Array-Kreuzkorrelation

dauer T_r so groß gewählt, daß das fernste Echo innerhalb der Periodendauer zurückgelaufen ist. Ist dies nicht möglich, weil aus Gründen der Meßgenauigkeit T_r klein sein muß oder ferne Reflektoren wie Berge, Regenwolken u.ä. starke Echos erzeugen, dann muß die entstehende Mehrdeutigkeit anders aufgelöst werden. Eine Möglichkeit hierzu ist die Gruppencodierung, deren Prinzip Bild 18.4 zeigt.

Die Folge 1 in Bild 18.4a links ist z.B. eine erste Korrelationsfolge. Nach Ablauf der Wiederholzeit T_r wird jetzt nicht die gleiche, sondern eine andere Folge 2 und dann Folge 3 ausgesendet. Reicht die Gesamtzeit $3\,T_r$ zur Auflösung der Entfernungsmehrdeutigkeiten aus, so kann anschließend wieder Folge 1 erzeugt werden usw. In Bild 18.4b ist ein fernes Zielecho dargestellt, das erst bei Aussenden der Folge 2 empfangen wird. Bei Wahl von Folgen mit geeigneten Korrelationsfunktionen können Mehrdeutigkeiten und Eigeninterferenzstörungen vermieden werden. Wie Bild 18.4c zeigt, lassen sich die entstehenden Korrelationsprodukte durch die AKF eines zweidimensionalen Arrays beschreiben, dessen Zeilen durch die Korrelationsfolgen 1, 2, 3, ... gegeben sind. Erforderlich ist ein gut korrelierendes Array mit einer AKF $\varphi(m_x, m_y)$, so daß $\varphi(0,\ m_y) \approx 0$, damit die Zielerfassung frei von störenden Nebenwerten ist, $\varphi(m_x,\ m_y) \approx 0$ für $\forall m_y \neq 0$, damit ferne Zielsignale gut unterdrückt werden.

Geeignet zur Gruppencodierung sind also besonders binäre und uniforme Arrays, die maximale Energieeffizienz mit guter aperiodischer Autokorrelationsfunktion verbinden [Sivaswamy 1982, Eggers 1986]. Die Eignung von Mehrfach-Komplementär-Arrays und Mismatched-Arrays für diese Anwendung wird in [Weathers und Holliday 1983] diskutiert.

18.3 Weitere Anwendungen von Korrelationsarrays

Einige weitere Anwendungen gut korrelierender Arrays werden abschließend nur kurz mit Literaturhinweisen belegt.

a) Zweidimensionale Justierung

Bei der Justierung optischer Systeme oder der Justierung von Masken in der Fertigung hochintegrierter Schaltungen können Korrelationsarrays infolge des besseren Nutz-Störsignalverhältnisses einfachen Markierungen überlegen sein [Schulte 1985].

b) Selbsttestmuster

Bardell und McAnney [1986] beschreiben ein Selbsttestverfahren für hochintegrierte Schaltungen, bei dem das Anregungssignal keine Einzelfolge sondern ein m-Array ist, um durch Parallelverarbeitung der einzelnen, bekannt verkoppelten Zeilen eines solchen Arrays einen deutlich schnelleren Testablauf zu erzielen. Der Aufsatz enthält auch Ideen für einen geschickten Aufbau von zweidimensionalen Schieberegistergeneratoren.

c) Optische Meßtechnik

Über weitere Anwendungen von Korrelationsarrays in der Optik, besonders der Spektroskopie, wird z.B. in [Harwit und Sloane 1979] berichtet. Ebenso läßt sich die in Abschn. 10.8 beschriebene Messung der Stoßantwort eines linearen Systems mit Korrelationsfolgen bei gleichem Nutzen auf die zweidimensionale Bestimmung der Punktantwort (point spread function) eines linearen optischen Systems anwenden.

d) Orthogonalmatrizen

In der Bildcodierung werden zwei-, in der Bewegtbildcodierung auch dreidimensionale Orthogonalmatrizen für die Transformationscodierung eingesetzt. Konstruktion und Anwendung solcher Matrizen wurden in Abschn. 17.2 diskutiert.

e) Codemultiplex-Verfahren für Bilddaten

Eine Anwendung der Codemultiplex-Technik zur Kombination und Verschlüsselung mehrerer Bilder wird in [Kuo und Rigas 1989] beschrieben. Als Träger-Arrays werden hier in einfacher Weise die zweidimensionalen Produkte von m-Folgen verwendet, die allerdings keine sehr guten Korrelationsgüten erreichen.

19. Neue Familien uniformer Folgen

19.1 Prime-Phase-Folgen

Kumar und Moreno beschreiben in [Kumar, 1991] die „Prime-phase"-Folgen. Familien dieser P-Phasenfolgen besitzen Eigenschaften, die in Länge, Umfang und Phasenzahl mit denen komplexwertiger Gold-Folgen vergleichbar sind. Die Prime-phase-Folgen erreichen aber asymptotisch die Sarwate-Schranke und sind damit den Gold-Folgen deutlich überlegen. Ohne auf die aufwendigen Beweise einzugehen, sei die Konstruktion dieser Familien knapp dargestellt.

Die erste Phasenfolge $s_1(n)$ ist eine beliebige p-näre m-Funktion des Grades r (mit p prim > 2 und r ungerade). Durch Dezimation dieser Folge der Länge $N = p^r - 1$ und aller ihrer zyklisch Verschobenen mit dem Dezimationswert $d = p^k + 1$ (mit einer beliebigen, aber zu r teilerfremden Konstanten k im Bereich $0 < k < r$) erhält man N Hilfsfolgen. Die weiteren Phasenfolgen lassen sich dann durch mod p-Addition der einzelnen Hilfsfolgen zur Ausgangsfolge $s_1(n)$ bilden. Die Familie enthält damit $M = N + 1$ Folgen der Länge N und der Phasenzahl $P = p$. Die Schranken der (komplexwertigen) Korrelationsfunktionen der zugeordneten P-Phasenfolgen ergeben sich zu

$$\Theta_a = \Theta_c = 1 + \sqrt{N + 1}.$$

Damit wird die Sarwate-Schranke von $\Theta_{max} \approx \sqrt{N}$ nahezu erreicht. Ein einfaches Beispiel geht wieder von der ersten Folge $s_1(n)$ in Gl. (5.43) aus. Mit $p = 3$, $r = 3$ läßt sich daraus eine Familie von $M = 27$ dreiphasigen Folgen der Länge $N = 26$ und der Korrelationsschranke $\Theta_{a,c} \leqslant 6,2$ konstruieren.
Für eine Konstante $k = 1$ ergibt die Dezimation von $s_1(n)$ mit $d = 3^1 + 1 = 4$ die erste Hilfsfolge

1 2 1 0 0 1 0 1 1 1 2 2 0 1 2 1 0 0 1 0 1 1 1 2 2 0.

Durch mod 3-Addition dieser Folge zu $s_1(n)$ erhält man als zweite Phasenfolge der Familie dann

$s_2(n) =$ 2 0 2 0 2 2 1 0 2 1 0 2 0 0 1 0 0 1 0 2 2 0 1 1 2 0

usw.

19.2 Familien uniformer orthogonaler Folgen
mit konstanten Auto- und Kreuzkorrelationsnebenwerten

Jeder p-nären m-Folge $s(n)$ der Länge $N = p^r - 1$ läßt sich durch die Abbildung

$$s_{pi}(n) = \exp\left(j2\pi\left[\frac{s(n)}{p} + \frac{in}{N}\right]\right) \quad \begin{array}{l} n = 0(1)N - 1 \\ 0 \leqslant i < N \end{array} \tag{19.1}$$

eine Familie von $M = N$ uniformen Folgen der Energie N mit folgenden Eigenschaften zuordnen [Lüke, 1992]:

- Alle PAKF haben dem Betrag nach die konstanten Nebenwerte 1.
- Alle Folgen sind zueinander orthogonal,
  ihre PKKF besitzen außerhalb des Nullpunktes die ebenfalls betragsmäßig konstanten Nebenwerte $\sqrt{N + 1}$.
- Die Familien erreichen asymptotisch die Sarwate-Schranke.

Diese Folgen ähneln in ihrer Konstruktion und einem Teil ihrer Eigenschaften den aperiodischen Luchanskaya-Khevrolin-Folgen aus Abschn. 7.4.2.

Zum Beweis werden die periodischen Korrelationsfunktionen berechnet. Mit Gleichung (19.1) in (2.41) erhält man, da die $s_{pi}(n)$ periodisch in N sind,

$$\tilde{\varphi}_{ik}(m) = \sum_{n=0}^{N-1} \exp\left(j2\pi\left[-\frac{s(n)}{p} - \frac{ni}{N} + \frac{s(n+m)}{p} + \frac{(n+m)k}{N}\right]\right)$$

$$= \exp\left(j2\pi\frac{mk}{N}\right)\sum_{n=0}^{N-1} \exp\left(j2\pi\left[\frac{s(n+m) - s(n)}{p} + \frac{n(k-i)}{N}\right]\right).$$

Mit der Abkürzung $z = \exp[j2\pi(k - i)/N]$ ist dann der Betrag der PKKF

$$|\tilde{\varphi}_{ik}(m)| = \left|\sum_{n=0}^{N-1} \exp\left(j2\pi\frac{s(n+m) - s(n)}{p}\right)z^n\right|. \tag{19.2}$$

Daraus folgen die Eigenschaften.

a) Für $m \equiv 0 \bmod N$ und $i \neq k$ ist wegen $z \neq 1$ wie in Gleichung (7.15)

$$|\tilde{\varphi}_{ik}(0)| = \left|\sum_{n=0}^{N-1} z^n\right| = 0,$$

die Folgen sind also orthogonal.

b) Für $m \neq 0$ ist mit der Schiebe- und Subtraktionseigenschaft von m-Funktionen, siehe Gleichung (3.43),

$$\tilde{s}(n + m) \ominus_p \tilde{s}(n) = \tilde{s}(n + l), \tag{19.3}$$

damit ergibt sich für die PAKF

mit $i = k$, also $z = 1$,

$$|\tilde{\varphi}_{ii}(m)| = \left| \sum_{n=0}^{N-1} \exp\left[j\frac{2\pi}{p} \tilde{s}(n + l) \right] \right|,$$

nach Abschn. 4.6.2 entspricht dieser Summenausdruck der PAKF der uniformen m-Folgen, mit Gleichung (4.41) ist also

$$|\tilde{\varphi}_{ii}(m)| = 1 \quad \text{für } m \not\equiv 0 \text{ mod } N,$$

alle Nebenwerte der PAKF haben den konstanten Betrag 1.

c) Schließlich erhält man mit Gleichung (19.3) in (19.2) als Nebenwerte der PKKF für $m \not\equiv 0$ mod N

$$|\tilde{\varphi}_{ik}(m)| = \left| \sum_{n=0}^{N-1} \exp\left(j2\pi \frac{\tilde{s}(n + l)}{p} \right) \exp\left(j2\pi \frac{n(k - i)}{N} \right) \right|.$$

Während der 1. Term unter dieser Summe die verschobene, uniforme m-Folge beschreibt, ist der 2. Term ein Fourierkern. Für $k \neq i$ stellt damit $|\tilde{\varphi}_{ik}(m)|$ die diskrete Fourier-Transformation einer m-Folge über dem Frequenzparameter $i - k$ dar. Nach Gleichung (2.72) erhält man also

$$|\tilde{\varphi}_{ik}(m)| = \sqrt{N + 1} \quad \begin{matrix} \forall m \not\equiv 0 \text{ mod } N \\ \forall i, k; \; i \neq k, \end{matrix}$$

alle PKKF-Nebenwerte sind damit betragsmäßig gleich.

Setzt man diese Korrelationsparameter in die Sarwate-Schranke (5.7) ein, dann ergibt sich mit $\Theta_a = 1$, $\Theta_c = \sqrt{N + 1}$ und $M = N$

$$\frac{N + 1}{N} + \frac{N - 1}{N(N - 1)} \frac{1}{N} = 1 + \frac{1}{N} + \frac{1}{N^2} \geq 1,$$

die Familien erreichen also asymptotisch die Sarwate-Schranke. Sie existieren für die Längen und Umfänge

$$N = M = p^r - 1 \in \{3, 7, 8, 15, 24, 26, 31, 48, 63, 80, \ldots\}.$$

Ihre Phasenzahl ergibt sich mit Gleichung (19.1) zu

$$P = p \cdot N.$$

Als Beispiel erhält man aus der ternären m-Folge $p = 3$, $r = 2$ nach Tabelle 3.3 eine Familie von acht Folgen der Länge 8 und der Phasenzahl

$$P = 3 \cdot 8 = 24.$$

Schreibt man diese Folgen in der Form Gleichung (4.36)

$$s_{pi}(n) = \exp\left[j\frac{2\pi}{p} \gamma_i(n) \right],$$

dann ergeben sich die Phasenfolgen nach Gleichung (19.1) zu

$$\gamma_i(n) = [Ns(n) + pin] \bmod P.$$

Also im Beispiel

$\gamma_0(n) = 8 \quad 8 \quad 16 \quad 0 \quad 16 \quad 16 \quad 8 \quad 0$

$\gamma_1(n) = 8 \quad 11 \quad 22 \quad 9 \quad 4 \quad 7 \quad 2 \quad 21$

$\gamma_2(n) = 8 \quad 14 \quad 4 \quad 18 \quad 16 \quad 22 \quad 20 \quad 18$

$\vdots$

mit den PAKF

$|\tilde{\varphi}_{ii}(m)| = 8 \quad 1 \quad 1 \quad 1 \quad 1 \quad 1 \quad 1 \quad 1$

und den PKKF

$|\varphi_{ik}(m)| = 0 \quad 3 \quad 3 \quad 3 \quad 3 \quad 3 \quad 3 \quad 3.$

Die beschriebenen Familien lassen sich ebenfalls auf den „primitive-root"-Folgen nach Gleichung (4.43) aufbauen, da diese p-näre m-Folgen 1. Grades darstellen. Damit sin zusätzlich Familien für alle $N = M = p - 1$ konstruierbar.

Abschließend ist noch anzumerken, daß sich durch Auffalten der Folgen gemäß Abschn. 11.4.2 auch Familien von Korrelationsarrays mit den gleichen Eigenschaften bilden lassen.

Anhang

Symbole und Formelzeichen

Symbolverzeichnis

$A_{mm}(\cdot)$	Ambiguity-Funktion
$A(\cdot)$	Fernfeldamplitude
c	Lichtgeschwindigkeit
c_i	Polynomkoeffizienten
C	Entscheidungsschwelle
$C_{a,c}$	Schranken aperiodischer Korrelationsfunktionen
d	Dezimationswert
d_i	Elemente einer Differenzmenge
D	Differenzmenge
E	Energie
f_d	Doppler-Frequenz
$h(t), h(n)$	Stoßantworten
H	Hadamard-Matrix
HNV	Haupt-Nebenmaximum-Verhältnis
m_s	Mittelwert von $s(n)$
m	diskrete Korrelationsvariable
M	Umfang Signalfamilie
MF	Merit-Faktor
n	diskrete Zeit-, Ortsvariable
N	Folgenlänge
N_u	Unterfolgenlänge
N_a	Störleistung
N_0	Leistungsdichte weißen Rauschens
p	Primzahl
$p_s(x)$	Verteilungsdichtefunktion
p_{sg}	Korrelationskoeffizient
$P(\cdot)$	Polynom
P	Phasenzahl
P_e	Fehlerwahrscheinlichkeit
q	Primzahlpotenz
Q	Anzahl orthogonaler Vektoren
r	Grad eines Polynoms
R	Entfernung, Länge
$s(t)$	Signalfunktion
$s(n)$	Signalfolge
$s(n_x, n_y)$	Signalarray
$\tilde{s}(n)$	periodische Signalfolge
S_a	Nutzsignalleistung
$S(f)$	Fourier-Transformierte

$\tilde{S}(k)$	diskrete Fourier-Transformierte
v	Geschwindigkeit
$W(Q, N)$	Welti-Folge
α_i	Feldelement
$\beta(n), \gamma(n)$	Winkelfolgen
ε	Fehler
η	Energieeffizienz
$\Theta_{a,c}$	Schranken periodischer Korrelationsfunktionen
$\Theta(\cdot)$	Abbildung: Gleichung (3.55)
λ	Korrelationswert, Wellenlänge
μ	primitives Element
φ_i	Korrelationswert
$\varphi(\cdot)$	aperiodische Korrelationsfunktion
$\tilde{\varphi}(\cdot)$	periodische Korrelationsfunktion
$\phi(\cdot)$	Fourier-Transformierte von Korrelationsfunktionen
$\Psi(\cdot)$	Phasenspektrum

Spezielle Operationszeichen und Funktionen

$\text{Arc}(\cdot)$	Arcus-Funktion: Gleichung (2.10)
$D^c[\cdot]$	Dehnungsoperator: Tabelle 2.1
$\text{ent}(\cdot)$	Rundungsfunktion: Gleichung (3.1)
$F[\cdot]$	allgemeine Funktion
$\text{GF}(\cdot)$	Galois-Feld
$\text{ggT}(\cdot)$	größter gemeinsamer Teiler
$\text{kgV}(\cdot)$	kleinstes gemeinsames Vielfach
$\left[\dfrac{n}{p}\right]$	Legendre-Symbol: Abschn. 3.3
mod	Modulo-Operator: Gleichung (3.1)
$\text{Prob}\{\cdot\}$	Wahrscheinlichkeit
$\text{rect}(\cdot)$	Rechteckimpuls
$\text{sgn}(\cdot)$	Signum-Funktion
$\text{si}(\cdot)$	si-Funktion $[\text{si}(x) = \sin(x)/x]$
$\text{tr}(\cdot)$	Trace-Funktion: Gleichung (3.81)
$\delta(t)$	Diracstoß
$\delta(n)$	Einheitsimpuls
$\Lambda(\cdot)$	Dreieckimpuls
$\phi(\cdot)$	Eulersche Funktion: Abschn. 5.3.1
$\mathbb{N}$	Menge der natürlichen Zahlen (einschließlich 0)
$\mathbb{Z}$	Menge der ganzen Zahlen
$\mathbb{R}$	Menge der reellen Zahlen
$\mathbb{C}$	Menge der komplexen Zahlen
$\in$	Element aus
$\forall$	für alle
$\equiv$	kongruent: Abschn. 3.1
$\not\equiv$	nicht kongruent
$\bullet_{\text{per}}$	periodische Multiplikation: Gleichung (2.63)
$*$	(diskrete) Faltung
$*_{\text{per}}$	periodische Faltung
$**$	zweidimensionale Faltung
$\oplus_p$	Addition modulo p
$\ominus_p$	Subtraktion modulo p

$\odot_p$ Multiplikation modulo p
$\otimes_v$ Verkettungssymbol: Gleichung (2.36)
$n = k(l)m$ Variation der diskreten Variablen n von k bis m mit Schrittweite l

Akronyme (s. Stichwortverzeichnis)

AKF	aperiodische Autokorrelationsfunktion
DFT	diskrete Fourier-Transformation
HNV	Haupt-Nebenmaximum-Verhältnis
KKF	aperiodische Kreuzkorrelationsfunktion
MF	Merit-Faktor
PAKF	periodische Autokorrelationsfunktion
PKKF	periodische Kreuzkorrelationsfunktion
PN	Pseudo Noise

Literaturverzeichnis[1]

Ackroyd MH (1970) The design of Huffman sequences. IEEE Trans. AES-6, 790–796

Ackroyd MH (1972) Synthesis of efficient Huffman sequences. IEEE Trans. AES-8, 2–8

Ackroyd MH, Ghani F (1973) Optimum mismatched filters for sidelobe suppression. IEEE Trans. AES-9, 214–218

Ackroyd MH (1977) Huffman sequences with approximately uniform envelopes or cross-correlation functions. IEEE Trans. IT-23, 620–623

Agayan SS, Sarukhanyan AG (1979) Generalized δ-codes and construction of Hadamard matrices. Problems of Information Transmission vol. 15. 1981 Plenum Publ., pp. 203–211

Ahmed N, Rao KR (1975) Orthogonal transforms for digital signal processing. Springer, Berlin, Heidelberg

Albanese DF, Klein AM (1979) Pseudorandom code waveform design for CW-Radar. IEEE Trans. AES-15, 67–75

Alexis R (1986) Search for sequences with zero autocorrelation. In: Proc. 2nd Int. Coll.: Coding Theory a. Appl., Paris, pp. 159–172

Alltop WO (1980) Complex sequences with low periodic correlations. IEEE Trans. IT-26, 350–354

Al Quaddoomi S, Scholtz RA (1989) On the nonexistence of Barker arrays and related matters. IEEE Trans. IT-35, 1048–1057

Ammon von U, Tröndle K (1974) Mathematische Grundlagen der Codierung. Oldenbourg, München

Andres TH, Stanton RG (1976) Golay sequences. Combinatorial Mathematics V, Melbourne. Springer, Berlin, Heidelberg, pp. 44–54 (persönliche Auskunft über $N = 58$)

Annecke KH (1980) Entscheidungsunterstützte Synchronisationsverfahren für breitbandige Trägersignale, Dissertation, RWTH Aachen

Annecke KH (1981) Anfangssynchronisation von Signalen mit großem Zeit-Bandbreite-Produkt. Wiss. Berichte AEG-Telefunken 54, 1–10

Antweiler M, Acker C, Börner L (1989) New quadriphase sequences with good periodic and odd correlation properties. ISSSE'89, Erlangen, 540–543

Antweiler M, Börner L, Lüke HD (1990a) Perfekt ternary arrays. IEEE Trans. IT-36, 696–705

Antweiler M, Börner L (1990b) Complex sequences over GF (p^m) with a two-level autocorrelation function. IEEE Symp. IT 90, San Diego, 75 (und: IEEE Trans. IT-38, im Druck)

Antweiler M, Börner L (1990c) The merit-factor of Chu- and Frank-sequences. Electron. Lett. 26, 2068–2070

Antweiler M, Börner L (1990d) Komplexe No-Sequenzen mit guten Auto- und Kreuzkorrelations-eigenschaften. In Informatik-Fachber., Bd. 253. Springer, Berlin, Heidelberg, pp. 130–135

Antweiler M, Börner L (1991) Correlations of complex sequences derived from BCH codes and their duals. In: Proc. IEEE Symp. Inform. Theory, Budapest, June, p. 278

Arndt F, Brüggemann U, Corßen-Katenkamp A, Hagelweide R (1978) Optimierung von Radar-signalen nach der Fletcher-Powell-Methode. Frequenz 32, 104–111

Atzeni C, Cionini A, Masotti L (1971) Quantized parabolic phase code. IEEE Proc. 59, 1541–1542

---

[1] Neben der im Text zitierten Literatur enthält diese Zusammenstellung eine Auswahl weiterer Beiträge zu den behandelten Themen.

Baier PW, Pandit M (1980) Spread spectrum communication system. In: Advances in Electronics and Electron Physics, vol. 53. Academic Press, NY, 209–267

Baier PW, Grünberger G, Pandit M (1984) Störunterdrückende Funkübertragungstechnik. Oldenbourg, München

Balza C, Fromageot A, Maniere M (1967) Four-level pseudorandom sequences. Electron. Lett. 3, 313–315

Bardell PH, McAnney WH (1986) Pseudorandom arrays for built-in tests. IEEE Trans. C-35, 653–658

Barker HA (1967) Choice of pseudorandom binary signals for system identification, Electron. Lett. 3, 524–526

Barker RH (1953) Group synchronizing of binary digital systems. In: Jackson W (ed.) Communication Theory. Butterworths, London

Barrett HH, Horrigan FA (1973) Fresnel zone plate imaging of gamma rays. Appl. Optics 12, 2686–2702

Barsukov YK (1963) Summing sinewaves with increasing random phase spread. Radio Eng. Electron. Phys. 8, 1093–1097

Baumert LD (1964) Codes with special correlation. In: Golomb SW, e.a: Digital communications. Prentice-Hall, Englewood Cliffs, NJ

Baumert LD (1971) Cyclic difference sets. Springer, Berlin, Heidelberg

Beauchamp KG (1984) Applications of Walsh and related functions. Academic Press, London

Beenker GFM, Claasen T, Heimes P (1985) Binary sequences with a maximally flat amplitude spectrum. Philips J. Res. 40, 289–304

Belevitch V (1950) Theory of 2n-terminal networks with applications to conference telephony. Electr. Communication 27, 231–244

Bellegarda JR, Marić SV, Titlebaum EL, Seskar I (1990) Synthesis of frequency hop codes with ideal range-Doppler auto-ambiguity properties for Radar and Sonar systems. Signal Processing V, Eusipco, Barcelona, Sept., 1771–1774

Belski AA, Kaloujnine, LA (1985) Division mit Rest. Deutsch, Thun

Bergh AA, Chynoweth AG (1989) Semiconductor research at Bellcore. Proc. IEEE 77, 1345–1363

Berlekamp ER (1968) Algebraic coding theory. McGraw-Hill, NY

Bernasconi J (1987) Low autocorrelation binary sequences: statistical mechanics and configuration space analysis. J. Physique 48, 559–567

Beth T, Jungnickel D, Lenz H (1985) Design theory. Bibliograph. Inst., Mannheim

Birkhoff G, MacLane S (1953) A survey of modern algebra. MacMillan, NY

Birkhoff G, Bartee TC (1973) Angewandte Algebra. Oldenbourg, München

Blahut RE (1983) Theory and practice of error control codes. Addison-Wesley, Reading, MA

Blake IF, Mark JW (1982) A note on complex sequences with low correlations. IEEE Trans. IT-28, 814–816

Bloom GS, Golomb SW (1976) Numbered complete graphs, unusual rulers, and assorted applications. In Lect. Notes Math., Bd. 642. Springer, Berlin, Heidelberg, pp. 53–64

Bloom GS, Golomb SW (1977) Applications of numbered undirected graphs. Proc. IEEE 65, 562–570

Boehmer AM (1967) Binary pulse compression codes. IEEE Trans. IT-13, 156–167

Bömer L, Antweiler M (1987) Perfect binary arrays with 36 elements. Electron. Lett. 23, 730–732

Bömer L, Antweiler M (1989a) An iterative method for generating polyphase sequences with desired autocorrelation function. In: Proc. ISSSE'89, Nürnberg, Sept., pp. 661–664

Bömer L, Antweiler M (1989b) Polyphase Barker sequences. Electron. Lett. 25, 1577–1579

Bömer L, Antweiler M (1989c) Binary sequences with low energy in their PACF sidelobes up to length 38. Frequenz 43, 145–149

Bömer L, Antweiler M (1989d) Two-dimensional binary arrays with constant sidelo bes in their PACF. In: Proc. ICASSP'89, Glasgow, May, pp. 2768–2771

Bömer L, Antweiler M (1989e) Binary arrays with high PACF merit factors up to 38 elements. Frequenz 43, 266–271

Bömer L, Antweiler M (1990a) Two-dimensional perfect binary arrays with 64 elements. IEEE Trans. IT-36, 411–414

Bömer L, Antweiler M (1990b) Construction of a new class of higher-dimensional Legendre- and pseudonoise-arrays. In: Proc. IEEE Symp. IT 90, San Diego, p. 76

Bömer L, Antweiler M (1990c) Binary and biphase sequences and arrays with low periodic autocorrelation sidelobes. In: proc. ICASSP'90, Albuquerque, NM, April, pp. 1663–1666

Bömer L, Antweiler M (1990d) Periodic complementary binary sequences. IEEE Trans. IT-36, 1487–1494

Bömer L, Antweiler M (1990e) Erzeugung von Huffman-Sequenzen mit hoher Energieeffizienz. In: Informatik-Fachber., Bd. 253. Springer, Berlin, Heidelberg, pp. 323–328

Bömer L, Antweiler M (1990f) Perfect N-phase sequences and arrays. IEEE Trans. COM (im Druck)

Bömer L, Antweiler M (1990g) Quadratic residue arrays. IEEE Trans. AES (eingereicht)

Bömer L, Antweiler M (1990h) The merit factor of binary arrays. Signal Processing (eingereicht)

Bömer L (1991a) Sequenzen und Arrays mit guten aperiodischen und periodischen Autokorrelationsfunktionen. Dissertation, RWTH Aachen. VDI- Verlag, Düsseldorf

Bömer L, Antweiler M (1991b) Long energy efficient Huffman sequences. In: Proc. ICASSP-91, Toronto, May, pp. 2905–2908

Bömer L, Antweiler M (1991c) Perfect energy efficient sequences. Electron. Lett. 27, 1332–1334

Bömer L, Antweiler M (1991d) New perfect three level and three phase sequences. In: Proc. IEEE Symp. Inform. Theory, Budapest, June, p. 280

Borish J, Angel J (1983) An efficient algorithm for measuring the impulse response using pseudorandom noise. J. Audio Eng. Soc. 31, 478–487

Bracewell RN (1986) The Fourier transform and its applications. McGraw-Hill, New York

Brown C (1974) Multiplex imaging with multiple-pinhole cameras. Journ. Appl. Physics 45, 1806–1811

Burdic WS (1984) Underwater acoustic system analysis. Prentice-Hall, Englewood Cliffs, NJ

Burdic WS (1986) Radar Signal Analysis. Prentice-Hall, Englewood Cliffs, NJ

Cahlander DA (1964) Echolocation with wide-band waveforms: bat sonar signals. MIT-Techn. Rep. 271–May 1964, Lexington, MA

Calabro D, Wolf JK (1968a) On the synthesis of two-dimensional arrays with desirable correlation properties. Inform. and Control 11, 537–560

Calabro D, Paollilo J (1968b) Synthesis of cyclically orthogonal binary sequences of the same least period. IEEE Trans. IT-14, 756–759

Carter DE (1974) On the generation of pseudonoise codes. IEEE Trans. AES-10, 898–899

Chakrabarti NB, Tomlinson M (1976) Design of sequences with specified autocorrelation and cross correlation. IEEE Trans. COM-24, 1246–1252

Chan AH, Goresky M, Klapper A (1990) On the linear complexity of feedback registers. IEEE Trans. IT-36, 640–644

Chan W-K, Siu M-K (1991) Summary of perfect $s \times t$ arrays. Electron. Lett. 27, 709–710.

Chan YK, Siu MK, Tong P (1979) Two-dimensional binary arrays with good autocorrelation. Inform. and Control 42, 125–130

Chang JA (1966) Generation of 5-level maximal-length sequences. Electron. Lett. 2, 258

Chang JA (1967) Ternary sequence with zero correlation. Proc. IEEE 55, 1211–1213

Chu DC (1972) Polyphase codes with good periodic correlation properties. IEEE Trans. IT-18, 531–532

Chung FRK, Salehi JA, Wei VK (1989) Optical orthogonal codes: design, analysis and applications. IEEE Trans. IT-35, 595–604

Chung H, Kumar PV (1990) Optical orthogonal codes – new bounds and an optimal construction. IEEE Trans. IT-36, 866–873

Claasen TACM, Beenker GFM (1984) On binary sequences with low off-peak autocorrelation coefficients. In: Proc. Int. Zürich Sem. Dig. Comm., March, pp. 139–142

Coates RFW, Janacek G, Lever KV (1988) Monte Carlo simulation and random number generation. IEEE Journ. SAC-6, 58–65

Cook CE, Bernfeld M (1967) Radar signals. Academic Press, NY

Cook CE, Hrsg. (1984) Spread spectrum communications. IEEE Press, NY

Cook CE, Siebert WM (1988) The early history of pulse compression Radar. IEEE Trans. AES-24, 825–833

Costas JP (1984) A study of a class of detection waveforms having nearly ideal range-doppler ambiguity properties. Proc. IEEE 72, 996–1009

Courant R, Hilbert D (1968) Methoden der mathematischen Physik I. Springer, Berlin, Heidelberg

Dallas WJ (1979) Artefact-free region-of-interest reconstruction from coded-aperture recordings. Optics Communications 30, 155–158

Darnell M (1975) Principles and applications of binary complementary sequences. Symp. Theory and Applications of Walsh-Functions, Hatfield, GB, July

Darnell M, Kemp AH (1988) Synthesis of multilevel complementary sequences. Electron. Lett. 24, 1251–1252

Davies WDT (1973) Systemerkennung für adaptive Regelungen. Oldenbourg, München

Dénes J, Keedwell AD (1990) A new construction of two-dimensional arrays with the window property. IEEE Trans. IT-36, 873–876

Dewdney AK (1986) Über die Suche nach einem unsichtbaren Lineal, ... Spektrum der Wiss., Heft 2, Febr., 5–11

Dicke RH (1968) Scatter-hole cameras for X-rays and gamma rays. Astrophysical Journ. 153, L101–L106

Dixon RC (1984) Spread spectrum systems. Wiley, NY

Dostert KM (1990) Frequency-hopping spread-spectrum modulation for digital communication over electrical power lines. IEEE Journ. SAC-8, 700–710

Drumheller DM, Titlebaum EL (1991) Cross-correlation properties of algebraically constructed Costas arrays. IEEE Trans. AES-27, 2–10

Dudgeon DE, Merserau RM (1984) Multidimensional digital signal processing. Prentice-Hall, Englewood Cliffs, NJ

Dukić ML, Dobrosavljević ZS (1990) A method of a spread-spectrum Radar polyphase code design. IEEE Trans. SAC-8, 743–749

Easterling MF (1964) Applications to ranging. Chap. 6 in [Golomb et al. 1964]

Edberg E (1984) Periodical binary sequences with crosscorrelations and out-of-phase autocorrelations near zero. In: Proc. Int. Zürich Sem. Dig. Comm., March, pp. 133–137

Eggers H (1985) Verfahren zur Synthese zweidimensionaler Folgen mit vorgegebenen Autokorrelations-Eigenschaften. Frequenz 39, 190–195

Eggers H (1986) Synthese zweidimensionaler Folgen mit guten Autokorrelationseigenschaften. Dissertation, RWTH Aachen

Eggers H (1990) Eine Machbarkeitsstudie zur Anwendung von binären periodischen Pulskompressionsfolgen im Dauerstrichradar. In: Informatik-Fachber., Bd. 253. Springer, Berlin, Heidelberg, pp. 24–29

Einarsson G (1980) Adress assignment for a time-frequency-coded spread-spectrum system. Bell Syst. Techn. J. 59, 1241–1275

Einarsson G (1984) Coding for a multiple-access frequency-hopping system. IEEE Trans. COM-32, 589–597

Eizenhöfer A (1986) Anwendung der Spread-Spectrum-Technik in dem hybriden Mobilfunksystem MATS-D. Frequenz 40, 255–259

Eizenhöfer A, von Harten G (1987) MATS-D-Systemkonzept. PKI Tech. Mitt. 1, 31–38

El-Khamy SE, Banah AH (1990) Huffman code-fed omnidirectional acoustical array. IEEE Trans. ASSP-38, 577–585

Elliott DF, Rao KR (1982) Fast transforms. Academic Press, NY

Etzion T (1988) Constructions for perfect maps and pseudorandom arrays. IEEE Trans. IT-34, 1308–1316

Etzion T (1990) On pseudo-random arrays constructed from patterns with distinct differences. In: Capocelli RM, Hrsg. Sequences. Springer, Berlin, Heidelberg

Fenimore EE, Cannon TM (1978) Coded aperture imaging with uniformly redundant arrays. Appl. Optics 17, 337–347

Finger A, Harfouch N (1977) Zur Bestimmung und Anwendung mehrwertiger primitiver Polynome. Nachrichtentechn. Elektronik 27, 511–514

Finger A (1985) Digitale Signalstrukturen in der Informationstechnik. Oldenbourg, München

Frank RL, Zadoff SA (1962) Phase shift pulse codes with good periodic correlation properties. IEEE Trans. IT-8, 381–382

Frank RL (1963) Polyphase codes with good nonperiodic correlation properties. IEEE Trans. IT-9, 43–45

Frank RL (1973) Comments on „Polyphase Codes with Good Correlation Properties". IEEE Trans. IT-19, 244

Frank RL (1980) Polyphase complementary codes. IEEE Trans. IT-26, 641–647

Gaffney JE (1967) A synchronous navigation satellite system employing pseudo-noise signalling techniques. IEEE Trans. AES-3, suppl. no. 6, 95–107

Games RA (1985) Crosscorrelation of m-sequences and GMW sequences with the same primitive polynom. Discrete Appl. Math. 12, 139–146

Gaugg A, Seidel M, Weinrichter H (1973) Grenzen der Eignung von Pseudozufallszahlen für statistische Tests. AEÜ 27, 30–36

Gervens N (1990) p und p^m-Phasen Sequenzen und Arrays mit guten Autokorrelationen. Diplomarbeit IENT, RWTH Aachen

Gilge M (1990) Regionenorientierte Transformationscodierung in der Bildkommunikation. Dissertation, RWTH Aachen. 1989 (VDI-Verlag, Düsseldorf)

Gill A (1966) Linear sequential circuits. McGraw-Hill, NY

Globus IA (1980) Synthesis of ensembles of multifrequency pulsed sequences with minimum cross correlation. Radio Eng. Electron. Physics 25, 57–62

Godfrey KR (1966) Three-level m-sequences. Electron. Lett. 2, 241–243

Godfrey KR (1969) The theory of the correlation method of dynamic analysis and its application to industrial processes and nuclear power plant. Measurement a. Control 2, T65–T72

Golay MJE (1949) Multi-slit spectrometry. Journ. Optical Soc. America 39, 437–444

Golay MJE (1961) Complementary series. IRE Trans. IT-7, 82–87

Golay MJE (1971) Point arrays having compact nonredundant autocorrelations. Journ. Optical Soc. America 61, 272–273

Golay MJE (1972) A class of finite binary sequences with alternate autocorrelation values equal to zero. IEEE Trans. IT-18, 449–450

Golay MJE (1975a) Hybrid low autocorrelation sequences. IEEE Trans. IT-21, 460–462

Golay MJE (1975b) Notes on impulse equivalent pulse trains. IEEE Trans. IT-21, 718–720

Golay MJE (1977) Sieves for low autocorrelation binary sequences. IEEE Trans. IT-23, 43–51 (Korrektur s. Golay 1982)

Golay MJE (1982) The merit factor of long low autocorrelation binary sequences. IEEE Trans. IT-28, 543–549

Golay MJE (1983) The merit factor of Legendre sequences. IEEE Trans. IT-29, 934–936

Golay MJE, Harris DB (1990) A new search for skewsymmetric binary sequences with optimal merit factors. IEEE Trans. IT-36, 1163–1166

Gold R (1967) Optimal binary sequences for spread spectrum multiplexing. IEEE Trans. IT-13, 619–621

Gold R (1968) Maximal recursive sequences with 3-valued recursive cross-correlationfunctions. IEEE Trans. IT-14, 154–156

Golić JD (1989) On the linear complexity of functions of periodic GF(q) sequences. IEEE Trans. IT-35, 69–75

Golomb SW, Hrsg, Baumert LD, Easterling MF, Stiffler JJ, Viterbi AJ (1964) Digital communications with space applications. Prentice-Hall, Englewood Cliffs, NJ

Golomb SW, Scholtz RA (1965) Generalized Barker sequences. IEEE Trans. IT-11, 533–537

Golomb SW (1967) Shift register sequences. Holden-Day, San Francisco. Revised ed.: (1982) Aegean Park Press, Laguna Hills, CA

Golomb SW (1980) Correlation properties of periodic and aperiodic sequences, and applications to multi-user systems. In: New concepts in multi-user communications. Proc. NATO Adv. Study Inst. Norwich, UK, pp. 161–197

Golomb SW, Taylor H (1982) Two-dimensional synchronization patterns for minimum ambiguity. IEEE Trans. IT-28, 600–604

Golomb SW, Taylor H (1984) Constructions and properties of Costas arrays. Proc. IEEE 72, 1143–1163

Gordon B (1966) On the existence of perfect maps. IEEE Trans. IT-12, 486–487

Grallert H-J (1976) Transformation von Bilddaten mit m-Funktionen. Frequenz 30, 196–199 (und: Dissertation, RWTH Aachen, 1977)

Grallert H-J (1981) Nachrichtenreduktion und Nachrichtensicherung mit Hilfe von orthonormierten m-Sequenzen bei der Übertragung nicht bewegter Graubilder. ntz Archiv 3, 9–19

Gray JE, Leong SH (1990) On a subclass of Welti-Codes and Hadamard matrices. IEEE Trans. EMC-32, 167–170

Grayson M, Darnell M (1990) Synchronisation preamble design: new results. Electron. Lett. 26, 1775–1776

Green DH, Kelsch RG (1972) Ternary pseudonoise sequences, Electron. Lett. 8, 112–113

Green DH, Taylor IS (1974) Irreducible polynomials over composite Galois fields and their application in coding techniques. Proc. IEE 121, no. 9, 935–939

Green DH (1985) Structural properties of pseudorandom arrays and volumes and their related sequences. Proc. IEE 132, pt. E, 133–145

Griffin M (1977) There are no Golay complementary sequences of length $2 \cdot g^t$. Aequationes Mathematicae 15, 73–77

Guanella G (1938) Verfahren und Einrichtung zum Nachweis und zur Messung der Entfernung von Reflexionsstellen. Eidg. Amt für geistiges Eigentum, Patentschrift Nr. 220877, Einger. 26.9.1938, Veröff. 1.8.1942

Guanella G (1956) Einige Anwendungen der Korrelationsmethode beim Schwingungs-Empfang. NTF 3, 22–27

Gude M (1987) Ein quasi-idealer Gleichverteilungsgenerator basierend auf physikalischen Zufallsphänomenen. Dissertation, RWTH Aachen

Guicking D, Schlöffel J (1987) Messungen an einer diffus reflektierenden aktiven Wandstruktur. In: Proc. DAGA'87, pp. 509–512

Ha TT, Robertson RC (1987) Geostationary satellite navigation systems. IEEE Trans. AES-23, 247–253

Hadamard MJ (1893) Resolution d'une question relative aux déterminants. Bull. Sci. Math. A 17, 240–246

Hammer J, Seberry JR (1981) Higher dimensional orthogonal designs and applications. IEEE Trans. IT-27, 772–779

Hamming RW (1987) Information und Codierung. VCH, Weinheim

Hänel H (1981) Zur digitalen Erzeugung von Zufallszahlen mit vorgeschriebener Verteilungsdichte. AEÜ 35, 156–162

Harmuth HF (1972) Transmission of information by orthogonal functions. Springer, Berlin, Heidelberg

Harwit M, Sloane NJA (1979) Hadamard transform optics. Academic Press, NY

Hedayat A, Wallis WD (1978) Hadamard matrices and their applications. Annals of Statistics 6, 1184–1238

Heimiller RC (1961) Phase shift pulse codes with good periodic correlation properties. IEEE Trans. IT-7, 254–257

Helleseth T (1976) Some results on the cross-correlation function between two maximal linear sequences. Discrete Mathematics 16, 209–232

Hermann S, Martin U, Reng R, Schuessler HW, Schwarz K (1990) High resolution channel measurement for mobile radio. In: Proc. Eusipco'90, Barcelona, pp. 1903–1906

Hershey JE, Yarlagadda R (1983) Two-dimensional synchronisation. Electron. Lett. 19, 801–803

Heuser H, Wolf H (1986) Algebra, Funktionalanalysis und Codierung. Teubner, Stuttgart

Hissen H (1969) Zur Dimensionierung von Radarsignalen. AEÜ 23, 381–393

Hoffmann de Visme G (1971) Binary sequences. English University Press, London

Høholdt T, Justesen J (1983) Ternary sequences with perfect periodic autocorrelation. IEEE Trans. IT-29, 597–600

Høholdt T, Jensen HE, Justesen J (1985) Aperiodic correlations and the merit factor of a class of binary sequences. IEEE Trans. IT-31, 549–552

Høholdt T, Jensen HE (1988) Determination of the merit factor of Legendre sequences. IEEE Trans. IT-34, 161–164

Hua C-X, Oksman J (1990) A new algorithm to optimize Barker code sidelobe suppression filters. IEEE Trans. AES-26, 673–677

Huffman DA (1962) The generation of impulse-equivalent pulse trains. IRE Trans. IT-8, S10–S16

Huffman DL (1975) Modified Barker code approximating Huffman's impulse-equivalent sequence. IEEE Trans. AES-11, 437–442

Huffman DL (1977) Modified Barker and Huffman sequences in combination codes. IEEE Trans. AES-13, 408–413

Hughes PK (1983) A high-resolution Radar detection strategy. IEEE Trans. AES-19, 663–667

Hunt JN, Ackroyd MH (1980) Some integer Huffman sequences. IEEE Trans. IT-26, 105–107

Hüttmann E (1940) Verfahren zur Entfernungsmessung. Reichspatentamt Patentschrift Nr. 768068 v. 22.3.1940 (und Nachr. techn. 11 (1961), 232–233)

Ipatov VP (1979) Ternary sequences with ideal periodic autocorrelation properties. Radio Eng. Electron. Phys. 24, 75–79

Ipatov VP (1980) Contribution to the theory of sequences with perfect periodic autocorrelation properties. Radio Eng. Electron. Phys. 25, 31–34

Jedwab J, Mitchell C (1988) Constructing new perfect binary arrays. Electron. Lett. 24, 650–652

Jedwab J, Mitchell C (1989a) Infinite families of quasiperfect and doubly quasiperfect binary arrays. Electron. Lett. 26, 294–295

Jedwab J, Mitchell C, Piper FC, Wild PR (1989b) Perfect binary arrays. Techn. Memo, Hewlett-Packard Lab. Bristol UK, March 15.

Jedwab J (1991) Nonexistence of perfect binary arrays. Electron Lett. 27, 1252–1254

Jensen JM, Jensen HE, Høholdt T (1991) The merit factor of binary sequences related to difference sets. IEEE Trans. IT-37, 617–626

Kak SC, Chatterjee A (1981) On decimal sequences. IEEE Trans. IT-27, 647–652

Kamaletdinov BZ (1987) Ternary sequences with ideal periodic autocorrelation properties. Sov. Journ. Comm. Techn. Electronics 32, 1; no. 4, 157–162

Kayton M (1988) Navigation: ships to space. IEEE Trans. AES-24, 474–519

Kerdock AM, Mayer R, Bass D (1986) Longest binary pulse compression codes with given peak sidelobe levels. Proc. IEEE 74, 366

Key EL (1976) An analysis of the structure and complexity of nonlinear binary sequence generators. IEEE Trans. IT-22, 732–736

Klein AM, Fujita MT (1979) Detection performance of hard-limited phase-coded signals. IEEE Trans. AES-15, 795–802

Komo JJ (1989) Crosscorrelation of m-sequences over nonprime finite fields. Electron. Lett. 25, 288

Komo JJ, Liu S-C (1990) Maximal length sequences for frequency hopping. IEEE Trans. SAC-8, 819–822

Kopilovich LE (1988) On perfect binary arrays. Electron. Lett. 24, 566–567

Kosel G (1970) Verbesserung des Haupt-zu Nebenmaximumverhältnisses der Autokorrelations-funktion binär codierter Radarsignale. AEÜ 24, 302–303

Krone SM, Sarwate DV (1984) Quadriphase sequences for spread-spectrum multiple-access communication. IEEE Trans. IT-30, 520–529

Kumar PV, Liu CM (1990) On lower bounds to the maximum correlation of complex roots-of-unity sequences. IEEE Trans. IT-36, 633–640

Kumar PV, Moreno O (1991) Prime-phase sequences with periodic correlation properties better than binary sequences. IEEE Trans. IT-37, 603–616

Kuo CZ, Rigas H (1989) Images multiplexing by code division technique In: Proc. SPIE, Appl. Dig. Image Processing 1153, pp. 180–192

Kuttruff H, Quadt HP (1978) Elektroakustische Schallquellen mit ungebündelter Schallabstrahlung. Acustica 41, 1–10

Kuttruff H, Quadt HP (1982) Ebene Schallstrahlergruppen mit ungebündelter Abstrahlung. Acustica 50, 273–279

Lang GR (1963) Rotational transformation of signals. IEEE Trans. IT-9, 191–198

Lange FH (1962) Korrelationselektronik. Vlg. Technik, Berlin

Langewellpot U (1986) Anwendung der Spread-Spectrum-Technik im Mobilfunk. Frequenz 40, 249–254

Lehmann K (1980) Erzeugung mehrstufiger orthogonaler, periodischer Folgen. AEÜ 34, 37–40

Lehmann K (1983) Synthese mehrstufiger Folgen mit Pseudo-Noise-Autokorrelationsfunktion. ntz Archiv 5, 233–237

Lehnert H (1988) Computergestützte Messung von Raumimpulsantworten. In: Proc. DAGA'88, Braunschweig, pp. 757–760

Leiner BM, Nielson DL, Tobagi FA (1987) Issues in packet-radio network design. Proc. IEEE 75, 6–20

Lempel A, Greenberger H (1974) Families of sequences with optimal Hamming correlation properties. IEEE Trans. IT-20, 90–94

Lempel A, Colin M, Eastman WL (1977) A class of balanced binary sequences with optimal autocorrelation properties. IEEE Trans. IT-23, 38–42

Lempel A, Cohn M (1982) Maximal families of bent-sequences. IEEE Trans. IT-28, 865–868

Lewis BL, Kretschmer FF, Shelton WW (1986): Aspects of Radar signal processing. Artech House, Norwood, MA

Li T, Hatori M, Suehiro N (1987) Analysis of asynchronous direct-sequence spread-spectrum multiple-access communications with polyphase sequences. In: IEEE Globecom 87, Tokyo, 16.6.1

Lidl R, Niederreiter H (1983) Finite fields. Addison-Wesley, Reading, MA

Lin C-T (1985) On the ambiguity function of random binary-phase-coded wave-forms. IEEE Trans. AES-21, 432–436

Linder J (1975) Binary sequences up to length 40 with best possible autocorrelation function. Electron. Lett. 11, 507

Lindner J (1977a) Synthese zeitdiskreter Binärsignale mit speziellen Auto- und Kreuzkorrelationsfunktionen. Dissertation, RWTH Aachen

Lindner J (1977b) Kollektive von Binärfolgen für asynchrones Multiplex. AEÜ 31, 231–238

Lint van JH (1979) On pseudo-random arrays. SIAM J. Appl. Math. 36, 62–72

Luchanskaya KI, Khevrolin VY (1983) Sets of orthogonal signals having optimum correlation functions. Telecomm. a. Radio Engng. 38, no. 6. pt. 2, 65–70

Lüke HD (1964) A method of synthesizing orthogonal signal waveforms. Proc. IEEE 52, 1744–1745

Lüke HD (1965) Orthogonale Signalalphabete zur digitalen Nachrichtenübertragung. NTZ 18, 158–164

Lüke HD (1966) Binäre orthogonale Signalalphabete mit speziellen Korrelationseigenschaften. AEÜ 20, 310–316

Lüke HD (1968) Multiplexsysteme mit orthogonalen Trägerfunktionen. NTZ 21, 672–680

Lüke HD (1970a) Lineare Signalverknüpfung in der Multiplextechnik. AEÜ 24, 57–65

Lüke HD (1970b) Binäre Orthogonalfunktionen in der Nachrichtentechnik. Int. Elektron. Rundschau 24, 1–3

Lüke HD (1971a) Binäre Orthogonalcodes. NTF 40, 197–202

Lüke HD (1971b) Nichtideale Korrelationsfilterung geträgerter Impulsfolgen. AEÜ 25, 257–261

Lüke HD (1972a) Entfernungsmeßsignale für aeronautische Satellitensysteme. AEÜ 26, 245–249

Lüke HD (1972b) Effects of random implementation errors in matched filters for binary phase code pulse signals. IEEE Trans. AES-8, 247–249

Lüke HD (1982) Welti-Codes und Codekollektive. AEÜ 36, 223–228

Lüke HD (1983) Zweidimensionale Welti-Codes und Komplementärcodes. NTF 84, 341–348

Lüke HD (1985) Sets of one and higher dimensional Welti codes and complementary codes. IEEE Trans. AES-21, 170–179

Lüke HD (1986) Folgen mit perfekten periodischen Auto- und Kreuzkorrelationsfunktionen. Frequenz 40, 215–220

Lüke HD (1987a) Binäre und fast binäre orthogonale Folgen und Matrizen. Frequenz 41, 310–314

Lüke HD (1987b) Zweidimensionale Folgen mit perfekten periodischen Korrelationsfunktionen. Frequenz 41, 131–137

Lüke HD (1988) Sequences and arrays with perfect periodic correlation. IEEE Trans. AES-24, 287–294

Lüke HD (1989a) Ternäre Komplementär- und Welti-Folgen. Frequenz 43, 228–233

Lüke HD, Bömer L, Antweiler M (1989b) Perfect binary arrays. Signal Processing 17, 69–80

Lüke HD (1990) Signalübertragung. Springer, Berlin, Heidelberg

Lüke HD (1992) Families of polyphase sequences with near-optimal two-valued auto- and crosscorrelation functions. Electron. Lett. 28, 1–2

Lüneburg H (1979) Galoisfelder, Kreisteilungskörper und Schieberegisterfolgen. Bibliogr. Institut, Mannheim

MacWilliams FJ, Sloane NJA (1976) Pseudo-random sequences and arrays. Proc. IEEE 64, 1715–1729

Maric SV, Titlebaum EL (1990) Frequency hop multiple access codes based upon the theory of cubic congruences. IEEE Trans. AES-26, 1035–1039

Massey JL (1972) Optimum frame synchronization. IEEE Trans. COM-20, 115–119

McEliece RJ (1980) Correlation properties of sets of sequences derived from irreducible cyclic codes. Inform. a. Control 45, 18–25

McEliece RJ (1987) Finite fields for computer scientists and engineers. Kluwer Ac. Publ., Boston

McGree TP (1983) Signal sets with optimal correlation properties. IEEE Trans. COM-31, 1109–1112

Merserau RM, Scay TS (1981) Multiple access frequency hopping patterns with low ambiguity. IEEE Trans. AES-17, 571–578

Mikhaylov VY (1984) Regular method of synthesizing quasiorthogonal ensemble of m-sequences. Radio Eng. Electron. Physics 29, no. 11, 128–130

Milewski A (1983) Periodic sequences with optimal properties for channel estimation and fast start-up equalization. IBM J. Res. Develop. 27, 426–431

Moffet AT (1968) Minimum-redundancy linear arrays. IEEE Trans. AP-16, 172–175

Moharir PS (1974) Ternary Barker codes. Electron. Lett. 10, 460–461

Moharir PS (1976) Signal design. Int. J. Electronics 41, 381–398

Moon JW, Moser L (1968) On the correlation function of random binary sequences. SIAM J. Appl. Math. 16, 340–343

Möser M (1986) Ein Konstruktionsverfahren für binäre Folgen mit kleinen Seitenkeulen in der antizyklischen Autokorrelierten. ntz Archiv 8, 165–172

Mukherjee AK (1973) A new set of orthogonal periodic sequences. Proc. IEEE 61, 483–484

Neuerburg G (1989) Iterative Verfahren zur Erzeugung von Codes mit guten Korrelationseigenschaften. Diplomarbeit, Inst. f. Elektr. Nachrichtentechnik, RWTH Aachen

Nicholson DL (1988) Spread spectrum signal design. Computer Science Press, Rockville, USA

Nikol G (1990) Erzeugung von reell- und komplexwertigen Huffman- und Komplementärsequenzen. Diplomarbeit Inst. f. Elektr. Nachrichtentechnik, RWTH Aachen

No JS Kumar V (1989) New family of binary pseudorandom sequences having optimal periodic correlation properties and large linear span. IEEE Trans. IT-35, 371–379

Nomura T, Miyakawa H, Imai H, Fukuda A (1972) A theory of two-dimensional linear recurring arrays. IEEE Trans. IT-18, 775–785

Ohyama N, Honda T, Tsujiuchi J (1978) An advanced coded imaging without sidelobes. Optics Communications 27, 339–344

Olsen JD, Scholtz RA, Welch LR (1982) Bent-function sequences. IEEE Trans. IT-28, 858–864

Oppenheim A, Schafer R (1975) Digital signal processing. Prentice Hall, Englewood Cliffs, NJ

Paaske E, Hansen VG (1968) Note on incoherent binary sequences. IEEE Trans. AES-4, 128–130

Painter JH (1967) Designing pseudorandom coded ranging systems. IEEE Trans. AES-3, 14–27

Paley REAC (1933) On orthogonal matrices. Journ. Mathematics Physics 12, 311–320

Papoulis A (1968) Systems and transforms with applications in optics. McGraw-Hill, NY

Park WJ, Komo JJ (1988) The autocorrelation of m-sequences over nonprime finite fields. IEEE Trans. AES-24, 459–460

Parkinson BW, Gilbert SW (1983) NAVSTAR: Global positioning system. Proc. IEEE 71, 1177–1186

Pasedach K, Haase E (1981) Random and guided generation of coherent two-dimensional codes. Optics Communications 36, 423–428

Pelekhatyy MI (1970) Certain block constructions generating sequences with good autocorrelation properties. Radio Eng. Electron. Physics 15, 1223–1233

Pelekhatyy MI (1971) Sequences of quadratic residue with best autocorrelation properties. Radio Eng. Electron. Physics 16, 819–825

Peterson WW, Weldon EJ (1972) Error-correcting codes. MIT-Press, Cambridge, MA

Pettit RJ (1967) Pulse sequences with good autocorrelation. Microwave Journ. 10, 63–67

Pickholtz RL, Schilling DL, Milstein LB (1982) Theory of spread – spectrum communication – A tutorial. IEEE Trans. COM-30, 855–884

Plotkin M (1960) Binary codes with specified minimum distance. IRE Trans. IT-6, 445–450

Poor VH (1988) An introduction to signal detection and estimation, Springer Texts Electr. Eng. Springer, Berlin, Heidelberg

Popović BM (1989a) New class of complex sequences with ideal autocorrelation. AEÜ 43, 13–15

Popović BM (1989b) New construction of Costas sequences. Electron. Lett. 25, 40–41

Prasad S, Narasimhan PVA (1988) Further results on class of sequences with good autocorrelation and high linear complexity. Electron. Lett. 24, 1447–1449

Price R (1983) The origins of spread-spectrum communications. IEEE Trans. COM-31, 85–97

Proakis JG (1983) Digital communications. McGraw-Hill, NY

Pursley MB, Sarwate DV (1977) Performance evaluation for phase-coded spread-spectrum multiple-access communication-part II: code sequence analysis. IEEE Trans. COM-25, 800–803

Pursley MB, Roefs HFA (1979) Numerical evaluation of correlation parameters for optimal phases of binary shift-register sequences. IEEE Trans. COM-27, 1597–1604

Quynh LC, Prasad S (1986) New class of sequence sets with good auto- and crosscorrelations functions. Proc. IEE 133, pt. F., 281–287

Rabiner L, Gold B (1975) Theory and application of digital signal processing. Prentice-Hall, Englewood Cliffs, NJ

Rabinowitz SJ, Gager CH, Brookner E, Muehe CE, Johnson CM (1985) Applications of digital technology to Radar. Proc. IEEE 73, 325–338

Rademacher H (1922) Einige Sätze von allgemeinen Orthogonalfunktionen. Math. Ann. 87, 122–138

Raghavarao D (1959) Some optimum weighing designs. Annals Mathemat. Statistics 30, 295–303

Raghavarao D (1960) Some aspects of weighing designs. Annals Mathemat. Statistics 31, 878–884

Rao KV, Reddy VU (1986) Biphase sequence generation with low sidelobe autocorrelation function. IEEE Trans. AES-22, 128–132

Reed IS, Stewart RM (1962) Note on the existence of perfect maps. IRE Trans. IT-8, 10–12

Rihaczek AW (1964) Radar resolution properties of pulse trains. Proc. IEEE 52, 153–164

Rihaczek AW (1967) Radar resolution of moving targets. IEEE Trans. IT-13, 51–56

Rihaczek AW, Golden RM (1971) Resolution performance of pulse trains with large time-bandwidth products. IEEE Trans. AES-7, 677–685

Robin G (1984) Suites binaires bien autocorrélées. Ann. Télécomm. 39, 333–334

Robinson JP (1985) Golomb rectangles. IEEE Trans. IT-31, 781–787

Roefs HFA, Pursley MB (1977) Correlation parameters of random binary sequences. Electron. Lett. 13, 488–489

Rohling H, Borchert W (1988) Zum Mismatched-Filter-Entwurf für periodische binärphasencodierte Signale. ntz Archiv 10, 111–117

Ronse C (1982) Feedback shift registers, Lect. Notes Comp. Sci. Bd. 169 Springer, Berlin, Heidelberg 1984

Rothaus OS (1976) On „bent" functions. J. Comb. Theory, Ser. A, 20, 300–305

Rothman T (1982) The short life of Évariste Galois. Scientific American 246, April, 112–121

Rowe HE (1982) Bounds on the number of signals with restricted crosscorrelation. IEEE Trans. COM-30, 966–974

Rudershausen R (1975) Synthese von Korrelationscodes zur Signalerkennung aus dem Rauschen. Wiss. Ber. AEG-Telefunken 48, 218–231 (und Dissertation, RWTH Aachen, 1974)

Salehi JA (1989) Code division multiple-access techniques in optical fiber networks. IEEE Trans. IT-37, Part I: 824–833, Part II: 834–842

Salehi JA, Weiner AM, Heritage JP (1990) Coherent ultrashort light pulse code-division multiple access communication system. Journ. Lightwave Technol. 8, 478–491

Sarafian G, Kaplan BZ (1987) A method of constructing a pair of pseudorandom sequences with a useful crosscorrelation function. IEEE Trans. AES-23, 708–710

Sarwate DS (1979) Bounds on crosscorrelation and autocorrelation of sequences. IEEE Trans. IT-25, 720–724

Sarwate DV, Pursley MB (1980) Crosscorrelation properties of pseudorandom and related sequences. Proc. IEEE 68, 593–619

Sarwate DV (1984) Mean-square correlation of shift-register sequences. Proc. IEE 131, pt. F, 101–106

Schilling DL, Pickholtz RL, Milstein LB eds. (1990a) Spread spectrum communications. IEEE Journ. SAC-8 (special issues, May and June)

Schilling DL, Pickholtz RL, Milstein LB (1990b) Spread spectrum goes commercial. IEEE Spectrum, Aug., 40–45

Schmitz A, Vorländer M (1990) Messung von Außenohrstoßantworten mit Maximalfolgen-Hadamard-Transformation und deren Anwendung bei Inversionsversuchen. Acustica 71, 257–268

Scholtz RA, Welch LR (1978) Groupcharacters: Sequences with good correlation properties. IEEE Trans. IT-24, 537–545

Scholtz RA (1982) The origins of spread-spectrum communications. IEEE Trans. COM-30, 822–854 [und COM-31 (1983), 82–84]

Scholtz RA, Welch LR (1984) GMW sequences. IEEE Trans. IT-30, 548–553

Schotten HD (1990) Synthese von Komplementär-Sequenzen und Arrays. Diplomarbeit, IENT, RWTH Aachen

Schroeder MR (1970) Synthesis of low-peak-factor signals and binary sequences with low autocorrelation. IEEE Trans. IT-16, 85–89

Schroeder MR (1980) Constant-amplitude antenna arrays with beam patterns whose lobes have equal magnitudes. AEÜ 34, 165–168

Schroeder MR (1984) Number theory in science and communication, Springer Ser. Inf. Sci., Bd. 7 Springer, Berlin, Heidelberg 1989

Schulte HR (1985) Modifizierte Lagekorrelationsverfahren für die Topographiemarkenerkennung. Dissertation, RWTH Aachen

Schwartz M, Shaw L (1975) Signal processing. McGraw-Hill, New York

Schweitzer BL (1971) Generalized complementary code sets. Dissertation, U. California, Los Angeles

Seeber G (1989) Satellitengeodäsie. de Gruyter, Berlin

Seidler P (1974) Nebenzipfelreduktion bei Impulskompression binär phasencodierter Signale. Dissertation, RWTH Aachen

Seidler P (1976) Nebenmaximumreduktion bei Korrelationsempfang binär phasencodierter Impulssignale. Nachrichtentechn. Z. 29, 154–159

Seidler P (1981) Mismatched filtering for coded aperture imaging with minimum sidelobes. Electron. Lett. 17, 96–97

Shearer JB (1990) Some new optimum Golomb rulers. IEEE Trans. IT-36, 183–184

Shedd DA, Sarwate DV (1979) Construction of sequences with good correlation properties. IEEE Trans. IT-25, 94–97

Shlichta PJ (1979) Higher dimensional Hadamard matrices. IEEE Trans. IT-25, 566–572

Sidelnikov VM (1971) On mutual correlation of sequences. Soviet Math. Dokl. 12, 197–201

Siebert WM (1988) The development of AN/FPS-17 coded-pulse Radar at Lincoln Laboratory. IEEE Trans. AES-24, 833–837

Simon MK, Omura JK, Scholtz RA, Levitt BK (1985) Spread spectrum communications, vol. I–III. Computer Science Press, Rockville, USA

Singer J (1938) A theorem in finite projective geometry and some applications to number theory. Trans. Amer. Math. Soc. 43, 377–385

Sivaswamy R (1978) Multiphase complementary codes. IEEE Trans. IT-24, 546–552

Sivaswamy R (1982) Self-clutter cancellation and ambiguity properties of subcomplementary sequences. IEEE Trans. AES-18, 163–181

Skaug R, Hjelmstad JF (1985) Spread spectrum in communication. Peregrinus, London

Skinner GK (1988) Die Abbildung von Röntgenquellen mit kodierten Masken. Spektrum d. Wiss., Okt., 74–79

Skolnik MI (1962) Introduction to Radar systems. McGraw-Hill, NY

Skolnik MI (1985) The special issue on Radar. Proc. IEEE 73, 179–362

Skolnik MI (1990) Radar handbook. McGraw-Hill, NY

Somaini U, Ackroyd MH (1974) Uniform complex codes with low autocorrelation sidelobes. IEEE Trans. IT-20, 689–691

Spann R (1965) A two-dimensional correlation property of pseudo-random maximal-length sequences. Proc. IEEE 53, 2137

Speiser JM (1967) Wide-band ambiguity functions. IEEE Trans. IT-13, 122–123

Spilker JJ (1977) Digital communications by satellite. Prentice-Hall, Englewood Cliffs, NJ

Stahnke W (1973) Primitive binary polynomials. Math. Computation 27, 977–980

Stalder JE, Cahn CR (1964) Bounds for correlation peaks of periodic digital sequences. Proc. IEEE 52, 1262–1263

Stansell TA (1983) Civil GPS from a future perspective. Proc. IEEE 71, 1187–1192

Stark WE, Sarwate DV (1981) Kronecker sequences for spread-spectrum communication. Proc. IEE 128, Pt. F, No. 2, 104–109

Suehiro N, Hatori M (1988a) N-shift cross-orthogonal sequences. IEEE Trans. IT-34, 143–146

Suehiro N, Hatori M (1988b) Modulatable orthogonal sequences and their application to SSMA systems. IEEE Trans. IT-34, 93–100

Suga N (1990) Neuronale Verrechnung: Echoortung bei Fledermäusen. Spektrum d. Wissenschaft, Aug., 98–106

Sylvester JJ (1867) Thoughts on inverse orthogonal matrices. . . Phil. Mag. 34, 461–475

Taki Y, Miyakawa H, Hatori M, Namba S (1969) Even-shift orthogonal sequences. IEEE Trans. IT-15, 295–300

Taylor JW, Blinchikoff HJ (1988) Quadriphase code – a Radar pulse compression signal with unique characteristics. IEEE Trans. AES-24, 156–170

Titlebaum EL (1981) Time-frequency hop signals. IEEE Trans. AES-17, 490–493 (und 494–500)

Trachtenberg HM (1970) On the cross-correlation function of maximal linear recurring sequences. Dissertation, U Southern California, Los Angeles

Trenkle F (1979) Die deutschen Funkmeßverfahren bis 1945. Motorbuch Vlg., Stuttgart

Tseng CC, Liu CL (1972) Complementary sets of sequences. IEEE Trans. IT-18, 644–652

Turyn R (1963) Ambiguity functions of complementary sequences. IEEE Trans. IT-9, 46–47

Turyn R (1967) The correlation function of a sequence of roots of 1. IEEE Trans. IT-13, 524–525

Turyn R (1968) Sequences with small correlation. In: Mann HB, Hrsg., Error Correcting Codes. Wiley, NY, 195–228

Turyn R (1974) Hadamard matrices, Baumert-Hall units, four-symbol sequences, pulse compression and surface wave encodings. J. Combinat. Theory (A), 16, 313–333

Vakman DE (1968) Sophisticated signals and the uncertainty principle in Radar. Springer, Berlin Heidelberg

Viterbi AJ (1979) Spread-spectrum communicationsmyths and realities. IEEE Comm. Soc. Mag. 17, no. 3, 11–18

Wahl FM (1984) Digitale Bildsignalverarbeitung, Springer, Berlin, Heidelberg 1989

Wallis WD, Street AP, Wallis JS (1972) Combinatorics: Room squares, sum-free sets, Hadamard matrices. Springer, Berlin

Walsh JL (1923) A closed set of normal orthogonal functions. Amer. J. Math. 45, 5–24

Wang CC, Shyu HC (1989) An extended Frank-Code and new technique for implementing P3 and P4 codes. IEEE Trans. AES-25, 442–447

Watson EJ (1962) Primitive polynomials (mod 2). Math. Computation 16, 368–369

Weathers G, Holliday EM (1983) Group-complementary array coding for radar clutter rejection. IEEE Trans. AES-19, 369–379

Wehner DR (1987) High resolution Radar. Artech House, Norwood, MA

Weiss H, Klotz E, Linde R, Rabe G, Tiemens V (1977) Coded aperture imaging with X-arrays. Optica Acta 24, 305–325

Weiss H (1981) Abbildung mit kodierter Apertur. NTZ Archiv 3, 329–333

Weiss H, Pasedach K (1978) Verfahren und Anordnung zur Bildkodierung . . . Deutsches Patentamt. Offenlegungsschrift 28 30 186, Anmeldetag 10.7.78

Welch LR (1974) Lower bounds on the maximum cross correlation of signals. IEEE Trans. IT-20, 397–399

Welti GR (1960) Quaternary codes for pulsed radar. IRE Trans. IT-6, 400–408

White DJ, Hund JN, Dresel LAG (1977): Uniform Huffman sequences do not exist. Bull. London Math. Soc. 9, 193–198

Wild P (1988) Infinite families of perfect binary arrays. Electron. Lett. 24, 845–847

Wilken W (1980) Die Korrelationsmessung der Schallausbreitung im Freien über größere Entfernungen. In: Proc. DAGA'80, VDE-Vlg. Berlin pp. 191–194

Williams FC (1985) A Radar for the exploration of extrasolar planets. Proc. IEEE 73, 325–338

Wilson R, Richter J (1979) Generation and performance of quadraphase Welti codes for radar and synchronization of coherent and differentially coherent PSK. IEEE Trans. COM-27, 1296–1301

Wohlleben R, Mattes H (1973) Interferometrie in Radioastronomie und Radartechnik. Vogel, Würzburg

Wolf JD, Lee GM, Suyo CE (1969) Radar waveform synthesis by mean-square optimization. IEEE Trans. AES-5, 611–619

Woodward PM (1953) Probability and information theory, with applications to Radar. Pergamon Press, London

Wozencraft JM, Jacobs IW (1967) Principles of communication engineering. Wiley, NY

Wu WW (1984) Elements of digital satellite communications, vol. I. Computer Science Press, Rockville, USA

Xiang N (1989) Ein IBM-PC gestütztes Meßsystem für Raumimpulsantworten mittels schneller Maximalfolgen-Transformation In: Proc. DAGA'89 VDE-Vlg. Berlin pp. 447–450

Yamamotu ZI, Hirosawa H, Nomura T (1987) Dual speed PN ranging system for tracking of deep space probes. IEEE Trans. AES-23, 519–527

Yuen CK (1975) Some results on the correlations of Walsh Functions. In: Symposium on the Theory and Applications of Walsh Functions. Hatfield GB July, oS.

Zejak AZ, Zentner E, Rapajić PB (1991) Doppler optimised mismatched filters. Electron. Lett. 27, 558–560

Zhang N, Golomb SW (1989) Sixty-phase generalized Barker sequences. IEEE Trans. IT-35, 911–912

Zhang N, Golomb SW (1990a) A limit theorem for n-phase Barker sequences. IEEE Trans. IT-36, 863–866

Zhang N, Golomb SW (1990b) On the crosscorrelation of generalized Barker sequences. IEEE Trans. IT-36, 1478–1480

Zierler N (1959) Linear recurring sequences. J. Soc. Ind. Appl. Math. 7, 31–48

Ziemer R, Peterson R (1985) Digital communication and spread spectrum systems. MacMillan, NY

Zoraster S (1980) Minimum peak range sidelobe filters for binary phase-coded waveforms. IEEE Trans. AES-16, 112–115

Sachverzeichnis

P. Fulde, MPI für Festkörperforschung, Stuttgart

Electron Correlations in Molecules and Solids

1991. XII, 422 pp. 127 figs. 28 tabs. (Springer Series in Solid-State Sciences, Vol. 100)
Hardcover DM 98,- ISBN 3-540-53623-X

Quantum chemistry and solid-state theory are two important related fields of research that have grown up with almost no cross communication. This book bridges the gap between the two. In the first half, new concepts for treating weak and strong correlations are developed, and standard quantum-chemical methods, as well as density functional, Green's function, functional integral, and Monte Carlo methods are discussed. The second half discusses applications of the theory to molecules, semiconductors, homogeneous metallic systems, transition metals, and strongly correlated systems such as heavy-fermion systems and the new high-T_c superconducting materials.

M. R. Schroeder, University of Göttingen

Number Theory in Science and Communication

With Applications in Cryptography, Physics, Digital Information, Computing, and Self-Similarity

2nd enl. ed. 1986. Corr. 2nd printing 1990. XIX, 374 pp. 81 figs.
(Springer Series in Information Sciences, Vol. 7)
Softcover DM 74,- ISBN 3-540-15800-6

This book illustrates the application of number theory to practical problems in physics, digital information processing, computing, cryptography, acoustics, crystallography (quasicrystals), fractals and self-similarity. It widens the horizon of readers with a minimum of mathematical training to the basic facts of number theory.
The topics are treated informally, stressing intuition rather than formal proofs.
The second edition includes much new material on self-similarity, fractals, quasicrystals, Cantor sets, Hausdorff dimensions, deterministic chaos, error-free computation, spread-spectrum communication systems, optimal ambiguity functions for radar and sonar, and Fibonacci numbers.

From the reviews: "...A lighthearted and readable volume with a wide range of applications to which the author has been a productive contributor – useful mathematics given outside the formalities of theorem and proof..."

Scientific American

Springer-Verlag
Berlin
Heidelberg
New York
London
Paris
Tokyo
Hong Kong
Barcelona
Budapest

Preisänderung vorbehalten